Web 开发与设计

CSS 创意项目实践

[美] 玛蒂娜·道登(Martine Dowden)
[英] 迈克尔·基隆(Michael Gearon) 著

殷海英 译

清華大學出版社

北 京

北京市版权局著作权合同登记号 图字：01-2024-0882

Martine Dowden, Michael Gearon
Tiny CSS Projects
EISBN: 978-1-63343-983-2

图书在版编目(CIP)数据

CSS 创意项目实践 / (美) 玛蒂娜 • 道登(Martine Dowden)，(英) 迈克尔 • 基隆(Michael Gearon) 著；殷海英译. —北京：清华大学出版社，2024.5
(Web 开发与设计)
书名原文：Tiny CSS Projects
ISBN 978-7-302-65980-8

I. ①C… II. ①玛… ②迈… ③殷… III. ①网页制作工具 IV. ①TP393.092

中国国家版本馆 CIP 数据核字(2024)第 068374 号

责任编辑：王 军 刘远菁
装帧设计：孔祥峰
责任校对：马遥遥
责任印制：曹婉颖

出版发行：清华大学出版社
网 址：https://www.tup.com.cn，https://www.wqxuetang.com
地 址：北京清华大学学研大厦 A 座 邮 编：100084
社 总 机：010-83470000 邮 购：010-62786544
投稿与读者服务：010-62776969，c-service@tup.tsinghua.edu.cn
质 量 反 馈：010-62772015，zhiliang@tup.tsinghua.edu.cn
印 装 者：天津鑫丰华印务有限公司
经 销：全国新华书店
开 本：170mm×240mm 印 张：21.75 字 数：503 千字
版 次：2024 年 5 月第 1 版 印 次：2024 年 5 月第 1 次印刷
定 价：98.00 元

产品编号：099492-01

关于作者

Martine Dowden 是一位作家、国际演讲者，同时是 Andromeda Galactic Solutions 公司的首席技术官，曾多次获奖。她的专业领域涵盖心理学、设计、艺术、可访问性、教育、咨询以及软件开发。本书是她关于 Web 技术的第四本著作，是她在 Web 界面设计领域 15 年经验的结晶。她所创建的 Web 界面不仅美观、功能出色，而且易于访问。因其对开发社区的贡献，Martine 被认定为 Microsoft MVP 开发者技术专家以及 Google Web 技术和 Angular 开发者专家。

Michael Gearon 是一位来自英国威尔士的用户体验设计师和前端开发人员。他在南威尔士大学取得了媒体技术学士学位，同时不断进行编码和设计实践。之后，Michael 与英国知名品牌合作，包括 Go.Compare 和 Ageas。他目前在政府数字服务领域工作，之前曾在 Companies House 担任职务。

关于本书封面

本书封面上的图片标题是“M’de. de bouquetsà Vienne”，或称“维也纳的卖花姑娘”，取自 Jacques Grasset de Saint-Sauveur 于 1797 年出版的作品集。其中每幅插图都经过精心手绘和上色。

在那个时代，通过人们的着装就能轻松辨认出他们居住的地区以及他们的职业或社会地位。Manning 出版社通过书籍封面展示了几个世纪前地区文化的丰富多样性，将这些古老文化重新呈现在我们眼前，并以这种方式来体现计算机行业的开创性。

致　谢

作为本书的作者，我们要衷心感谢本书的组稿编辑 Andrew Waldron，以及助理组稿编辑 Ian Hough，在本书项目启动和开发过程中他们以极大的热情给予了我们全力支持。我们还要感谢文稿编辑 Elesha Hyde，她在整个编写过程中一直积极地支持我们，提供了专业的指导和鼓励。感谢技术校对 Louis Lazaris，以及技术文稿编辑 Arthur Zubarev，他们提供了深思熟虑、有效的技术反馈和代码审查。感谢他们为我们的工作所作的一切贡献。最后，我们要向在整个编写过程中帮忙审读的所有读者表示衷心的感谢，正是他们的意见帮助我们完成了这本书。

我们要感谢所有的审阅者：Abhijith Nayak、Al Norman、Alain Couniot、Aldo Solis Zenteno、Andy Robinson、Anil Radhakrishna、Anton Rich、Aryan Maurya、Ashley Eatly、Beardsley Ruml、Bruno Sonnino、Carla Butler、Charles Lam、Danilo Zeković、Derick Hitchcock、Francesco Argese、Hiroyuki Musha、Humberto A. Sanchez II、James Alonso、James Carella、Jereme Allen、Jeremy Chen、Joel Clermont、Joel Holmes、Jon Riddle、Jonathan Reeves、Jonny Nisbet、Josh Cohen、Kelum Senanayake、Lee Harding、Lin Zhang、Lucian Enache、Marco Carnini、Marc-Oliver Scheele、Margret "Pax" Williams、Matt Deimel、Mladen Đurić、Neil Croll、Nick McGinness、Nitin Ainani、Pavel Šimon、Ranjit Sahai、Ricardo Marotti、Rodney Weis、Steffen Gläser、Stephan Max、Steve Grey-Wilson 和 Vincent Delcoigne。你们的专业建议对于提升本书质量发挥了不可或缺的作用。

Martine Dowden：我要感谢我的家人、朋友及 Andromeda Galactic Solutions 的同事们，他们在我的写作过程乃至整个职业生涯中一直给予我坚定的支持和鼓励。

我还要特别感谢 Mozilla 基金会及 MDN 文档的众多个人贡献者，他们不知疲倦地为开发者社区提供有关 Web 语言(尤其是 CSS)的详尽文档和支持。最后，我要感谢 Caniuse 的创作者 Lennart Schoors 和 Alexis Deveria，以及所有的贡献者，因为他们让我们轻松了解到哪些浏览器支持哪些 CSS 功能，这对于前端开发至关重要。

Michael Gearon：作为我的第一本书，这本书的创作历程是一个有趣且充满挑战的过程。我要感谢我的家人，特别是我的妻子 Amy Smith，她在整个过程中一直给予我坚定的支持。我也必须特别感谢我的猫咪 Puffin 和 Porg，尽管它们曾试图(但未成功)在本书中“插上一两句话”。

前　言

在我们学习新语言或技能时，一个难点是如何将学到的各项技巧有机地融入我们正在构建的项目中。尽管我们可能已理解网格布局的机制或弹性布局的原理，但若要学会在何时选择以及如何使用它们来实现我们设想的具体效果，可能会面临一些挑战。本书采取了与传统不同的方法。我们从实际项目出发，探讨哪些具体的技能和方法对于实现目标至关重要。这种以项目为导向的学习方式将帮助你更好地理解前端开发，并将理论知识有机地应用于实际项目中。

但为何要讨论 CSS 呢？虽然我们可以仅使用浏览器默认样式来构建整个应用，但这样的应用可能缺乏个性，不是吗？有了 CSS，我们可以为用户体验和业务需求作出重要贡献。无论是提升品牌识别度，还是通过一贯的样式和设计范式来引导用户，或是让项目更加引人注目，CSS 都是我们工具箱中的一项重要工具。它有助于赋予项目独特性，提升用户体验，并满足业务需求。

不管你使用的是库、预处理器还是框架，决定应用程序和网站外观的基础技术都是 CSS。因此，为了不被各种库和框架的独有特性和功能分散注意力，我们选择回归基础，用纯粹的传统 CSS 来撰写本书，因为一旦我们理解了 CSS，就能更加轻松地将其应用于任何其他技术栈或环境。

关于本书

本书通过 12 个项目逐步引导设计师和开发者学习 CSS。

本书目标读者

本书适合已掌握 HTML 和前端开发基础知识的读者。读者不需要具备 CSS 经验。无论是初学者还是经验丰富的编码人员，都可以通过本书深入理解 CSS。与其呈现 CSS 的理论视角，不如在每一章中将 CSS 的不同部分应用到一个个不同的项目中，以实际演示 CSS 的工作原理。

本书组织结构：路线图

本书共有 12 章，每一章涵盖一个独立的项目。

- 第 1 章，“CSS 介绍”——该章的项目引导读者了解 CSS 的基础知识，并探讨层叠、特异性和选择器。
- 第 2 章，“使用 CSS 网格设计布局”——该章通过为一篇文章设计布局来探索 CSS 网格，同时深入研究网格轨道、minmax()、repeat 函数和分数单位等概念。
- 第 3 章，“制作响应式动画加载界面”——该项目利用 CSS 制作了一个响应式的动画加载界面，并使用可伸缩的矢量图形和动画效果来美化 HTML 进度条。
- 第 4 章，“创建响应式新闻网站布局”——该章重点是设计一个多列响应式新闻网站布局。该章深入探讨 CSS 多列布局模块、计数样式、图像加载失败处理，以及如何通过媒体查询来调整布局。
- 第 5 章，“悬停互动的摘要卡片”——该项目通过利用背景图像创建一系列卡片，使用悬停效果来展示内容，并通过媒体查询来检查功能和浏览器窗口大小。
- 第 6 章，“制作个人资料卡片”——该章的项目旨在制作一张个人资料卡片，涉及自定义属性、背景渐变等，同时探索如何设置图像大小以及使用 Flexbox 进行布局。
- 第 7 章，“充分利用浮动特性”——该章展示了 CSS 浮动的强大功能，该功能用于放置图像，围绕 CSS 形状排列内容，以及创建首字母大写效果。

- 第 8 章，“设计结账购物车”——该章的重点是设计一个结账购物车，涉及样式化响应式表格、使用 CSS 网格进行布局、格式化数字，以及基于视口大小使用媒体查询有条件地设置 CSS。
- 第 9 章，“创建虚拟信用卡”——该章专注于创建虚拟信用卡，并通过在鼠标悬停时翻转卡片来实现 3D 效果。
- 第 10 章，“样式化表单”——该章涵盖了设计表单的内容，包括单选按钮、输入框和下拉菜单，同时强调可访问性的重要性。
- 第 11 章，“社交媒体分享链接的动画效果”——该项目利用 CSS 过渡效果来实现社交媒体分享链接的动画效果，并探讨 CSS 架构选项，如 OOCSS、SMACSS 和 BEM。
- 第 12 章，“使用预处理器”——最后一章展示在编写 CSS 时如何使用预处理器，并介绍 Sass 语法。

关于代码和彩图

本书包含许多源代码示例，这些示例既以编号代码清单的形式呈现，又以嵌入正文的方式出现。在两种情况下，源代码都采用等宽体，以便与普通文本区分开来。有时，代码也会以粗体显示，以突出显示对本章前面步骤的更改，比如当新功能添加到现有代码行时，新增的代码将以粗体显示。

许多情况下，原始代码已被重新格式化；我们添加了换行符并重新调整了缩进，以使其适应书中可用的页面空间。在某些情况下，即使这样也不行，此时代码清单中包含行继续标记(➥)。许多代码清单中都包含注释，以突出显示重要概念。

扫描本书封底二维码，即可获取书中示例的完整代码。

另外，可扫描封底二维码以下载彩图。

目　录

第 1 章 CSS 介绍

本章主要内容

- CSS 概述
- 基本的 CSS 样式设置
- 如何有效地选择 HTML 元素

层叠样式表(Cascading Style Sheets，CSS)用于控制网页元素的外观。CSS 使用样式规则指示浏览器选择特定元素并对其应用样式和效果。

如果你是 CSS 新手或需要复习 CSS，第 1 章是学习的好起点。我们将从 CSS 的简要历史开始介绍，然后迅速进入 CSS 的入门旅程，探讨如何将 CSS 与 HTML 结合起来。

当我们的 CSS 准备就绪时，我们将通过创建一个包含基本媒体组件(如标题、内容和图像)的静态单列文章页面来深入了解 CSS 的结构，以及如何使所有这些组件协同工作。这将有助于我们理解 CSS 的工作原理。

1.1 CSS 概述

Håkon Wium Lie 在 1994 年提出了 CSS 的概念，这是 Tim Berners-Lee 于 1990 年创建 HTML 几年后的事情。CSS 的引入旨在通过颜色、布局和排版等选项将网页的样式与内容分离开来。

1.1.1 关注点分离

这种内容与样式分离的做法是以设计原则“关注点分离”(Separation of Concerns，SoC)为基础的。这一原则背后的思想是，计算机程序或应用程序应该根据目的划分成单独的、明确的部分。良好的关注点分离带来的优势包括：

- 降低了代码的重复率，使代码更易于维护。
- 提升了程序的可扩展性，因为该原则要求元素专注于单一目的。
- 提升了程序的稳定性，因为代码更易于维护和测试。

遵循这一原则，HTML 负责网页的结构和内容，CSS 负责页面的呈现，而 JavaScript(JS)则提供额外的功能。它们共同组成了网页。图 1-1 展示了这个过程。

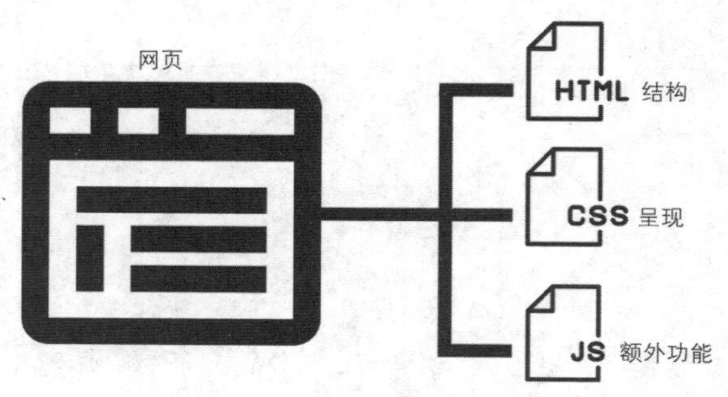

图 1-1 网页的分解

自 2005 年左右智能手机普及以来，Web 已扩展到移动网站(通常使用 m.子域名，如 m.mywebsite.com)，这些移动网站通常比桌面版本具有更少的功能，并且有响应式和自适应设计。创建响应式/自适应或专门针对移动设备的网站，将同时带来优点和缺点。

响应式设计和自适应设计之间的区别

响应式设计使用单一的流式布局，可根据屏幕大小、方向和设备首选项等因素进行调整。自适应设计也可根据这些因素进行调整。但与单一的流式布局不同，自适应设计可以创建多个固定布局，这使我们可以更精确地控制每个布局，只是这比单一的响应式布局需要更多的时间。在实践中，可以将这两种方法结合起来使用，以实现更好的用户体验。

一般来说，响应式和自适应设计是行业的发展趋势，特别是随着 CSS 的扩展，我们能够根据窗口大小和媒介类型(如屏幕或印刷品)使用更多的 CSS。自 1994 年 CSS 发布以来，总共有三个主要版本：

- 1996 年——由万维网联盟(W3C)推荐的第一个 CSS 版本
- 1997 年——CSS 2 的第一个工作草案
- 1999 年——CSS 3 的首个三重草案(颜色配置、多列布局和分页媒介；https://www.w3.org/Style/CSS20)

1999 年后，发布策略发生了变化，以允许更快、更频繁地发布新功能。现在，CSS 被划分为多个模块，从 1 开始编号，随着功能的发展和扩展，级别逐渐增长。

CSS level-1 模块是指 CSS 中全新的内容，比如以前没有作为官方标准而存在的属性。已经经历了几个版本的模块，比如媒体查询、颜色、字体、层叠和继承模块等，具有较高级别的数字。

将 CSS 分为多个模块的好处在于每个部分可以独立发展，而不需要对整个语言进行大规模的改变。关于是否需要将当前阶段宣布为 CSS 4 的讨论一直存在，尽管这只是为了证实自 1999 年以来 CSS 发生了很大变化。然而，这个想法目前还没有取得任何进展。

1.1.2　什么是CSS

CSS 是一门声明性编程语言：代码告诉浏览器需要做什么，而不是如何做。举个例子，代码说希望某个标题是红色的，浏览器决定如何应用这种样式。这很有用，因为如果开发人员想要增大段落的行高以改善阅读体验，浏览器将负责确定新行高的布局、大小和格式，这能减轻开发人员的负担。在这个过程中，浏览器会使用其内置的样式规则和渲染引擎来呈现页面元素，而不需要我们明确指定每个细节。这种抽象而分离的方式使开发工作变得更加灵活，网页能够适应不同的设备和屏幕尺寸，从而提供更好的用户体验。

领域特定语言

CSS 是一种领域特定语言(Domain-Specific Language，DSL)，它是为解决特定问题而创建的专门语言。DSL 通常比通用编程语言(如 Java 和 C#)更简单。CSS 的特定目的是为网页内容添加样式。类似的 DSL 还包括 SQL、HTML 和 XPath。

自 1994 年以来，CSS 在前端开发领域取得了长足的进步。现在，我们可以利用 CSS 实现元素的动画效果，也可创建动画效果来沿着指定的路径移动可缩放矢量图形(SVG)，还可基于窗口大小有条件地应用样式。这些功能过去通常需要使用 JavaScript 或已停用的 Adobe Flash 来实现。如果想要了解 CSS 的发展历程，可以查看 CSS Zen Garden (www.csszengarden.com)。通过比较该网站的第一个设计和最后一个设计，我们可以清楚地看到 CSS 随着时间的推移所取得的进步(https://www.w3.org/Style/CSS20)。

在过去，透明度、圆角、遮罩和混合等设计选项虽然可行，但需要使用非常规的 CSS 技术和技巧。随着 CSS 的演进，逐渐引入了属性，以取代这些技巧，使其成为标准的、有文档支持的功能。

CSS 预处理器

CSS 的演进也促使了 CSS 预处理器的诞生，比如 2006 年发布的语法优越的样式表(Syntactically Awesome Style Sheets，Sass)。其初衷是简化编码过程，使代码更易于阅读和维护，同时提供 CSS 本身所不具备的额外功能。在第 12 章中，我们将使用一个预处理器为页面添加样式。

可以说，CSS 正处于黄金时代。随着这门语言的不断发展，获得新的创意体验的机会几乎是无限的。

1.2　通过创建文章布局开始学习 CSS

在本章首个项目中，将探索网络上常见的用例：创建单列文章布局。本章的重点是讲解如何将 CSS 与 HTML 关联起来，并深入研究可用来为 HTML 添加样式的选择器。

首先，需要理解如何将 CSS 与 HTML 关联起来，并学会如何选择 HTML 元素。然后，可以考虑要应用的属性和值。下面从一些基础知识开始。

如果你是新手，通常可以找到免费的工具来完成这些项目。你有两个选择：一是在线编码，二是在计算机上使用代码编辑器，如 Sublime Text(https://www.sublimetext.com)、Brackets(https://brackets.io)或 Visual Studio Code(https://code.visualstudio.com)。另外，可使用一些基本的文本编辑器，如 macOS 上的 TextEdit(http://mng.bz/rd9x)、Windows 上的 Notepad(http://mng.bz/VpAN)，或 Linux 上的 gedit(https://wiki.gnome.org/Apps/Gedit)。

与代码编辑器或集成开发环境(IDE)相比，基本文本编辑器有一个缺点：不具备语法高亮功能。该功能会根据代码中文本的不同用途，以不同的颜色和字体显示文本，这有助于提高可读性。

还可使用免费的在线开发编辑器，如 CodePen(https://codepen.io)。在线开发编辑器是测试想法的绝佳方式；它们为前端项目提供了快速、便捷的访问途径。CodePen 还提供了一个付费的专业选项，允许你托管图片之类的资源，这在后续章节中可能会派上用场。另一个选择是链接到存储图片的 GitHub 位置，因为所有上传到 GitHub 的资源都存储在 raw.githubusercontent.com 域中。

在计算机上安装了代码编辑器或选择了在线编辑器并创建了账户后，需要获取本章的起始代码。我们在 GitHub 上创建了一个代码仓库(https://github.com/michaelgearon/Tiny-CSS-Projects)，其中包含了每章所需的所有代码。图 1-2 展示了该仓库的截图。

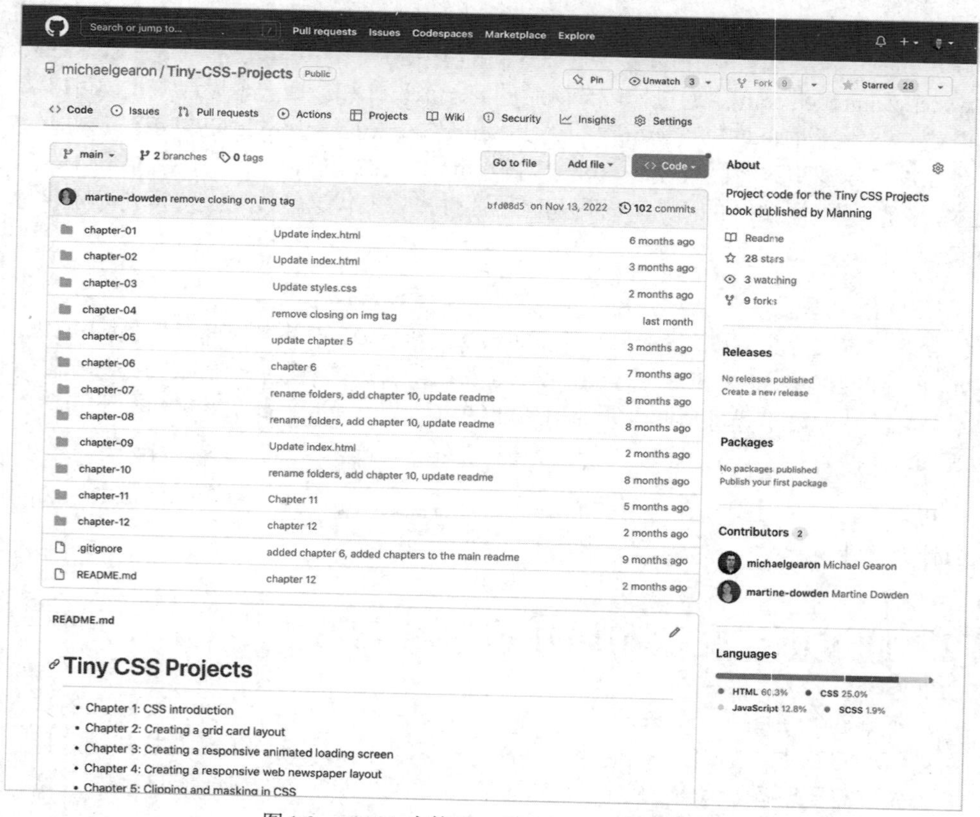

图 1-2　GitHub 上的 Tiny-CSS-Projects 代码仓库

代码按章节组织在文件夹中。每一章的文件夹包含两个版本的代码：

- before——包含项目的起始代码。如果你要跟着某章进行编码，将需要这个版本。
- after——包含某章结束时应用了所示 CSS 的已完成项目。

通过屏幕顶部的 Code 下拉菜单，你可以下载(或者，如果你熟悉 Git，可以克隆)这个项目。如果你要跟着本章进行编码，应从第 1 章的“before”文件夹中获取文件，然后将它们复制到项目文件夹或代码编辑器中。在那里，你会找到一个 HTML 文件，其中包含一些起始代码，还有一个空的 CSS 文件。如果在 Web 浏览器中打开 HTML 文件，或者将<body>标签中的内容复制到 CodePen 中，你会发现这些内容除了浏览器提供的默认样式外没有其他样式(见图 1-3)。现在，你已经准备好使用 CSS 为内容添加样式，参见代码清单 1-1。

Title of our article (heading 1)

Posted on May 16 by Lisa.

Lorem ipsum dolor sit amet, consectetur adipiscing elit. Pellentesque tincidunt dapibus eleifend. Nam eu urna ipsum. Etiam consequat ac dolor et dapibus. Duis eros arcu, interdum eu volutpat ac, lacinia a tortor. Vivamus justo tortor, porttitor in arcu nec, pretium viverra ipsum. Nam sit amet nibh magna. Sed ut imperdiet orci, id finibus justo. Maecenas magna mauris, tempor nec tempor id, aliquam et nibh. Nunc elementum ut purus id eleifend. Phasellus pulvinar dui orci, sed eleifend magna ullamcorper sit amet. Proin iaculis lacus congue aliquam sodales.

1. List item 1
   - Nested item 1
   - Nested item 2
2. List item 2
3. List item 3
4. List item 4

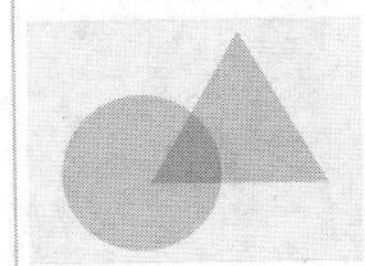

Curabitur id augue nulla. Aliquam purus urna, aliquam eu ornare id, maximus et tellus. Aliquam eleifend sem vitae urna blandit, non bibendum tellus dignissim. Aliquam imperdiet imperdiet sapien sit amet consectetur. Nam convallis turpis felis, sedvulputate lacus eleifend a. Mauris pharetra imperdiet lacinia. Sed sit amet feugiat lectus, in consectetur magna. Vestibulum accumsan porta enim at ultricies. Vestibulum vitae massa quis massa dignissim imperdiet.

Nunc eleifend nulla lobortis porta rhoncus. Vivamus feugiat, sem vitae feugiat aliquam, orci nulla venenatis libero, vitae rhoncus nibh neque ac velit.

Etiam tempor vulputate varius. Duis at metus ut eros ultrices facilisis. Donec ut est finibus, egestas nisl eu, placerat neque. Pellentesque cursus, turpis nec sollicitudin sodales, nis tellus ultrices lectus, nec facilisis purus neque vitae diam. Nunc eleifend nulla lobortis porta rhoncus. Vivamus feugiat, sem vitae feugiat aliquam, orci nulla venenatis libero, vita rhoncus nibh neque ac velit. Donec non fringilla magna. Vivamus eleifend ligula libero, fermentum imperdiet arcu viverra in. Vivamus pellentesque odio interdum mauris aliquam scelerisque.

Heading 2

In ac euismod tortor. Vivamus vitae velit efficitur, mattis turpis quis, tincidunt elit. In eleifend in dolor id aliquet. Vivamus pellentesque erat a magna ultricies rhoncus. Vestibulun at mattis purus, non lobortis risus. Mauris porta ullamcorper mollis. Sed et placerat nisi, quis porttitor lacus. Curabitur sagittis nisl egestas ipsum tristique, eu semper erat gravida. Vestibulum sagittis quam sit amet tristique ultricies.

In id lobortis leo. Nullam commodo tortor eu neque tempus accumsan. Vivamus molestie, felis consequat consequat iaculis, justo massa porttitor tellus, ac suscipit urna erat eu erat. Nunc malesuada eleifend erat nec pharetra. Sed eu magna iaculis, elementum dui ac, sagittis augue. Nam sit amet risus dapibus massa rutrum faucibus. Sed rhoncus finibus magna, vel tristique sem bibendum nec.

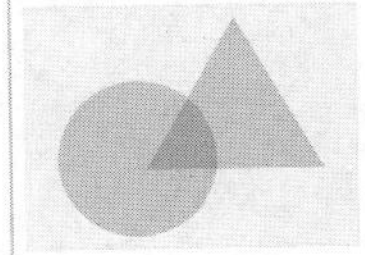

Heading 3

Mauris sit amet tempor ex. Morbi eu semper velit. Nullam hendrerit urna pellentesque, interdum lectus volutpat, gravida odio. Sed vulputate eget ante vel vehicula. Curabitur ac velit sed magna malesuada hendrerit. Vestibulum ante ipsum primis in faucibus orci luctus et ultrices posuere cubilia curae; Ut volutpat nisi purus. Morbi venenatis fermentum commodo. Nam accumsan mollis neque non interdum. Aenean cursus metus ac est gravida, placerat interdum justo pellentesque. Duis nec scelerisque lacus, elementum tincidunt est. Maecenas et leo justo. Nam porta risus porttitor vulputate laoreet. Nulla sodales sagittis nulla, non viverra erat consectetur et.

图 1-3　示例文章的起始 HTML

注意　CodePen 会自动处理<head>标签中的信息。因此，如果在 CodePen 或类似的在线编辑器中跟随操作，将只需要复制<body>标签内的代码。

代码清单 1-1　起始 HTML

```
<!doctype html>
<html lang="en">
  <head>
  <meta charset="utf-8">
  <meta name="viewport" content="width=device-width, initial-scale=1">
  <title>Chapter 1 - CSS introduction</title>
  <link rel="stylesheet" href="styles.css">
</head>
<body>
  <img src="sample-image.svg" width="100" height="75" alt="">
  <article>
    <header>
        <h1>Title of our article (heading 1)</h1>
        <p>
           Posted on
           <time datetime="2015-05-16 19:00">May 16</time>
           by Lisa.
        </p>
  </header>
  <p>Lorem ipsum dolor sit amet, …</p>
  <ol class="ordered-list">
    <li>List item 1
      <ul>
        <li>Nested item 1</li>
        <li>Nested item 2</li>
      </ul>
     </li>
     <li>List item 2</li>
     <li>List item 3</li>
     <li>List item 4</li>
  </ol>
  <img src="sample-image.svg" width="200" height="150" alt="">
  <p>Curabitur id augue nulla ...</p>
  <blockquote id="quote-by-author">
    Nunc eleifend nulla lobortis ...
  </blockquote>
  <p>Etiam tempor vulputate varius ...</p>
  <h2>Heading 2</h2>
  <p>
     In ac euismod tortor ...
     <a target="_blank" href="#">In eleifend in dolor id aliquet</a>
     ...
  </p>
  <p>In id lobortis leo ...</p>
  <img src="sample-image.svg" width="200" height="150" alt="">
  <h3>Heading 3</h3>
  <p>
    Mauris sit amet tempor ex ...
```

```
    <a href="#">Sed vulputate eget ante vel vehicula</a>.
    Curabitur ac velit sed ...
  </p>
  <p>Quisque vel erat et ...</p>
  <h4 class="small-heading">Heading 4</h4>
  <p>Aliquam porttitor, ex ...
    <a href="#">Cras sed finibus libero</a>
    Duis lobortis, ipsum ut consectetur...
  </p>
  <h2>Heading 2</h2>
  <h3>Heading 3</h3>
  <svg xmlns="http:/ /www.w3.org/2000/svg" width="300" height="150">
    <circle cx="70" cy="70" r="50"></circle>
    <rect y="80" x="200" width="50" height="50" />
  </svg>
  <h4>Heading 4</h4>
  <h5 class="small-heading">Heading 5</h5>
  <p>In finibus ultrices nulla ut rhoncus ...</p>
  <h6 class="small-heading">Heading 6</h6>
  <p lang="it">Questo paragrafo è definito in italiano.</p>
  <ul class="list">
    <li>List item 1
      <ul>
        <li>Nested item 1</li>
        <li>Nested item 2</li>
      </ul>
    </li>
    <li>List item 2</li>
    <li>List item 3</li>
    <li>List item 4</li>
  </ul>
  <footer>
    <p>Footer text</p>
  </footer>
  </article>
  <p>Nam rutrum nunc at lectus...</p>
</body>
</html>
```

1.3 向 HTML 添加 CSS

在使用 CSS 进行样式设计时，有三种方法可将 CSS 应用到 HTML 上：

- 内联 CSS
- 嵌入式 CSS
- 外部 CSS

1.3.1 内联 CSS

可以通过给元素添加 style 属性来内联 CSS。这种方法要求直接在 HTML 中将 CSS

添加到元素中。

属性总是在开始标签中指定，通常由属性名称(在本例中是 style)组成。属性之后有时候会跟随等号(=)以及用引号括起来的属性值。所有 CSS 代码都必须放在这对引号之间。

举个例子，把标题的文字颜色设置为深红色：<h1 style="color: crimson">Title of our article(heading 1)</h1>。如果我们保存 HTML 文件并在浏览器中查看，会看到标题的颜色变成了深红色。如果我们使用的是代码编辑器而不是网络开发工具(如 CodePen)，那么需要刷新浏览器页面才能看到更改效果。图 1-4 展示了这个效果。注意，唯一受到影响的元素是应用了此样式的<h1>标签。

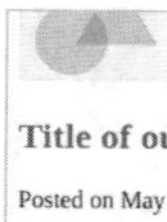

Title of our article (heading 1)

Posted on May 16 by Lisa.

Lorem ipsum dolor sit amet, consectetur adipiscing elit. Pellentesque tincidunt dapibus eleifend. Nam eu urna ipsum. Etiam consequat ac dolor et dapibus. Duis eros arcu, interdum eu volutpat ac, lacinia a tortor. Vivamus justo tortor, porttitor in arcu nec, pretium viverra ipsum. Nam sit amet nibh magna. Sed ut imperdiet orci, id finibus justo. Maecenas magna mauris, tempor nec tempor id, aliquam et nibh. Nunc elementum ut purus id eleifend. Phasellus pulvinar dui orci, sed eleifend magna ullamcorper sit amet. Proin iaculis lacus congue aliquam sodales.

1. List item 1
   - Nested item 1
   - Nested item 2
2. List item 2
3. List item 3
4. List item 4

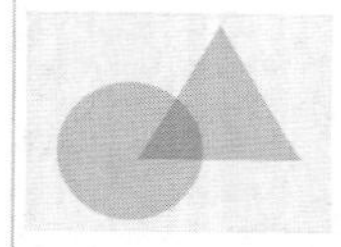

Curabitur id augue nulla. Aliquam purus urna, aliquam eu ornare id, maximus et tellus. Aliquam eleifend sem vitae urna blandit, non bibendum tellus dignissim. Aliquam imperdiet imperdiet sapien sit amet consectetur. Nam convallis turpis felis, sedvulputate lacus eleifend a. Mauris pharetra imperdiet lacinia. Sed sit amet feugiat lectus, in consectetur magna. Vestibulum accumsan porta enim at ultricies. Vestibulum vitae massa quis massa dignissim imperdiet.

Nunc eleifend nulla lobortis porta rhoncus. Vivamus feugiat, sem vitae feugiat aliquam, orci nulla venenatis libero, vitae rhoncus nibh neque ac velit.

Etiam tempor vulputate varius. Duis at metus ut eros ultrices facilisis. Donec ut est finibus, egestas nisl eu, placerat neque. Pellentesque cursus, turpis nec sollicitudin sodales, nisi tellus ultrices lectus, nec facilisis purus neque vitae diam. Nunc eleifend nulla lobortis porta rhoncus. Vivamus feugiat, sem vitae feugiat aliquam, orci nulla venenatis libero, vitae rhoncus nibh neque ac velit. Donec non fringilla magna. Vivamus eleifend ligula libero, fermentum imperdiet arcu viverra in. Vivamus pellentesque odio interdum mauris aliquam scelerisque.

Heading 2

In ac euismod tortor. Vivamus vitae velit efficitur, mattis turpis quis, tincidunt elit. In eleifend in dolor id aliquet. Vivamus pellentesque erat a magna ultricies rhoncus. Vestibulum at mattis purus, non lobortis risus. Mauris porta ullamcorper mollis. Sed et placerat nisi, quis porttitor lacus. Curabitur sagittis nisl egestas ipsum tristique, eu semper erat gravida.

图 1-4　深红色的标题

内联 CSS 的一个不足之处是它具有 CSS 中的最高特异性级别，我们即将更详细地讨论这一点。另一个主要不足之处是内联 CSS 可能会很快变得难以管理。假设 HTML 文档中有 20 个段落。为了确保所有段落都具有相同的外观，需要应用相同的样式属性和 CSS 规则 20 次。这种情况涉及两个问题：

- 关注点不再分离。负责内容的 HTML 和负责样式的 CSS 现在位于同一个地方，并且紧密耦合在一起。
- 由于在许多地方重复使用代码，因此很难保持样式的一致性。

内联 CSS 的优点在于页面加载性能。浏览器首先加载 HTML 文件，然后加载其呈现页面所需的其他文件。当 CSS 已经包含在 HTML 文件中时，浏览器不必等待从单独位置加载 CSS。下面撤销对<h1>添加的样式，并探讨另一种与内联 CSS 具有相同优点但缺点较少的技术。

1.3.2　嵌入式 CSS

为了解决重复代码的问题，可以将 CSS 嵌入一个内部的<style>元素中。这个<style>元素必须放在起始<head>标签和结束<head>标签之间。若要将所有的标题元素都设置为深红色，可以使用代码清单 1-2 中的代码片段。

代码清单 1-2　嵌入式 CSS

```
<!DOCTYPE html>
<html lang="en">
  <head>
    ...
  <style>
    h1, h2, h3, h4, h5, h6 {
      color: crimson;
    }
  </style>
  </head>
  <body>
    ...
  </body>
</html>
```

这种方法的好处在于现在我们将所有的 CSS 都集中在一起，并且 CSS 将应用于整个 HTML 文档。在本示例中，该网页中的所有标题(<h1>、<h2>、<h3>、<h4>、<h5>和<h6>)都将呈现深红色，如图 1-5 所示(注意，本书是黑白印刷，读者可扫描封底二维码，下载和查看彩图，后同)。

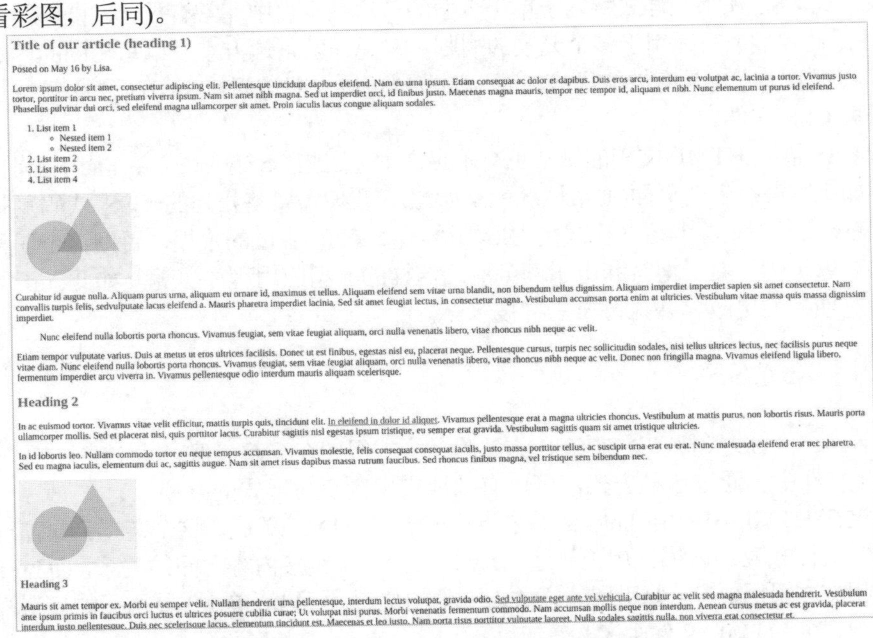

图 1-5　将样式应用于所有标题后的效果

与内联 CSS 相比，嵌入式 CSS 在书写方式上有所不同。当编写嵌入式 CSS 时，我们创建了所谓的规则集(ruleset)，这些规则集由图 1-6 显示的部分组成。

规则中定义将样式应用于哪些元素的部分被称为选择器。图 1-6 中的规则将应用于所有<h1>元素；它的选择器是 h1。

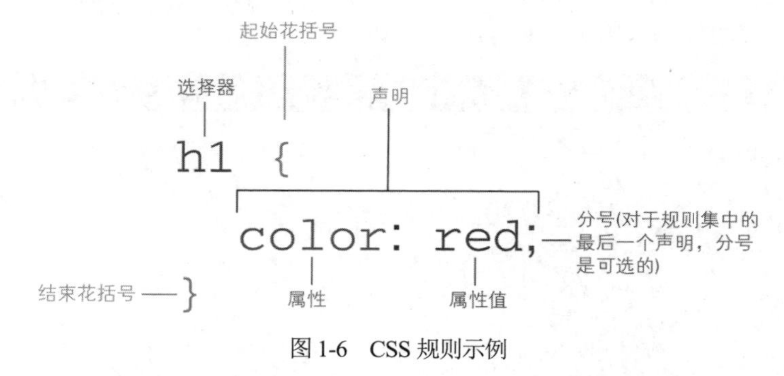

图 1-6　CSS 规则示例

若要应用多个选择器，可将它们写成以逗号分隔的列表，并将其放在起始花括号前。例如，若要选择所有的<h1>和<h2>元素，可以写 h1, h2 { ... }。

声明包含属性(在这里是 color)、属性后的冒号及冒号后的属性值(red)。声明定义了所选元素的样式。需要注意的是，属性和值必须使用美式英语书写，其他拼写变体(如 colour 和 capitalise)不受支持，因为浏览器无法识别它们。当浏览器遇到无效的 CSS 时，会忽略它。如果一个规则集中有一个无效的声明，那么仍然会应用有效的声明，只有无效的部分会被忽略。

嵌入式 CSS 在那些样式特定于单个页面的一次性网页中非常有效。它能够很好地组织 CSS，让我们编写适用于多个元素的规则，以免在多个地方重复编写相同的样式。与内联样式相似，它也具有性能优势，因为浏览器可以立即访问 CSS，而不必等待从不同位置获取 CSS 文件。

将 CSS 嵌入 HTML 文档的做法也有不足之处：这些 CSS 样式只会作用于当前文档。因此，如果网站有多个页面(通常情况就是如此)，我们需要将相同的 CSS 代码复制到每个 HTML 文档中。除非这些样式是由后端语言(如 PHP)生成的模板，否则这个任务将迅速变得难以维护，对于博客和电子商务网站这样的大型应用程序，尤其如此。接下来再次撤销对项目的更改，并探讨第三种技术。

1.3.3　外部 CSS

与嵌入式 CSS 类似，外部 CSS 方法将各样式组织在一起，但它将 CSS 放在一个独立的.css 文件中。通过这种方式，可以有效地实现内容与样式的解耦。

通过在 HTML 中使用<link>标签来将样式表与 HTML 关联。这个链接元素需要两个属性来定义样式表：rel 属性用于描述 HTML 文档与所链接内容之间的关系，而 href 属性则表示超文本引用，指示要引用的样式表文件的位置。代码清单 1-3 展示了如何将样式表链接到项目的 HTML 文件中。

代码清单 1-3　将外部 CSS 应用到 HTML

```
<!DOCTYPE html>
<html>
<head>
  <link rel="stylesheet" href="styles.css">
</head>
<body>
  <h1>Inline CSS</h1>
</body>
</html>
```

这是我们在互联网上经常见到的方法，因此也是本书中将一直使用的方法。外部样式表的优点是 CSS 集中在一个单独的文档中，只需要修改一次，即可在所有 HTML 页面中应用更改。这种方法的缺点是浏览器需要额外的请求来获取该文档，因此，相比于将 CSS 直接嵌入 HTML 中，使用外部 CSS 会使你失去一定的性能优势。

1.4　CSS 中的层叠

我们需要理解 CSS 的一个基本特性——层叠。CSS 是围绕层叠的概念构建的，这个概念允许多个样式表在网页呈现时相互影响，从而实现样式的层叠和继承。

因此，在使用浏览器的开发者工具检查元素时，有时会看到多个 CSS 值争取成为浏览器渲染的值。浏览器通过特异性来决定要将哪些 CSS 属性值应用于元素。特异性允许浏览器(或用户代理)确定哪些声明与 HTML 相关，并将这些样式应用于该元素。

特异性计算的一个方面是样式表应用的顺序。当多个样式表被应用时，后面的样式表中的样式将覆盖前面样式表提供的样式。换句话说，假设使用相同的选择器，最后一个声明的样式将胜出。CSS 有三种不同的样式表来源：

- 用户代理样式表
- 作者样式表
- 用户样式表

1.4.1　用户代理样式表

第一个来源是浏览器的默认样式。打开项目后，在你添加任何样式之前，各元素并非都呈现相同的样式。例如，标题比文本更大、更醒目。这种样式是由用户代理样式表定义的。这些样式表在三种类型中优先级最低，而且我们会发现不同的浏览器对 HTML 属性的呈现略有不同。

通常情况下，用户代理(user-agent，UA)样式表会为表单元素(如文本输入框和进度条)设置字体大小、边框样式以及一些基本的布局。这在无法找到用户样式表或发生文件加载错误时非常有用。UA 样式表提供了一些备用样式，使页面更易于阅读，并保持了不同元素类型之间的视觉区分。

1.4.2 作者样式表

开发者编写的样式表被称为作者样式表，在浏览器中显示样式时通常具有第二高的优先级。当创建网页时，开发者编写并应用于网页的 CSS(嵌入式、外部或内联)都属于作者样式表。

1.4.3 用户样式表

访问网页的用户可以使用自定义样式表来覆盖作者样式表和用户代理样式表。这个选项可以改善用户的体验。

用户可能因各种原因而使用自定义样式表，比如设置最小字号、选择自定义字体、提高对比度或增大元素间的间距。用户可将自定义样式表应用于网页，而这些样式表的应用方式取决于浏览器，通常通过浏览器设置或插件来实现。

用户样式表仅适用于添加它的用户，并且仅在应用它的浏览器中有效。这些更改能否在不同设备间同步取决于浏览器本身以及它同步用户设置和已安装插件的能力。

1.4.4 CSS 重置

浏览器提供的默认样式并不一致，每个浏览器都有自己的样式表。例如，谷歌公司的 Chrome 的默认样式与苹果公司的 Safari 有所不同。当我们希望在所有浏览器中实现相同外观的应用程序时，这种差异可能会带来一些挑战。

幸运的是，有两种选择：CSS 重置和 CSS 标准化器(如 Normalize.css：https://github.com/necolas/normalize.css)。尽管它们都可用于解决跨浏览器样式问题，但工作方式完全不同。

通过使用 CSS 重置，可撤销浏览器的默认样式；告诉浏览器我们不希望有任何默认样式。在没有应用任何作者样式的情况下，所有元素(无论它们是什么)看起来都像纯文本(见图 1-7)。

要将 CSS 重置应用于项目，首先需要创建一个重置样式表并将其添加到项目中。在项目文件夹中，创建一个名为 reset.css 的文件，然后将重置的 CSS 代码复制到该文件中。有许多重置选项可供选择；其中一个常用的选项可以在 https://meyerweb.com/eric/tools/css/reset 找到。

Title of our article (heading 1)
Posted on May 16 by Lisa.
Lorem ipsum dolor sit amet, consectetur adipiscing elit. Pellentesque tincidunt dapibus eleifend. Nam eu urna ipsum. Etiam consequat ac dolor et dapibus. Duis eros arcu, interdum eu volutpat ac, lacinia a tortor. Vivamus justo tortor porttitor in arcu nec, pretium viverra ipsum. Nam sit amet nibh magna. Sed ut imperdiet orci, id finibus justo. Maecenas magna mauris, tempor nec tempor id, aliquam et nibh. Nunc elementum ut purus id eleifend. Phasellus pulvinar dui orci, sed eleifend magna ullamcorper sit amet. Proin iaculis lacus congue aliquam sodales.
List item 1
Nested item 1
Nested item 2
List item 2
List item 3
List item 4

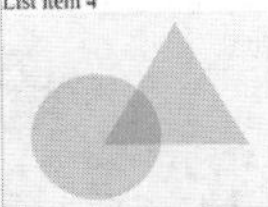

Curabitur id augue nulla. Aliquam purus urna, aliquam eu ornare id, maximus et tellus. Aliquam eleifend sem vitae urna blandit, non bibendum tellus dignissim. Aliquam imperdiet imperdiet sapien sit amet consectetur. Nam convallis turpis felis, sedvulputate lacus eleifend a. Mauris pharetra imperdiet lacinia. Sed sit amet feugiat lectus, in consectetur magna. Vestibulum accumsan porta enim at ultricies. Vestibulum vitae massa quis massa dignissim imperdiet.
Nunc eleifend nulla lobortis porta rhoncus. Vivamus feugiat, sem vitae feugiat aliquam, orci nulla venenatis libero, vitae rhoncus nibh neque ac velit.
Etiam tempor vulputate varius. Duis at metus ut eros ultrices facilisis. Donec ut est finibus, egestas nisl eu, placerat neque. Pellentesque cursus, turpis nec sollicitudin sodales, nisi tellus ultrices lectus, nec facilisis purus neque vitae diam. Nunc eleifend nulla lobortis porta rhoncus. Vivamus feugiat, sem vitae feugiat aliquam, orci nulla venenatis libero, vitae rhoncus nibh neque ac velit. Donec non fringilla magna. Vivamus eleifend ligula libero, fermentum imperdiet arcu viverra in. Vivamus pellentesque odio interdum mauris aliquam scelerisque.
Heading 2
In ac euismod tortor. Vivamus vitae velit efficitur, mattis turpis quis, tincidunt elit. In eleifend in dolor id aliquet. Vivamus pellentesque erat a magna ultricies rhoncus. Vestibulum at mattis purus, non lobortis risus. Mauris porta ullamcorper mollis. Sed et placerat nisi, quis porttitor lacus. Curabitur sagittis nisl egestas ipsum tristique, eu semper erat gravida. Vestibulum sagittis quam sit amet tristique ultricies.
In id lobortis leo. Nullam commodo tortor eu neque tempus accumsan. Vivamus molestie, felis consequat consequat iaculis, justo massa porttitor tellus, ac suscipit urna erat eu erat. Nunc malesuada eleifend erat nec pharetra. Sed eu magna iaculis, elementum dui ac, sagittis augue. Nam sit amet risus dapibus massa rutrum faucibus. Sed rhoncus finibus magna, vel tristique sem bibendum nec.

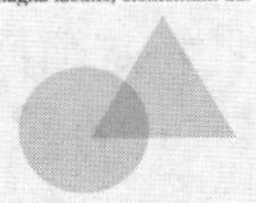

Heading 3
Mauris sit amet tempor ex. Morbi eu semper velit. Nullam hendrerit urna pellentesque, interdum lectus volutpat, gravida odio. Sed vulputate eget ante vel vehicula. Curabitur ac velit sed magna malesuada hendrerit. Vestibulum ante ipsum primis in faucibus orci luctus et ultrices posuere cubilia curae; Ut volutpat nisi purus. Morbi venenatis fermentum commodo. Nam accumsan mollis neque non interdum. Aenean cursus metus ac est gravida, placerat interdum justo pellentesque. Duis nec scelerisque lacus, elementum tincidunt est. Maecenas et leo justo. Nam porta risus porttitor vulputate laoreet. Nulla sodales sagittis nulla, non viverra erat consectetur et.
Quisque vel erat et leo efficitur sollicitudin. Donec id ipsum eget lacus pellentesque consequat. Praesent id justo tellus. Maecenas convallis magna ut diam euismod, et porta lacus lacinia. Sed a placerat justo. Quisque dictum augue quis dapibus posuere. Sed rutrum sed leo eget pretium. Donec fermentum varius vestibulum. Nam ultrices ornare risus, vel malesuada sapien volutpat ac. Duis sit amet leo ut metus dignissim sollicitudin nec eget diam. Nullam tortor erat, tincidunt ut venenatis at, lacinia in libero. Mauris feugiat commodo lectus eget hendrerit. Curabitur pharetra cursus eleifend.
Heading 4
Aliquam porttitor, ex sed suscipit scelerisque, arcu urna rhoncus lacus, eget aliquam enim quam ut lacus. Cras sed finibus libero. Duis lobortis, ipsum ut consectetur eleifend, libero magna ullamcorper ex, eget eleifend mi risus in erat. Ut consequat nunc diam, et convallis orci efficitur id. Etiam finibus metus a bibendum lobortis. Sed est turpis, maximus id magna vitae, lobortis faucibus turpis. Maecenas in ipsum ut nibh dignissim venenatis. Aenean laoreet, arcu a ornare feugiat, augue enim bibendum leo, in dapibus tortor ipsum nec massa. Pellentesque mollis massa magna, imperdiet elementum justo sodales vitae.
Heading 2
Heading 3

图 1-7　应用 CSS 重置后的网页

最后，需要将样式表链接到 HTML 文档中。由于顺序很重要，要确保在<head>中将重置的 CSS 放在作者样式之前。因此，示例的 HTML 将如代码清单 1-4 所示。

页面加载性能

为了提高可读性，应将重置样式和自定义样式放在不同的文件中，这样会更加井井有条。然而，这种方法可能对页面加载性能产生不利影响。

在实际生产环境中，通常会选择以下方法之一：

- 将重置 CSS 放在与自定义样式合并的同一个文件的开头，这样我们只需要加载一个样式表。可以手动执行此操作，或者将其纳入构建过程中以通过自动化的方式完成。
- 在加载自定义的样式前，通过内容交付网络(content delivery network，CDN)加载重置代码。通过这种方式，可提高用户在其本地缓存该代码的可能性。

代码清单 1-4　添加 CSS 重置

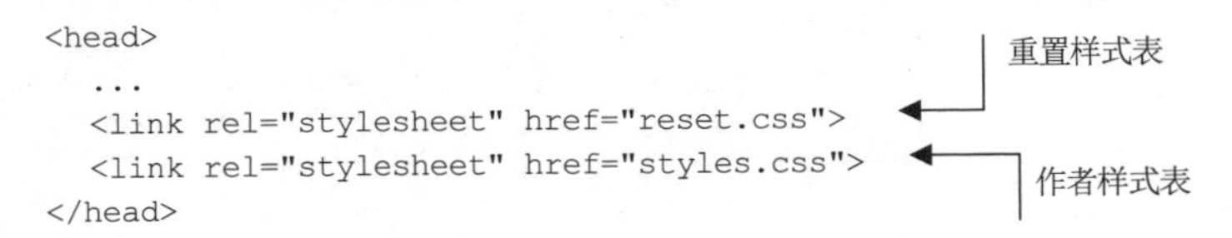

```
<head>
  ...
  <link rel="stylesheet" href="reset.css">
  <link rel="stylesheet" href="styles.css">
</head>
```


CSS 重置的优点在于允许我们从一个空白的状态开始。如图 1-7 所示，现在所有的元素都呈现为纯文本。然而，其不足之处在于需要为所有元素定义基本样式，包括为列表添加项目符号并区分不同级别的标题。此外，每个版本的 CSS 重置都会略有不同，这取决于版本和编写它的开发人员。

另一种选择是使用标准化器。与重置样式不同，标准化器专门处理在不同浏览器中存在差异的元素，并应用规则来使它们达到一致的标准。

1.4.5 标准化器

与 CSS 重置类似，标准化器的样式会因版本和作者而略有不同。一个常用的 CSS 标准化器可以在 https://necolas.github.io/normalize.css 找到。可采用类似方式将其应用到项目中，方法是创建一个文件，将代码复制到文件中，然后将该文件链接到 HTML 文件中。需要注意的是，这里也需要考虑相同的性能因素。

应用标准化器(见图 1-8)后，HTML 的外观与最初一致，因为它主要处理此特定项目中未使用的元素的差异。根据所使用的浏览器，我们可能会注意到<h1>标签大小的差异。

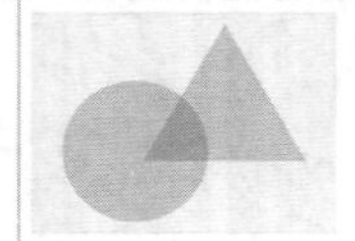

图 1-8 将标准化器应用于示例项目后的效果

好消息是，与十多年前相比，用户代理(UA)样式表的差异问题要少得多。如今，浏览器在样式方面更趋一致，因此究竟使用 CSS 重置还是标准化器主要取决于个人习惯，这并不要紧。

然而，仍然存在一些差异。无论使用 CSS 重置还是标准化器，都应该在各种设备和浏览器上测试代码。

1.4.6　!important 注释

你可能在一些样式表中看到了!important 注释。通常情况下，当其他方法都无法生效时，这是最后的手段，它可以用来覆盖特异性，声明某个值具有最高的优先级。然而，与强大的能力相伴而来的是巨大的责任。实际上，!important 注释最初是作为辅助功能的一部分创建的。

还记得我们曾经谈到用户能够应用自定义的样式以改善其体验吗？这个注释的初衷是帮助用户定义自己的样式，而不必担心特异性的问题。由于它会覆盖其他所有样式，因此它确保用户的样式始终具有最高的优先级，因此总是被应用。

在作者样式表中使用!important 被认为是不良实践，因此我们通常应该避免使用它。此外，这个注释破坏了 CSS 的自然层叠，可能使样式表的管理变得更加困难。

1.5　CSS 中的特异性

当一个元素上应用了多个属性值时，其中一个属性值会胜出。可通过一个多步骤的过程来确定胜出的属性值。目前，暂时忽略!important(见 1.4.6 节)，因为它会打破正常的层叠规则；稍后会再来讨论它。

先查看属性值的来源。任何在规则中明确定义的值都会覆盖继承的值。例如，在代码清单 1-5 和代码清单 1-6 中，如果将<body>元素的字体颜色设置为红色，那么<body>内部的元素将具有红色文本。

字体颜色会被子元素继承。如果我们在<body>内的段落上明确设置了不同的颜色，那么段落上更具体的蓝色值将覆盖继承的红色值。因此，该段落的文本颜色将是蓝色。

代码清单 1-5　继承的示例(HTML)

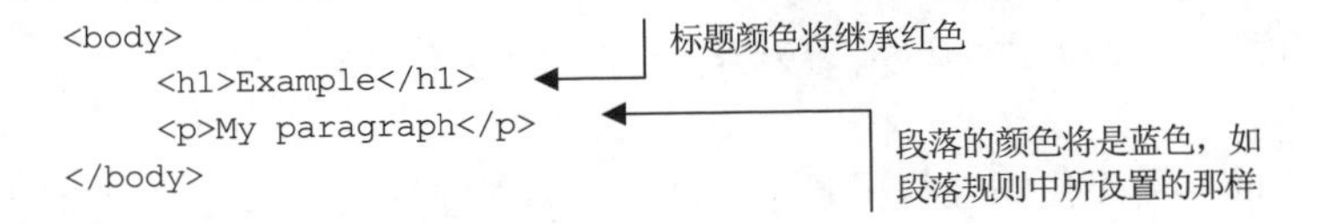

<body>
<h1>Example</h1>
<p>My paragraph</p>
</body>
标题颜色将继承红色
段落的颜色将是蓝色，如段落规则中所设置的那样

代码清单 1-6　继承的示例(CSS)

```
body { color: red }
p { color: blue }
```

并非所有属性值都会被继承。与主题相关的样式(如颜色和字体大小)通常会被传递给子元素；但与布局有关的样式通常不会被传递给子元素。这个规则相对宽泛(有一些特定的例外情况)，但可以作为一个良好的起点。在项目中，我们将具体情况具体分析，逐个讨论这些例外情况。

如果属性值不会被继承，浏览器会考虑所使用的选择器类型，并进行数学计算来确定特异性值。我们将在 1.6 节更详细地讨论每种选择器类型，但先来看看这个数学计算是如何应用的。

浏览器会审查选择器，对规则中使用的选择器进行分类，并分配相应的值。然后，它将这些值相加，得到最终的特异性值。最终的特异性值决定了样式规则的优先级，数值越大，优先级越高，因此在图 1-9 中，规则❶的最终特异性值大于规则❷的，因此规则❶胜出。

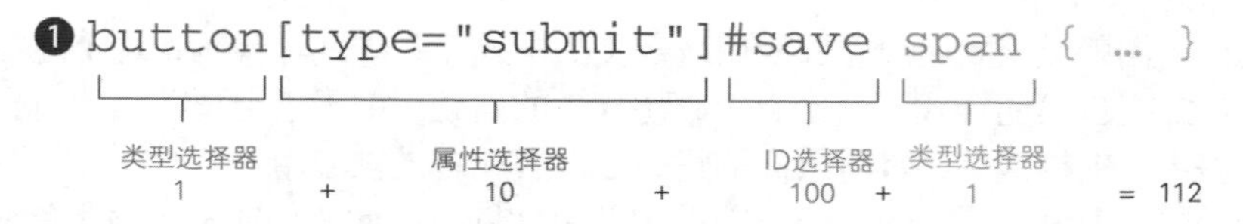

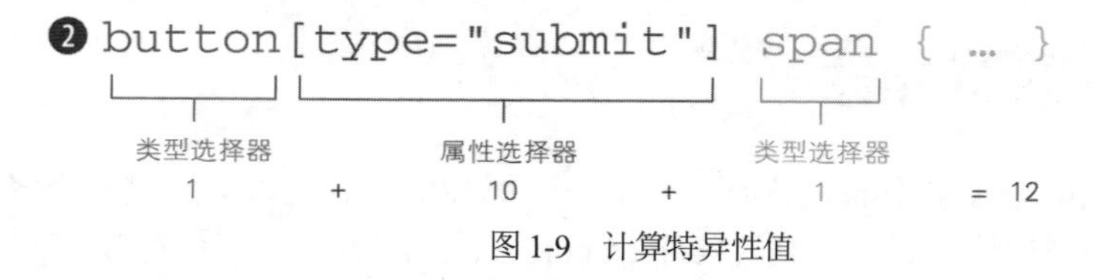

图 1-9　计算特异性值

下面列出了不同选择器类型的特异性值。

- 100：ID 选择器
- 10：类(class)选择器、属性选择器和伪类选择器
- 1：类型(type)选择器和伪元素选择器
- 0：通用选择器

如果特异性值仍然相等，浏览器会查看样式来自哪个样式表。如果两个值来自同一个样式表，后面出现的值会胜出。如果这些值来自不同的样式表，那么处理顺序如下：

(1) 用户样式表

(2) 作者样式表(按照它们被导入的顺序；最后导入的样式表优先)

(3) UA 样式表

之前搁置了!important，现在我们理解了正常流程，可将它重新引入。当一个值带有!important 注释时，该过程将出现短路，带有注释的值自动获胜。

如果两个值都带有!important 注释，浏览器将遵循正常的层叠流程。图 1-10 显示了包括!important 声明在内的样式表优先顺序。

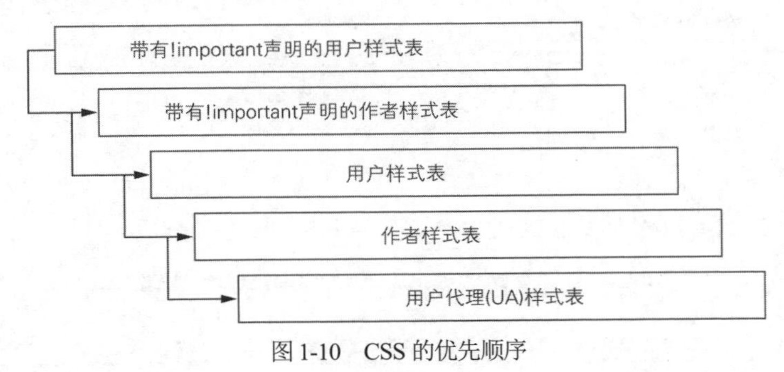

图 1-10　CSS 的优先顺序

我们已经知晓选择器的类型会影响特异性。接下来更详细地研究这些选择器，并在项目中使用它们。

1.6　CSS 选择器

选择器确定了要瞄准的 HTML 元素。在 CSS 中，有七种方式来瞄准要样式化的 HTML 元素，下面将讨论这些方式。

1.6.1　基本选择器

在将样式应用于 HTML 元素时，最常见的方法是根据元素的名称、ID 或类名来选择这些 HTML 元素。之所以经常使用这种方法，是因为这些元素的名称、ID 等与这些元素本身或在这些元素上设置的属性有一对一的映射关系。

类型选择器

类型选择器(type selector)通过元素名称来瞄准 HTML 元素。使用类型选择器的好处是，当阅读 CSS 时，可以快速确定在规则中进行更改时会影响哪些 HTML 元素。这个选择器不需要我们在 HTML 中添加任何特定的标记来瞄准元素。

使用一个类型选择器来选择所有的标题(<h1>到<h6>)并将它们的颜色改为深红色。CSS 代码将如下所示：

```
h1, h2, h3, h4, h5, h6 {
  color: crimson;
}
```

如图 1-11 所示，示例的标题已经变颜色了。

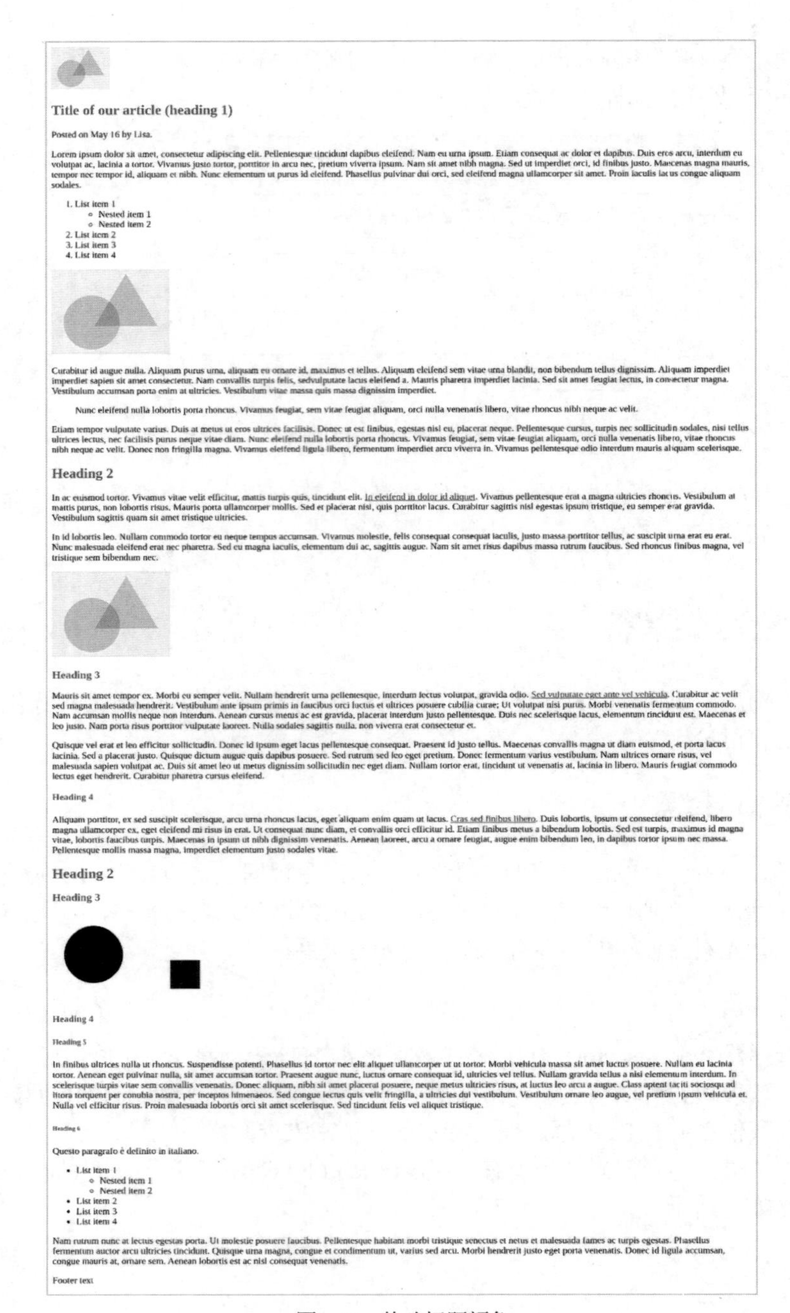

图 1-11　修改标题颜色

类选择器

可以在许多不同的元素上使用类选择器(class selector)。通过给元素应用一个类名，可对多个 HTML 元素进行分组，这样当我们应用样式时，这些样式将应用到具有该类名的所有元素上。

若要向 HTML 添加类，应使用 class 属性。在 class 属性中，可以添加任意多个值(或类名)，并用空格分隔每个类名。

我们有多种方式和方法来命名类，例如 BEM(Block, Element, Modifier，块、元素、修饰符；https://en.bem.info)方法和 SMACSS(Scalable and Modular Architecture for CSS，可扩展和模块化 CSS 架构；http://smacss.com)方法，它们是用于编写一致样式表的指南。这些方法有助于保持前端开发中样式的一致性和可维护性。

关键是编写对每个人都有意义的类名。例如，若给段落元素添加类名“text”，可能会引起极大的混淆。其他元素(如标题)也可以被视为文本(text)，因此你可能不清楚所指的是哪个具体元素。

基于特定样式(如颜色)来命名类的做法也可能具有危险性。例如，给元素添加类名“blue”，这在当下也许是可行的，但如果设计更改并且应用的颜色现已变成红色，那么这个类名将不再合理。

在示例 HTML 中，我们发现一些标题具有类名“small-heading”。我们将创建一个规则，选择“small-heading”并将元素的文本转换为大写。

若要选择类名“small-heading”，在 CSS 中，应首先输入点号(.)，然后是类名“small-heading”。接着将样式放入花括号中，如下所示：

```
.small-heading {
 text-transform: uppercase;
}
```

如图 1-12 所示，具有类名“small-heading”的标题已转换为大写。注意，其他标题不受影响，只有应用了该类的标题才会受到影响。

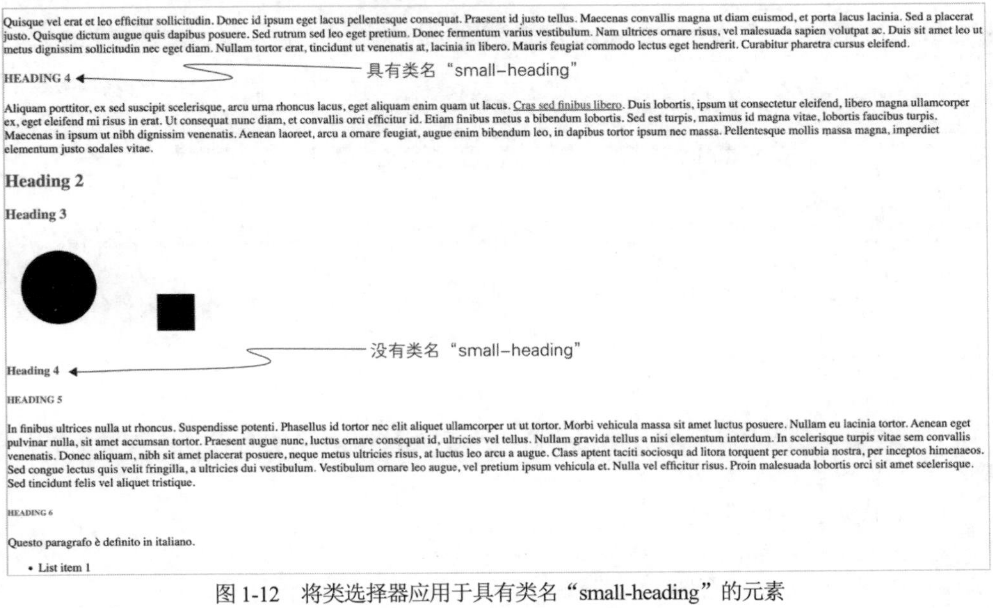

图 1-12　将类选择器应用于具有类名“small-heading”的元素

ID 选择器

在 HTML 中，ID 是唯一的。任何给定的 ID 在网页上应该只使用一次。如果一个 ID 被重复使用，代码将被视为无效的 HTML。这是 HTML 的规则之一，以确保文档的结构正确且不发生混乱。

通常情况下，应该避免使用 ID 选择器。因为 ID 在 HTML 中必须是唯一的，所以基于 ID 的规则不容易重复使用。此外，ID 选择器是最具特定性的选择器之一，这意味着使用 ID 选择器的样式很难被其他样式覆盖。除非元素的唯一性是关键因素，否则应该避免使用 ID 属性。这样可以更容易地管理和重用样式规则。

示例文章包含一个带有 ID 属性“quote-by-author”的引文块(blockquote)。在 CSS 中，若要选择这个引文块，应使用井号(#)，在井号后紧跟着要选择的 ID，ID 后是花括号，在花括号内放置声明，如代码清单 1-7 所示。

代码清单 1-7　ID 选择器

```
#quote-by-author {
  background: lightgrey;
  padding: 10px;
  line-height: 1.75;
}
```

图 1-13 展示了将代码应用到示例项目后的效果。

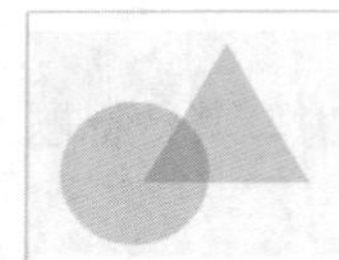

图 1-13　#quote-by-author 应用样式后的效果

1.6.2　组合器

另一种编写 CSS 的方法是使用组合器，它允许创建更复杂的 CSS 而不过多使用类名或 ID 名称。有四种组合器：

- 后代元素组合器(空格)
- 子元素组合器(>)
- 相邻同级元素组合器(+)

● 一般同级元素组合器(~)

一个重要概念是理解元素之间的关系。在接下来的几个示例中，我们将探讨如何利用元素之间的关系来选择不同的 HTML 元素，并为示例文章添加样式。图 1-14 展示了我们将要研究的关系类型。

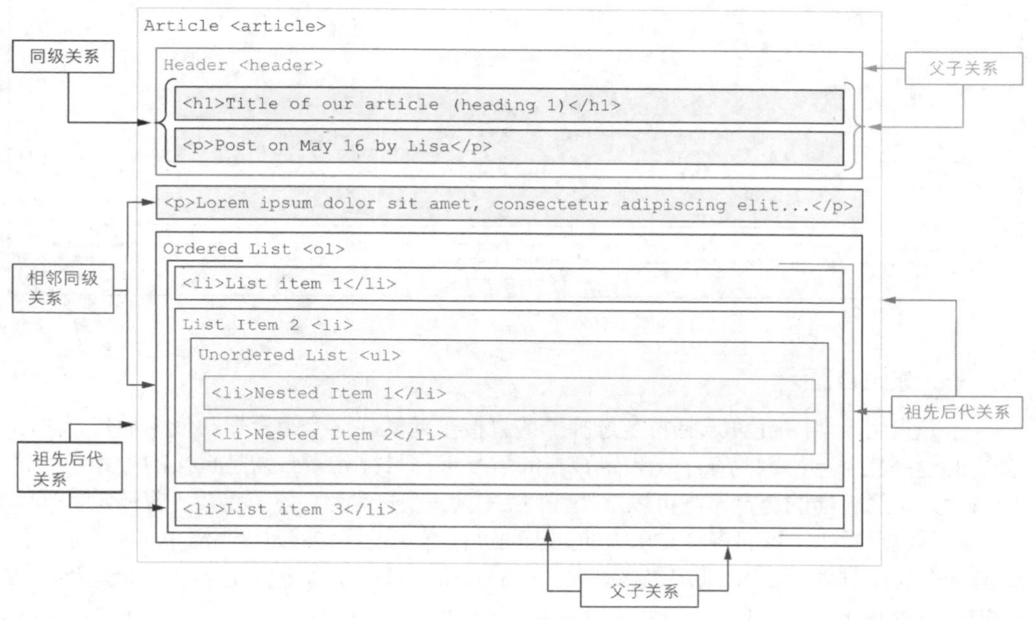

图 1-14　HTML 中元素之间的关系

后代元素组合器(空格)

使用后代元素组合器的选择器会选择父元素内的所有 HTML 元素。使用后代元素组合器的选择器由三个部分组成。第一部分是父元素，本例中是 article 元素。父元素后跟一个空格，然后是我们想要选择的任何元素。图 1-15 显示了这个语法。

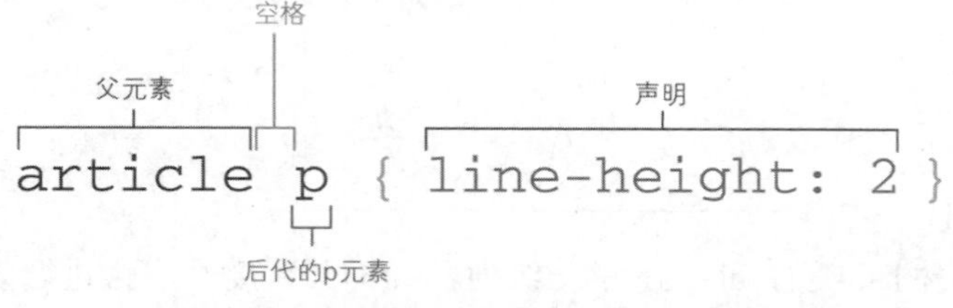

图 1-15　使用后代元素组合器的选择器示例

在这个示例中，浏览器会查找所有<article>元素，选择父级<article>元素中的所有后代段落(<p>)，并将文本设置为双倍行距。当应用这个选择器时，示例文章如图 1-16 所示。

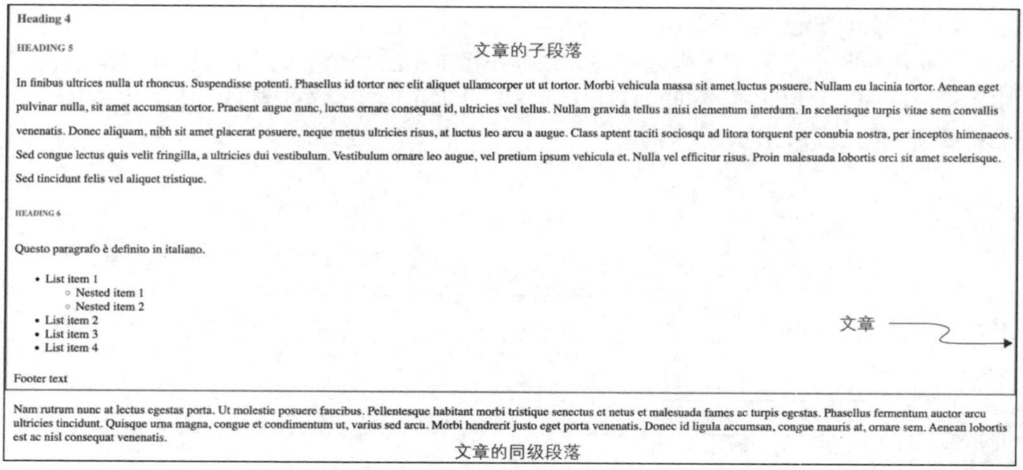

Heading 4

HEADING 5

文章的子段落

In finibus ultrices nulla ut rhoncus. Suspendisse potenti. Phasellus id tortor nec elit aliquet ullamcorper ut ut tortor. Morbi vehicula massa sit amet luctus posuere. Nullam eu lacinia tortor. Aenean eget pulvinar nulla, sit amet accumsan tortor. Praesent augue nunc, luctus ornare consequat id, ultricies vel tellus. Nullam gravida tellus a nisi elementum interdum. In scelerisque turpis vitae sem convallis venenatis. Donec aliquam, nibh sit amet placerat posuere, neque metus ultricies risus, at luctus leo arcu a augue. Class aptent taciti sociosqu ad litora torquent per conubia nostra, per inceptos himenaeos. Sed congue lectus quis velit fringilla, a ultricies dui vestibulum. Vestibulum ornare leo augue, vel pretium ipsum vehicula et. Nulla vel efficitur risus. Proin malesuada lobortis orci sit amet scelerisque. Sed tincidunt felis vel aliquet tristique.

HEADING 6

Questo paragrafo è definito in italiano.

- List item 1
  - Nested item 1
  - Nested item 2
- List item 2
- List item 3
- List item 4

文章

Footer text

Nam rutrum nunc at lectus egestas porta. Ut molestie posuere faucibus. Pellentesque habitant morbi tristique senectus et netus et malesuada fames ac turpis egestas. Phasellus fermentum auctor arcu ultricies tincidunt. Quisque urna magna, congue et condimentum ut, varius sed arcu. Morbi hendrerit justo eget porta venenatis. Donec id ligula accumsan, congue mauris at, ornare sem. Aenean lobortis est ac nisl consequat venenatis.

文章的同级段落

图 1-16 子段落具有双倍行距

子元素组合器(>)

子元素组合器(>)允许选择特定选择器的直接子元素。这个组合器与使用后代元素组合器的选择器不同，因为在子元素组合器的情况下，目标元素必须是直接的子元素。使用后代元素组合器的选择器则可以选择任何后代元素(子元素、孙子元素、曾孙元素等)。

在示例项目中，我们将对文章中的列表项进行样式设置。正如代码清单 1-8 所示，我们有一个无序列表(<ul>)，其中包含列表项(<li>)。第一个子元素拥有它自己的嵌套项，这些项将成为孙子元素和曾孙元素。

代码清单 1-8 HTML 列表项

```
<ul class="list">
  <li>List item 1
    <ul>
      <li>Nested item 1</li>
      <li>Nested item 2</li>
    </ul>
  </li>
  <li>List item 2</li>
  <li>List item 3</li>
  <li>List item 4</li>
</ul>
```

.list 的孙子元素

.list 的子元素

.list 的曾孙元素

父元素(.list)

我们将对包含 list 类的<ul>元素的一级列表项(即其直接子元素)进行样式设置，将它们的文字颜色设为深红色(crimson)，而不影响嵌套的列表项(曾孙元素)。因此，浏览器将检索包含 list 类的元素，只对其直接子元素(即列表项<li>)进行样式更改。我们将使用以下 CSS 规则：

```
.list > li { color: crimson; }
```

使用这个 CSS 规则以后，整个列表都会变成深红色，而不仅限于一级列表项。这是因为颜色被应用到<li>元素及其所有后代元素上。即使我们选择了直接子元素，由于颜色的继承性质，后代元素也会继承这个颜色。

因此，为了仅选择一级元素，需要添加第二条规则：

```
.list > li ul { color: initial }
```

这将使嵌套的列表项恢复到它们的初始颜色，如图 1-17 所示。

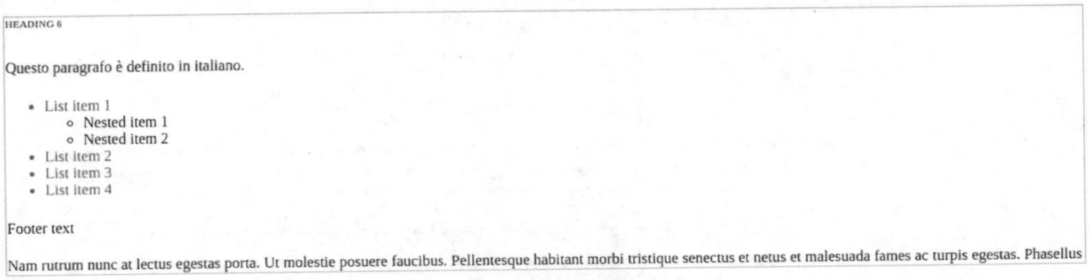

HEADING 6

Questo paragrafo è definito in italiano.

- List item 1
  - Nested item 1
  - Nested item 2
- List item 2
- List item 3
- List item 4

Footer text

Nam rutrum nunc at lectus egestas porta. Ut molestie posuere faucibus. Pellentesque habitant morbi tristique senectus et netus et malesuada fames ac turpis egestas. Phasellus

图 1-17　将子元素组合器应用于列表项后的效果

是否可以反向执行这个操作并选择子元素的父元素呢？简短的答案是不行，因为以下示例不起作用：article < p { color: blue; }。如果想选择一个元素的父元素或祖先元素，需要使用 has()伪类，如 article:has(p) { color: blue; }，这在 1.6.3 节中有详细介绍。

相邻同级元素组合器(+)

当需要为与另一个元素处于同一级别的元素(就像你的兄弟或姐妹在族谱中与你处于同一级别一样)进行样式设置时，我们可以使用相邻同级元素组合器。如果想要选择紧跟在另一个元素之后的元素，可以使用一个包含相邻同级元素组合器的选择器。

在代码清单 1-9 中，浏览器会查找所有使用<header>元素的地方，然后对紧跟在<header>元素之后的第一个段落<p>进行样式设置，将字体大小更改为 1.25rem，并将字体粗度设置为粗体(bold)。图 1-18 展示了将这个样式应用于示例文章的效果。

代码清单 1-9　相邻同级元素组合器

```
header + p {
  font-size: 1.25rem;
  font-weight: bold;
}
```

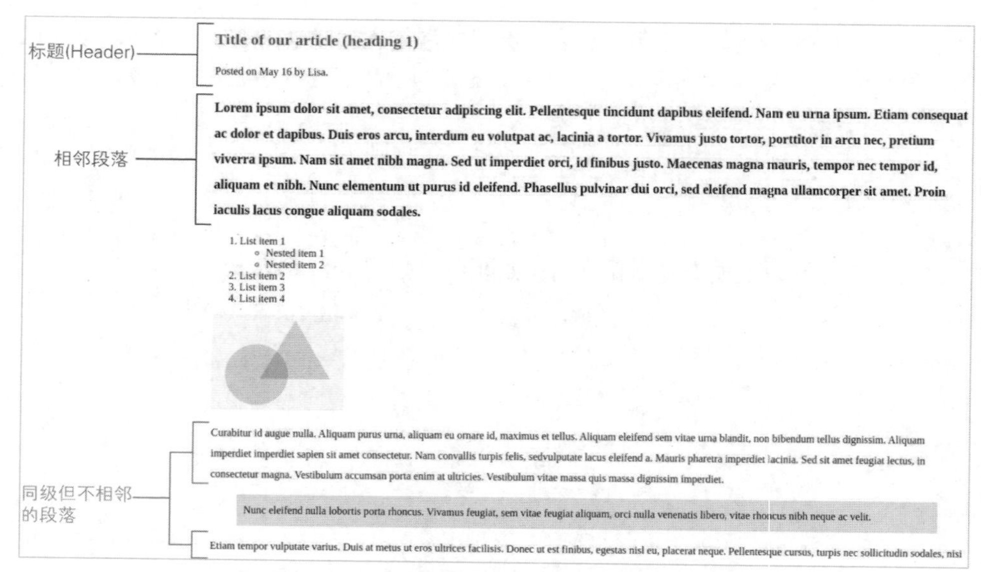

图 1-18　对紧跟在标题之后的段落进行样式设置

这种方法在前端开发中非常有用，特别是当我们想让页面中的第一个元素区别于其他元素以引起注意时。你可以把它比作报纸的排版，其中一篇文章的第一段通常会被设计得与其他段落不同，以吸引读者的眼球。在网页设计中，可以使用 CSS 来实现类似的效果：为特定元素应用不同的样式，以使其更醒目。

在前端开发中，另一个常见的用例是在处理表单时进行错误处理。通过使用相邻同级元素组合器，当在表单控件中发现无效值时，可以立即向用户显示错误信息。这有助于提升用户体验，使他们迅速了解问题所在。

一般同级元素组合器(~)

一般同级元素组合器比其他方法更加开放，因为它允许瞄准选择器的目标元素之后的所有同级元素。

在本示例中，我们将为位于<header>元素后面的所有图片进行样式设计。注意，我们有三张占位图片。第一张图片较小(可能是标志或作者照片)，位于<header>元素之上。我们不想对它进行样式设置。另外两张图片在文章中的位置更往下一些。我们希望为它们添加边框，以确保颜色主题与文章的其余部分保持一致。

示例的规则如下：header ~ img { border: 4px solid crimson; }。浏览器会找到<header>元素，然后对该元素之后的所有同级图像(<img>)进行设置。它将添加一个粗度为 4 像素的边框，这个边框是实线(而不是点线、虚线或双线)的，颜色是深红色。图 1-19 显示了将代码应用于示例文章后的效果。

Title of our article (heading 1)

Posted on May 16 by Lisa.

Lorem ipsum dolor sit amet, consectetur adipiscing elit. Pellentesque tincidunt dapibus eleifend. Nam eu urna ipsum. Etiam consequat ac dolor et dapibus. Duis eros arcu, interdum eu volutpat ac, lacinia a tortor. Vivamus justo tortor, porttitor in arcu nec, pretium viverra ipsum. Nam sit amet nibh magna. Sed ut imperdiet orci, id finibus justo. Maecenas magna mauris, tempor nec tempor id, aliquam et nibh. Nunc elementum ut purus id eleifend. Phasellus pulvinar dui orci, sed eleifend magna ullamcorper sit amet. Proin iaculis lacus congue aliquam sodales.

1. List item 1
   - Nested item 1
   - Nested item 2
2. List item 2
3. List item 3
4. List item 4

Curabitur id augue nulla. Aliquam purus urna, aliquam eu ornare id, maximus et tellus. Aliquam eleifend sem vitae urna blandit, non bibendum tellus dignissim. Aliquam imperdiet imperdiet sapien sit amet consectetur. Nam convallis turpis felis, sedvulputate lacus eleifend a. Mauris pharetra imperdiet lacinia. Sed sit amet feugiat lectus, in consectetur magna. Vestibulum accumsan porta enim at ultricies. Vestibulum vitae massa quis massa dignissim imperdiet.

Nunc eleifend nulla lobortis porta rhoncus. Vivamus feugiat, sem vitae feugiat aliquam, orci nulla venenatis libero, vitae rhoncus nibh neque ac velit.

Etiam tempor vulputate varius. Duis at metus ut eros ultrices facilisis. Donec ut est finibus, egestas nisl eu, placerat neque. Pellentesque cursus, turpis nec sollicitudin sodales, nisi tellus ultrices lectus, nec facilisis purus neque vitae diam. Nunc eleifend nulla lobortis porta rhoncus. Vivamus feugiat, sem vitae feugiat aliquam, orci nulla venenatis libero, vitae rhoncus nibh neque ac velit. Donec non fringilla magna. Vivamus eleifend ligula libero, fermentum imperdiet arcu viverra in. Vivamus pellentesque odio interdum mauris aliquam scelerisque.

Heading 2

In ac euismod tortor. Vivamus vitae velit efficitur, mattis turpis quis, tincidunt elit. In eleifend in dolor id aliquet. Vivamus pellentesque erat a magna ultricies rhoncus. Vestibulum at mattis purus, non lobortis risus. Mauris porta ullamcorper mollis. Sed et placerat nisi, quis porttitor lacus. Curabitur sagittis nisl egestas ipsum tristique, eu semper erat gravida. Vestibulum sagittis quam sit amet tristique

图 1-19　一般同级元素组合器，用于瞄准<header>元素的同级图片

1.6.3　伪类选择器和伪元素选择器

CSS 中存在一些被称为伪类和伪元素的选择器。也许你想知道这些名称的由来。“伪”这个字的意思是“不真实、虚假或假装”。这个定义很有道理，因为从技术上来说，我们针对的是元素的某种状态或部分，而这些状态或部分可能并不存在。我们实际上只是在模拟操作。在 CSS 中，我们使用这些伪类和伪元素来调整页面元素的样式，尽管这些元素的某种状态或部分可能并不存在。

并不是所有的伪元素和伪类都可以在所有的 HTML 元素上使用。本书将详细讨论在哪里可以应用伪类，以及它们可以与哪些 HTML 元素一起使用。这将帮助你更好地理解它们的用法。

伪类

伪类被添加到选择器中，用于选择元素的特定状态。伪类特别适用于将与用户交互的元素，比如链接、按钮和表单字段。伪类使用一个冒号(:)，后面跟着表示元素状态的标识。这有助于我们针对不同状态的元素来定制样式。

示例文章中包含一些链接。我们尚未对这些链接进行任何样式设置，因此它们的样式将来自用户代理(UA)的样式表。大多数浏览器会给链接添加下画线，并根据链接之前是否被访问过(也就是链接是否出现在浏览器的历史记录中)来确定它们的颜色。

在处理链接时，需要考虑几种状态，最常见的包括以下几种。

- link(链接状态)：一个锚标签(<a>)包含一个 href 属性和一个 URL，该 URL 未出现在用户的浏览器历史记录中。
- visited(已访问状态)：一个锚(<a>)元素包含一个 href 属性，链接的 URL 出现在用户的浏览器历史记录中。
- hover(悬停状态)：用户将光标悬停在元素上，但尚未单击它。
- active(激活状态)：用户单击并按住元素。
- focus (焦点状态)：焦点是指默认接收键盘事件的元素。当用户单击一个可获得焦点的元素时，它会自动获得焦点(除非某些 JavaScript 更改了此行为)。使用键盘在表单字段、链接和按钮之间进行导航，还会改变焦点所在的元素。
- focus-within(焦点内状态)：当应用焦点内状态于父元素，并且父元素的子元素具有焦点时，焦点内样式将被应用。
- focus-visible (可见焦点状态)：当使用此状态选择元素时，样式仅在通过键盘导航获得焦点或用户通过键盘与元素进行交互时应用。这有助于提供更好的用户体验，对于使用键盘进行导航的用户，尤其如此。

之前提到了:has()。这也是一个伪类，但不限于链接，:has()在元素具有至少一个满足括号内指定选择器的后代时适用。在本书撰写之时，:has()尚未在所有主流浏览器中受到支持。

在目前的文章项目中，我们将创建一个 a:link 规则，以将包含 href 属性且未被访问过的锚标签的颜色改为浅蓝色，我们将使用十六进制颜色代码#1D70B8。:visited 状态应该与:link 状态不同，因为:link 状态应该指示用户以前没有访问过该页面(也就是说，该 URL 不在其浏览器历史记录中)。通常，许多网站没有区分这两种状态，但通过明确区分它们，可以提供更好的用户体验。在本示例中，我们将使用十六进制代码值#4C2C92 把:visited 状态改为紫色。这有助于用户清晰地区分已访问和未访问的链接。

接下来，我们将处理:hover 状态。这个状态不适用于移动用户，因为在移动设备上无法识别用户是否将鼠标悬停在链接上。在示例文章中，我们将使用十六进制代码值#003078 把:hover 状态的文本颜色改为深蓝色。这将改善桌面用户的交互体验。

最后，我们要处理:focus 状态。可以在任何可接受焦点的元素上使用这个状态。链接、按钮和表单字段默认可以接受焦点(除非被禁用)，但通过设置一个正数的 tabindex 属性，也可以使任何元素成为可接受焦点的元素，以便应用基于焦点的样式。当用户单击或轻触一个元素时，:focus 状态会生效。当元素获得焦点时，我们将为该元素添加一个 1 像素的深红色边框。将所有这些内容结合起来，示例的链接样式规则如代码清单 1-10 所示。

代码清单 1-10　使用伪元素设置链接样式

```
a:link {
  color: #1D70B8;
```

```
}
a:visited {
   color: #4C2C92;
}
a:hover {
   color: #003078;
}
a:focus {
   outline: solid 1px crimson;
}
```

注意，这些规则集的书写顺序很重要，因为它们有相同的优先级。样式表中位于最下方的条件会在多个条件同时适用时生效。在本例中，如果一个链接已经被访问过但鼠标正悬停在它上面，该链接会采用 a:hover{}规则为它指定的颜色，因为在样式表中 a:hover{}规则出现在 a:visited{}规则之后。

尽管浏览器的开发者工具的功能和访问方式各异，但在大多数浏览器中，我们都可以通过在浏览器中单击右键，然后选择“Inspect”来查看不同元素的状态。通常情况下，我们会在页面的一侧看到 HTML 结构，而在另一侧看到相关的 CSS 样式。在“Styles”部分单击“:hov”按钮，我们会看到一个面板，它通常会标明“Force element state”(强制元素状态)，然后我们可以切换不同的伪类状态。图 1-20 展示了 Chrome 开发者工具中打开的“:hov”面板。

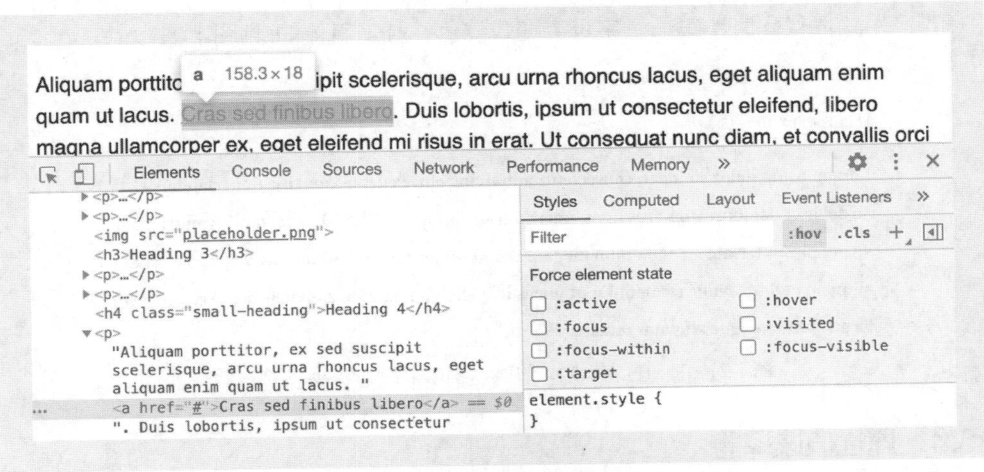

图 1-20 使用浏览器中的开发者工具查看不同元素状态

浏览器中的开发者工具

所有主流的浏览器都提供了开发者工具，以帮助开发人员修改、调试和优化网站。在本书中，我们将利用开发者工具来审查代码。此外，我们还将使用浏览器工具来分析编译后的代码，以深入了解浏览器是如何处理 CSS 的。如果需要更多关于开发者工具及其用法的信息，请查阅附录。

伪元素

伪元素使用双冒号(::)来表示。伪元素的作用是允许我们对元素的特定部分进行样式化。有时，也可以使用单冒号，但强烈建议使用双冒号。之所以允许忽略第二个冒号，是为了与先前版本兼容，双冒号的语法是在 CSS 3 中引入的，它更好地区分了伪类和伪元素。

通过使用::first-letter 伪元素，我们可以选择段落的首字母，而不必在其周围添加<span>这样的元素，这样做会打断单词并使 HTML 代码变得混乱。这种方法允许我们在不提升 HTML 复杂性的情况下创建复杂的 CSS 样式。

在示例文章中，我们使用了相邻同级元素组合器，将第一段的文本加粗并以比其他段落更大的字体显示。现在，我们将改变第一段的第一个字母的颜色，并将其字体样式设置为斜体。

首先，瞄准标题元素；接着，瞄准段落(<p>)的第一个字母(::first-letter)。有了这个选择器，就可以添加 CSS 声明。示例的 CSS 将如代码清单 1-11 所示。

代码清单 1-11　选择首字母

```
header + p::first-letter {
  color: crimson;
  font-style: italic;
}
```

当应用这段代码时，第一个字母会变成红色并且是斜体的(见图 1-21)。

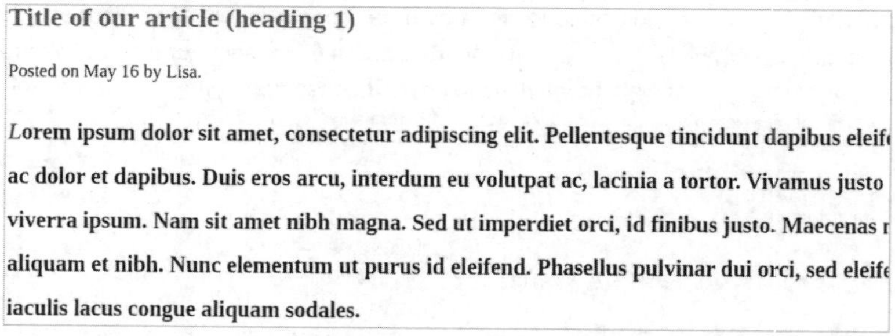

Title of our article (heading 1)

Posted on May 16 by Lisa.

***L*orem ipsum dolor sit amet, consectetur adipiscing elit. Pellentesque tincidunt dapibus eleif ac dolor et dapibus. Duis eros arcu, interdum eu volutpat ac, lacinia a tortor. Vivamus justo viverra ipsum. Nam sit amet nibh magna. Sed ut imperdiet orci, id finibus justo. Maecenas r aliquam et nibh. Nunc elementum ut purus id eleifend. Phasellus pulvinar dui orci, sed eleife iaculis lacus congue aliquam sodales.**

图 1-21　针对标题后紧接的第一段的首字母的伪元素选择器

1.6.4　属性值选择器

属性选择器通常用于为链接和表单元素添加样式，可以为包含指定属性的 HTML 元素添加样式。与属性选择器不同，属性值选择器会寻找具有特定值的属性。

示例文章中存在一些用意大利语编写的内容。段落的语言是通过 lang 属性指定的，如代码清单 1-12 所示。

代码清单 1-12　指定意大利语内容

```
<p lang="it">Questo paragrafo è definito in italiano.</p>
```

为了提示用户这段内容是意大利语，我们将使用 CSS 添加意大利国旗符号。浏览器会查找值为意大利语(it)的 lang 属性，然后在其前面添加意大利国旗符号。代码清单 1-13 也使用了::before 伪元素。可以使用多种类型的选择器来瞄准需要样式化的 HTML 的特定部分。

代码清单 1-13　使用多种类型的选择器在意大利语内容之前添加国旗符号

```
[lang="it"]::before {
  content: "🇮🇹"
}
```

应用这段代码后，意大利语内容前面会有一个国旗符号(见图 1-22)。

不同设备和应用中的表情符号差异

如果你正在按照本章的示例编码，那么你的输出可能与图 1-22 不同。表情符号(emoji)的呈现方式因使用的设备、操作系统和应用程序而异。像 Emojipedia(https://emojipedia.org)这样的网站展示了特定表情符号在不同应用和设备上的显示方式。你可以在 https://emojipedia.org/flag-italy 找到有关意大利国旗的详细信息。

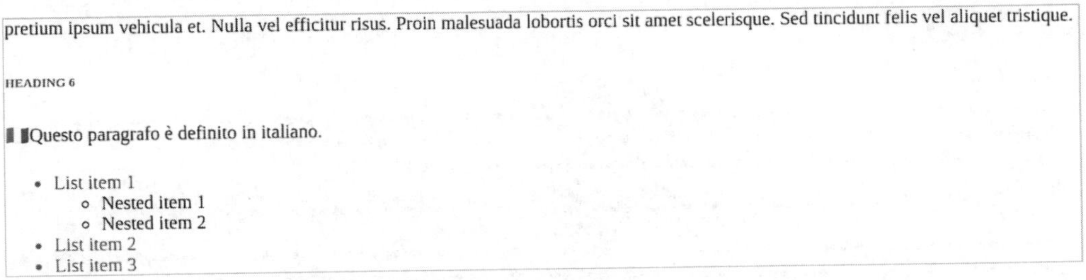

pretium ipsum vehicula et. Nulla vel efficitur risus. Proin malesuada lobortis orci sit amet scelerisque. Sed tincidunt felis vel aliquet tristique.

HEADING 6

🇮🇹Questo paragrafo è definito in italiano.

- List item 1
  - Nested item 1
  - Nested item 2
- List item 2
- List item 3

图 1-22　通过属性选择器和伪元素应用的意大利国旗符号

1.6.5　通用选择器

适用面最广的选择器是通用选择器，它使用星号(*)。使用通用选择器定义的样式将应用于所有 HTML 元素。

有时，通用选择器可以用来重置 CSS，但从特异性(specificity)的角度看，它的特异性值为 0，这意味着如果需要的话，它设置的样式很容易被其他样式所覆盖。这很重要，因为它会影响每个元素。通用选择器还可以用来选择特定选择器的所有后代元素，比如 .foo * { background: yellow; }，在这个例子中，所有带类名“foo”的元素的后代元素都会有黄色背景。

在示例项目中，我们将使用通用选择器(*)将 font-family 设置为 sans-serif，以确保整篇文章的字体一致，如代码清单 1-14 中的示例所示。

代码清单 1-14 使 font-family 保持一致

```
* { font-family: sans-serif; }
```

当应用这段代码时，无论元素类型是什么，文档中的所有文本都将使用 sans-serif 字体(见图 1-23)。这确保了字体的一致性。

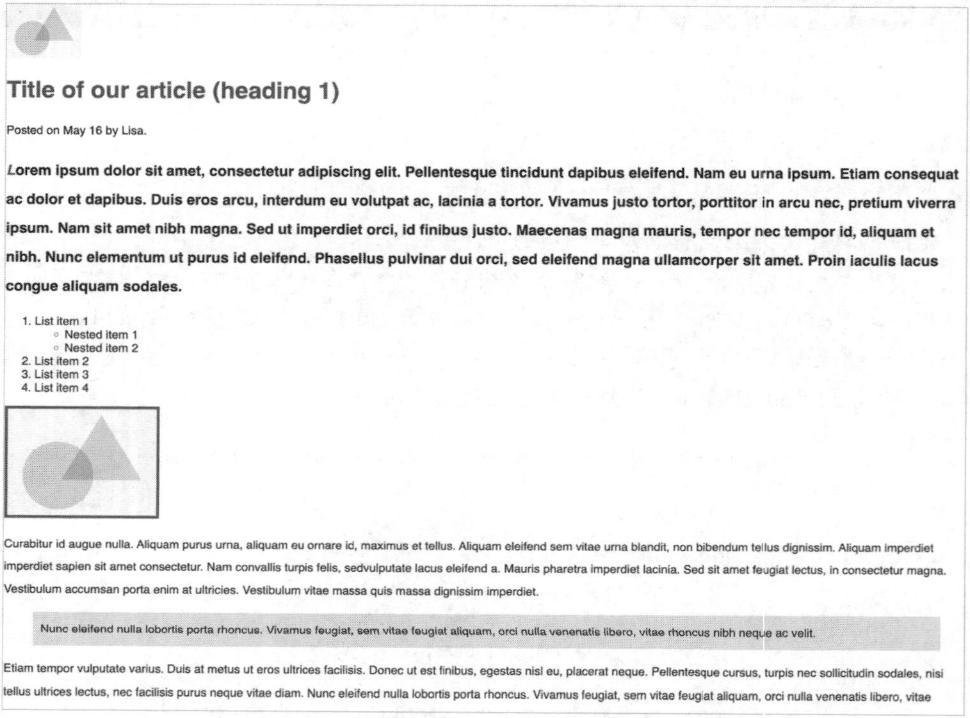

图 1-23 使用通用选择器来更改所有元素的字体类型

1.7 编写 CSS 的不同方式

CSS 提供了多种方式来编写规则和格式化样式。本节将探讨简写属性(本书将反复涉及的主题)以及 CSS 的格式化方法。

1.7.1 简写属性

简写属性可将多个 CSS 属性的所有值合并到一个属性中，以免编写多个单独的 CSS 属性。在本书的不同部分，我们会看到这种方法应用在一些属性上，比如 padding、margin 和 animation。编写简写属性的好处在于可以减小样式表的大小，从而提高可读性、性能和内存使用效率。

每个简写属性接受不同类型的值。接下来探讨一下本章示例项目中使用的那个简写属性。示例文章中有一个引文块(blockquote)。在设置其样式时，我们使用了 padding 属性，并按以下方式进行设置：padding: 10px。这实际上使用了简写属性。相反，我们也可参照代码清单 1-15 提供的方式编写代码。

代码清单 1-15　扩展内边距

```
padding-top: 10px;
padding-right: 10px;
padding-bottom: 10px;
padding-left: 10px;
```

虽然可以单独编写每个声明，但从计算性能的角度看，这种做法的效率较低，特别是当所有属性值都相同时。相反，我们可以使用 padding 属性，将四个值放在同一行上。它们的顺序是顶部、右侧、底部、左侧。如果右侧和左侧的值相同(或顶部和底部的值相同)，也可以将它们合并在一起，如图 1-24 所示。

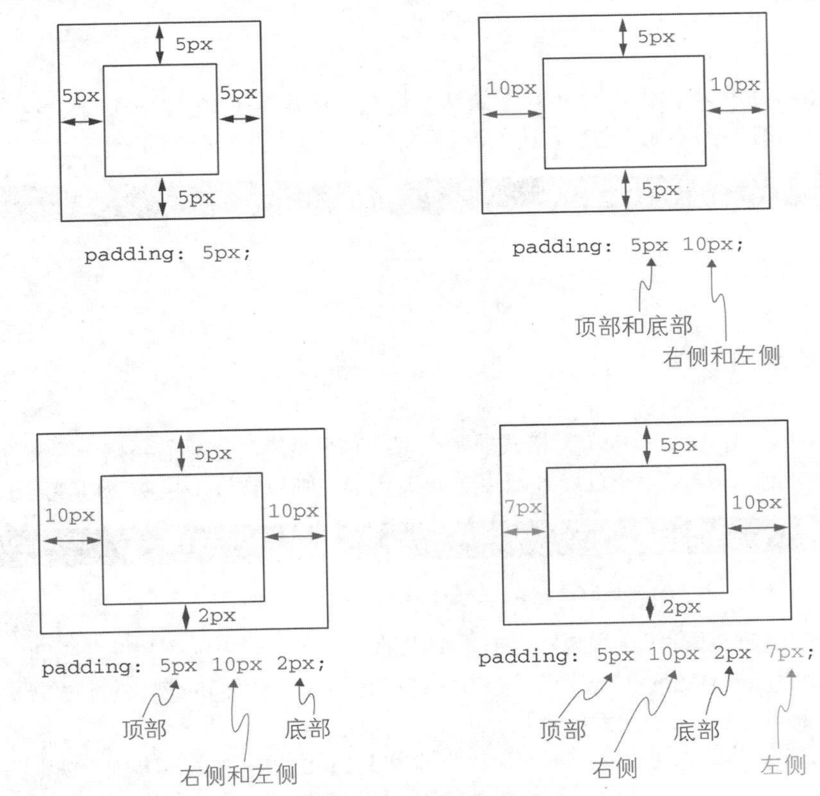

图 1-24　内边距缩写属性示例

如图 1-24 所示，我们可以声明四个值来定义顶部、右侧、底部和左侧的值。但是，如果右侧和左侧是相同的，而顶部和底部是不同的，我们可以按照顺序指定三个值，即顶部、右侧/左侧、底部。

如果声明了两个值，我们是在说第一个值用于设置顶部和底部，而第二个值用于设置右侧和左侧。最后，如果我们只声明了一个值，那么这个值将设置所有的边。

1.7.2　格式化

我们可用几种方式编写 CSS，通常情况下，当查看其他人的代码时，我们会看到不同的格式。本节展示了一些示例。

代码清单 1-16 中显示的多行格式很可能是格式化的最流行选择。每个声明都在单独的一行上，并通过制表符或空格进行缩进。

代码清单 1-16　多行格式

```
h1 {
  color: red;
  font-size: 16px;
  font-family: sans-serif
}
```

多行格式的变种如代码清单 1-17 所示，将左花括号放在单独的一行上。这个示例可能会出现在 PHP 语言中。也有人认为没必要将左花括号放在单独的一行上。

代码清单 1-17　多行格式的变种

```
h1
{
  color: red;
  font-size: 16px;
  font-family: sans-serif
}
```

代码清单 1-18 中显示的单行格式非常合理；它很紧凑，你只需要扫一眼文件，便可知道第一部分是选择器。不过，其缺点是如果一个规则包含许多声明，可能难以阅读。

代码清单 1-18　单行格式

```
h1 { color: red; font-size: 16px; font-family: sans-serif }
```

所有这些选择都有优点和缺点，但本书中的项目采用了选项一和选项三的组合。最重要的是知道，没有绝对正确或错误的方法；应选择最适合你和/或你的团队的方式。让代码易于理解，这才是最重要的。

那些注意细节的人可能会发现，在代码清单 1-16 至代码清单 1-18 中，规则的最后一个声明没有分号(;)。这个分号是可选的。CSS 最优秀的一点就是允许我们按照最称手的方式来编写它。

1.8　本章小结

- CSS 是一门经过充分验证的编程语言，而 CSS 的每个部分都由模块构成。
- 模块取代了大型版本，如 CSS 3。
- 内联 CSS 具有最高的优先级并且性能出色，但它具有重复性，且难以维护。
- 外部 CSS 将 CSS 与 HTML 分开，以保持关注点的分离。
- 除了自定义的 CSS，浏览器还会应用默认样式。
- 用户还可以应用自己的 CSS，这可以覆盖作者样式表和 UA 样式表。
- 不建议使用!important。
- CSS 规则由一个选择器和一个或多个声明组成。
- 可以为多种类型的选择器创建规则，并且每个规则可以具有自己的特异性级别。

第 2 章

使用 CSS 网格设计布局

本章主要内容

- 探索网格轨道并排列网格
- 使用 CSS 网格中的 minmax 和 repeat 函数
- 使用 CSS 网格中独有的分数单位
- 创建模板区域并将各项目放置在不同区域中
- 在使用网格时考虑可访问性
- 在网格内创建列和行之间的间距

现在我们已经基本了解了 CSS 的工作原理，可以开始探讨布局 HTML 内容的选项了。在本章中，我们将专注于使用网格进行布局。

2.1 CSS 网格

在本章中，网格是由交叉的线条组成的网络，形成一系列正方形或矩形区域。现在，CSS 网格已经得到了所有主流浏览器的支持，作为一种流行的布局技术在前端开发中被广泛采用。

从本质上讲，网格由列和行组成。我们将创建网格，然后分配位置给本章示例项目，就像玩“战舰”棋盘游戏时将战舰放置在网格上一样。

虽然我们有时会将网格布局与表格进行比较，但它们具有不同的用途，而且满足不同的需求。网格布局用于创建页面的布局结构，而表格用于呈现表格化数据。如果要样式化的内容适合以电子表格(如 Microsoft Excel)的方式呈现，那么它将被视为表格化数据，应该放在表格中。

在 2005 年左右，开发人员通常使用表格来进行网页布局，有些情况下仍然需要使用它们(例如，电子邮件在布局上有时需要使用表格，因为它们只支持一部分 CSS 样式)。然而，在 Web 开发领域，这种做法现在被视为不良实践，因为它会降低可访问性并导致语义不清晰。现在，可以使用网格布局来代替表格，这是更好的解决方案。

CSS 网格赋予我们创造力，允许生成各种布局，并与媒体查询一起为不同条件进行调整。我们将使用网格来样式化本章的示例项目，在本章结束时，网页的布局将如图 2-1 所示。

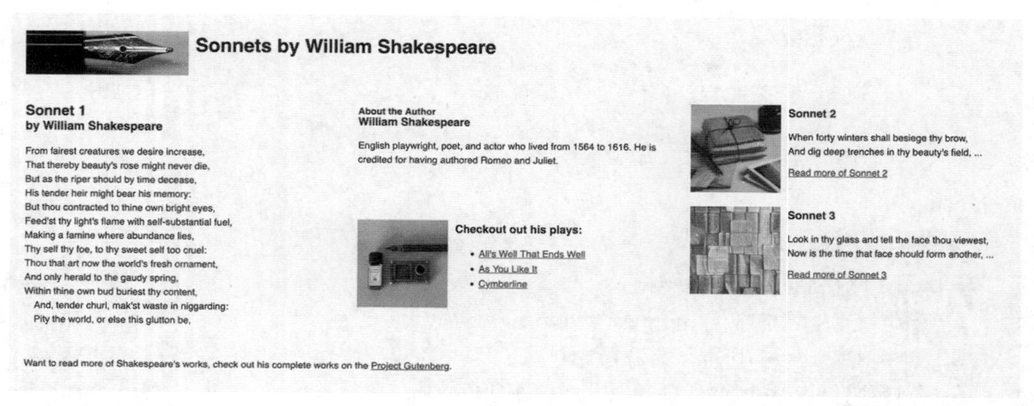

图 2-1 最终布局

起始的HTML位于GitHub存储库的chapter-02文件夹(https://github.com/michaelgearon/Tiny-CSS-Projects)，在 CodePen(https://codepen.io/michaelgearon/pen/eYRKXqv)中亦可找到，内容如代码清单 2-1 所示。

代码清单 2-1 项目 HTML

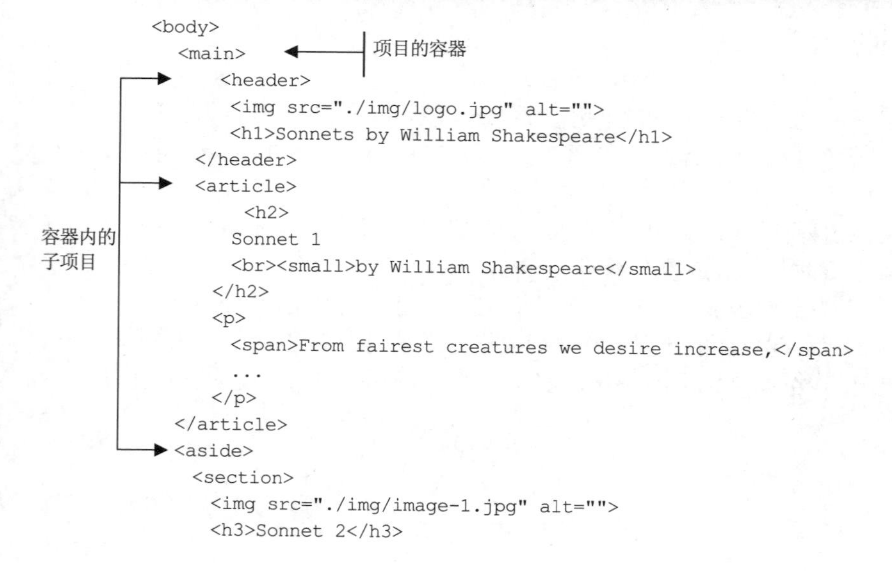


```
<body>
  <main>
      <header>
        <img src="./img/logo.jpg" alt="">
        <h1>Sonnets by William Shakespeare</h1>
    </header>
    <article>
        <h2>
        Sonnet 1
        <br><small>by William Shakespeare</small>
      </h2>
      <p>
        <span>From fairest creatures we desire increase,</span>
        ...
      </p>
    </article>
    <aside>
      <section>
        <img src="./img/image-1.jpg" alt="">
        <h3>Sonnet 2</h3>
```

```
      <p>
        When forty winters shall besiege thy brow,
        <br>And dig deep trenches in thy beauty's field, ...
      </p>
      <a href="">Read more of Sonnet 2</a>
    </section>
    <section>
      <img src="./img/image-2.jpg" alt="">
      <h3>Sonnet 3</h3>
      <p>
        Look in thy glass and tell the face thou viewest,
        <br>Now is the time that face should form another, ...
      </p>
      <a href="">Read more of Sonnet 3</a>
    </section>
  </aside>
  <section class="author-details">
    <h3>
      <small>About the Author</small>
      <br>William Shakespeare
    </h3>
    <p>English playwright, poet, ...</p>
  </section>
  <section class="plays">
    <img src="./img/play.jpg" alt="">
    <h3>Checkout out his plays:</h3>
    <ul>
      <li><a href="">All's Well That Ends Well</a></li>
        ...
    </ul>
  </section>
  <footer>
    <p>Want to read more ...</p>
    </footer>
  </main>
</body>
```

容器内的子项目

还有一些初始的 CSS 样式(见代码清单 2-2)可供我们在将 HTML 元素排列成网格时参考。本章不会探讨这些预设样式(如外边距、内边距、颜色、排版和边框)。这些概念在本书的其他部分有详细介绍，而本章将重点介绍项目的布局。

代码清单 2-2　起始 CSS

```
body {
  margin: 0;
  padding: 0;
  background: #fff9e8;
  min-height: 100vh;
  font-family: sans-serif;
  color: #151412
}
main { margin: 24px }
img {
```

即使窗口比内容更长，背景仍然覆盖整个页面

```
  float: left;            ← 允许文本环绕图像
  margin: 12px 12px 12px 0
}

main > * {                ← 星号和子元素组合器选择主元素的所有直接子元素
  border: solid 1px #bfbfbf;   ← border 指出要通过网格确定位置的部分
  padding: 12px;
}
main > *, section { display: flow-root }   ← 防止图像溢出其容器
p, ul { line-height: 1.5 }
article p span { display: block; }
article p span:last-of-type,
article p span:nth-last-child(2) {         ← 缩进短诗(sonnet)的最后两行
 text-indent: 16px
}
.plays ul { margin-left: 162px }   ← 缩进列表；否则，列表符号会紧贴着图像
```

将字体从 serif 改为 sans-serif，并通过使用 margin 来增大浏览器窗口边界和容器之间的间距。此外，将图像浮动到左侧，并调整行高、排版和内边距。

注意，在 main 元素的直接子元素上添加边框和一些内边距，以便定义布局。我们会在项目的后期移除这些元素。示例的起始点如图 2-2 所示。

CSS 网格是在二维布局上放置项目的一种方式：水平方向(*x* 轴)和垂直方向(*y* 轴)。相比之下，Flexbox(第 6 章会涉及)是单轴方向的，只在 *x* 轴或 *y* 轴上进行操作，具体在哪个轴上操作取决于其配置。

可以使用 CSS 的 Flexbox 和网格来对网页中的项目进行布局。但是，随着本章的深入，我们会发现相较于 Flexbox，网格的一个优势在于它使我们可将一个页面划分成不同的区域，并可以比较容易地创建复杂的布局。网格允许我们在二维平面上进行布局，可以同时控制元素的横轴和纵轴位置。而 Flexbox 是单轴布局，它要么控制元素的横轴，要么控制元素的纵轴，这取决于它的设置。总体而言，网格布局更适合用来构建二维布局，Flexbox 则更适合一维布局。

接下来，首先建立网格布局，然后探讨根据窗口大小改变网格行为的方法。

Sonnets by William Shakespeare

Sonnet 1
by William Shakespeare

From fairest creatures we desire increase,
That thereby beauty's rose might never die,
But as the riper should by time decease,
His tender heir might bear his memory:
But thou contracted to thine own bright eyes,
Feed'st thy light's flame with self-substantial fuel,
Making a famine where abundance lies,
Thy self thy foe, to thy sweet self too cruel:
Thou that art now the world's fresh ornament,
And only herald to the gaudy spring,
Within thine own bud buriest thy content,
And, tender churl, mak'st waste in niggarding:
Pity the world, or else this glutton be,

Sonnet 2

When forty winters shall besiege thy brow,
And dig deep trenches in thy beauty's field, ...

Read more of Sonnet 2

Sonnet 3

Look in thy glass and tell the face thou viewest,
Now is the time that face should form another, ...

Read more of Sonnet 3

About the Author
William Shakespeare

English playwright, poet, and actor who lived from 1564 to 1616. He is credited for having authored Romeo and Juliet.

Checkout out his plays:

- All's Well That Ends Well
- As You Like It
- Cymberline

Want to read more of Shakespeare's works, check out his complete works on the Project Gutenberg.

图 2-2　起始点

2.2　显示网格

设置网格的第一步是将父容器元素的 display 属性值设置为 grid。创建网格布局时，可以使用以下两个值中的一个：

- grid——当希望浏览器以块级元素方式显示网格时使用。网格占据容器的整个宽度，并且自身在新行上显示。
- inline-grid——当希望网格是一个行内元素时使用。网格与前面的内容同行显示，很像一个<span>元素。

接下来为布局使用 grid 值，如代码清单 2-3 所示。

块级(block-level)和内联级(inline-level)框之间的区别

在 HTML 中，每个元素都是一个矩形块。默认情况下，一个块级元素规定一个元素的矩形块应该占用其父元素的整个水平空间，从而阻止任何其他元素与之在同一水平线上。与此相反，内联元素可以根据剩余空间允许其他内联元素在同一水平线上。

代码清单 2-3 将 display 设置为 grid

```
main {
   display: grid;
}
```

如果在浏览器中预览此代码，我们会注意到布局在视觉上没有发生任何变化，因为浏览器默认情况下将直接子项显示在一列中。然后，浏览器生成足够多的行来容纳所有子元素。

使用浏览器中的开发者工具(如图 2-3 所示)，我们可以看到，尽管布局在视觉上没有发生变化，但在程序上已经创建了一个网格。若要查看大多数浏览器中的底层网格，可以右键单击网页，然后在上下文菜单中选择“Inspect”。在 Mozilla Firefox 的检查窗口中，当选择父容器时，我们会看到两个指示布局已变为网格的标志：

- 每个直接子项周围有紫色线条。
- 在 HTML 中，<main>元素中有一个名为“grid”的图标。当我们单击<main>旁边的“grid”图标时，布局面板会显示网格的结构。

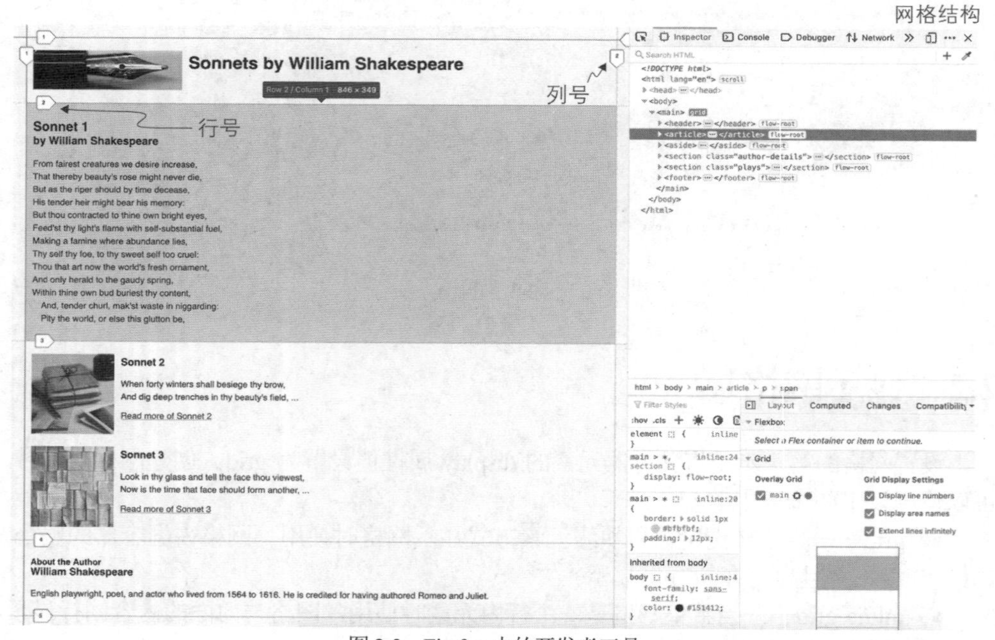

图 2-3 Firefox 中的开发者工具

可以在谷歌公司的 Chrome 或苹果公司的 Safari 中执行类似的步骤。

2.3 网格轨道和线条

在引入 CSS 网格布局模块时，引入了新的术语来描述布局项。其中第一个术语是“网格线”。这些线在水平和垂直方向上运行，从左上角开始编号(从 1 开始)，与正数相对的一侧是负数。

书写模式和书写方向

每条线的编号取决于文本的书写方式(是水平排列还是垂直排列)以及组件的文本方向。举例来说，如果文本以英文书写，最左边的第一行将被标记为 1。然而，如果出于语言的原因而将文本方向设置为从右到左，比如阿拉伯语(从右到左书写)，那么第一行将位于最右侧。

网格线之间的空间被称为网格轨道，它们由列和行组成。列从左到右，行自顶向下。轨道是网格上任意两条线之间的空间。在图 2-4 中，突出显示的轨道是网格中的第三行轨道。列轨道则是两条垂直线之间的空间。

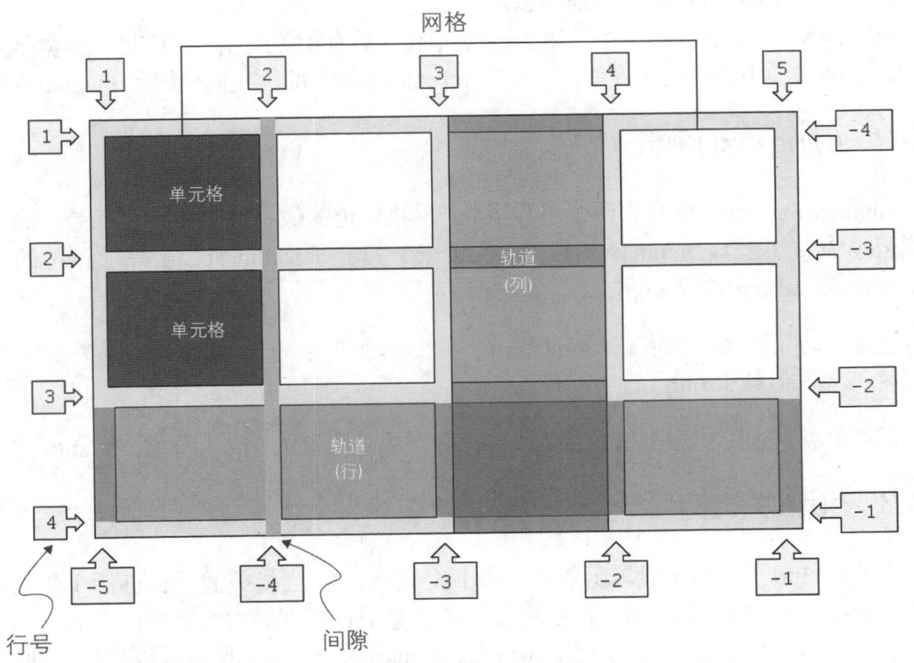

图 2-4　基于英文的书写模式，将书写方向设置为从左到右的网格结构

每个轨道内都包含网格单元格。一个单元格是网格行和网格列的交叉点。

可以使用 grid-template-columns 和 grid-template-rows 属性来定义网格的布局。这些属

性以空格分隔的轨道列表的形式指定了网格的线名称和轨道的大小。具体而言，grid-template-columns 属性用于定义网格列的轨道列表，而 grid-template-rows 用于定义网格行的轨道列表。

在设置列之前，需要理解一些特定于 CSS 网格的概念。

2.3.1 重复列

为了减少代码中的重复，可以使用 repeat()函数来指定需要多少列或行。

定义 函数是一段自包含的可重复使用的代码，具有特定的功能。函数存在于其他编程语言中，比如 JavaScript。有时，可以向函数传递一个或多个值；这些值称为参数。若要向函数传递值，应将值放在括号中。在 CSS 中，我们无法创建自己的函数，但可以使用 CSS 提供的内置函数。

repeat()函数需要两个由逗号分隔的值：第一个值指示要创建多少列或行，第二个值对每个列或行的大小进行设置。

在项目中，我们将指定创建三列，并且将对每列的大小使用 minmax()函数。因此，我们的列定义是 grid-template-columns: repeat(2, minmax(auto, 1fr)) 250px;。定义行的高度时，将使用 repeat()与 grid-template-rows。

这个声明生成三列，其中两列使用分数单位，具有相等的宽度，而另一列宽度为 250 像素。下面进一步看看这个声明。注意在 repeat()函数内部，我们使用了 minmax()函数。

2.3.2 minmax()函数

minmax(min, max)函数由两个参数组成：网格轨道的最小范围和最大范围。根据万维网联盟(W3C)的规范，minmax 函数“定义了一个大于等于 min 且小于等于 max 的范围”(https://www.w3.org/TR/css-grid-2)。

注意 为了使该函数有效，min(第一个参数)必须小于 max。否则，浏览器会忽略 max 值，该函数仅依赖于 min 值。

在本章项目中，将最小值设置为 auto，将最大值设置为 1fr。下面介绍 auto 的含义。

2.3.3 auto 关键词

关键词 auto 可以用于设置函数内的最小值或最大值。当将关键词 auto 用于最大值时，它与 max-content 关键词相同。行或列的尺寸将等于行或列的内容所需的空间。

虽然我们没有在项目中使用它，但关键词 auto 的一个常见用例是创建包含固定页眉和页脚的布局。若我们将 overflow 分配给设置了 auto 的区域，该区域将随着窗口大小的变化而缩小或扩展，如图 2-5 所示。

对于我们的用例，在语句 grid-template-columns: repeat(2, minmax(auto, 1fr)) 250px;中，

auto 关键词表示对于前两列，列的最小宽度应该与它包含的元素一样宽。下面来看看用于设置最大宽度的弹性长度单位(fr)。

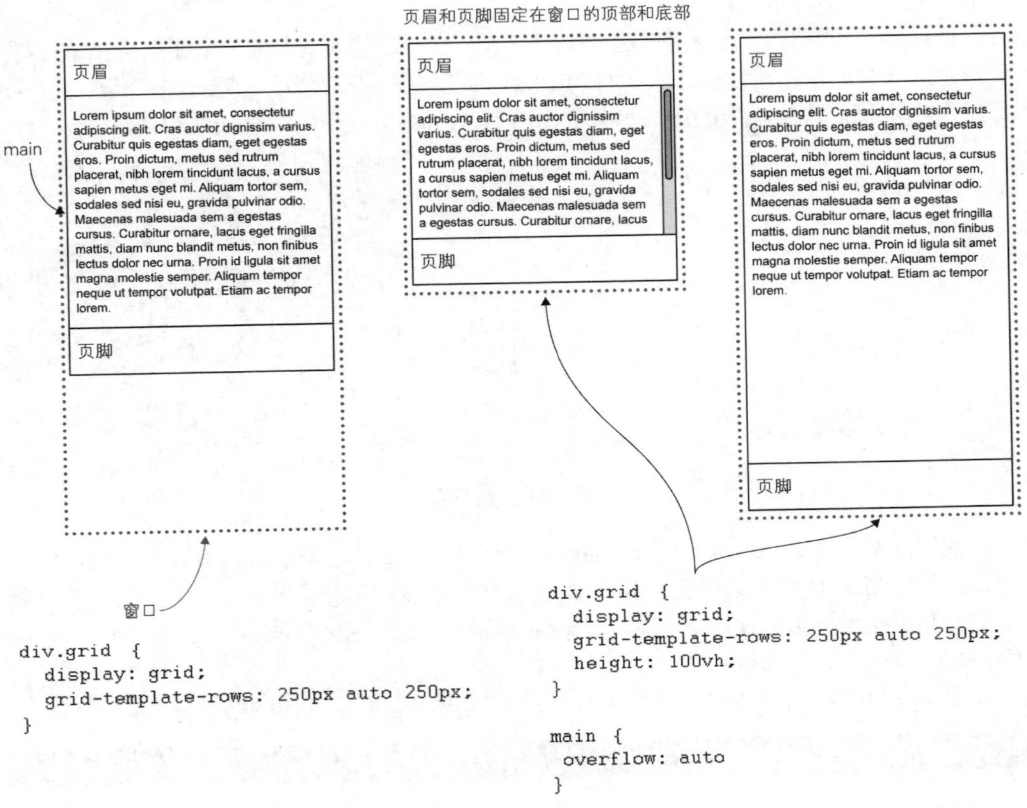

图 2-5　使用关键词 auto 的示例

2.3.4　分数(fr)单位

分数(fr)单位是在 CSS 网格布局模块中引入的。fr 单位是网格中独有的，它告诉浏览器，在应用最小宽度后，相对于其他元素，HTML 元素应该占用多少可用空间。CSS 将可用空间等分给所有 fr 单位，因此 1fr 的值等于可用空间除以指定的 fr 单位总数。

让我们通过图 2-6 中显示的饼图来探讨什么是分数(如果这个图让你想吃一块饼，我为此道歉)。

如果你有一整个饼，那等于 100%。从 CSS 的角度看，如果我们决定吃掉整个饼，那就是 1 份(1fr)。在 CSS 中，这相当于 grid-template-columns: 1fr，这将占据整个列的 100%。

但是我们很友好，所以决定把一些饼分给 4 个朋友。我们需要确定每个人要吃多少块饼。

如果公平对待每个人，我们可以说这个饼可以分成 4 个相等的部分。在 CSS 中，这相当于 grid-template-columns: 1fr 1fr 1fr 1fr。这告诉浏览器按照平均方式将整个饼分成每个 HTML 元素应得的一部分。

但如果我们决定稍微聪明一些，保留更大一部分的饼呢？毕竟，饼是我们做的。我们决定将一半的饼留给自己，然后将剩下的一半分成 3 份。为此，需要 6 个分数：3 个分数用于表示我们占据一半的饼，另外 3 个分数表示将另一半的饼分成 3 份。

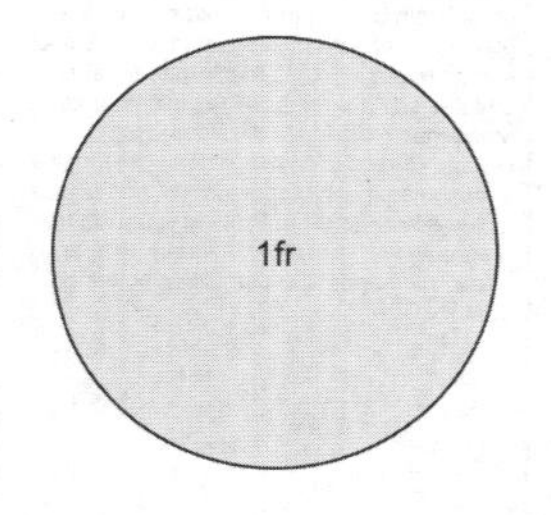

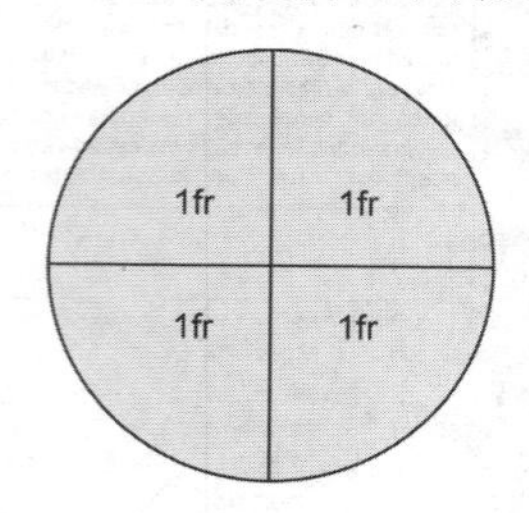

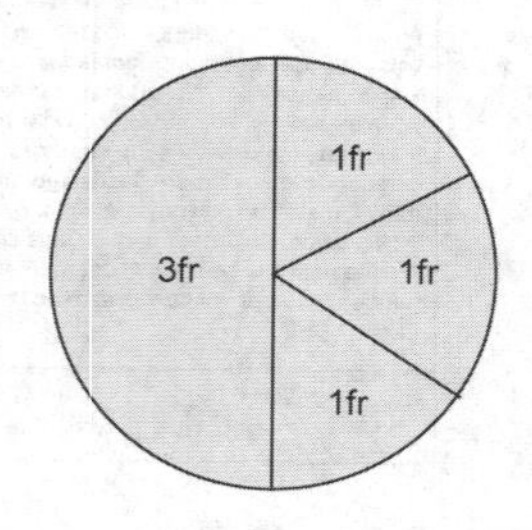

图 2-6　分数的值

我们的 CSS 将是 grid-template-columns: 3fr 1fr 1fr 1fr。这表示总共有 6 个分数：第一列占据其中的 3 个(即总数的 50%)，而剩余的 50%应该均匀分配给其他三列。为了使分数的值更易于阅读，可以使用 fr 单位与 repeat()函数，CSS 将变为 grid-template-columns: 3fr repeat(3, 1fr)。

在本项目中，通过将以下代码添加到主要规则中来创建列的网格线。

代码清单 2-4　设置列的数量

```
main {
  display: grid;
  grid-template-columns: repeat(2, minmax(auto, 1fr)) 250px;
}
```

当在浏览器中预览(见图 2-7)时，可以看到现在每个网格线上都有编号。根据这些编号，可以明确选择在网格中的哪个位置放置 HTML 元素。

同时，我们注意到浏览器默认假设我们希望将 HTML 元素放置在每个网格单元格内。浏览器不会垂直堆叠元素，而是将它们按列填充，直到用完该列，然后创建新的行，再次填充列。自动创建的额外网格单元格也被称为隐式网格。

此时，我们已经创建了一个包含三列的网格。其中两列使用了 minmax()，而第三列具有固定宽度 250px。这些设置生成了一个三列的布局。我们希望将主要内容放置在前两列，并将第三列用于不太重要的内容，因此为它分配较小的可视区域(在大多数屏幕上，第三列将比前两列窄)。

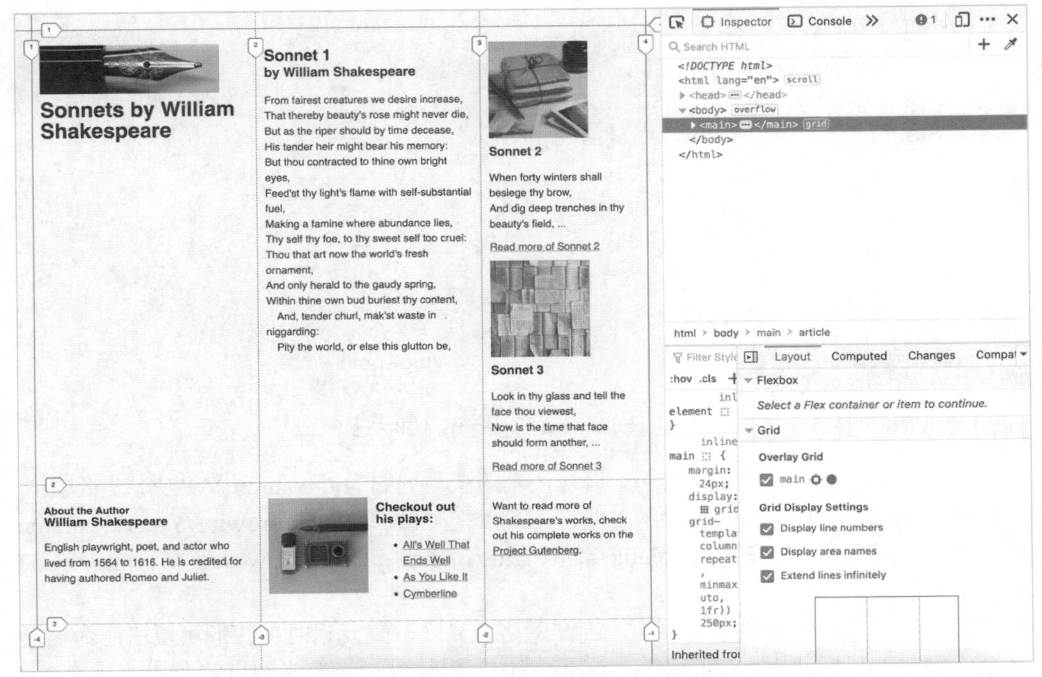

图 2-7　Firefox 浏览器预览显示了网格线以及每条线的相关编号

显式网格与隐式网格

当使用 grid-template-columns 或 grid-template-rows 时，我们在创建显式网格。这意味着明确告诉浏览器这个网格应该具有多少列和行。

而隐式部分(包括行和列)是浏览器自动创建的部分，通常在子元素多于网格单元格时发生。这种情况下，浏览器会自动添加单元格到网格中，以确保所有元素都有一个网格单元格。

可通过使用 grid-auto-flow、grid-auto-columns 和 grid-auto-rows 来控制隐式网格的行为。

2.4　网格模板区域

如果我们想要在网格的特定行和列上确定一个元素的位置，有两种选择。首先，可以使用网格线的编号来指定子元素的位置，如 grid-column: 1 / 4。在这个语法中，第一个数字表示元素的起始位置，第二个数字表示元素的结束位置(见图 2-8)。这个示例将元素放在第一列，跨越了第二列和第三列。如果只提供一个数字，元素将跨越一行或一列。

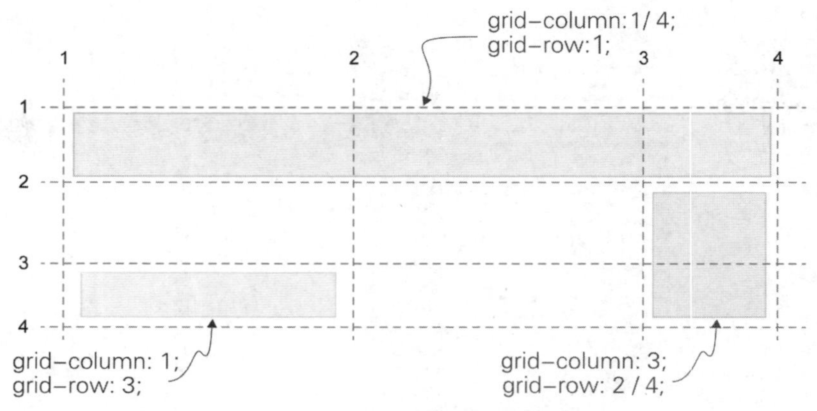

图 2-8 grid-column 和 grid-row 的语法示例

若要定义行，可以使用 grid-row 属性，其语法与列的 grid-column 属性类似。例如，若要将一个元素放置在第三行并跨越两行，可以把 CSS 写成 grid-row: 3/5。grid-column 和 grid-row 属性实际上是 grid-column-start、grid-column-end、grid-row-start 和 grid-row-end 的简写形式。

其次，与直接使用数字时不同，当在网格上显式放置元素时，我们可以引用命名的区域。为此，我们使用 grid-template-areas 属性，该属性允许定义网页的布局方式。

grid-template-areas 属性接受多个字符串，每个字符串由描述区域的名称组成。每个字符串表示布局中的一行，如图 2-8 所示。每个名称代表一行内的一列。如果两个相邻的单元格具有相同的名称(水平或垂直方向)，那么这两个单元格被视为一个区域。一个网格区域可以是一个单元格，就像图 2-9 中定义的 plays 区域一样，但如果它跨越了一个以上的单元格，那么这些单元格必须形成一个矩形，其中所有具有相同名称的单元格都是相邻的。举个例子，你不能创建一个 L 形状的区域。

命名区域的好处在于它能够直观地呈现最终的布局效果。我们将在代码清单 2-5 中定义 grid-template-areas，注意图 2-9 中第四行的点号(.)。点号用于定义我们打算空着的单元格。因为该单元格没有名称，所以我们无法向其分配内容。

代码清单 2-5 创建模板区域

```
main {
  display: grid;
  grid-template-columns: repeat(2, minmax(auto, 1fr)) 250px;
  grid-template-areas:
  "header  header   header"
  "content content  author"
  "content content  aside "
  "plays      .     aside "
  "footer  footer   footer";
}
```

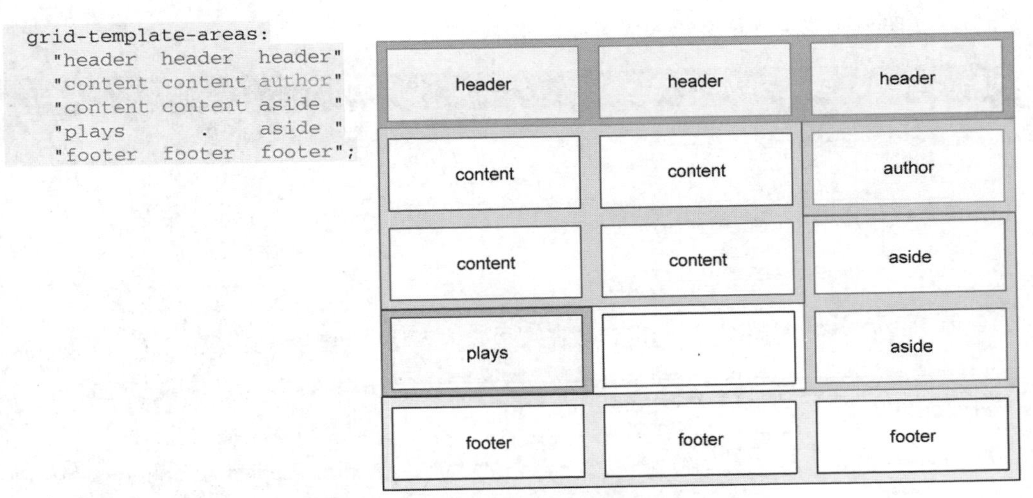

图 2-9　grid-template-areas 属性的语法

尽管我们已经定义了区域，但内容仍然隐式地放置在每个可用的单元格中，忽略了定义的区域(见图 2-10)。我们需要将内容分配到每个区域中。

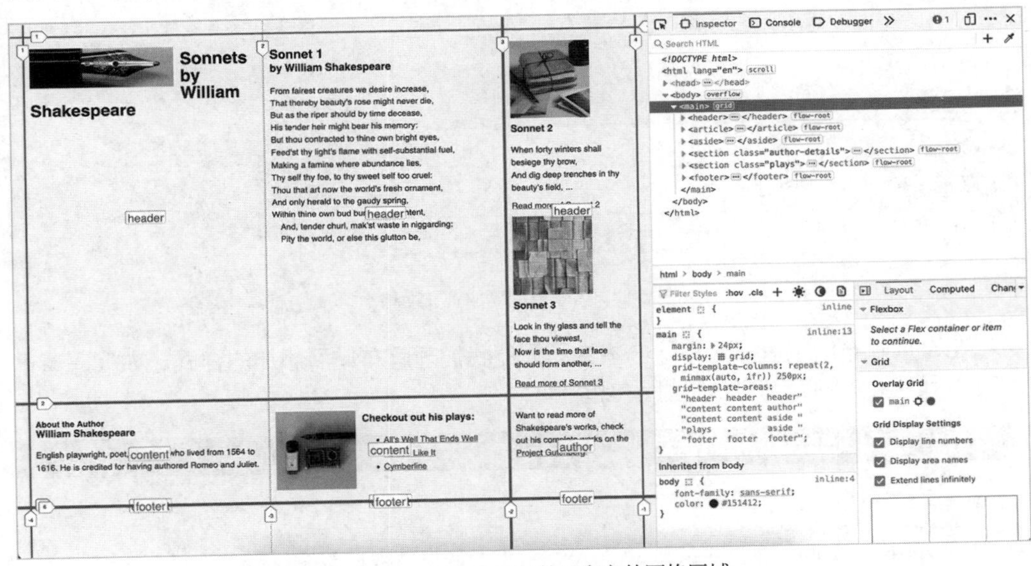

图 2-10　Firefox 中显示的已定义的网格区域

2.4.1　grid-area 属性

若要将元素放置在一个已定义的区域中，可以使用 grid-area 属性。这个属性的值就是我们在 grid-template-areas 属性中指定的区域名称。举例来说，如果想将<header>元素放置在定义为 header 的区域内，我们可以这样定义：header { grid-area: header; }。对于本项目，按照代码清单 2-6 将元素放置在网格中。

代码清单 2-6　分配内容给网格区域

```
header { grid-area: header }
article { grid-area: content }
aside { grid-area: aside }
.author-details { grid-area: author }
.plays { grid-area: plays }
footer { grid-area: footer }
```

现在我们已明确定义了内容应该放在哪里，内容将自动排列到相应位置(见图 2-11)。

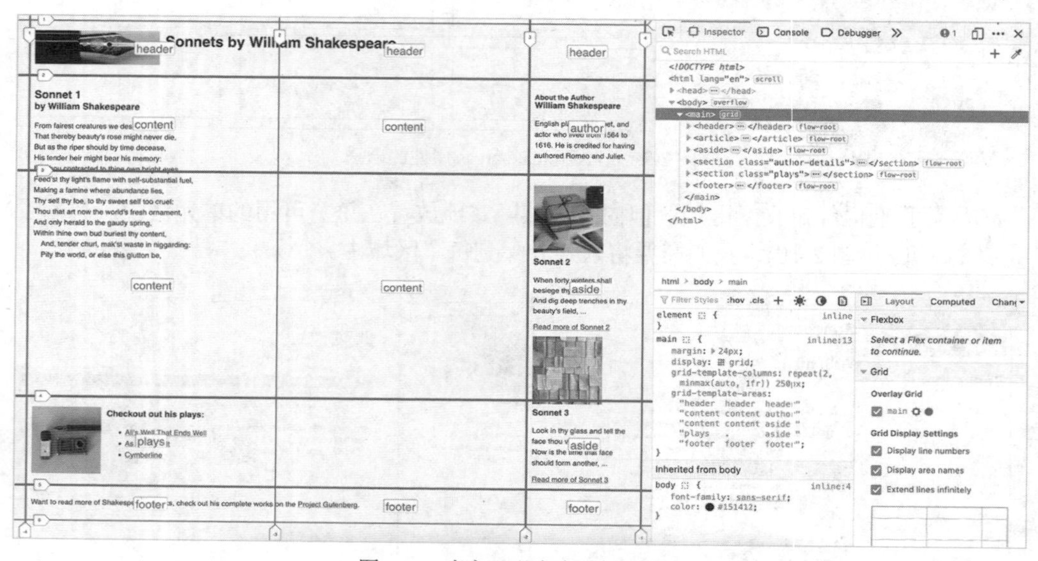

图 2-11　内容已明确放置在网格上

在设置好布局之后，应移除一些为了方便我们理解布局而添加的样式。如代码清单 2-7 所示，移除内容部分的内边距和边框。

代码清单 2-7　移除调试样式

```
main > * {
  border: solid 1px #bfbfbf;
  padding: 12px;
}
```

这些样式被移除后，屏幕宽度将变窄(见图 2-12)，此时相邻列或行中的内容似乎更加接近彼此。

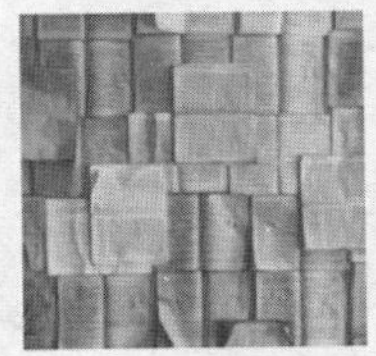

图 2-12　较窄的屏幕宽度

让我们在区域之间添加间隔。为了完成这个任务，我们将使用 gap 属性。

2.4.2　gap 属性

gap 属性是 row-gap 和 column-gap 属性的快捷方式。通过设置行和列间隙，可定义网格中行和列之间的间距。这里的“间距”是来自印刷设计领域的术语，用于描述列之间的间距。默认情况下，列和行之间的间距被设置为关键词“normal”。大多数情况下，这个值等同于 0 像素，但在与 CSS 多列模块一起使用时，它等于 1em。

当我们使用 gap 属性时，额外的空间仅应用于网格轨道之间。不会在第一个轨道之前或最后一个轨道之后添加间距。如果要在网格周围设置间距，需要使用 padding 和 margin 属性。

> **gap 与 grid-gap**
>
> 当人们定义 CSS 网格时，这个属性的规范曾经被称为 grid-gap 属性，但现在推荐使用 gap。在旧项目中，你可能会看到 grid-gap 的用法。

gap 属性最多可以包含两个正值。第一个值用于设置行间距，第二个用于设置列间距。如果你只声明一个值，它将同时应用于行间距和列间距。

在本项目中，我们将通过在主要规则中添加 gap: 20px 来将行和列之间的间隔设置为 20 像素。图 2-13 展示了示例布局中添加的间隔。有了这些间隔，现在将注意力转向如何根据屏幕尺寸调整布局。

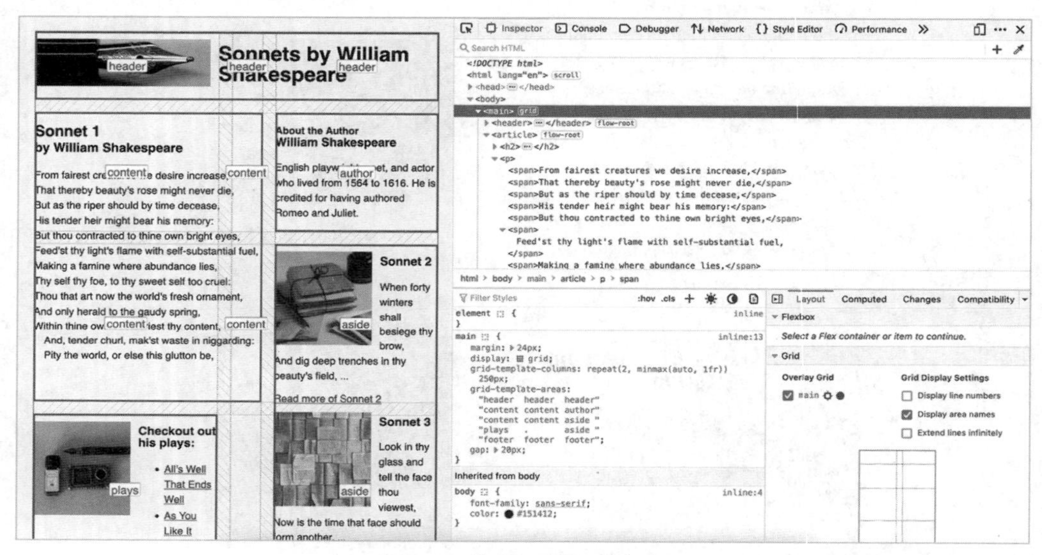

图 2-13　带有间隔的网格布局

2.5　媒体查询

CSS 允许基于条件有针对性地对布局应用样式。其中一种条件是屏幕尺寸。媒体查询是一种以@符号开头的规则，用于定义在什么条件下才能应用其中的样式。如果在宽屏幕上审视当前的布局(如图 2-14 所示)，我们会注意到页面中央存在大量未充分利用的空间，可以更有效地进行布局优化。

图 2-14　宽屏幕上的布局

现在创建一个媒体查询，以瞄准宽度大于 955 像素的屏幕。查询如下：@media (min-width: 955px) { }。花括号内的所有规则将仅在屏幕尺寸大于或等于 955 像素时应用。

代码清单 2-8 展示了示例的媒体查询。如果满足媒体查询条件，则重新定义 grid-template-areas 以获得不同的布局配置。此外，还应更新列的大小，以使各列具有相等的宽度。

代码清单 2-8　使用媒体查询创建模板区域

```
@media (min-width: 955px) {               ← @规则与媒体特性
  main {
    grid-template-columns: repeat(3, 1fr);    ← 重新定义列的尺寸
    grid-template-areas:
    "header header header"
    "content author aside"                 重新配置内容
    "content plays aside "                 的位置
    "footer footer footer";
  }
}
```

现在，示例布局看起来如图 2-15 和图 2-16 所示。

Sonnets by William Shakespeare

Sonnet 1
by William Shakespeare

From fairest creatures we desire increase,
That thereby beauty's rose might never die,
But as the riper should by time decease,
His tender heir might bear his memory:
But thou contracted to thine own bright eyes,
Feed'st thy light's flame with self-substantial fuel,
Making a famine where abundance lies,
Thy self thy foe, to thy sweet self too cruel:
Thou that art now the world's fresh ornament,
And only herald to the gaudy spring,
Within thine own bud buriest thy content,
And, tender churl, mak'st waste in niggarding:
Pity the world, or else this glutton be,

About the Author
William Shakespeare

English playwright, poet, and actor who lived from 1564 to 1616. He is credited for having authored Romeo and Juliet.

Sonnet 2

When forty winters shall besiege thy brow,
And dig deep trenches in thy beauty's field, ...

Read more of Sonnet 2

Checkout out his plays:

- All's Well That Ends Well
- As You Like It
- Cymberline

Sonnet 3

Look in thy glass and tell the face thou viewest,
Now is the time that face should form another, ...

Read more of Sonnet 3

Want to read more of Shakespeare's works, check out his complete works on the Project Gutenberg.

图 2-15 窄屏幕使用原始布局

Sonnets by William Shakespeare

Sonnet 1
by William Shakespeare

From fairest creatures we desire increase,
That thereby beauty's rose might never die,
But as the riper should by time decease,
His tender heir might bear his memory:
But thou contracted to thine own bright eyes,
Feed'st thy light's flame with self-substantial fuel,
Making a famine where abundance lies,
Thy self thy foe, to thy sweet self too cruel:
Thou that art now the world's fresh ornament,
And only herald to the gaudy spring,
Within thine own bud buriest thy content,
And, tender churl, mak'st waste in niggarding:
Pity the world, or else this glutton be,

About the Author
William Shakespeare

English playwright, poet, and actor who lived from 1564 to 1616. He is credited for having authored Romeo and Juliet.

Sonnet 2

When forty winters shall besiege thy brow,
And dig deep trenches in thy beauty's field, ...

Read more of Sonnet 2

Sonnet 3

Look in thy glass and tell the face thou viewest,
Now is the time that face should form another, ...

Read more of Sonnet 3

Checkout out his plays:

- All's Well That Ends Well
- As You Like It
- Cymberline

Want to read more of Shakespeare's works, check out his complete works on the Project Gutenberg.

图 2-16 宽屏幕使用来自媒体查询的布局

将媒体查询与 grid-template-areas 结合起来使用，我们能以最少的代码重新配置布局。但必须避免一些辅助功能方面的陷阱。

2.6　无障碍性考虑因素

当将项目放置在网格区域中时，大多数情况下，可保持元素在 HTML 中出现的顺序：页眉保持在顶部，页脚保持在底部，内容按照逻辑的视觉顺序排列。但如果 HTML 中的顺序与页面上实际显示的顺序不一致呢？

如果用户正在使用屏幕阅读器或通过键盘浏览页面，并且程序化的顺序与可视化顺序不匹配，用户将难以浏览页面和理解页面上出现的情况。通过使用网格在视觉上更改内容的位置，不会影响辅助技术向用户呈现信息的顺序。W3 网格布局模块建议(http://mng.bz/xdD7)提到了这种情况：

> *开发者必须仅将 order 和 grid-placement 属性用于内容在视觉上的重新排序，而不是在逻辑上的重新排序。使用这些功能来在逻辑上重新排序的样式表是不符合规范的。*

解决方案是使源代码和视觉体验保持一致，或至少按合理的顺序排列它们。这种方案既能提供最具可访问性的网页文档，又能提供一个良好的工作结构。对于英文来说，这意味着内容和 HTML 应该按照相同的顺序排列，即从左上到右下。

在将元素分配到网格的各自区域后，应始终对页面进行测试，以确保无论用户如何访问页面，顺序都是合乎逻辑的。一种方法是使用屏幕阅读器访问页面，并通过 Tab 键浏览元素，以确保 Tab 键顺序仍然有效。

一些工具和扩展功能可以帮助可视化 Tab 键顺序。例如，在 Firefox DevTools 中，可以选择“Accessibility”选项卡，然后勾选“Show Tabbing Order”复选框，这会以类似于图 2-17 所示的方式为可聚焦的元素添加标识和编号。我们可以看到示例的 Tab 键顺序是合乎逻辑的，不太可能让用户感到困惑，所以一切都运行良好。

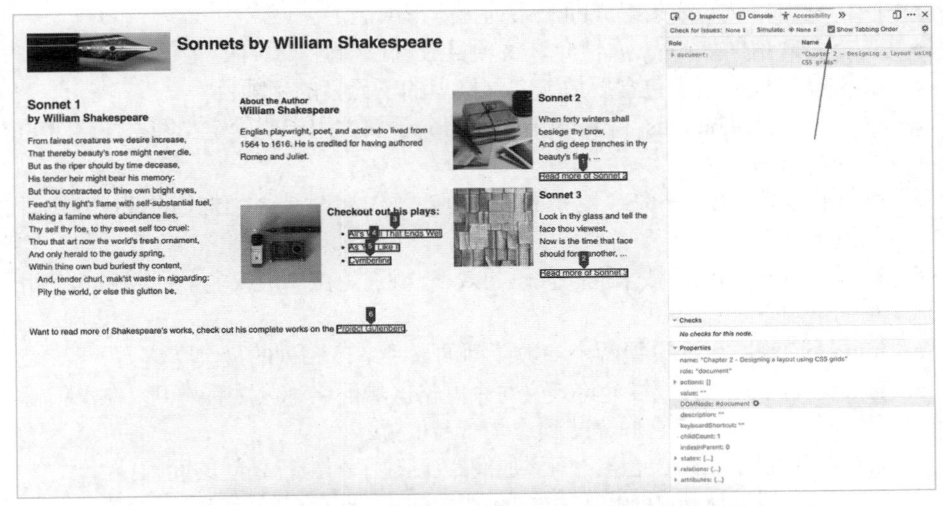

图 2-17　Firefox DevTools 中展示的 HTML 的 Tab 键顺序

现在，本章示例项目已经完成(见图 2-18)。

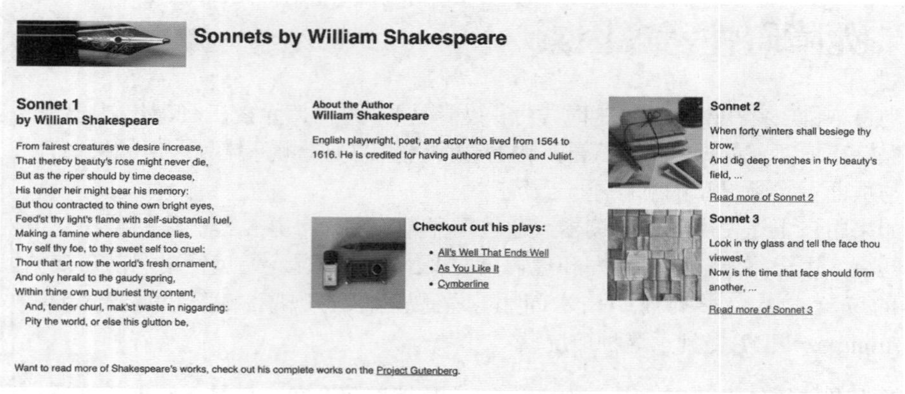

图 2-18　宽屏幕上的页面展示

网格的未来

在本章中，我们利用 CSS 网格布局模块创建了一个根据浏览器宽度来响应的布局。网格的许多方面仍在不断发展和演进，其中最值得注意的是子网格，它允许在网格内部创建更多的网格。

尽管现在你可以在网格内部设置网格，但子网格的好处在于它们与其父网格更密切相关。若要关注网格未来的改进和发展，请查看 https://www.w3.org/TR/css-grid 上的网格规范。

2.7　本章小结

- 网格是由相交的线条组成的一系列正方形或矩形区域。
- 具有 grid 值的 display 属性允许将项目放置在网格布局中。
- display 属性应用于包含要放置在网格上的子元素的父项目。
- grid-template-columns 和 grid-template-rows 属性用于明确定义网格应包含的列和行的数量和大小。
- 弹性长度单位(fr)是 CSS 网格的一部分，是作为设置项目维度的替代方式而形成的测量单位。
- 可以使用 repeat()函数来提高代码的效率，特别是在一个或多个行或列具有相同大小的情况下。
- minmax()函数允许设置两个参数：列的最小宽度和列的最大宽度。
- grid-template-areas 属性允许定义每个网格区域的名称。然后，可以在子项目上使用 grid-area 属性将它们分配到这些命名位置。
- gap 属性在网格的单元格之间添加间距(创建了列与行之间的间隙)。
- 源代码和视觉体验必须保持相同的逻辑顺序。当存在疑问时，可以使用浏览器开发者工具来检查 Tab 键顺序。

第 3 章 制作响应式动画加载界面

本章主要内容

- 使用可伸缩矢量图形(Scalable Vector Graphics，SVG)创建基本形状
- 了解 SVG 中视口(viewport)和视图框(viewbox)之间的区别
- 理解关键帧(keyframes)和 SVG 动画
- 使用动画属性
- 使用 CSS 为 SVG 添加样式
- 使用外观属性为 HTML 进度条元素添加样式

现在，大多数应用程序中都有加载器。这些加载器告诉用户某些内容正在加载、上传或等待。它们让用户确信有事情正在发生。

如果没有某种指示器告诉用户有事情正在发生，他们可能会尝试重新加载，再次单击链接，或者放弃并离开。当某个操作需要超过 1 秒的时间时，用户通常会失去注意力并怀疑是否存在问题。这个进度指示器应该包含图形元素，以显示有活动正在发生，并且应该伴随着文本信息，以提高网页对于屏幕阅读器和其他辅助技术的可访问性水平。

3.1 设置

在这个项目中，我们将在 SVG 中创建矩形形状，还将探讨 SVG 的功能，并理解样式化 HTML 元素和 SVG 元素之间的细微差异。

此外，我们还将制作一个进度条，以便向用户显示任务的完成进度和剩余任务量。我们将使用 HTML 的<progress>元素，然后研究如何自定义浏览器默认样式并应用自定义的样式。总体而言，目标是创建一个始终如一的、响应式加载器，而且它可以在各种设备上运行。图 3-1 展示了最终效果。

图 3-1 本章目标

这个项目的代码存储在 GitHub 仓库(https://github.com/michaelgearon/Tiny-CSS-Projects)的 chapter 3 文件夹中。你可以在 CodePen 上找到已完成项目的演示，网址为 https://codepen.io/michaelgearon/pen/eYvVVre。

3.2 SVG 基础

SVG 代表可伸缩矢量图形(Scalable Vector Graphics)。SVG 是用基于 XML 的标记语言编写的，包含笛卡儿平面上的矢量图形。对于矢量图形，你可以从头开始编码，但通常应在图形程序(如 Adobe Illustrator、Figma 或 Sketch)中创建。然后，它们以 SVG 文件格式导出，可以在代码文本编辑器中打开。

矢量图形是通过数学公式来定义的几何基元。线条、多边形、曲线、圆和矩形都是几何基元的示例。

笛卡儿坐标系是一个平面上基于网格的系统，它使用一对数值坐标来确定一个点，这两个坐标值基于点到两个垂直轴的距离。这两个轴相交的位置称为原点，其坐标值为(0, 0)。回想一下在数学课上，当你需要在坐标图上绘制线条时，你就是在使用笛卡儿坐标系。简而言之，SVG 是用 XML 编写的坐标平面上的图形。

与之相反，PNG、JPEG 和 GIF 是栅格图像，它们是通过一组像素来创建的。图 3-2 清晰展示了栅格图像和矢量图形之间的区别。

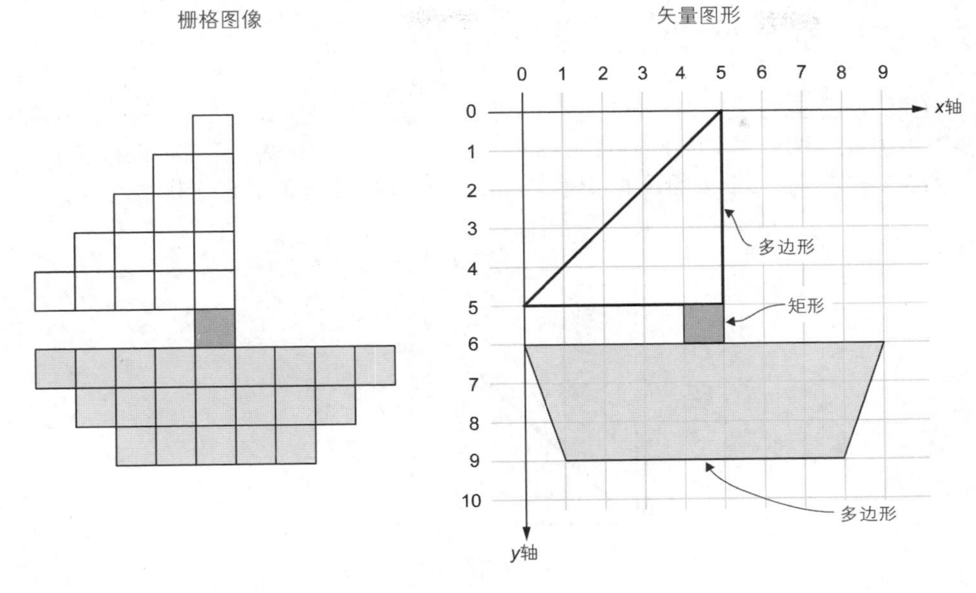

图 3-2　栅格图像与矢量图形的比较

相对于栅格图像，SVG 具有许多优势，包括无限可伸缩性。我们可以根据需要缩小或放大图像，而不会损失图像质量。而栅格图像在放大时会出现像素化，这是因为像素网格放大后，网格的单个方格变得可见了。相比之下，当放大 SVG 时，我们在程序上设置了坐标平面上的形状和线条；点之间的路径被重新绘制，图像质量不会降低。

由于 SVG 是使用 XML 编写的，因此我们可以直接将 SVG 代码嵌入 HTML 中，并以与处理其他 HTML 元素类似的方式来访问、操作和编辑它。可以说，SVG 对于图形就像 HTML 对于网页一样。

不过，对于复杂图像(如照片)的处理，栅格图像更为合适。虽然可以使用 SVG 创建逼真的图像，但这在实际应用中并不常见。与栅格图像相比，矢量图形的文件更大，因此加载性能更差。

SVG 最常见的用途是标志、图标和加载器。我们将 SVG 用于标志，因为标志通常是简单的图像，无论其大小或媒体如何，都需要保持清晰。此外，一个公司或产品通常会有多个版本的标志，以便在深色背景和浅色背景上使用。此处，重新着色、简单性和可伸缩性也是我们将 SVG 用于图标的原因。

我们将 SVG 用于加载器，因为 SVG 与栅格图像不同，SVG 允许在图像内部添加动画效果。我们可以隔离图形内的单个元素，并对该元素应用 CSS 或 JavaScript，这是在栅格图像中无法实现的。

之前提到过，SVG 基于笛卡儿平面(2D 坐标平面)。接下来深入了解这是什么意思以及它是如何工作的。

3.2.1 SVG 元素的位置

当我们使用 SVG 元素时，确定位置的思维方式是将其放置在一个网格上。一切都从原点(0, 0)开始，这个原点位于 SVG 文档的左上角。*x* 或 *y* 值越高，意味着距离左上角越远。图 3-3 扩展了图 3-2 中船只的示例，显示了原点以及每个形状的坐标值。

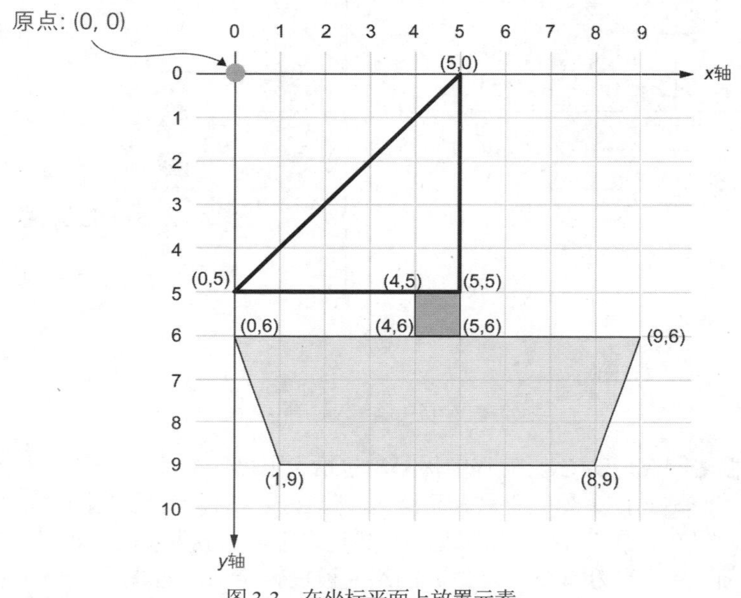

图 3-3 在坐标平面上放置元素

本项目中的加载器由 11 个矩形组成。为了将它们放置在正确的位置，需要考虑它们在坐标平面上的位置，还要考虑它们的宽度以及它们之间的间隙。

3.2.2 视口

视口是用户可以看到 SVG 的区域。它由两个属性(width 和 height)来设置。可以将视口想象成一个画框：两个属性设置了画框的大小，但不影响其中包含的图形的大小。然而，如果将一幅比画框大的图像放在画框内，就会发生溢出。同样的情况也适用于 SVG。与 CSS 定位一样，视口测量的原点位于 SVG 的左上角(见图 3-4)。

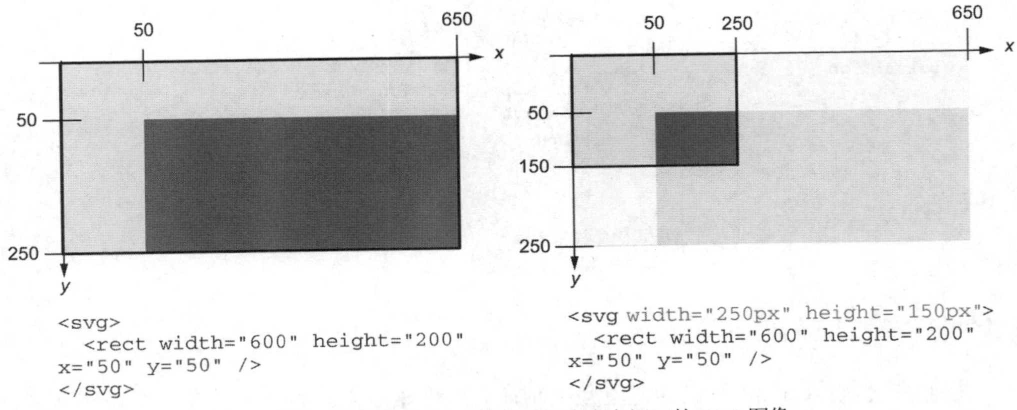

图 3-4　定义视口的 SVG 图像和没有定义视口的 SVG 图像

加载器的视口将是：

```
<svg width="100%" height="300px"><!--SVG code --></svg>
```

宽度被设置为 100%，但 100%是相对于什么而言的？这里的 100%意味着加载器将占用其父元素提供的所有可用空间的 100%。

代码清单 3-1 显示了初始 HTML。我们可以看到加载器嵌套在一个 section 内；因此，加载器的宽度将与该 section 相同。

代码清单 3-1　起始 HTML

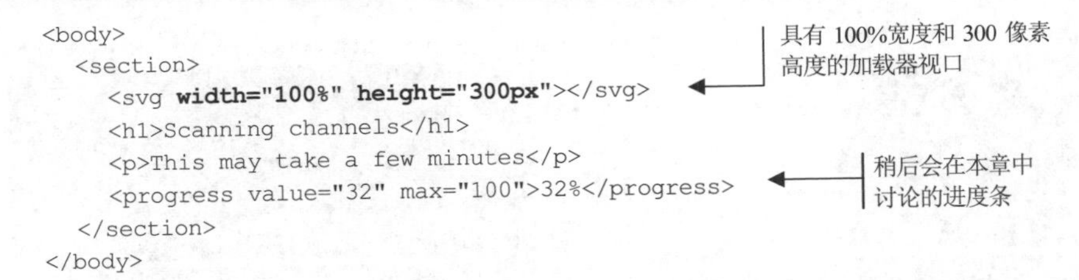

```
<body>
  <section>
    <svg width="100%" height="300px"></svg>
    <h1>Scanning channels</h1>
    <p>This may take a few minutes</p>
    <progress value="32" max="100">32%</progress>
  </section>
</body>
```


我们还有一些初始的CSS样式(见代码清单 3-2)。已经预先对背景(<body>)、<section>、标题(<h1>)和段落(<p>)设置样式，以便专注于加载器、进度条和动画。

代码清单 3-2　起始 CSS

使用边距的缩写属性：顶部和底部使用 40 像素的边距；左侧和右侧使用自动边距

```
body { background: rgb(0 28 47); }
section {
  display: flex;
  flex-direction: column;
  justify-content: space-between;
  align-items: center;
  max-width: 800px;
  margin: 40px auto;
```

开始对加载器容器进行规则样式设置

使用 Flexbox 进行布局，将子项设置为列方向，水平居中，并在元素之间设置等距空间

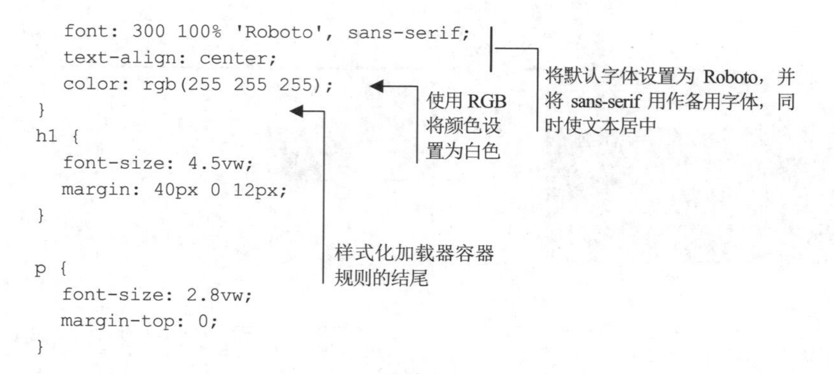

```
  font: 300 100% 'Roboto', sans-serif;
  text-align: center;
  color: rgb(255 255 255);
}
h1 {
  font-size: 4.5vw;
  margin: 40px 0 12px;
}

p {
  font-size: 2.8vw;
  margin-top: 0;
}
```


我们注意到<section>元素的宽度被限制在 800 像素以内。<section>是一个块级元素，因此默认情况下会占据其可用宽度。同样，<body>和<html>也是块级元素。

由于我们没有在<body>或<html>上指定宽度、内边距或外边距，它们将占据整个窗口的宽度。<section>将占据整个<body>的宽度。但是，由于我们为<section>分配了最大宽度，在窗口宽度达到 800 像素时，该部分将停止与<body>一起增长，保持 800 像素的宽度。由于<section>元素的顶部和底部外边距都是 40 像素，它将稍微增大浏览器窗口与元素之间的间距。

示例加载器包含在<section>中。<section>将占据<body>的整个宽度，直至达到 800 像素；因此，加载器将有同样的宽度。图 3-5 显示了加载器的宽度如何受屏幕大小的影响。

有了视口设置，现在来设置视图框，以便 SVG 的内容随其容器缩放。请记住，到目前为止，我们只处理了框架，而不是其内部的内容。

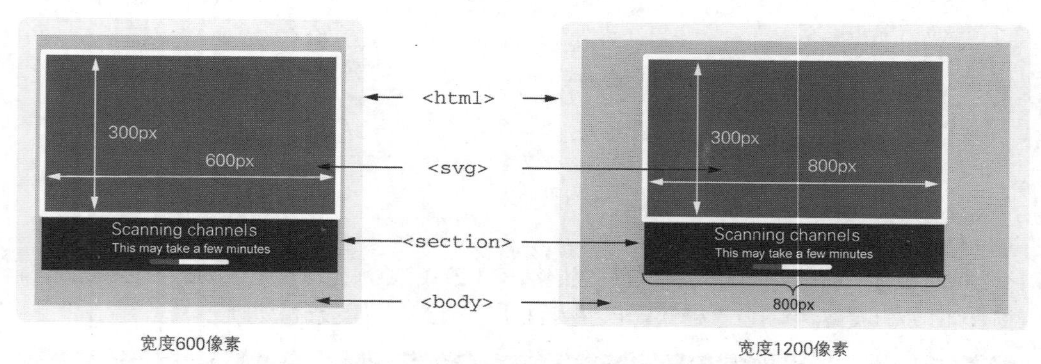

图 3-5　当使用 max-width 时，窗口宽度对 SVG 宽度的影响

3.2.3 视图框

视图框(viewbox)用于设置图形在视口中的位置、高度和宽度。之前，我们将视口类比为画框。视图框允许调整图像以适应画框。它可以放置图像，也可缩放图形，以使其适应画框。可以将视图框视为平移和缩放工具。为了设置视图框，需要将 viewBox 属性应用于 SVG，并按照以下四个值和语法进行设置：viewBox="min-x min-y width height"。

代码清单 3-3 展示了应用于加载器的 viewBox。

接下来剖析这些数字，首先是 min-x 和 min-y，它们都被设置为 0。我们希望图形的左上角位于画框的左上角。min-x 和 min-y 允许在图形的画框内进行位置调整，就像是平移工具。因为我们希望图形恰好位于左上角，所以将这些值设置为 0。

接下来应用宽度，这里设置为 710，因为示例加载器有 11 个条，每个条的宽度为 60。$60 \times 11 = 660$，此外还有 10 个间隙。每个条之间的间隙宽度是 5，而 $5 \times 10 = 50$；因此，加载器的宽度将是 $660 + 50 = 710$。

我们将基于加载器中条的高度来设置 viewBox 的高度。条的高度值为 300，因此将视口的高度设置为 300。这样，示例加载器将完美地适应其视口。代码清单 3-3 展示了 viewBox 应用于 SVG 的情况。

代码清单 3-3　声明 viewBox

```
<svg viewBox="0 0 710 300" width="100%" height="300px">
<!--SVG code-->
</svg>
```

注意，视图框(viewbox)和视口(viewport)的高度都设置为 300。这就是我们进行缩放的方式。如果视图框的数值小于视口的数值，那么我们实际上缩小了画框，图形会变得更小。如果视图框的数值大于视口的数值，那么我们在进行放大。然而，由于我们将视口和视图框的高度设置为相等的数值，因此我们并没有进行缩放。

现在已经定义了我们将要工作的空间，可以开始向加载器添加形状了。

3.2.4　SVG 中的形状

有一些标准的 SVG 形状和元素，包括：

- rect (矩形)
- circle (圆)
- ellipse (椭圆)
- line (线)
- polyline (折线)
- polygon (多边形)

如果想创建一个不规则的形状，通常会使用 path 元素，但这里的示例加载器项目不需要它。通常情况下，path 元素用于创建标志、图标和复杂动画图形等需要精确控制轮廓的形状。而在本项目中，我们将使用基本的矩形来创建加载器中的条块。

为了定义矩形条块，我们将使用<rect>元素，并设置四个属性：height、width、x 和 y。其中，x 和 y 属性决定了矩形的左上角相对于 SVG 左上角的位置。

我们希望创建 11 个矩形条块(见代码清单 3-4)，它们的宽度为 60，高度为 300。我们将使用 x 属性来控制这些矩形的位置。我们从 0 开始，逐渐增大 x 值，以便将每个矩形平移。每个矩形的 x 值都比前一个矩形多 65，这样第 11 个矩形的 x 值将是 650。

代码清单 3-4　11 个矩形

```
<svg viewBox="0 0 710 300" width="100%" height="300">
    <rect width="60" height="300" x="0" />
    <rect width="60" height="300" x="65" />
    <rect width="60" height="300" x="130" />
    <rect width="60" height="300" x="195"/>
    <rect width="60" height="300" x="260"/>
    <rect width="60" height="300" x="325"/>
    <rect width="60" height="300" x="390"/>
    <rect width="60" height="300" x="455"/>
    <rect width="60" height="300" x="520"/>
    <rect width="60" height="300" x="585"/>
    <rect width="60" height="300" x="650"/>
</svg>
```

现在，示例矩形已经正确放置在视口内，并且我们在调整窗口大小时，根据 viewBox 的设置正确调整了矩形的大小。图 3-6 展示了 SVG 在不同窗口尺寸下的表现(为了更清晰地显示图形，我们给 SVG 和矩形添加了白色边框)。随着窗口的调整，内容会在可用空间内自如地收缩和扩展，而不会导致包含的矩形失真，因为宽高比会随着窗口大小的改变而调整。

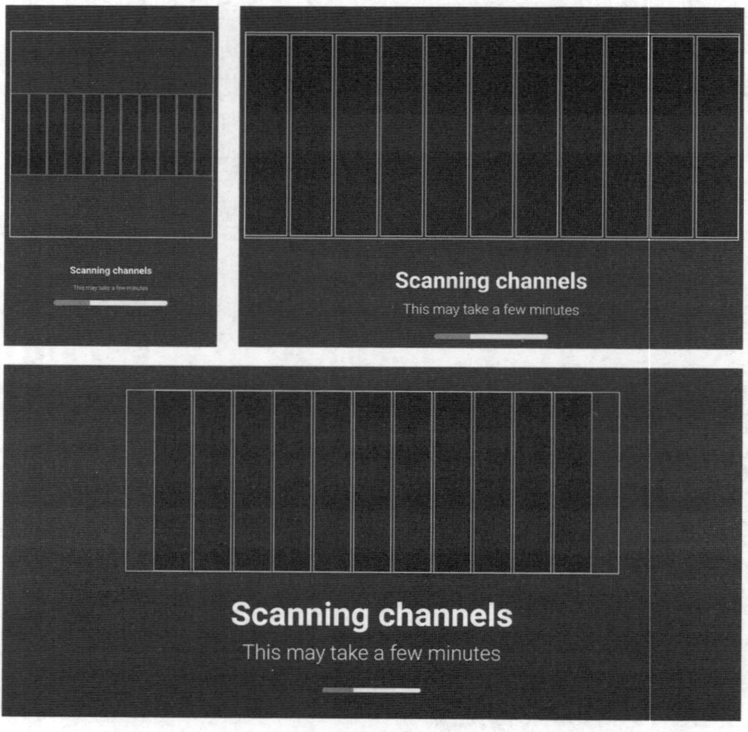

图 3-6　在 SVG 内添加 11 个矩形

注意，矩形是黑色的。接下来要对它们进行样式设置。

3.3　对SVG应用样式

我们已在HTML中应用样式，现在可以通过类似的方式对SVG元素应用样式：采用内联样式，在内部使用<style>标签，或者使用单独的样式表。然而，需要注意一些细微的差异。首要的是，SVG嵌入HTML中的方式会影响样式的位置，从而影响相关的元素。

向网页中添加矢量图形的最简单方式是使用图像标签。我们可以像引用任何其他文件一样引用图像文件：<img src="myImage.svg" alt="">。我们还可以将其作为背景图像内嵌在CSS中：background-image: url("myImage.svg");。

然而，在这两种情况下，我们可以影响整个SVG图像，但无法直接更改SVG内部的特定元素。实际上，SVG图像就像一个封闭的容器，我们无法访问其中的元素来进行个别修改。如果需要操作SVG图像内的元素，必须将样式规则嵌入SVG图像本身中。

第三种选择(也是本章中采用的方法)是将SVG的XML代码直接嵌入HTML中，而不是将SVG放在外部文件中。这种方式解决了SVG图像内元素不可访问的问题。但需要注意的是，这会导致HTML和SVG的代码混在一起，难以保持良好的关注点分离。

当我们将SVG内联放置在HTML中时，可以使用适用于任何其他HTML元素的标准CSS应用方式。因此，我们可以把要应用于SVG的样式放置在CSS中，并将SVG视作HTML元素。

SVG展现属性

在HTML中，当我们应用内联样式时，需要添加一个style属性，例如<p style="background: blue">。然而，SVG具有可以直接作为属性添加到元素中的样式。这些样式被称为展现属性。

例如，fill属性(相当于background-color的SVG等效属性)可以直接应用于元素，而不必使用style标签：<rect fill="blue">。这些属性不必直接应用于元素的内联样式中。我们可以像应用其他CSS样式一样，将它们添加在style标签或样式表中：rect { fill: blue; }。

你可以在http://mng.bz/Alee上找到SVG演示属性的详尽列表。

尽管应用样式到SVG元素的技巧与HTML的相同(除了内联应用前面提到的SVG展现属性的情况)，但用来样式化元素的一些属性将会不同。下面更仔细地研究一下将用于这个项目的一个属性。

为了设置加载器条的背景颜色，我们将使用fill属性，而不是background-color属性，因为background-color属性不适用于SVG元素。fill属性支持与background-color相同的值，例如颜色名称、RGB(a)、HSL(a)和十六进制。因此，我们会写rect { fill: blue; }，而不是rect { background-color: blue; }。如果你没有为特定形状分配fill值，fill将默认为黑色，因此示例矩形是黑色的。

下面为矩形添加填充颜色。因为并非所有的矩形都具有相同的颜色(它们具有不同的蓝色和绿色，以使加载器具有渐变效果)，所以我们不会给每个元素分配一个类，而是使用伪类nth-of-child(n)，它根据元素在父元素内的位置来匹配元素。我们将寻找第*n*个矩形，并为其进行填充。因此，section rect:nth-of-type(3)将查找部分容器中的第三个矩形。如代码清单 3-5 所示，将填充颜色应用于每个矩形。

注意 伪类针对的是元素的状态，这里是指某元素相对于其同级元素的位置。

代码清单 3-5 为矩形添加填充颜色

```
rect:nth-child(1) { fill: #1a9f8c }
rect:nth-child(2) { fill: #1eab8d }
rect:nth-child(3) { fill: #20b38e }
rect:nth-child(4) { fill: #22b78d }
rect:nth-child(5) { fill: #22b88e }
rect:nth-child(6) { fill: #21b48d }
rect:nth-child(7) { fill: #1eaf8e }
rect:nth-child(8) { fill: #1ca48d }
rect:nth-child(9) { fill: #17968b }
rect:nth-child(10) { fill: #128688 }
rect:nth-child(11) { fill: #128688 }
```

图 3-7 展示了示例的输出。可以看到，加载器中的矩形现在已不再是黑色，颜色已经应用到它们上面了。

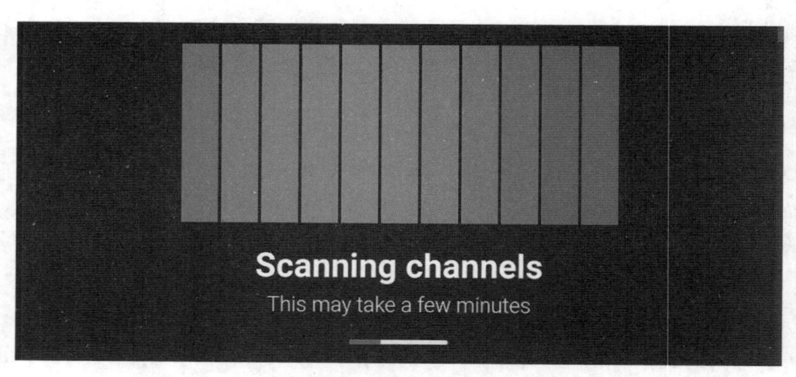

图 3-7 对加载器的矩形进行填充

本示例的声明存在一个问题，如果另一个 SVG 图形中也有矩形，示例代码可能会应用到错误的图形上。为了避免这个问题，可以给 SVG 图形添加一个类名作为标识符，以明确指定要样式化的矩形。但在本项目中，由于只有一个 SVG，因此不必担心这个问题。

3.4 在 CSS 中为元素添加动画效果

CSS 动画模块允许使用关键帧来对属性应用动画，3.4.1 节将详细探讨此功能。我们可以控制动画的持续时间以及动画的重复次数等方面。CSS 提供了几个属性，以便定义动画的行为，下面列举了一些例子。

- animation-delay：动画开始前等待的时间

- animation-direction：动画正向播放还是反向播放
- animation-duration：动画一次运行的持续时间
- animation-fill-mode：用于控制 CSS 动画结束后的状态
- animation-iteration-count：动画应该运行多少次
- animation-name：应用的关键帧的名称
- animation-play-state：动画是正在运行还是暂停
- animation-timing-function：用于设置动画效果的时间曲线，也就是控制动画的速度变化

对于示例的动画，将关注以上属性中的四个：

- animation-name
- animation-duration
- animation-iteration-count
- animation-delay

我们的目标是创造一种效果——矩形以不同的速度缩小和放大，而不是同步进行。在任何给定的时间点，我们希望这些矩形的高度都略有不同。当这些矩形在缩小、放大时，我们想要它们的顶部和底部朝中心移动，然后扩展回原来的高度。简而言之，我们要创建一种类似于挤压的效果：从大到小再到大。

尽管我们会对所有矩形应用相同的动画，但为了使它们的大小错开，我们将为每个矩形的动画应用稍微不同的延迟。因此，每个矩形在不同的时间开始动，从而使它们处于不同的扩展和缩小阶段，形成一种涟漪效果。

首先创建动画本身，然后将其应用于这些矩形，最后添加个别的延迟，以使它们的大小在不同的时间点错开。为了创建这个动画，我们将使用关键帧。动画属性将引用这些关键帧，并规定动画的持续时间、延迟和运行次数。

3.4.1　关键帧和动画名称

在创建关键帧时，需要为它指定一个名称。动画名称声明的值与关键帧名称匹配，以将它们连接起来。使用 animation-name 属性，可以列出多个动画，并用逗号进行分隔。

关键帧的由来

关键帧的概念起源于动画和电影制作领域。在过去，当公司还在通过手工制作动画时，美术师会创建许多单独的画面，其中每个画面或帧都有微小的变化。随着时间的推移，他们逐渐在每个帧中进行修改，一步步达到最终的帧。这种技术的一个简单示例就是翻书动画。拥有更多帧和在短时间内进行微妙调整的动画更加流畅。

关键帧表示动画中最重要的变化点(关键点)。然后，浏览器会计算随着时间的推移在定义的关键帧之间发生的变化，这个过程称为插值(in-betweening)。通过让硬件来执行这项任务，浏览器能够迅速填充关键帧之间的差距，从而实现平滑的过渡，使一个状态到另一个状态的转换更加流畅。插值过程如图 3-8 所示。

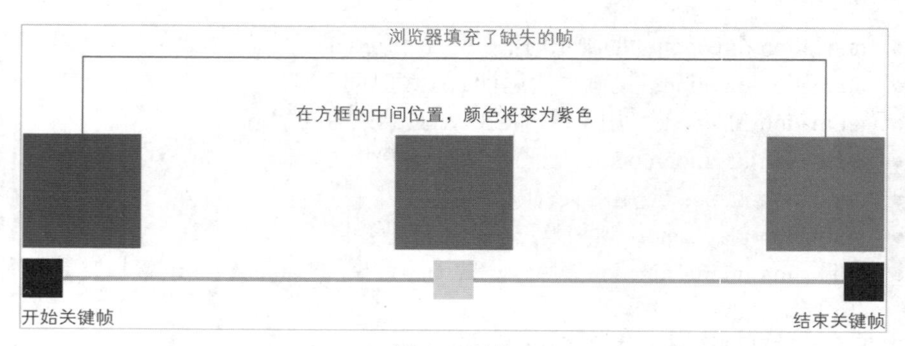

图 3-8 插值

在 CSS 中，关键帧是通过一个名为@keyframes 的规则来定义的，它控制了动画序列中的各个步骤。at 规则是一种 CSS 语句，用来规定样式应该如何表现以及何时应用。它们以@符号开头，后面跟着一个标识符(在这里是 keyframes)。在第 2 章中，我们使用 at 规则来创建媒体查询，而在这里，我们将使用它来创建关键帧。语法形式是@keyframes animation-name{ ... }。花括号内的代码定义动画的行为。在@keyframes 规则块内，每个关键帧都由一个百分比(表示动画已经进行的时间比例)和达到该时间点时应用的样式来定义。

在深入讨论如何将动画应用到项目中之前，先来看一个更简单的示例，以更好地理解语法(见代码清单 3-6)。你也可以在 CodePen 上找到这个示例，链接是 https://codepen.io/michaelgearon/pen/oNyvbWX，在那里你可以看到动画的运行效果(见图 3-9)。

代码清单 3-6 动画示例

```
@keyframes changeColor {
  0% { background: blue }
  50% { background: yellow }
  100% { background: red }
}
@keyframes changeBorderRadius {
  from { border-radius: 0 }
  50% { border-radius: 50% }
  to { border-radius: 0 }
}
div {
  animation-name: changeColor, changeBorderRadius;
  animation-duration: 3s;
  animation-iteration-count: 10;
}
```

首个关键帧，名为 changeColor

第二个关键帧，名为 changeBorderRadius

animation-name 属性引用了这两个动画

设置动画持续的时间

设置动画运行的次数

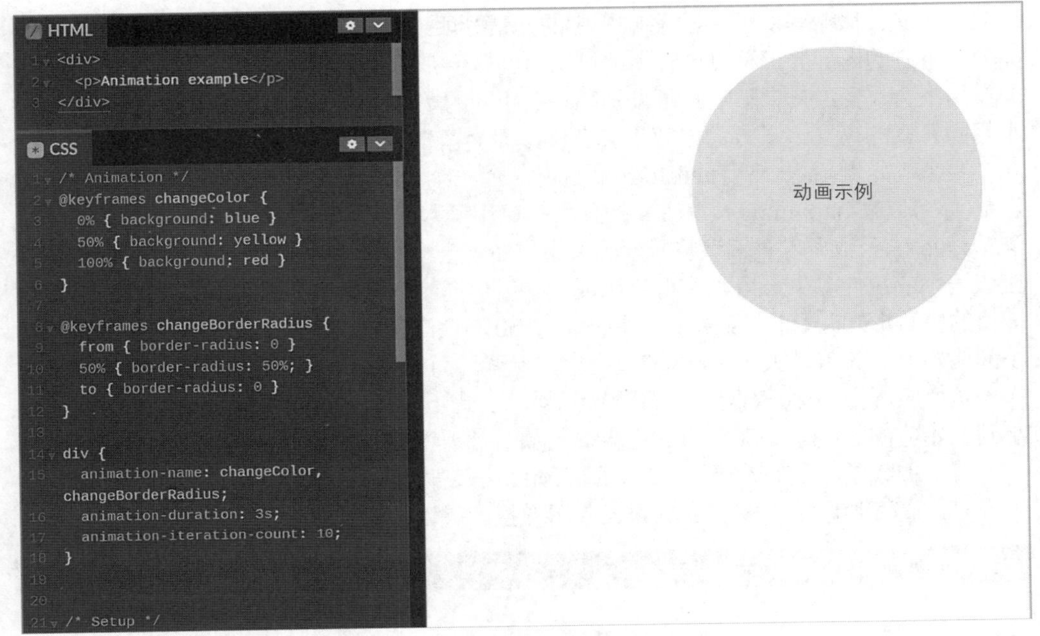

图 3-9　CodePen 中的简单动画示例

这个示例中有两组关键帧：一个名为 changeColor，另一个名为 changeBorderRadius。将这两个动画都应用到一个 div 元素上。接着，定义动画的持续时间(3 秒)和播放次数(10 次)。每组关键帧中包含的代码用来指定应该应用到元素的样式。所以，我们有两种不同的标记方式：一种是使用关键词，另一种是使用百分比。现在深入分析一下第一组关键帧中定义的内容。

在第一组关键帧中，我们规定在动画开始(0%)时要将<div>的背景颜色设置为蓝色。当动画进行到 50%(3 秒的一半，即 1.5 秒)时，背景色将变为黄色。当动画结束(100%或 3 秒)时，背景色将变为红色。在关键帧之间，颜色会平滑过渡，从一种状态平滑变换到另一种状态。

在第二组关键帧(即 changeBorderRadius)中，我们使用关键词 from 和 to，它们分别相当于 0%和 100%。可以在同一组关键帧中混合使用这两种标记方式。

当我们将动画应用于<div>元素时，还需要设置持续时间和循环次数。需要注意的是，这两个值都适用于这两个动画。

在深入研究这两个属性及其工作原理之前，不妨先为加载动画创建动画效果。对于加载动画，我们想要随时间放大和缩小矩形，也就是对矩形进行缩放。因此，我们将创建一个名为 doScale 的关键帧。at 规则将是@keyframes doScale { }。

在 at 规则内，我们定义了动画的关键帧。我们将从矩形的完整高度开始。在动画进行到一半时，矩形的高度应为其原始高度的 20%。当动画结束时，矩形的高度应恢复到原始大小。因此，需要定义三个步骤：from(或 0%)、50%和 to(或 100%)。

为了改变矩形的大小，我们将使用 transform 属性，它允许改变元素的外观(如旋转、缩放、扭曲、移动等)，而不会影响周围的元素。如果我们使用 height 属性来减小元素的高度，下方的内容会上移以填充新的可用空间。但是使用 transform 时，元素的尺寸和页面布局不会改变，只会影响其可见外观。在相同的场景下，如果我们使用 transform 来减小相同元素的高度，下方的内容不会上移，而会留下一段空白。

要影响元素，需要使用 transform 属性并传递一个 transform()函数。这里将使用 scaleY()函数(你可以在 http://mng.bz/Zo1N 找到所有可用函数的列表)。

scaleY()函数可以垂直调整元素的大小，而不会影响其宽度或扭曲它。为了确定元素应该缩小或拉伸多少，可以将百分比或数字值传递给该函数。数字值对应于其百分比等效值的小数形式。因此，scaleY(.5)和 scaleY(50%)会产生相同的结果——将元素的高度缩小到原始值的 50%。大于 100%的值会增大元素，而在 0%到 100%之间的值会缩小元素。

负值应用于 scaleY()时会垂直翻转元素，因此 scaleY(−0.5)会翻转元素并将其高度缩小到原始值的 50%。scaleY(−1.5)会翻转元素并将其高度增大到原始值的 1.5 倍。

对于加载条，我们希望矩形在动画开始和结束时都是完整的高度，而在动画进行到一半时，高度为原始高度的 20%。已应用变换的关键帧如代码清单 3-7 所示。

代码清单 3-7　完成的关键帧

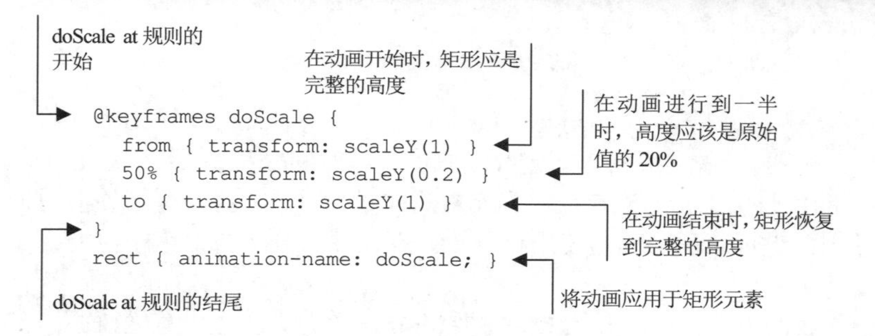


```
@keyframes doScale {
  from { transform: scaleY(1) }
  50% { transform: scaleY(0.2) }
  to { transform: scaleY(1) }
}
rect { animation-name: doScale; }
```

如果我们运行代码，会发现没有任何变化；矩形还没有开始放大和缩小，尽管我们已经将关键帧应用于矩形。我们仍然需要定义持续时间和迭代次数。下面进一步探讨这些属性。

3.4.2 duration 属性

duration 属性设置动画从开始到结束所需的时间。可以使用秒(s)或毫秒(ms)来设置持续时间。持续时间越长，动画完成得越慢。考虑到无障碍性(详见 3.4 节)，我们需要顾及对动画敏感的用户，并选择一个合理的持续时间。

> **动画、癫痫发作和闪烁速率**
>
> 万维网联盟(W3C)建议，为了避免引发光敏用户的癫痫，需要确保动画内容不会在任何 1 秒内闪烁超过三次(链接：http://mng.bz/RldR)。

为了选择适当的动画时序，需要考虑许多因素。动画速度过快可能会导致观众几乎察觉不到其中的变化，或者引发观众的癫痫，这与动画的性质有关。而动画速度过慢则可能让应用程序看起来不够流畅。大多数微动画都是简短的过渡性动画，用于实现元素从一种状态到另一种状态的平滑过渡，例如将箭头从指向上方切换到指向下方。一般而言，这类动画的推荐持续时间约为 250 毫秒，这是业界通行的标准。

如果动画较大或更复杂，比如，假设需要打开和关闭一个大型面板或菜单，我们可以将持续时间增长到约 500 毫秒。不过，加载器有些不同。它不是对用户操作的快速响应；它是一个大型可视元素，用户将花费一些时间专注在它上面。

通常情况下，在确定加载器的“正确”时序时，我们会使用试错方法来找到最适合图形的速度。对于本项目，我们希望动画持续 2.2 秒。为了应用动画所需的时间，我们将 animation-duration 属性添加到矩形元素中，如代码清单 3-8 所示。

代码清单 3-8　添加动画持续时间

```
rect {
  animation-name: doScale;
  animation-duration: 2.2s;
}
```

当我们运行代码时，加载器会播放一次动画，然后除非重新加载浏览器窗口，否则不再播放。同时，我们注意到所有的矩形在同一时间内增大和减小。首先，应确保加载器能够持续不断地播放动画；然后，逐渐将动画应用到各个矩形元素上，以使它们看起来各不相同。

3.4.3 iteration-count 属性

为了在动画完成后使其重新启动，我们使用 iteration-count 属性，该属性设置动画应重复的次数。默认情况下，它的值为 1。因为我们尚未设置值，所以浏览器认为我们希望动画运行一次然后结束。我们希望动画持续无限循环，因此将使用 infinite 关键词值。

通过应用这个值，声明动画应该永远播放下去。如果想要运行特定次数，可以使用整数值。在添加了迭代次数之后，代码如代码清单 3-9 所示。

代码清单 3-9　添加动画迭代次数

```
rect {
  animation-name: doScale;
  animation-duration: 2.2s;
  animation-iteration-count: infinite;
}
```

当运行代码时，我们会看到所有的矩形都在同步地从顶部开始增大然后缩小，而且动画在完成后会重新启动。不过，我们还需要进行一些设置来使动画从矩形的中间(而不是顶部)开始，并且在各个元素之间错开动画。但在进行这些调整之前，先来看一下动画的简写属性。

3.4.4 动画的简写属性

目前，我们用三个声明来定义动画：animation-name、animation-duration 和 animation-iteration-count。我们可以通过将这三个声明合并到动画的简写属性中来简化代码，这样我们可以使用一个属性来定义动画的行为。在这个属性中，可以为 3.3 节中列出的任何属性定义值。不需要为所有属性提供值。如果属性没有在简写属性或单独设置中定义，它们将使用默认值。

如前所述，目前我们正在定义三个属性：animation-name、animation-duration 和 animation-iteration-count。使用 animation 的简写属性后，声明如图 3-10 所示。

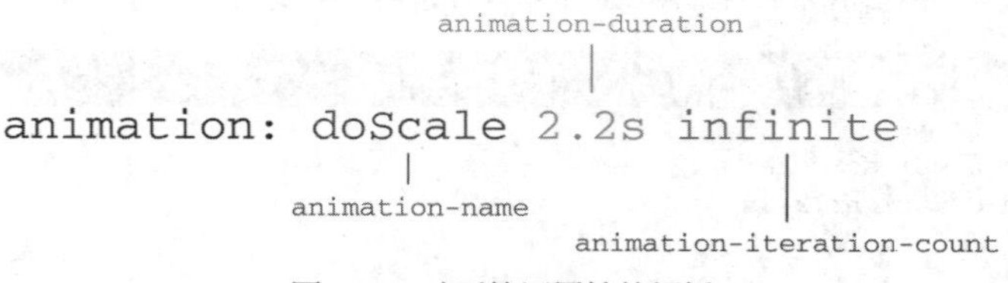

图 3-10　动画简写属性的解析

这段代码在功能上与当前应用于矩形的代码完全相同。通过使用简写属性，可以使代码变得更加简洁，更易于阅读。但如果你觉得逐个编写每个属性的方案更简单，那么任何一种方案都是完全有效的，选择最适合你的方案即可。

当我们使用动画的简写属性时，更新后的 CSS 如代码清单 3-10 所示。在对代码进行更改后，我们注意到动画没有发生变化。

代码清单 3-10　重构以使用简写属性

```
rect {
    animation-name: doScale;
    animation-duration: 2.2s;
    animation-iteration-count: infinite;
    animation: doScale 2.2s infinite;
}
```

接下来，让我们来解决错开每个矩形的高度的问题。

3.4.5 animation-delay 属性

animation-delay 属性的作用与它的名称相符：它允许在元素上延迟动画的播放。这个延迟会影响动画的启动时刻，一旦动画开始，它将按照正常的方式循环播放。与 duration 属性类似，animation-delay 属性允许使用秒(s)或毫秒(ms)来设置延迟的持续时间值，默认值为 0。通常情况下，动画不会有延迟。

第二个矩形会有 200 毫秒的延迟，然后我们继续为后续的每个矩形递增延迟 200 毫秒。注意，在第六个矩形上，我们改用秒来代替毫秒。这样做是为了提高代码的可读性，因为秒和毫秒值都是可以接受的。

代码清单 3-11　添加动画迭代次数

```
rect:nth-child(1) {
  fill: #1a9f8c;
  animation-delay: 0;
}
rect:nth-child(2) {
  fill: #1eab8d;
  animation-delay: 200ms;
}
rect:nth-child(3) {
  fill: #20b38e;
  animation-delay: 400ms;
}
rect:nth-child(4) {
  fill: #22b78d;
  animation-delay: 600ms;
}
rect:nth-child(5) {
  fill: #22b88e;
  animation-delay: 800ms;
}
rect:nth-child(6) {
  fill: #21b48d;
  animation-delay: 1s;
}
rect:nth-child(7) {
  fill: #1eaf8e;
  animation-delay: 1.2s;
}
rect:nth-child(8) {
  fill: #1ca48d;
  animation-delay: 1.4s;
}
rect:nth-child(9) {
  fill: #17968b;
  animation-delay: 1.6s;
}
rect:nth-child(10) {
  fill: #128688;
  animation-delay: 1.8s;
}
rect:nth-child(11) {
  fill: #128688;
  animation-delay: 2s;
}
```

在添加延迟后，我们实现了错开的效果(见图 3-11)。但元素是从顶部(而不是从中间)增大和缩小的。

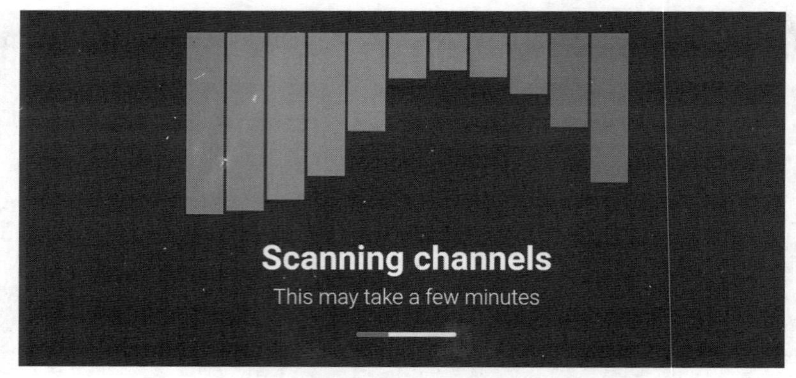

图 3-11 从顶部开始改变高度的动画矩形

为了指定元素变化的起始点，需要告诉浏览器从矩形的哪个位置开始应用动画。为了解决这个问题，我们将使用 transform-origin 属性。

3.4.6 transform-origin 属性

transform-origin 属性用于设置元素变化的起始点或原点。例如，如果我们要旋转元素，这个属性可以确定旋转发生的位置。在本例中，我们将使用这个属性来设置动画应该从哪个位置开始(即起始点)。

如果变化是在三维空间中进行的，则可以包含三个值(x、y 和 z)；如果是在二维空间中进行的，则最多可以包含两个值(x 和 y)。第一个值表示水平位置，即 x 轴；第二个值表示垂直位置，即 y 轴。在三维环境中运行时，第三个值将表示前后位置，即 z 轴。

可以通过以下三种方式声明 transform-origin 属性的值：

- 长度
- 百分比
- 关键词
  - top
  - right
  - bottom
  - left
  - center

在 HTML 中，该属性的初始值是 50% 50% 0，即 center, center, flat。但对于 SVG 元素，初始值是 0 0 0，将其放置在左上角。

在示例动画中，我们希望矩形的变化原点位于中心，并且希望矩形的顶部和底部缩小，而不是将顶部固定，然后从那个点开始扩展和收缩矩形。为此，可以使用关键词值 center，或者将 50%分配给矩形的 transform-origin 属性。无论使用哪种方式，我们都在表明希望变化的原点位于矩形的中心。对于本章示例项目，我们将使用关键词值 center。代码清单 3-12 展示了更新后的 rect 规则。

此前我们提到，当处理二维动画时，该属性需要两个值，但我们只传递了一个。当你只传递一个值时，该值将同时应用于垂直和水平位置，因此，transform-origin: center; 等同于 transform-origin: center center;。

代码清单 3-12 使用 transform-origin 属性更新 rect 规则

```
rect {
  animation: doScale 2.2s infinite;
  transform-origin: center;
}
```

通过 transform-origin，我们已经完成了加载动画(见图 3-12)，但仍然需要考虑此设计在无障碍方面的表现。3.5 节探讨了一些方法，可以为所有用户提供良好的体验。

图 3-12 最终的加载动画

3.5 无障碍性和 prefers-reduced-motion 媒体查询

随着动效、视差效果(一种使背景比前景移动得更慢的效果)和其他动画效果变得越来越容易实现，浏览器的支持也在不断改进，这些特殊效果在 Web 中的使用不断增加。通过使用这些技术，我们可以创建更具交互性的界面，同时提供更丰富的用户体验。

然而，这些技术的应用也存在一些问题。对于一些用户，特别是那些患有前庭障碍的人，屏幕上的动画可能使其头痛、眩晕和恶心。正如我们之前提到的，动画还可能引发癫痫，特别是当其中包含闪烁的元素时。

在许多操作系统中，用户可以禁用设备上的动画效果。在应用程序中，需要确保尊重用户的偏好设置。为了检查用户的设置，level-5 媒体查询模块引入了 prefers-reduced-motion 媒体查询。这个查询是一种 at 规则，它检查用户对屏幕上动画效果的喜好，并允许根据这些偏好应用条件样式。该查询有两个值：

- no-preference
- reduce

当用户偏好减少动画效果时，我们可以选择禁用或减少动画；相反，当用户没有明确指定偏好时，我们可以启用动画。用户偏好减少动效并不意味着我们不能使用任何动画，但我们应该谨慎选择保留哪些动画。决定是否保留某些动画时应该考虑的因素包括：

- 动画的速度有多快
- 动画的持续时间有多长
- 动画使用了多少视口空间
- 动画的闪烁频率是多少
- 动画对于网站的正常运行或内容理解有多重要

注意 值得一提的是，用户可能偏好减少或没有动画，但可能不知道系统偏好设置中有取消动画的选项。不妨根据网站上有多少动画，在页面上提供一个取消动画的按钮。

动画的无障碍性指南

用户应该能够暂停、停止或隐藏持续时间超过 3 秒的非必要动画(参考链接：http://mng.bz/RldR)。然而，加载动画在这方面有点棘手，因为它们向用户传递了重要信息(应用正在执行操作，不会冻结)，但它们可能很大并且包含许多动态效果。

加载动画可以被视为必要的内容，但我们还在下面提供了一个进度条，以指示应用程序正在进行的操作。由于信息以不同的媒介传递，并且动画很大，具有大量动态效果，且可能持续超过 3 秒，因此我们将根据代码清单 3-13 为“偏好减少动画”的用户禁用它。

代码清单 3-13 为偏好减少动画的用户禁用动画

当用户启用 prefers-reduced-motion 时，有条件地在 at 规则中应用样式

```css
@media (prefers-reduced-motion: reduce) {
      rect { animation: none; }
}
```

禁用先前应用于矩形的动画

为了检查我们是否成功禁用了动画，而不是编辑机器的设置，在大多数浏览器中，可以按照以下步骤操作：

(1) 进入浏览器的开发者工具。

(2) 在控制台选项卡中，选择渲染选项卡。在谷歌公司的 Chrome 浏览器中，如果此选项卡尚未显示，请单击垂直省略号按钮，然后从下拉菜单中选择“More Tools” > “Rendering”。

(3) 模拟减少动画效果。

在本书撰写之时，最新版本的 Chrome 中已禁用的动画和开发者工具如图 3-13 所示。你可以在链接 http://mng.bz/51rZ 中查看。

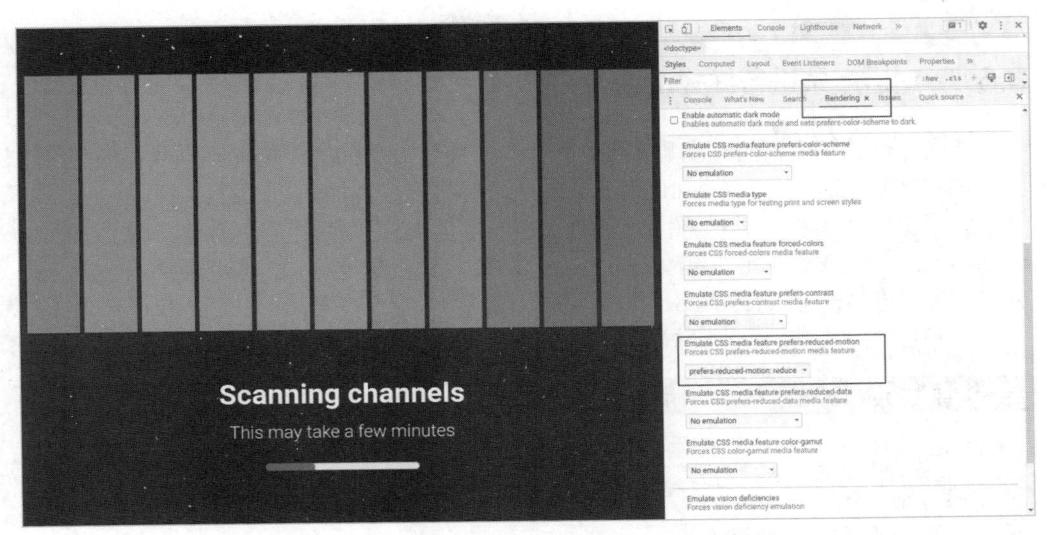

图 3-13　使用 Chrome DevTools 模拟减少动画效果

在完成了加载动画并处理了无障碍性需求后，接下来将注意力转向屏幕底部的进度条。

3.6　对 HTML 进度条进行样式设置

HTML 的<progress>元素可用于显示某些内容正在加载、上传中，或数据已传输。它通常用于指示任务的完成进度。

然而，<progress>元素的默认样式在不同的浏览器和操作系统中有所不同。许多进度条的功能都是在操作系统级别处理的，因此，在重新定义控件的外观时，我们的选择受到了限制，特别是涉及进度条内部的有色进度指示器时。本节将探讨一些解决方法以及它们可能存在的问题。下面从一个简单的例子开始。

图 3-14 显示了进度条的起点，该进度条由代码清单 3-14 中的 HTML 生成。此时，控件尚未应用任何样式。该图展示了 Martine 的计算机生成的默认样式。

图 3-14　Chrome 中的进度条起点

代码清单 3-14　进度条的 HTML 代码

```
<body>
  <section>
    ...
    <progress value="32" max="100">32%</progress>
  </section>
```

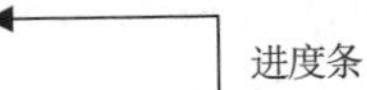

3.6.1 对进度条进行样式设置

下面从修改进度条的高度和宽度开始。为了将进度条的宽度增加到与分栏的宽度相匹配，将其 width 属性设置为 100%。我们还希望将高度增加到 24 像素。

为了更改进度指示器(控件的有色部分)的颜色，可以使用一个相对较新的属性：accent-color。这个属性允许更改表单控件的颜色，如复选框标记、单选输入和 progress 元素。我们将其设置为#128688，以匹配加载动画中最后一个条块的颜色。代码清单 3-15 显示了到目前为止的 progress 规则。

代码清单 3-15 progress 规则

```
progress {
  height: 24px;
  width: 100%;
  accent-color: #128688;
}
```

图 3-15 显示了将代码清单 3-15 中的样式应用到控件后的效果。

图 3-15 将宽度、高度和颜色应用到 progress 元素

如果尝试为元素添加背景颜色(background: pink)，我们会注意到这个尝试没有成功，事实上，它导致了明显的问题(见图 3-16)。它会显著改变元素的外观，同时会改变之前设置的颜色。此外，背景颜色不是粉红色，而是变成了灰色。

图 3-16 background-color 失效

如何解决这个问题呢？为了重新定义控件的样式，需要忽略默认样式并从头开始创建样式。然而，为了实现这一点，需要使用厂商前缀属性。

厂商前缀

在历史上，当浏览器引入新属性时，会在属性名称之前加上一个厂商前缀。每个浏览器的前缀都基于其使用的渲染引擎。表 3-1 显示了主流浏览器及其前缀。

表 3-1　厂商前缀及其对应的浏览器

前缀	浏览器
-webkit-	Chrome、Safari、Opera、大多数 iOS 浏览器(包含 iOS 上运行的 Firefox)、Edge
-moz-	Firefox

厂商前缀通常指的是不完善或非标准的属性实现方式，浏览器随时可能决定删除或重构它们。尽管这个事实多年来已经有明确的记录，但那些渴望使用最新属性的开发者仍然经常在生产环境中使用它们。

为了防止这种行为持续存在，大多数主流浏览器开始将实验性功能放在一个功能标志后面。若要启用这个功能并测试它，用户必须进入浏览器设置并启用特定的标志。

通过采用基于标志的方法，浏览器允许开发者在不担心非标准实现可能会用于生产代码的情况下尝试实验性和前沿功能。然而，许多带有厂商前缀的属性仍然在广泛使用。有关厂商前缀和功能标志的更多信息，请参考附录。

为了解决背景颜色问题，应该先移除控件的默认外观。

appearance 属性

为了重置<progress>元素的外观，我们使用 appearance 属性。将其值设置为 none，可以取消用户代理提供的默认样式。因为我们将从头开始创建所有的样式，所以可以移除 accent-color 属性，因为它将不再起作用。

我们将保留高度和宽度，并添加 border-radius，因为我们将采用弯曲的边缘。虽然 appearance 属性在所有主流浏览器的新版本中都受支持，但由于我们将使用一些需要厂商前缀的实验性属性，因此我们仍然需要使用这些前缀。代码清单 3-16 显示了更新后的规则示例。

代码清单 3-16　更新后的 progress 规则

```
progress {
  height: 24px;
  width: 100%;
  border-radius: 20px;
  -webkit-appearance: none;
  -moz-appearance: none;
  appearance: none;
}
```

此时，进度条看起来与我们通过添加背景颜色来破坏它时的样子相同，这是可以预料的。通过添加 appearance:none，可以开始以之前无法实现的方式修改控件。下面先来关注带有-webkit-前缀的浏览器。

3.6.2　为-webkit-浏览器的进度条设置样式

可以使用三个带有厂商前缀的伪元素来编辑进度条的样式：

- ::-webkit-progress-inner-element——进度元素的最外层部分。
- ::-webkit-progress-bar——进度元素的整个条、进度指示器下面的部分，以及::-webkit-progress-inner-element 的子元素。
- ::-webkit-progress-value——进度指示器，也是::-webkit-progress-bar 的子元素。

我们将使用这三个伪元素来样式化元素。从内部开始，然后逐步向外扩展。首个要样式化的部分是进度指示器，需要使用::-webkit-progress-value。将边缘设置成圆角并将进度条的颜色改为浅蓝色，如代码清单 3-17 所示。

代码清单 3-17　在 Chrome 中对进度指示器进行样式化

```
::-webkit-progress-value {
  border-radius: 20px;
  background-color: #7be6e8;
}
```

图 3-17 显示了 Chrome 浏览器中的输出。

图 3-17　在 Chrome 中样式化之后的进度值

接下来通过使用::-webkit-progress-bar 来编辑进度指示器后面的背景。我们还将为背景添加圆角，并通过线性渐变让颜色从深绿色过渡到浅蓝色，以使其与整体设计主题保持一致。

linear-gradient()函数接受一个方向，然后是一系列颜色与百分比的对组(pair)。方向决定了渐变的角度，而颜色与百分比的对组则决定了从一种颜色过渡到另一种颜色的渐变点。我们将使用 to right 作为方向，然后将起始颜色设置为#128688，将结束颜色设置为#4db3ff。因此，我们的渐变将从左到右进行，从起始颜色渐变到结束颜色。

CSS 渐变生成器和厂商前缀

由于手动编写渐变的方式可能很烦琐，因此许多 CSS 渐变生成器应运而生，并且可以在网络上免费使用。许多生成器生成的代码中仍然包含厂商前缀。然而，由于现在所有主流浏览器都支持渐变，并且需要使用厂商前缀的浏览器几乎已经不存在了，因此这些前缀已经不是必需的。

最后，为最外层的容器添加边框半径。进度条的 CSS 如代码清单 3-18 所示。

代码清单 3-18　在 Chrome 中对进度指示器容器进行样式设置

```
::-webkit-progress-bar {
  border-radius: 20px;

  background: #4db3ff;
  background: linear-gradient(to right, #128688 0%,#4db3ff 100%);
```

渐变的备用颜色

```
}
::-webkit-progress-inner-element {
  border-radius: 20px;
}
```

示例的进度指示器在 Chrome 中看起来很棒(见图 3-18)。接下来看看它在 Firefox 中的样子。

图 3-18　在 Chrome 中样式化的进度指示器

在 Firefox 浏览器(见图 3-19)中，可以看到示例控件保持着相对未经样式化的状态，因为它需要使用-moz-前缀而不是-webkit-前缀。既然已经为-webkit-前缀编写了代码，我们需要为使用-moz-前缀的浏览器做同样的事情。

图 3-19　Firefox 中未经样式化的进度条

3.6.3　样式化-moz-浏览器的进度条

在处理 Firefox 时，需要采用略微不同的样式方法，因为我们没有太多可用的-moz-前缀属性。唯一可用的-moz-前缀属性是::-moz-progress-bar，它也是一个伪元素，用于瞄准进度指示器本身。因此，为了样式化它，我们将采用我们在 Chrome 中为::-webkit-progress-value 设置样式时所用的方式，以确保在两个浏览器中实现相同的外观。

由于我们使用相同的样式，因此能合理地将-moz-选择器添加到现有规则中：::-moz-progress-bar, ::-webkit-progress-value { ... }。这在 Firefox 中效果很好(见图 3-20)，但会破坏 Chrome 中的效果(见图 3-21)。

图 3-20 Firefox 中的进度条样式

图 3-21 在同一规则中添加的两个选择器会破坏 Chrome 中的效果

在同一规则中使用的多个选择器通常不应该引起这种副作用，但我们正在处理实验性属性，有时具有非标准行为。为了避免这种不幸的副作用，我们将针对每个选择器创建两个相同的规则，如代码清单 3-19 所示。

代码清单 3-19 在不同浏览器中对进度指示器容器进行样式设置

```
::-webkit-progress-value {
  border-radius: 20px;
  background-color: #7be6e8;
}
::-moz-progress-bar {
  border-radius: 20px;
  background-color: #7be6e8;
}
```

（前一条规则：针对 Chrome 的规则；后一条规则：针对 Firefox 的规则）

为了在 Firefox 中更改背景颜色，向 progress 元素本身添加一个 background 属性值。使用与::-webkit-progress-bar 规则相同的渐变。如图 3-22 所示，这是 Firefox 中的进度条样式。

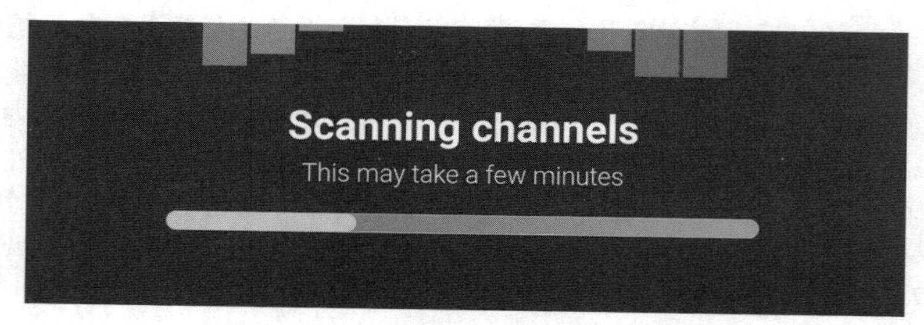

图 3-22 在 Firefox 中为进度条应用的背景色

我们需要做的最后一件事是移除边框，这将应用到 progress 规则中。为了实现这个效果，将边框属性值设置为 none。代码清单 3-20 展示了最终进度条(progress)规则。

代码清单 3-20　最终的进度条规则

```
progress {
  height: 24px;
  width: 100%;
  -webkit-appearance: none;
  -moz-appearance: none;
  appearance: none;
  border-radius: 20px;
  background: linear-gradient(to right, #128688 0%,#4db3ff 100%);   ← 渐变背景
  border: none;   ← 移除边框
}
```

如图 3-23 所示，我们在 Chrome 和 Firefox 中实现了相同的效果。

图 3-23　Firefox 中的进度条样式

需要强调的是，这些样式是通过使用实验性的非标准功能来实现的，而且这些功能在未来可能会发生变化。这里的价值在于能够在新功能被广泛应用之前进行实验。这也提供了参与社区讨论的机会；在新标准被接受和普及之前，开发浏览器功能和规范的工作组通常需要先征求反馈意见。

3.7　本章小结

- CSS 的 animation 属性允许以动画方式改变位置、颜色或其他可视元素的值。
- @keyframes 规则是定义动画关键帧的一种方式。
- 可以使用 animation-delay 属性来延迟动画的开始。
- animation-duration 属性设置完成单个动画迭代所需的时间。
- 可以使用 CSS 对 SVG 进行样式设置。

- 根据用户的设置，prefers-reduced-motion 媒体查询允许有条件地设置动画样式。
- HTML 进度条是显示已加载内容的完成度的一种方式。
- 默认情况下，浏览器会为进度条应用自己的样式，但可通过将 appearance 属性设置为 none 来重置它。
- 除非使用实验性属性，否则对 progress 元素的样式设置相当有限。
- 一些非标准属性可用于自定义 progress 元素的样式，但它们需要使用厂商前缀。厂商前缀属性是实验性的，这意味着它们有时具有非标准的实现，并且可能随时发生变化。

第4章

创建响应式新闻网站布局

本章主要内容

- 利用 CSS 多列布局模块来创建新闻网站布局
- 使用 counter-style CSS at 规则来创建自定义列表样式
- 使用 filter 属性来美化图片
- 处理损坏的图片
- 格式化标题
- 使用 quotes 属性为 HTML 元素添加引号标记
- 使用媒体查询根据屏幕尺寸更改布局

在第 1 章中，我们通过探索如何创建单列文章来了解 CSS 的基本原理。然而，那时的设计相对简单。现在，让我们重新考虑文章格式的概念，但这次要赋予其更强的视觉吸引力。在本章中，我们将为内容添加样式，以使其看起来像报纸上的一页，如图 4-1 所示。

为了创建内容列，我们将利用 CSS 多列布局模块。在这个过程中，我们还将探讨如何处理跨列元素以及如何控制内容在新列中断开的方式。

报纸页面的一部分包含了项目列表，这些项目已经通过用户代理(UA)样式表设置了一些默认样式。我们将深入研究如何使用 CSS 列表和计数模块，以便自定义列表项计数器(包括数字和项目符号)的样式。

本章还包含另一个关键概念——如何对图像进行样式化，包括使用 filter 属性以及相关功能来改变图像的外观。我们还将探讨如何处理损坏图像以及如何在出现问题时以一种优雅的方式显示故障。当提到“优雅的方式”(有时也称为“优雅降级”)时，我们指的是在尝试加载的内容出现问题或者尝试使用的功能与用户的浏览器不兼容时，我们会使用备用方案。

NEWSPAPER TITLE

TUESDAY, 5TH SEPTEMBER 2021

ARTICLE HEADING

John Doe

Maecenas faucibus mollis interdum. Cum sociis natoque penatibus et magnis dis parturient montes, nascetur ridiculus mus. Cras justo odio, dapibus ac facilisis in, egestas eget quam. Sed posuere consectetur est at lobortis. Morbi leo risus, porta ac consectetur ac, vestibulum at eros. Lorem ipsum dolor sit amet, consectetur adipiscing elit. Curabitur blandit tempus porttitor.

Integer posuere erat a ante venenatis dapibus posuere velit aliquet. Maecenas faucibus mollis interdum. Cum sociis natoque penatibus et magnis dis parturient montes, nascetur ridiculus mus. Vivamus sagittis lacus vel augue laoreet rutrum faucibus dolor auctor. Aenean eu leo quam. Pellentesque ornare sem lacinia quam venenatis vestibulum.

" Fusce dapibus, tellus ac cursus commodo, tortor mauris condimentum nibh, ut fermentum massa justo sit amet risus. "

Aenean lacinia bibendum nulla sed consectetur. Duis mollis, est non commodo luctus, nisi erat porttitor ligula, eget lacinia odio sem nec elit. Donec id elit non mi porta gravida at eget metus. Cras justo odio, dapibus ac facilisis in, egestas eget quam. Cras mattis consectetur purus sit amet fermentum. Nullam id dolor id nibh ultricies vehicula ut id elit. Cras mattis consectetur purus sit amet fermentum.

SUBHEADING

- List item 1
- List item 2
- List item 3

Cras justo odio, dapibus ac facilisis in, egestas eget quam. Lorem ipsum dolor sit amet, consectetur adipiscing elit. Praesent commodo cursus magna, vel scelerisque nisl consectetur et. Cum sociis natoque penatibus et magnis dis parturient montes, nascetur ridiculus mus. Aenean lacinia bibendum nulla sed consectetur.

Donec ullamcorper nulla non metus auctor fringilla. Aenean eu leo quam. Pellentesque ornare sem lacinia quam venenatis vestibulum. Aenean lacinia bibendum nulla sed consectetur. Aenean lacinia bibendum nulla sed consectetur.

SUBHEADING

Praesent commodo cursus magna, vel scelerisque nisl consectetur et. Aenean eu leo quam. Pellentesque ornare sem lacinia quam venenatis vestibulum. Donec id elit non mi porta gravida at eget metus. Aenean lacinia bibendum nulla sed consectetur. Integer posuere erat a ante venenatis dapibus posuere velit aliquet. Aenean eu leo quam. Pellentesque ornare sem lacinia quam venenatis vestibulum. Integer posuere erat a ante venenatis dapibus posuere velit aliquet.

Golden Gate Bridge

Morbi leo risus, porta ac consectetur ac, vestibulum at eros. Curabitur blandit tempus porttitor. Morbi leo risus, porta ac consectetur ac, vestibulum at eros. Duis mollis, est non commodo luctus, nisi erat porttitor ligula, eget lacinia odio sem nec elit.

图 4-1　期望的结果

你可以在 GitHub 存储库的 chapter-04 文件夹(http://mng.bz/OpOa)或 CodePen (https://codepen.io/michaelgearon/pen/yLxzbr)上找到本章项目的代码。初始 HTML 包含代码清单 4-1 所示的元素。<body>元素内有报纸的标题和发布日期，接下来是一篇文章。这篇文章包含一个标题、作者姓名、一段引文、两个副标题、一个列表、一些段落和一张图片。

代码清单 4-1　初始 HTML

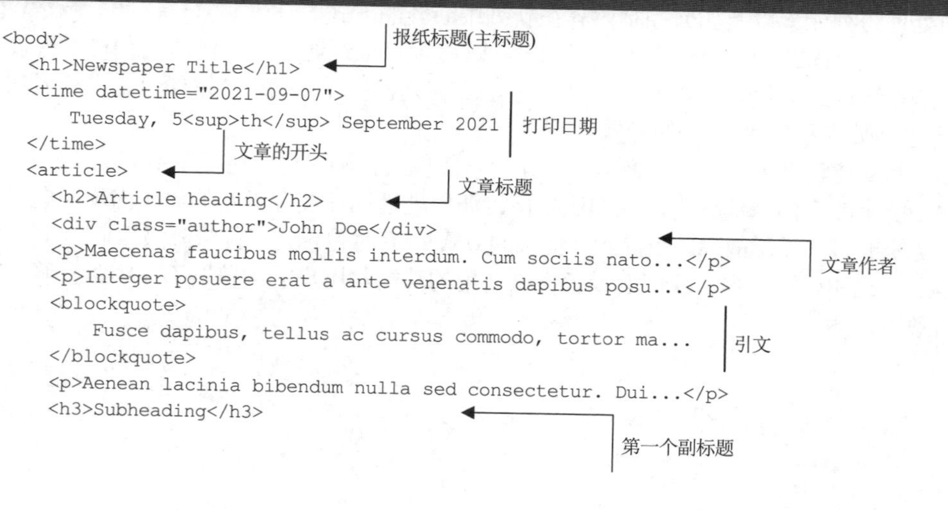

```
<body>
  <h1>Newspaper Title</h1>
  <time datetime="2021-09-07">
     Tuesday, 5<sup>th</sup> September 2021
  </time>
  <article>
    <h2>Article heading</h2>
    <div class="author">John Doe</div>
    <p>Maecenas faucibus mollis interdum. Cum sociis nato...</p>
    <p>Integer posuere erat a ante venenatis dapibus posu...</p>
    <blockquote>
       Fusce dapibus, tellus ac cursus commodo, tortor ma...
    </blockquote>
    <p>Aenean lacinia bibendum nulla sed consectetur. Dui...</p>
    <h3>Subheading</h3>
```

```
      <ul>
        <li>List item 1</li>
          ...
      </ul>
      <p>Cras justo odio, dapibus ac facilisis in, egestas ...</p>
      <p>Donec ullamcorper nulla non metus auctor fringilla...</p>
      <h3>Subheading</h3>
      <img src="./image.jpg" alt="">
      <p>Praesent commodo cursus magna, vel scelerisque nisl...</p>
      <p>Morbi leo risus, porta ac consectetur ac, vestibulu...</p>
    </article>
  </body>
  </html>
```

列表

第二个副标题

图片

文章的结尾

图 4-2 展示了本章项目的起始点。HTML 上应用的样式是浏览器提供的默认样式，尚未将任何作者样式应用到页面上。

Newspaper Title

Tuesday, 5th September 2021

Article heading

John Doe

Maecenas faucibus mollis interdum. Cum sociis natoque penatibus et magnis dis parturient montes, nascetur ridiculus mus. Cras justo odio, dapibus ac facilisis in, egestas eget quam. Sed posuere consectetur est at lobortis. Morbi leo risus, porta ac consectetur ac, vestibulum at eros. Lorem ipsum dolor sit amet, consectetur adipiscing elit. Curabitur blandit tempus porttitor.

Integer posuere erat a ante venenatis dapibus posuere velit aliquet. Maecenas faucibus mollis interdum. Cum sociis natoque penatibus et magnis dis parturient montes, nascetur ridiculus mus. Vivamus sagittis lacus vel augue laoreet rutrum faucibus dolor auctor. Aenean eu leo quam. Pellentesque ornare sem lacinia quam venenatis vestibulum.

> Fusce dapibus, tellus ac cursus commodo, tortor mauris condimentum nibh, ut fermentum massa justo sit amet risus.

Aenean lacinia bibendum nulla sed consectetur. Duis mollis, est non commodo luctus, nisi erat porttitor ligula, eget lacinia odio sem nec elit. Donec id elit non mi porta gravida at eget metus. Cras justo odio, dapibus ac facilisis in, egestas eget quam. Cras mattis consectetur purus sit amet fermentum. Nullam id dolor id nibh ultricies vehicula ut id elit. Cras mattis consectetur purus sit amet fermentum.

Subheading

- List item 1
- List item 2
- List item 3

Cras justo odio, dapibus ac facilisis in, egestas eget quam. Lorem ipsum dolor sit amet, consectetur adipiscing elit. Praesent commodo cursus magna, vel scelerisque nisl consectetur et. Cum sociis natoque penatibus et magnis dis parturient montes, nascetur ridiculus mus. Aenean lacinia bibendum nulla sed consectetur.

Donec ullamcorper nulla non metus auctor fringilla. Aenean eu leo quam. Pellentesque ornare sem lacinia quam venenatis vestibulum. Aenean lacinia bibendum nulla sed consectetur. Aenean lacinia bibendum nulla sed consectetur.

Subheading

Praesent commodo cursus magna, vel scelerisque nisl consectetur et. Aenean eu leo quam. Pellentesque ornare sem lacinia quam venenatis vestibulum. Donec id elit non mi porta gravida at eget metus. Aenean lacinia bibendum nulla sed consectetur. Integer posuere erat a ante venenatis dapibus posuere velit aliquet. Aenean eu leo quam. Pellentesque ornare sem lacinia quam venenatis vestibulum. Integer posuere erat a ante venenatis dapibus posuere velit aliquet.

Morbi leo risus, porta ac consectetur ac, vestibulum at eros. Curabitur blandit tempus porttitor. Morbi leo risus, porta ac consectetur ac, vestibulum at eros. Duis mollis, est non commodo luctus, nisi erat porttitor ligula, eget lacinia odio sem nec elit.

图 4-2　起始点

在关注布局之前，先来定义主题。

4.1 设置主题

主题为页面设置了整体风格，通常包括颜色、字体、边框，有时还有内边距。本章项目的主题将始终保持不变，不论屏幕尺寸或布局如何。通常，网站的主题与其标志和品牌颜色紧密关联。

我们将在<body>元素上设置一些默认样式，这些样式可以被其子元素继承。一般原则是，与排版相关的样式(如 color、font-family 等)可以被大多数元素继承，但也有例外，例如某些表单元素，将在第 10 章中详细讨论。通过在父元素上设置可继承的属性，可将这些样式传递到子元素上，这样就不必为每个元素单独应用样式。

4.1.1 字体

我们对页面应用了背景颜色、字体样式以及文本颜色(见代码清单 4-2)。请留意，在设置页面整体样式的规则之前，我们从 Google Fonts 引入了我们所选的 font-family。Google Fonts(https://fonts.google.com)在开发者中很受欢迎，因为它是免费的，用户不必注册或担心许可问题。

警告 当从内容交付网络(CDN)加载库或资源(包括字体)时，务必仔细审查其隐私和数据条款，并确保其符合当地法律法规，如《通用数据保护条例》(GDPR)和欧洲联盟法规。如果你对此存在疑虑，请向你的法律团队咨询。如果你无法使用 CDN，可以在第 9 章中查找有关本地加载字体的详细信息。

例如，我们不能期望用户已经在计算机上加载 PT Serif 字体，因此，我们需要为浏览器导入它，以便告诉浏览器字形(字母、数字和符号)应该是什么样的。此外，我们还提供一个默认的 serif 字体作为备用选项，以防导入失败。

网络通用字体

只有少数几种字体被视为网络通用字体(大多数设备都能使用的字体)。根据 W3Schools(http://mng.bz/Y6Ea)的数据，安全的选择包括 Arial、Verdana、Helvetica、Tahoma、Trebuchet MS、Times New Roman、Georgia、Garamond、Courier New 和 Brush Script MT。但是，没有官方标准明确规定什么是网络通用字体，以及哪些字体在所有浏览器和设备上都可用。因此，无论选择哪种字体族，都应提供备用字体值(serif、sans-serif、monospace、cursive 或 fantasy)。

虽然大部分布局工作将在本章后面进行，但现在我们会在页面的左侧和右侧添加一些内边距，以使文本与页面边缘保持一定距离。这将有助于改善页面的外观和可读性。

代码清单 4-2　定义一些主题样式

```
@import url('https://fonts.googleapis.com/css2?family=PT+Serif&display=swap');

body {
  background-color: #f9f7f1;
  font-family: 'PT Serif', serif;
  color: #404040;
  padding: 0 24px;
}
```

从 Google Fonts 导入 PT Serif 字体

将 PT Serif 字体应用于内容，并提供备用字体选项

图 4-3 展示了更新后的页面。请留意，<body>中的所有元素都继承了相同的颜色和字体系列。

Newspaper Title

Tuesday, 5th September 2021

Article heading

John Doe

Maecenas faucibus mollis interdum. Cum sociis natoque penatibus et magnis dis parturient montes, nascetur ridiculus mus. Cras justo odio, dapibus ac facilisis in, egestas eget quam. Sed posuere consectetur est at lobortis. Morbi leo risus, porta ac consectetur ac, vestibulum at eros. Lorem ipsum dolor sit amet, consectetur adipiscing elit. Curabitur blandit tempus porttitor.

Integer posuere erat a ante venenatis dapibus posuere velit aliquet. Maecenas faucibus mollis interdum. Cum sociis natoque penatibus et magnis dis parturient montes, nascetur ridiculus mus. Vivamus sagittis lacus vel augue laoreet rutrum faucibus dolor auctor. Aenean eu leo quam. Pellentesque ornare sem lacinia quam venenatis vestibulum.

"Fusce dapibus, tellus ac cursus commodo, tortor mauris condimentum nibh, ut fermentum massa justo sit amet risus."

Aenean lacinia bibendum nulla sed consectetur. Duis mollis, est non commodo luctus, nisi erat porttitor ligula, eget lacinia odio sem nec elit. Donec id elit non mi porta gravida at eget metus. Cras justo odio, dapibus ac facilisis in, egestas eget quam. Cras mattis consectetur purus sit amet fermentum. Nullam id dolor id nibh ultricies vehicula ut id elit. Cras mattis consectetur purus sit amet fermentum.

Subheading

- List item 1
- List item 2
- List item 3

Cras justo odio, dapibus ac facilisis in, egestas eget quam. Lorem ipsum dolor sit amet, consectetur adipiscing elit. Praesent commodo cursus magna, vel scelerisque nisl consectetur et. Cum sociis natoque penatibus et magnis dis parturient montes, nascetur ridiculus mus. Aenean lacinia bibendum nulla sed consectetur.

Donec ullamcorper nulla non metus auctor fringilla. Aenean eu leo quam. Pellentesque ornare sem lacinia quam venenatis vestibulum. Aenean lacinia bibendum nulla sed consectetur. Aenean lacinia bibendum nulla sed consectetur.

Subheading

Praesent commodo cursus magna, vel scelerisque nisl consectetur et. Aenean eu leo quam. Pellentesque ornare sem lacinia quam venenatis vestibulum. Donec id elit non mi porta gravida at eget metus. Aenean lacinia bibendum nulla sed consectetur. Integer posuere erat a ante venenatis dapibus posuere velit aliquet. Aenean eu leo quam. Pellentesque ornare sem lacinia quam venenatis vestibulum. Integer posuere erat a ante venenatis dapibus posuere velit aliquet.

Morbi leo risus, porta ac consectetur ac, vestibulum at eros. Curabitur blandit tempus porttitor. Morbi leo risus, porta ac consectetur ac, vestibulum at eros. Duis mollis, est non commodo luctus, nisi erat porttitor ligula, eget lacinia odio sem nec elit.

图 4-3　主题样式应用于<body>元素后，会被其子元素继承

接下来为主标题和副标题设置样式。我们将从报纸的标题开始，它在 HTML 中表示为<h1>元素。我们计划更改字体系列，使用一种名为 Oswald 的字体，增大文字尺寸，加粗文字，将字母转换成大写字母，设置行高，并将文本居中对齐。与 PT Serif 一样，Oswald 并不是大多数用户设备都具备的字体，因此我们将采用导入 PT Serif 时使用的方法导入它。

注意，对于文本大小，我们使用的是 rem 单位，它代表“root em”。“em”是一个相对单位，它基于父元素的字体大小来计算。举例来说，如果容器 div 的字体大小是 12px，

而子元素的大小被设置为 0.5em，那么子元素的大小将等于 12×0.5px，即 6px。rem 单位的工作方式类似，但它不是相对于父元素的字体大小，而是相对于根元素的基本值。在本章项目中，根元素是<html>。我们没有在 HTML 元素上设置字体大小，因此基准值将是浏览器的默认值，通常为 16px。考虑到这一点，字体大小 4rem(我们在主标题上设置的大小)将等于 4×16px，即 64px。

为了从 Google Fonts 导入 Oswald 字体，可以在文件顶部添加第二个@import 语句；为了获得更好的性能，也可将这两个导入语句合并到一个@import 语句中。将两个导入语句合并的能力是特定于 Google Fonts 的，不是所有 CDN 都支持这种功能。

注意，如代码清单 4-3 所示，在@import 语句中，字体名称之后紧跟着:wght@400;700。这段代码指示要导入的 Oswald 字体的粗细。

代码清单 4-3　对报纸标题进行样式设置

```
@import url('https://fonts.googleapis.com/css2?
➥ family=Oswald:wght@400;700&family=PT+Serif&display=swap');

h1 {
  font-weight: 700;
  font-size: 4rem;
  font-family:'Oswald', sans-serif;
  line-height: 1;
  text-transform: uppercase;
  text-align: center;
}
```

更新的导入语句，包括 Oswald 和 PT Serif 两种字体

等同于使用粗体值

图 4-4 显示了更新后的标题。

NEWSPAPER TITLE

Tuesday, 5th September 2021

Article heading

John Doe

Maecenas faucibus mollis interdum. Cum sociis natoque penatibus et magnis dis parturient montes, nascetur ridiculus mus. Cras justo odio, dapibus ac facilisis in, egestas eget quam. Sed

图 4-4　样式化之后的标题

4.1.2　font-weight 属性

font-weight 属性可以接受介于 100 和 900 之间的数值，或者关键词值(normal、bold、lighter 或 bolder)。normal 等同于 400，bold 等同于 700。而 lighter 和 bolder 则根据父元素的字体粗细程度来调整元素的字体粗细程度。表 4-1 展示了 font-weight 数值与常见粗细名称的对应关系。

表 4-1　字体粗细值及其常见粗细名称

值	常见粗细名称
100	Thin (极细体)
200	Extra Light (超细体)
300	Light
400	Normal (常规体)
500	Medium
600	Semi Bold (半粗体)
700	Bold
800	Extra Bold (超粗体)
900	Black (重体)
950	Extra Black (极重体)

如果我们没有导入与规则中设置的 font-weight 值相匹配的字体粗细，浏览器将应用它最接近的可用字体粗细。因此，如果我们只导入了 400 的 Oswald 字体粗细值，并将元素的字体粗细值设置为 bold，那么浏览器将使用 400 的字体粗细来显示文本，因为它只能使用这个数值。

4.1.3　字体的简写属性

通过使用字体的简写属性，可以将规则中的大多数样式合并在一起。font 属性要求我们提供 font-family 和 size，可选择添加 style、variant、weight、stretch 和 line-height，格式如下：font: font-style font-variant font-weight font-stretch font-size/line-height font-family。代码清单 4-4 展示了使用 font 属性更新后的规则。这种方式允许更简洁地定义字体样式。

代码清单 4-4　使用字体的简写属性来设置标题样式

```
h1 {
  font: 700 4rem/1 'Oswald', sans-serif;
  text-transform: uppercase;
  text-align: center;
}
```

下面应用之前已介绍过的关于导入字体、字体粗细以及字体的简写属性的概念，来设置文章的主标题和副标题的样式。

4.1.4　视觉层次结构

为了在页面上创建视觉层次结构，可将文章的标题<h2>设置得比报纸的主标题<h1>小，但比文章中的副标题<h3>大。一般而言，元素越大，就被认为越重要，因此我们使用大小来突出显示标题。通过使用与主体文本不同的 font-family，并将所有标题的字母都变成大写字母，可进一步加强它们之间的区分。

视觉层次结构非常重要，因为它使用户一眼就能识别屏幕上的重要元素。它还将信息分成不同的组，使信息变得更易于处理和理解。

代码清单 4-5 展示了标题样式规则。我们将使用相同的 font-family，将字母变成大写字母，并调整其大小。我们还将删除文章标题的底部边距，以使它们更靠近其前面的文本。

代码清单 4-5 文章标题样式规则

```
h2 {
  font: 3rem/.95 'Oswald', sans-serif;
  text-transform: uppercase;
  margin-bottom: 16px;
}
```

文章标题

```
h3 {
  font: 2rem/.95 'Oswald', sans-serif;
  text-transform: uppercase;
  margin-bottom: 12px;
}
```

文章副标题

现在示例文章的标题如图 4-5 所示。

ARTICLE HEADING ← h2

John Doe

Maecenas faucibus mollis interdum. Cum sociis natoque penatibus et magnis dis parturient montes, nascetur ridiculus mus. Cras justo odio, dapibus ac facilisis in, egestas eget quam. Sed posuere consectetur est at lobortis. Morbi leo risus, porta ac consectetur ac, vestibulum at eros. Lorem ipsum dolor sit amet, consectetur adipiscing elit. Curabitur blandit tempus porttitor.

Integer posuere erat a ante venenatis dapibus posuere velit aliquet. Maecenas faucibus mollis interdum. Cum sociis natoque penatibus et magnis dis parturient montes, nascetur ridiculus mus. Vivamus sagittis lacus vel augue laoreet rutrum faucibus dolor auctor. Aenean eu leo quam. Pellentesque ornare sem lacinia quam venenatis vestibulum.

Fusce dapibus, tellus ac cursus commodo, tortor mauris condimentum nibh, ut fermentum massa justo sit amet risus.

Aenean lacinia bibendum nulla sed consectetur. Duis mollis, est non commodo luctus, nisi erat porttitor ligula, eget lacinia odio sem nec elit. Donec id elit non mi porta gravida at eget metus. Cras justo odio, dapibus ac facilisis in, egestas eget quam. Cras mattis consectetur purus sit amet fermentum. Nullam id dolor id nibh ultricies vehicula ut id elit. Cras mattis consectetur purus sit amet fermentum.

SUBHEADING ← h3

- List item 1
- List item 2
- List item 3

Cras justo odio, dapibus ac facilisis in, egestas eget quam. Lorem ipsum dolor sit amet, consectetur adipiscing elit. Praesent commodo cursus magna, vel scelerisque nisl consectetur et. Cum sociis natoque penatibus et magnis dis parturient montes, nascetur ridiculus mus. Aenean lacinia bibendum nulla sed consectetur.

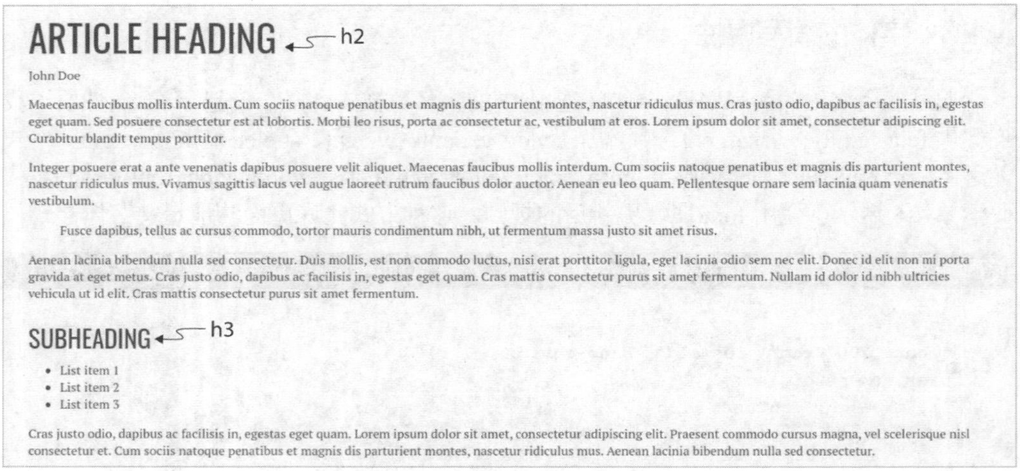

图 4-5 对文章标题进行样式设置

4.1.5 内联元素与块级元素

下面继续突出显示重要元素，使它们比其他内容更醒目。先从发布日期开始，发布日期位于 HTML 中的<time>元素内。<time>元素在语义上表示特定的时间段；它还可以包含一个可选的 datetime 属性，该属性用于以机器可读的格式提供日期，以便搜索引擎进行语义化分析和理解。本示例的<time>元素如下：<time datetime="2021-09-07">Tuesday,

5th September 2021</time>。图 4-6 展示了我们想要实现的外观。

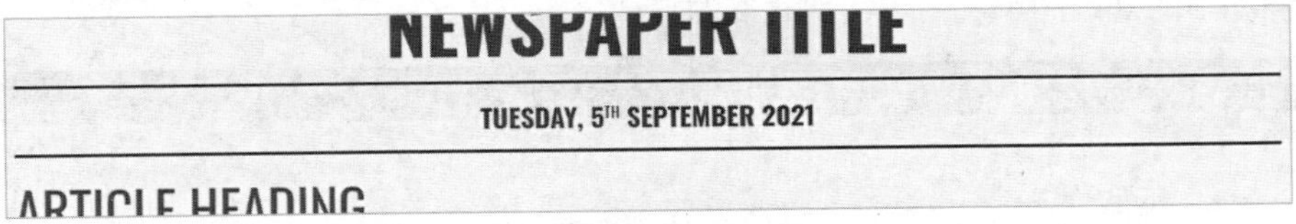

图 4-6　已样式化的发布日期

首先，针对排版，需要将文本居中，采用 Oswald 字体族，将字号设置为 1.5rem，并将字母转换为大写字母并加粗。接下来调整上标元素中<th>元素的文本大小，使其稍微小一些，字体粗细变为正常以降低其醒目性。

然后，添加 3 像素粗的上下边框(颜色为深灰色)，以及一些上下内边距，以确保文本与边框之间有适当的间距。

<time>元素是内联级元素，这意味着它仅占据其内容所需的空间，类似于<span>或<a>元素。与之相反，块级元素(如<div>、<p>和<ul>)会单独占据一行，并占据可用空间的整个宽度，除非另行设置宽度。

为了实现图 4-6 中的设计，需要让<time>元素表现得像块级元素一样，这样文本将位于屏幕中央，而边框将占据整个页面的宽度。为了改变元素的默认行为，可以使用 display 属性，并将其值设置为 block。图 4-7 和图 4-8 显示了在添加 display 属性之前和之后的<time>元素表现出的行为。在图 4-7 中(添加 display 属性之前)，元素表现出其默认的内联级行为，而在图 4-8 中(添加 display 属性之后)，元素表现得像块级元素，占据整个屏幕的宽度。

图 4-7　<time>元素表现出内联级行为

图 4-8　<time>元素表现出块级行为

采用这种样式设置发布日期的目的有两个：一是突出显示日期，二是在报纸信息(包括日期和报纸的主标题)与文章内容(日期下方的所有内容)之间创建视觉分隔。代码清单 4-6 是我们编写的规则清单，用于实现我们的设计。

代码清单 4-6　对发布日期进行样式设置

```
time {
  font: 700 1.5rem 'Oswald', sans-serif;     | 
  text-align: center;                        | 排版
  text-transform: uppercase;                 |

  border-top: 3px solid #333333;          |
  border-bottom: 3px solid #333333;       | 处理边框和内边
  padding: 12px 0;                        |

  display: block;   <-- 使元素的行为类似于块级元素
}
time sup {          <-- 对 th 元素进行样式化
  font-size: .875rem;
  font-weight: normal;
}
```

4.1.6 引号样式

需要突出显示的最后一部分文本是文章中第二段之后的<blockquote>元素。为了与需要突出显示的所有其他元素的主题保持一致，对于<blockquote>元素，我们将增大字体并加粗，还要调整行高并为该元素添加外边距。通过将元素与周围内容隔离开，可以更容易地识别它们。通过添加顶部和底部外边距，可在引文与上、下段落之间增加间隔，从而在元素周围创建空白。通过添加左、右外边距，我们改变了其对齐方式，实际上是进行了缩进。添加的空白创造了隔离效果。

此外，应为<blockquote>元素添加引号。为了在引文的开头和结尾添加引号，可以简单地进入 HTML 并手动进行添加，或者使用 CSS 进行程序化处理。

quotes 属性允许自定义引号。可以把要用作双引号和单引号的符号传递给此属性。并非所有语言都使用相同的符号。例如，美式英语使用“...”和‘...’，而法语使用«...»和‹ ...›。通过使用 quotes 属性，可以自定义要使用的符号。如果你不为 quotes 属性提供值，浏览器的默认行为是使用文档上设置的语言的通用符号。

然而，需要注意的是，quotes 属性只是定义这些符号，它并不会自动添加它们。若要实际添加这些引号，需要搭配使用 content 属性的 open-quote 和 close-quote 值以及::before 和::after 伪元素，如代码清单 4-7 所示。这些伪元素允许通过 content 属性在元素之前和之后插入内容。

代码清单 4-7　为<blockquote>元素添加样式

```
blockquote {
  font: 1.8rem/1.25 'Oswald', sans-serif;
  margin: 1.5rem 2rem;
}
```

```
blockquote::before { content: open-quote; }
blockquote::after { content: close-quote; }
```

open-quote 和 close-quote 关键词代表引号属性定义的开引号和闭引号。由于我们没有在<blockquote>规则中添加 quotes 属性声明，浏览器将使用文档语言(我们在<html>标签的 lang 属性中将其设置为 en-US)的常规引号。en-US 的值指定文档采用美式英语编写，因此浏览器呈现的引号符号是“ ”，如图 4-9 所示。

Integer posuere erat a ante venenatis dapibus posuere velit aliquet. Maecenas faucibus mollis interdum. Cum sociis natoque penatibus et magnis dis parturient montes, nascetur ridiculus mus. Vivamus sagittis lacus vel augue laoreet rutrum faucibus dolor auctor. Aenean eu leo quam. Pellentesque ornare sem lacinia quam venenatis vestibulum.

“ Fusce dapibus, tellus ac cursus commodo, tortor mauris condimentum nibh, ut fermentum massa justo sit amet risus. ”

Aenean lacinia bibendum nulla sed consectetur. Duis mollis, est non commodo luctus, nisi erat porttitor ligula, eget lacinia odio sem nec elit. Donec id elit non mi porta gravida at eget metus. Cras justo odio, dapibus ac facilisis in, egestas eget quam. Cras mattis consectetur purus sit amet fermentum. Nullam id dolor id nibh ultricies vehicula ut id elit. Cras mattis consectetur purus sit amet fermentum.

图 4-9　对标题、主标题、副标题和引文进行样式化

在对引文进行样式化后，接下来把注意力转向文章中部的项目列表符号。

4.2　使用 CSS 计数器

示例文章包含一个无序(项目符号)列表。目前，每个列表项前都有默认的项目符号。可以通过使用 list-style-type 属性来改变项目符号的外观。默认情况下，可以选择使用圆点(•)、空心圆(○)、方块(▪)以及数字或字母(支持多种语言、字母和数字格式)。但假设我们希望项目符号是一个表情符号(emoji)，具体来说，是热饮符号(☕)，则需要创建一个自定义的列表样式来实现这个目标。

为了创建自定义的列表样式，我们将使用@counter-style 规则。在第 3 章中，我们使用了规则来创建关键帧。在本章示例中，我们不是定义动画的行为，而是定义列表的外观和行为。这个规则称为 counter-style，因为它专门处理 CSS 中列表项的内置计数机制。在底层，无论列表是有序的还是无序的，浏览器都会跟踪列表中项目的位置，也就是计算项目的数量。

与处理关键帧时类似(我们为了能够在动画属性内引用它们而给它们命名)，我们将为@counter-style 规则命名，以便在 list-style 属性中引用它并将它应用于列表。我们将列表样式命名为“emoji”。因此，at 规则将是@counter-style emoji { }。

接下来，将在 at 规则内定义列表样式需要具备的行为。我们将使用三个属性：symbols、system 和 suffix。

4.2.1　symbols 描述符

symbols 描述符定义了用于创建项目符号样式的内容。为了将表情符号定义为要使用的符号，可以直接使用表情符号或使用它的 Unicode 值。

Unicode 是一个字符编码标准，它指定了如何将 16 位二进制值表示为字符串。换句话说，它是表情符号的代码表示。实际的表情符号图像由操作系统和浏览器决定，因此，iOS 和 Android 显示的表情符号有所不同。Unicode 值告诉计算机如何渲染。

可以使用查找表(如 http://mng.bz/GRQJ 上的表)来查找表情符号的 Unicode 值。☕对应的代码为 U+2615。为了告诉 CSS 我们使用了 Unicode 值，我们将 U+替换为反斜杠(\)。使用 Unicode 值，声明值将是 symbols: "\2615"。如果使用表情符号，声明值将是 symbols: ☕;。

接下来需要定义 system 描述符。

4.2.2 system 描述符

无论列表的类型是有序的还是无序的，浏览器都会根据项目在列表中的位置来跟踪正在进行样式化的项目。第一个项目的整数值是 1，第二个是 2，以此类推。system 描述符的值定义了将整数值转换为屏幕上显示的视觉内容所使用的算法。

我们将使用 cyclic(循环)值。早些时候，在 symbols 声明中，我们只提供了一个表情符号，但我们可以使以空格分隔的列表包含多个不同的表情符号。cyclic 值告诉浏览器循环遍历这些值，并在用完后重新开始。因为只有一个值，所以浏览器会将☕应用于第一个列表项，然后用尽了符号。如果在第二个列表项之前使用完所有的符号，则浏览器会再次从列表的开头开始，将☕应用于第二个列表项。然后浏览器会继续运行，进入第三个列表项，循环继续。最后，我们将设置一个后缀。

4.2.3 后缀描述符

后缀描述符定义了项目符号(表情符号)与列表项内容之间的内容——默认情况下是一个句号。我们希望将句号替换为表情符号和列表项内容之间的纯空白。因此，我们将后缀描述符的值设置为“ ”(一个空格)。

4.2.4 全面总结

定义了 counter-style 后，可以将其应用于列表了。记住，我们将 counter-style 规则命名为“emoji”。我们将这个名称用作列表的 list-style 属性值，如代码清单 4-8 所示。

代码清单 4-8 对列表应用样式

```
@counter-style emoji {
  symbols: "\2615";
  system: cyclic;
  suffix: " ";
}

article ul {
 list-style: emoji;
}
```

定义自定义列表样式行为的 at 规则（symbols: "\2615" → ☕）

将自定义列表样式应用于文章中的列表

图 4-10 展示的是应用了新样式的列表。

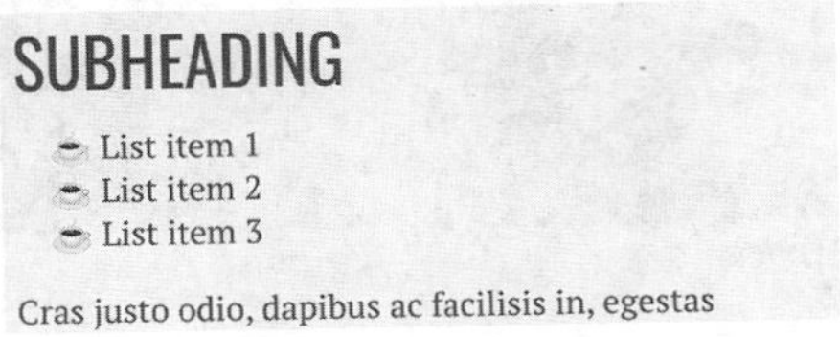

图 4-10　以☕作为计数器进行样式设置的列表

4.2.5　@counter 与 list-style-image

改变所用的列表项标记的另一种方式是使用 list-style-image 属性并为其分配一个图像，类似于使用 background-image 属性设置背景图像的方式。在本章示例项目中，我们没有采用这种方式，因为我们使用的表情符号是一个 Unicode 字符，而不是图像。计数器还提供了更多的控制，例如分配后缀或指定计数器如何循环显示项目标记。

如果我们只想将标记更改为特定图像，list-style-image 是完美的选择。但如果需要更详细的控制，或者像之前描述的那样使用文本，那么需要使用@counter。接下来继续深入研究页面，并对图像进行样式化处理。

4.3　对图像进行样式设置

在过去，报纸通常采用黑白印刷。考虑到印刷史，彩色油墨在新闻印刷中是相对较新的事物。因此，为了赋予我们的设计一点复古氛围，我们将使图像呈现灰度。首先，我们将探讨如何使用滤镜来修改图像。与印刷不同，网络要求我们考虑资源未能加载或链接失效的问题，因此我们还将探讨如何在图像加载失败时优雅地进行降级处理。最后，我们将为图像添加一个标题以进行说明。

4.3.1　使用 filter 属性

就像在照片编辑器或社交媒体网站(如 Instagram)上一样，我们可以使用 CSS 来对图像应用滤镜效果。这意味着我们可以改变颜色、模糊图像，甚至添加阴影效果等。图 4-11 展示了通过在 CSS 中使用滤镜来对图像进行操作的一些示例。若要亲自查看这些效果，可以访问此 CodePen 代码示例：https://codepen.io/michaelgearon/pen/porovxJ。

想象一下在数字摄影时代之前，当人们使用胶片并需要前往商店冲洗照片时，人们通过在镜头前放置半透明的滤镜片来应用滤镜效果。这些滤镜改变了进入相机箱和胶片的光线的特性，从而影响了生成的图像。例如，如果我们在拍照时使用红色滤镜，那么只有红色波长的光线可以通过，因此照片会呈现红色色调。极化太阳镜是另一个示例，它通过镜片改变透过的光线。

图 4-11 使用 filter 属性修改图像的示例

在数字相机中，仍然可以使用物理滤镜。然而，在许多情况下，滤镜是在拍摄后以数字方式应用的。

在 CSS 中，使用 filter 属性来对图像应用滤镜，然后使用一个函数来定义该滤镜应有的效果。你可以在 http://mng.bz/zmYA 找到可用函数的列表。我们将使用 grayscale()函数来让图片呈现出黑白照片的效果。

grayscale()函数接受一个百分比值，用来表示我们希望减少图像中颜色的程度。我们想要完全去除颜色，所以传入 100%的值。因此，编写的规则将是 img { filter: grayscale(100%) }。图 4-12 展示了应用滤镜后的图像效果。

图 4-12 灰度图像

在使用滤镜之前，需要考虑它们对网站性能的影响。一些滤镜函数，如 grayscale()，对浏览器来说相对简单，但像 drop-shadow()和 blur()这样的函数可能会消耗大量资源。如果我们发现自己在许多图像上应用了多个滤镜效果，就应该考虑这些滤镜对整体页面性能的影响，以及是否应该对图像进行预处理以避免在 CSS 中应用变更。

4.3.2　处理加载失败的图片

即使我们进行了最仔细的检查和最佳的测试实践，有时候图片链接仍然可能失效。不妨添加一些备选方案，以确保当图片由于任何原因而无法加载时，我们仍然可以为用户提供良好的体验。

首先，故意破坏链接。在 HTML 中，我们将用项目中不存在的图像文件替换图像的路径，就像这样：<img src="./mybroken-image.jpg" alt="my broken link" />。这张图片将显示加载失败，如图 4-13 所示。

Praesent commodo cursus magna, vel scelerisque nisl consectetur et. Aenean eu leo quam. Pellentesque ornare sem laci
mi porta gravida at eget metus. Aenean lacinia bibendum nulla sed consectetur. Integer posuere erat a ante venenatis d
Pellentesque ornare sem lacinia quam venenatis vestibulum. Integer posuere erat a ante venenatis dapibus posuere veli

图 4-13　带有 alt 文本的无效链接

注意，alt 属性提供的文本会在图像无法加载时显示出来。alt 属性的作用是让辅助技术能够向用户描述图像的内容，对于使用屏幕阅读器的盲人用户而言，这尤其重要。

在本示例中，由于图像加载失败，因此显示的是文本而非图像。尽管这并不是最理想的情况，但在图像加载失败时，用户仍然能够了解图像本来应该呈现的内容。

对于本示例，这个图像仅仅是用来装饰的，没有提供任何实质性的内容。因此，如果链接损坏了，应当隐藏这个图像。这意味着页面上将不会显示任何内容，但是相比于显示一个损坏的图像，不如什么也不显示。由于在 CSS 中无法直接检测图像是否加载失败，因此我们需要借助 JavaScript 来判断何时隐藏图像。我们将使用 JavaScript 中的 onerror 事件处理程序来实现这一点，具体代码如下：<img src="..." alt="..." onerror= "this.style.display='none'" >。这里值得注意的是 onerror 属性。当图像加载失败时，onerror 属性内的 JavaScript 代码将被触发，将图像的显示属性设置为'none'，从而将图像隐藏起来。如图 4-14 所示，损坏的图像已经不再显示在页面上。

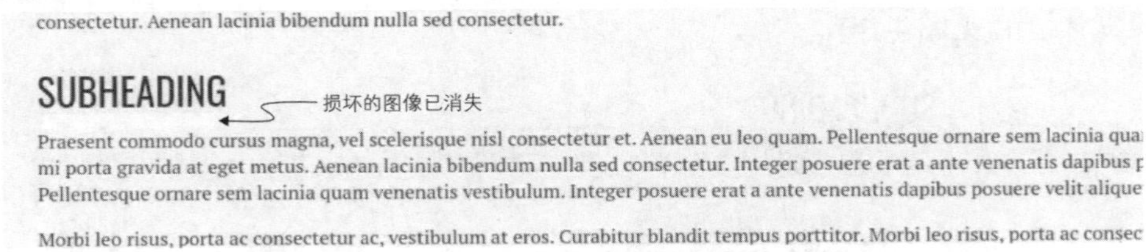

consectetur. Aenean lacinia bibendum nulla sed consectetur.

SUBHEADING　损坏的图像已消失

Praesent commodo cursus magna, vel scelerisque nisl consectetur et. Aenean eu leo quam. Pellentesque ornare sem lacinia qua
mi porta gravida at eget metus. Aenean lacinia bibendum nulla sed consectetur. Integer posuere erat a ante venenatis dapibus p
Pellentesque ornare sem lacinia quam venenatis vestibulum. Integer posuere erat a ante venenatis dapibus posuere velit alique

Morbi leo risus, porta ac consectetur ac, vestibulum at eros. Curabitur blandit tempus porttitor. Morbi leo risus, porta ac consec

图 4-14　损坏的图像已消失

只有当图像加载失败时，才会触发 onerror 代码。因此，让我们修复图像资源路径，但保留错误处理：<img src="./image.jpg" alt="" onerror="this.style.display='none'" >。现在示例图像已经恢复(见图 4-15)，但在失败的情况下，我们仍然有一个安全保障。

接下来给图像添加一个标题。

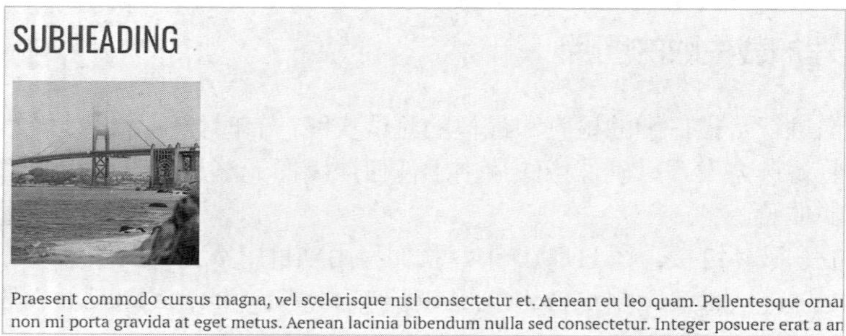

图 4-15　已恢复图像，但带有备用方案

4.3.3　格式化图像标题

示例图像当前没有标题，因此我们将使用 HTML 元素<figure>和<figcaption>来添加一个标题，然后进行样式设置。

这两个元素协同发挥作用。<figure>元素中包含图像，然后是可选的<figcaption>元素。通常在书籍和其他出版物中，图表、图示或图像下方都会有一段文本，用于描述图像或将其与文本相关联。从语义的角度来看，对图像及其标题进行分组的好处在于，这种分组会以编程方式将图像与它的标题关联起来。从样式的角度来看，将这些元素放在一个父元素中后，我们便能将该元素及其标题作为一个整体来放置。代码清单 4-9 展示了如何修改 HTML 以添加<figure>和<figcaption>元素。

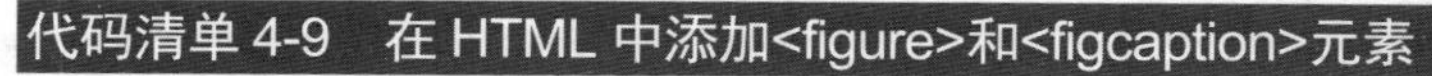
代码清单 4-9　在 HTML 中添加<figure>和<figcaption>元素

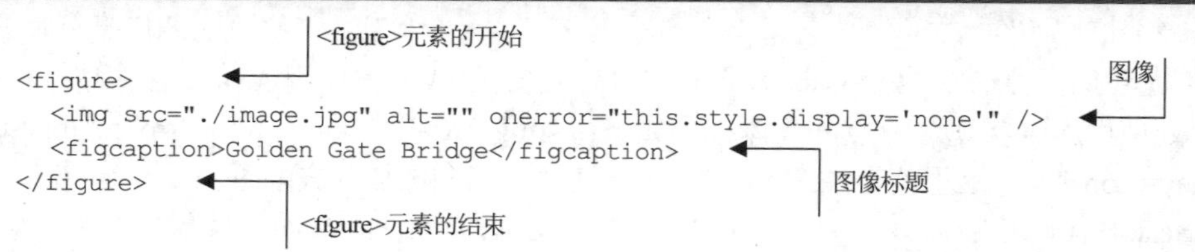

```
<figure>
  <img src="./image.jpg" alt="" onerror="this.style.display='none'" />
  <figcaption>Golden Gate Bridge</figcaption>
</figure>
```


下面开始为<figure>和<figcaption>添加样式，首先移除当前应用于<figure>元素的浏览器默认边距(见图 4-16)。

图 4-16　<figure>使用浏览器提供的样式

接下来重新添加底部边距，以确保标题与下面的段落保持一定的间距。最后，居中显示图像和标题。对标题文本进行样式设置，使用 Oswald 字体族(应用于所有标题的字体族)，以在视觉上将其与文章文本区分开。代码清单 4-10 展示了如何为<figure>和<figcaption>元素添加样式。

代码清单 4-10　<figure>和<figcaption>的样式

```
figure {
  margin: 0 0 12px 0;
  text-align: center;
}
figcaption {
   font-family: 'Oswald', sans-serif;
}
```

填充的缩写属性：顶部、左侧、右侧填充设置为 0，底部填充设置为 12px

截至目前，图 4-17 展示了示例项目取得的进展。在窄屏幕上，页面看起来不错，但在宽屏幕上，我们仍需要通过美观的方式显示内容。接下来探讨如何使用 CSS 多列布局模块创建多列布局。

NEWSPAPER TITLE

TUESDAY, 5TH SEPTEMBER 2021

ARTICLE HEADING

John Doe

Maecenas faucibus mollis interdum. Cum sociis natoque penatibus et magnis dis parturient montes, nascetur ridiculus mus. Cras justo odio, dapibus ac facilisis in, egestas eget quam. Sed posuere consectetur est at lobortis. Morbi leo risus, porta ac consectetur ac, vestibulum at eros. Lorem ipsum dolor sit amet, consectetur adipiscing elit. Curabitur blandit tempus porttitor.

Integer posuere erat a ante venenatis dapibus posuere velit aliquet. Maecenas faucibus mollis interdum. Cum sociis natoque penatibus et magnis dis parturient montes, nascetur ridiculus mus. Vivamus sagittis lacus vel augue laoreet rutrum faucibus dolor auctor. Aenean eu leo quam. Pellentesque ornare sem lacinia quam venenatis vestibulum.

“ Fusce dapibus, tellus ac cursus commodo, tortor mauris condimentum nibh, ut fermentum massa justo sit amet risus. ”

Aenean lacinia bibendum nulla sed consectetur. Duis mollis, est non commodo luctus, nisi erat porttitor ligula, eget lacinia odio sem nec elit. Donec id elit non mi porta gravida at eget metus. Cras justo odio, dapibus ac facilisis in, egestas eget quam. Cras mattis consectetur purus sit amet fermentum. Nullam id dolor id nibh ultricies vehicula ut id elit. Cras mattis consectetur purus sit amet fermentum.

SUBHEADING

- List item 1
- List item 2
- List item 3

Cras justo odio, dapibus ac facilisis in, egestas eget quam. Lorem ipsum dolor sit amet, consectetur adipiscing elit. Praesent commodo cursus magna, vel scelerisque nisl consectetur et. Cum sociis natoque penatibus et magnis dis parturient montes, nascetur ridiculus mus. Aenean lacinia bibendum nulla sed consectetur.

Donec ullamcorper nulla non metus auctor fringilla. Aenean eu leo quam. Pellentesque ornare sem lacinia quam venenatis vestibulum. Aenean lacinia bibendum nulla sed consectetur. Aenean lacinia bibendum nulla sed consectetur.

SUBHEADING

Golden Gate Bridge

Praesent commodo cursus magna, vel scelerisque nisl consectetur et. Aenean eu leo quam. Pellentesque ornare sem lacinia quam venenatis vestibulum. Donec id elit non mi porta gravida at eget metus. Aenean lacinia bibendum nulla sed consectetur. Integer posuere erat a ante venenatis dapibus posuere velit aliquet. Aenean eu leo quam. Pellentesque ornare sem lacinia quam venenatis vestibulum. Integer posuere erat a ante venenatis dapibus posuere velit aliquet.

Morbi leo risus, porta ac consectetur ac, vestibulum at eros. Curabitur blandit tempus porttitor. Morbi leo risus, porta ac consectetur ac, vestibulum at eros. Duis mollis, est non commodo luctus, nisi erat porttitor ligula, eget lacinia odio sem nec elit.

图 4-17　截至目前的页面设置，包括已样式化的图像及其标题

4.4 使用 CSS 多列布局模块

与网格和 Flexbox 相比，CSS 多列布局模块可能不太为人所知，但它同样具有实用性。该模块的目的是允许内容在多列之间自然流动，其工作方式类似于我们在 Microsoft Word 或 Google Docs 文档中创建多列布局的方式。我们将列分配给内容的某个部分，使内容自然地从一列流向另一列。因为我们希望只在较宽的屏幕上以多列方式呈现内容，所以我们将使用媒体查询来有条件地应用多列布局(仅在窗口达到特定大小后应用)。

4.4.1 创建媒体查询

媒体查询是一种 at 规则；第 2 章简要介绍过，当时我们根据屏幕宽度更改了网格的布局。与本章前面使用的@counter-style 一样，媒体查询以 at(@)符号开头，后跟标识符 media。然后，我们设置了应用媒体查询内部规则时的指令。我们希望在窗口宽度大于或等于 955 像素时将内容放置在列中。因此，媒体查询将是@media(min-width: 955px) {}。图 4-18 详细解释了查询的各个部分。接下来在媒体查询内部对列进行定义。

标识符
查询
指定了媒体查询内部的规则应在何时生效
@media(min-width: 955px) {
/* 规则放在这里，
并且在满足查询条件时应用*/
}

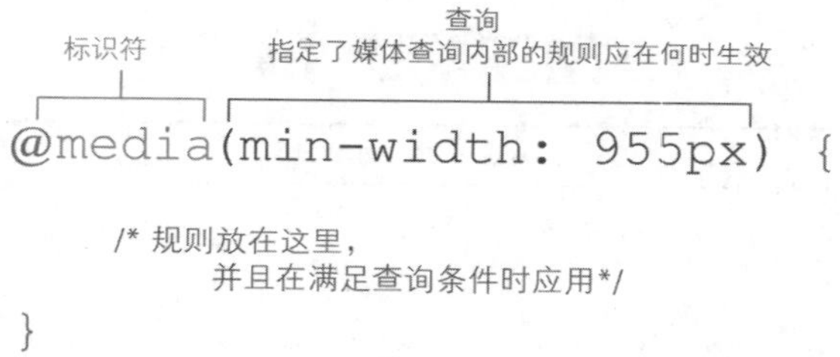

图 4-18 媒体查询解析

4.4.2 对列进行定义和样式化

可以用两种方式来定义如何创建列。

- 指定列宽度：浏览器会在可用空间中创建尽可能多的具有指定宽度的列。
- 指定列数：浏览器会在可用空间中容纳相同大小的列，以满足指定的列数。

我们选择第二种选项，因为我们已经确定要创建三列。针对具体的文章内容，使用 column-count 属性，将列的数量设置为 3，如代码清单 4-11 所示。

代码清单 4-11 根据屏幕宽度有条件地将文章分成三列

```
@media(min-width: 955px) {      ← 媒体查询
  article {
    column-count: 3;            ← 设置想要的列数
  }
}
```

图 4-19 显示了示例文章使用代码清单 4-11 中的 CSS 以三列布局方式显示的效果。接下来调整列之间的间距并在它们之间添加垂直线。让我们从垂直线开始。

NEWSPAPER TITLE

TUESDAY, 5TH SEPTEMBER 2021

ARTICLE HEADING

John Doe

Maecenas faucibus mollis interdum. Cum sociis natoque penatibus et magnis dis parturient montes, nascetur ridiculus mus. Cras justo odio, dapibus ac facilisis in, egestas eget quam. Sed posuere consectetur est at lobortis. Morbi leo risus, porta ac consectetur ac, vestibulum at eros. Lorem ipsum dolor sit amet, consectetur adipiscing elit. Curabitur blandit tempus porttitor.

Integer posuere erat a ante venenatis dapibus posuere velit aliquet. Maecenas faucibus mollis interdum. Cum sociis natoque penatibus et magnis dis parturient montes, nascetur ridiculus mus. Vivamus sagittis lacus vel augue laoreet rutrum faucibus dolor auctor. Aenean eu leo quam. Pellentesque ornare sem lacinia quam venenatis vestibulum.

" Fusce dapibus, tellus ac cursus commodo, tortor mauris condimentum nibh, ut fermentum massa justo sit amet risus. "

Aenean lacinia bibendum nulla sed consectetur. Duis mollis, est non commodo luctus, nisi erat porttitor ligula, eget lacinia odio sem nec elit. Donec id elit non mi porta gravida at eget metus. Cras justo odio, dapibus ac facilisis in, egestas eget quam. Cras mattis consectetur purus sit amet fermentum. Nullam id dolor id nibh ultricies vehicula ut id elit. Cras mattis consectetur purus sit amet fermentum.

SUBHEADING

- List item 1
- List item 2
- List item 3

Cras justo odio, dapibus ac facilisis in, egestas eget quam. Lorem ipsum dolor sit amet, consectetur adipiscing elit. Praesent commodo cursus magna, vel scelerisque nisl consectetur et. Cum sociis natoque penatibus et magnis dis parturient montes, nascetur ridiculus mus. Aenean lacinia bibendum nulla sed consectetur.

Donec ullamcorper nulla non metus auctor fringilla. Aenean eu leo quam. Pellentesque ornare sem lacinia quam venenatis vestibulum. Aenean lacinia bibendum nulla sed consectetur. Aenean lacinia bibendum nulla sed consectetur.

SUBHEADING

Golden Gate Bridge

Praesent commodo cursus magna, vel scelerisque nisl consectetur et. Aenean eu leo quam. Pellentesque ornare sem lacinia quam venenatis vestibulum. Donec id elit non mi porta gravida at eget metus. Aenean lacinia bibendum nulla sed consectetur. Integer posuere erat a ante venenatis dapibus posuere velit aliquet. Aenean eu leo quam. Pellentesque ornare sem lacinia quam venenatis vestibulum. Integer posuere erat a ante venenatis dapibus posuere velit aliquet.

Morbi leo risus, porta ac consectetur ac, vestibulum at eros. Curabitur blandit tempus porttitor. Morbi leo risus, porta ac consectetur ac, vestibulum at eros. Duis mollis, est non commodo luctus, nisi erat porttitor ligula, eget lacinia odio sem nec elit.

图 4-19 三列布局

4.4.3 使用 column-rule 属性

为了明确区分各列，我们将使用 column-rule 属性在它们之间添加垂直分隔线。这类似于边框和轮廓的设置，我们需要定义线的类型、宽度和颜色。为了保持一致性，垂直分隔线将采用与页面顶部日期下方边框相同的颜色和线型，但线的宽度稍微小些。

在页面顶部，分隔线用于区分不同内容区块(标题、日期和文章)。而现在我们处理的是同一内容区块的内部。我们添加这些分隔线是为了更容易地在视觉上区分列，而不是分隔内容。我们希望这些分隔线不要太显眼，因此将它们调得稍微细一些。

为了创建这些分隔线，在媒体查询内现有的文章规则中添加 column-rule: 2px solid #333333;。现在，示例文章如图 4-20 所示。

NEWSPAPER TITLE

TUESDAY, 5TH SEPTEMBER 2021

ARTICLE HEADING

John Doe

Maecenas faucibus mollis interdum. Cum sociis natoque penatibus et magnis dis parturient montes, nascetur ridiculus mus. Cras justo odio, dapibus ac facilisis in, egestas eget quam. Sed posuere consectetur est at lobortis. Morbi leo risus, porta ac consectetur ac, vestibulum at eros. Lorem ipsum dolor sit amet, consectetur adipiscing elit. Curabitur blandit tempus porttitor.

Integer posuere erat a ante venenatis dapibus posuere velit aliquet. Maecenas faucibus mollis interdum. Cum sociis natoque penatibus et magnis dis parturient montes, nascetur ridiculus mus. Vivamus sagittis lacus vel augue laoreet rutrum faucibus dolor auctor. Aenean eu leo quam. Pellentesque ornare sem lacinia quam venenatis vestibulum.

" Fusce dapibus, tellus ac cursus commodo, tortor mauris condimentum nibh, ut fermentum massa justo sit amet risus. "

Aenean lacinia bibendum nulla sed consectetur. Duis mollis, est non commodo luctus, nisi erat porttitor ligula, eget lacinia odio sem nec elit. Donec id elit non mi porta gravida at eget metus. Cras justo odio, dapibus ac facilisis in, egestas eget quam. Cras mattis consectetur purus sit amet fermentum. Nullam id dolor id nibh ultricies vehicula ut id elit. Cras mattis consectetur purus sit amet fermentum.

SUBHEADING

- List item 1
- List item 2
- List item 3

Cras justo odio, dapibus ac facilisis in, egestas eget quam. Lorem ipsum dolor sit amet, consectetur adipiscing elit. Praesent commodo cursus magna, vel scelerisque nisl consectetur et. Cum sociis natoque penatibus et magnis dis parturient montes, nascetur ridiculus mus. Aenean lacinia bibendum nulla sed consectetur.

Donec ullamcorper nulla non metus auctor fringilla. Aenean eu leo quam. Pellentesque ornare sem lacinia quam venenatis vestibulum. Aenean lacinia bibendum nulla sed consectetur. Aenean lacinia bibendum nulla sed consectetur.

SUBHEADING

Golden Gate Bridge

Praesent commodo cursus magna, vel scelerisque nisl consectetur et. Aenean eu leo quam. Pellentesque ornare sem lacinia quam venenatis vestibulum. Donec id elit non mi porta gravida at eget metus. Aenean lacinia bibendum nulla sed consectetur. Integer posuere erat a ante venenatis dapibus posuere velit aliquet. Aenean eu leo quam. Pellentesque ornare sem lacinia quam venenatis vestibulum. Integer posuere erat a ante venenatis dapibus posuere velit aliquet.

Morbi leo risus, porta ac consectetur ac, vestibulum at eros. Curabitur blandit tempus porttitor. Morbi leo risus, porta ac consectetur ac, vestibulum at eros. Duis mollis, est non commodo luctus, nisi erat porttitor ligula, eget lacinia odio sem nec elit.

图 4-20　带有额外垂直分隔线的列

在添加了分隔线之后，可以看到文章内容与日期之间有些拥挤，而且需要增大分隔线和文本之间的间距。

4.4.4　使用 column-gap 属性调整间距

现在需要进行两项调整：增大文章日期和文章主体之间的间距，以及增大文章内列之间的间距。为了调整文章和日期之间的间距，我们将在文章的顶部添加 36 像素的上外边距。因为确定要使用的值的过程并非绝对科学，有时我们需要进行一些试验和试错，以确定在页面上看起来合适的数值。我们希望创造足够的空间，以使每个项目都有自己的空间，并保持清晰的界限，但不要过多地分隔项目，以免使它们看起来过于分散。

Gestalt 设计原则

Gestalt 设计原则是一组关于人类感知的原则，描述了人类如何对相似的元素进行分组。其中之一是接近性，它讨论了靠近的事物似乎比分散的事物更相关的原则。更多关于 Gestalt 原则的信息，请参阅 http://mng.bz/0yNv。

在处理了文章和日期之间的间距后，接下来关注列与列之间的间距。为了在垂直线和文本之间增加空白，我们将使用 column-gap 属性，该属性定义了我们希望在列之间设置多少空白。我们将把其值设置为 42px。

我们将继续把这些样式添加到媒体查询内，如代码清单 4-12 所示，因为我们希望它们仅在布局采用多列方式时应用，而不影响较窄屏幕上的布局。

代码清单 4-12　更新的媒体查询和文章规则

```
@media (min-width: 955px) {
  article {
    column-count: 3;
    column-rule: 2px solid #333333;
    column-gap: 42px;
    margin-top: 36px;
  }
}
```

在进行了这些调整后(如图 4-21 所示)，接下来把注意力转向引文部分。

在早些时候，我们样式化了引文块以突出显示它。但是现在，由于我们采用了多列布局，它在页面的可视元素中不再那么突出。下面使其跨越多个列，以增强其视觉吸引力。

NEWSPAPER TITLE

TUESDAY, 5TH SEPTEMBER 2021

ARTICLE HEADING

John Doe

Maecenas faucibus mollis interdum. Cum sociis natoque penatibus et magnis dis parturient montes, nascetur ridiculus mus. Cras justo odio, dapibus ac facilisis in, egestas eget quam. Sed posuere consectetur est at lobortis. Morbi leo risus, porta ac consectetur ac, vestibulum at eros. Lorem ipsum dolor sit amet, consectetur adipiscing elit. Curabitur blandit tempus porttitor.

Integer posuere erat a ante venenatis dapibus posuere velit aliquet. Maecenas faucibus mollis interdum. Cum sociis natoque penatibus et magnis dis parturient montes, nascetur ridiculus mus. Vivamus sagittis lacus vel augue laoreet rutrum faucibus dolor auctor. Aenean eu leo quam. Pellentesque ornare sem lacinia quam venenatis vestibulum.

“ Fusce dapibus, tellus ac cursus commodo, tortor mauris condimentum nibh, ut fermentum massa justo sit amet risus. ”

Aenean lacinia bibendum nulla sed consectetur. Duis mollis, est non commodo luctus, nisi erat porttitor ligula, eget lacinia odio sem nec elit. Donec id elit non mi porta gravida at eget metus. Cras justo odio, dapibus ac facilisis in, egestas eget quam. Cras mattis consectetur purus sit amet fermentum. Nullam id dolor id nibh ultricies vehicula ut id elit. Cras mattis consectetur purus sit amet fermentum.

SUBHEADING

- List item 1
- List item 2
- List item 3

Cras justo odio, dapibus ac facilisis in, egestas eget quam. Lorem ipsum dolor sit amet, consectetur adipiscing elit. Praesent commodo cursus magna, vel scelerisque nisl consectetur et. Cum sociis natoque penatibus et magnis dis parturient montes, nascetur ridiculus mus. Aenean lacinia bibendum nulla sed consectetur.

Donec ullamcorper nulla non metus auctor fringilla. Aenean eu leo quam. Pellentesque ornare sem lacinia quam venenatis vestibulum. Aenean lacinia bibendum nulla sed consectetur. Aenean lacinia bibendum nulla sed consectetur.

SUBHEADING

Golden Gate Bridge

Praesent commodo cursus magna, vel scelerisque nisl consectetur et. Aenean eu leo quam. Pellentesque ornare sem lacinia quam venenatis vestibulum. Donec id elit non mi porta gravida at eget metus. Aenean lacinia bibendum nulla sed consectetur. Integer posuere erat a ante venenatis dapibus posuere velit aliquet. Aenean eu leo quam. Pellentesque ornare sem lacinia quam venenatis vestibulum. Integer posuere erat a ante venenatis dapibus posuere velit aliquet.

Morbi leo risus, porta ac consectetur ac, vestibulum at eros. Curabitur blandit tempus porttitor. Morbi leo risus, porta ac consectetur ac, vestibulum at eros. Duis mollis, est non commodo luctus, nisi erat porttitor ligula, eget lacinia odio sem nec elit.

图 4-21　调整间距后的布局

4.4.5　使内容跨越多个列

我们可以使用 column-span 属性来使元素跨越多个列。我们的选择是 all 和 none。因为我们希望引文跨越整个页面，所以选择 all。在媒体查询内，我们将添加以下规则：

blockquote { column-span: all }。这个规则生成了如图 4-22 所示的布局。

注意，内容的流动方式发生了变化。为了显示因引文跨越整个屏幕而引入的新布局，我们添加了箭头。现在，不再让整篇文章均匀地从左上角流向右下角，分布在各列之间，而是将 column-span: all 应用到引文上，因此引文之前的内容现在从页面的左上角流向引文上方的右上角。引文之后的内容也是如此。由于跨越的内容，我们改变了文本在列中的流动方式。

在查看内容流动时，我们注意到标题和图像已经分布在两列中，这并不理想。让我们防止这种情况发生。

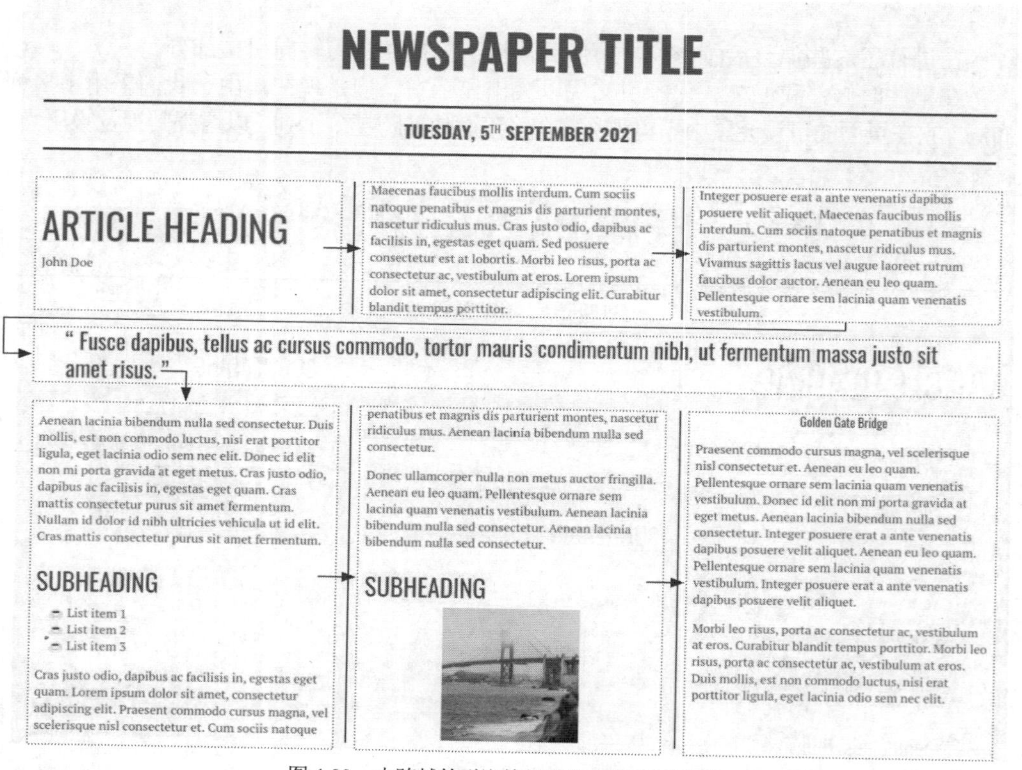

NEWSPAPER TITLE

TUESDAY, 5TH SEPTEMBER 2021

ARTICLE HEADING

John Doe

Maecenas faucibus mollis interdum. Cum sociis natoque penatibus et magnis dis parturient montes, nascetur ridiculus mus. Cras justo odio, dapibus ac facilisis in, egestas eget quam. Sed posuere consectetur est at lobortis. Morbi leo risus, porta ac consectetur ac, vestibulum at eros. Lorem ipsum dolor sit amet, consectetur adipiscing elit. Curabitur blandit tempus porttitor.

Integer posuere erat a ante venenatis dapibus posuere velit aliquet. Maecenas faucibus mollis interdum. Cum sociis natoque penatibus et magnis dis parturient montes, nascetur ridiculus mus. Vivamus sagittis lacus vel augue laoreet rutrum faucibus dolor auctor. Aenean eu leo quam. Pellentesque ornare sem lacinia quam venenatis vestibulum.

" Fusce dapibus, tellus ac cursus commodo, tortor mauris condimentum nibh, ut fermentum massa justo sit amet risus. "

Aenean lacinia bibendum nulla sed consectetur. Duis mollis, est non commodo luctus, nisi erat porttitor ligula, eget lacinia odio sem nec elit. Donec id elit non mi porta gravida at eget metus. Cras justo odio, dapibus ac facilisis in, egestas eget quam. Cras mattis consectetur purus sit amet fermentum. Nullam id dolor id nibh ultricies vehicula ut id elit. Cras mattis consectetur purus sit amet fermentum.

SUBHEADING

- List item 1
- List item 2
- List item 3

Cras justo odio, dapibus ac facilisis in, egestas eget quam. Lorem ipsum dolor sit amet, consectetur adipiscing elit. Praesent commodo cursus magna, vel scelerisque nisl consectetur et. Cum sociis natoque penatibus et magnis dis parturient montes, nascetur ridiculus mus. Aenean lacinia bibendum nulla sed consectetur.

Donec ullamcorper nulla non metus auctor fringilla. Aenean eu leo quam. Pellentesque ornare sem lacinia quam venenatis vestibulum. Aenean lacinia bibendum nulla sed consectetur. Aenean lacinia bibendum nulla sed consectetur.

SUBHEADING

Golden Gate Bridge

Praesent commodo cursus magna, vel scelerisque nisl consectetur et. Aenean eu leo quam. Pellentesque ornare sem lacinia quam venenatis vestibulum. Donec id elit non mi porta gravida at eget metus. Aenean lacinia bibendum nulla sed consectetur. Integer posuere erat a ante venenatis dapibus posuere velit aliquet. Aenean eu leo quam. Pellentesque ornare sem lacinia quam venenatis vestibulum. Integer posuere erat a ante venenatis dapibus posuere velit aliquet.

Morbi leo risus, porta ac consectetur ac, vestibulum at eros. Curabitur blandit tempus porttitor. Morbi leo risus, porta ac consectetur ac, vestibulum at eros. Duis mollis, est non commodo luctus, nisi erat porttitor ligula, eget lacinia odio sem nec elit.

图 4-22　由跨越的引文块导致的内容重新排列

4.4.6　控制内容的分割

为了防止图像及其标题分布在不同的列中，可以使用 break-inside 属性，将其值设置为关键词 avoid，并将其应用于<figure>元素。通过这个声明，我们告诉浏览器，在生成列时，元素的内容应该作为一个单元待在一起，而不是分割到多个列中。换句话说，图像和图题应该待在一起。我们在媒体查询中添加的规则是 figure { break-inside: avoid }。图 4-23 展示了输出结果。

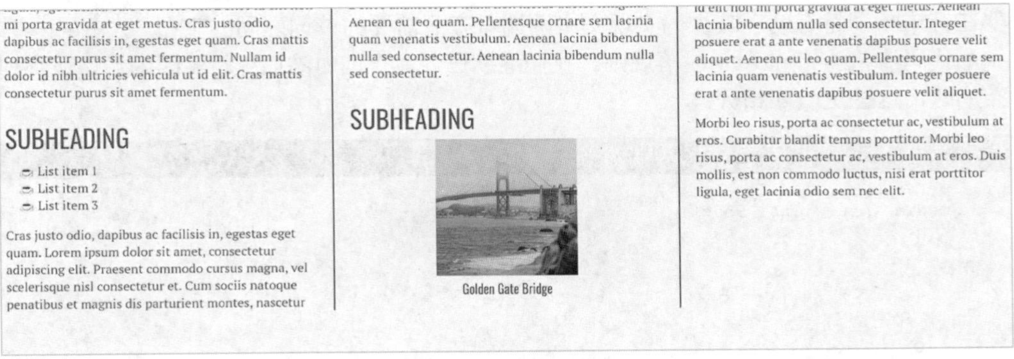

图 4-23　确保图像和图题待在一起

4.5　添加最后的润色

现在所要展示的内容已经按照我们的预期进行布局，让我们对一些细节进行最终的精细调整。报纸版面的一个典型特征是文本通常是两端对齐的。

4.5.1　文本两端对齐和断词

两端对齐是文本块内部的文本行排列方式之一，如图 4-24 所示。当文本两端对齐时，各行文本的起点和结束点分别对齐，形成一个矩形框。相比之下，左对齐的文本行末尾会呈现不规则的边缘。

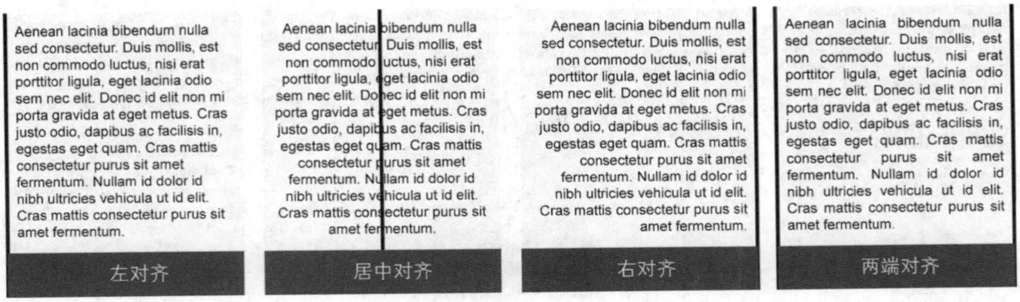

Aenean lacinia bibendum nulla sed consectetur. Duis mollis, est non commodo luctus, nisi erat porttitor ligula, eget lacinia odio sem nec elit. Donec id elit non mi porta gravida at eget metus. Cras justo odio, dapibus ac facilisis in, egestas eget quam. Cras mattis consectetur purus sit amet fermentum. Nullam id dolor id nibh ultricies vehicula ut id elit. Cras mattis consectetur purus sit amet fermentum.

左对齐　居中对齐　右对齐　两端对齐

图 4-24　文本对齐方式

让我们使段落文本两端对齐。为此，我们将使用 text-align 属性，并将其值设置为 justify。这将在文本行中均匀分配额外的空间，以使每行长度相等。我们可以通过使用 text-justify 属性来微调空间的分配方式。如果我们不设置 text-justify 的值，浏览器将根据情况选择最佳方式。我们的设计是流动的，它会根据窗口大小的变化而进行自适应。最佳方式可能因窗口大小而异，因此我们让浏览器判断哪种方式最合适。

然而，我们将添加一些连字符。默认情况下，浏览器不会在行末断词，而是直接将单词排到下一行。我们可以通过将 hyphens 属性设置为 auto 来改变这种行为。允许浏览器在行末断词将有助于减少为实现文本两端对齐而需要的单词之间的空白。

代码清单 4-13 显示了段落规则。我们继续在媒体查询内添加更新，因为当切换到列布局时，这些更改才相关。

代码清单 4-13　使段落文本两端对齐

```
@media (min-width: 955px) {
  ...
  p {
    text-align: justify;
    hyphens: auto;
  }
}
```

现在，示例段落如图 4-25 所示。

ARTICLE HEADING

John Doe

Maecenas faucibus mollis interdum. Cum sociis natoque penatibus et magnis dis parturient montes, nascetur ridiculus mus. Cras justo odio, dapibus ac facilisis in, egestas eget quam. Sed posuere consectetur est at lobortis. Morbi leo risus, porta ac consectetur ac, vestibulum at eros. Lorem ipsum dolor sit amet, consectetur adipiscing elit. Curabitur blandit tempus porttitor.

Integer posuere erat a ante venenatis dapibus posuere velit aliquet. Maecenas faucibus mollis interdum. Cum sociis natoque penatibus et magnis dis parturient montes, nascetur ridiculus mus. Vivamus sagittis lacus vel augue laoreet rutrum faucibus dolor auctor. Aenean eu leo quam. Pellentesque ornare sem lacinia quam venenatis vestibulum.

“ Fusce dapibus, tellus ac cursus commodo, tortor mauris condimentum nibh, ut fermentum massa justo sit amet risus. ”

Aenean lacinia bibendum nulla sed consectetur. Duis mollis, est non commodo luctus, nisi erat porttitor ligula, eget lacinia odio sem nec elit. Donec id elit non mi porta gravida at eget metus. Cras justo odio, dapibus ac facilisis in, egestas eget quam. Cras mattis consectetur purus sit amet fermentum. Nullam id dolor id nibh ultricies vehicula ut id elit. Cras mattis consectetur purus sit amet fermentum.

SUBHEADING

- List item 1
- List item 2
- List item 3

Cras justo odio, dapibus ac facilisis in, egestas eget quam. Lorem ipsum dolor sit amet, consectetur adipiscing elit. Praesent commodo cursus magna, vel scelerisque nisl consectetur et. Cum sociis natoque penatibus et magnis dis parturient montes, nascetur ridiculus mus. Aenean lacinia bibendum nulla sed consectetur.

Donec ullamcorper nulla non metus auctor fringilla. Aenean eu leo quam. Pellentesque ornare sem lacinia quam venenatis vestibulum. Aenean lacinia bibendum nulla sed consectetur. Aenean lacinia bibendum nulla sed consectetur.

SUBHEADING

Golden Gate Bridge

Praesent commodo cursus magna, vel scelerisque nisl consectetur et. Aenean eu leo quam. Pellentesque ornare sem lacinia quam venenatis vestibulum. Donec id elit non mi porta gravida at eget metus. Aenean lacinia bibendum nulla sed consectetur. Integer posuere erat a ante venenatis dapibus posuere velit aliquet. Aenean eu leo quam. Pellentesque ornare sem lacinia quam venenatis vestibulum. Integer posuere erat a ante venenatis dapibus posuere velit aliquet.

Morbi leo risus, porta ac consectetur ac, vestibulum at eros. Curabitur blandit tempus porttitor. Morbi leo risus, porta ac consectetur ac, vestibulum at eros. Duis mollis, est non commodo luctus, nisi erat porttitor ligula, eget lacinia odio sem nec elit.

图 4-25　两端对齐且经过断词处理的段落文本

当查看布局时，我们注意到第二列底部的图像看起来有点奇怪，不太合适。接下来修复一下。

4.5.2　使文本环绕在图像周围

为了让图像与随后的文本重新连接在一起，我们将使图像和它的标题向左移动，以使文本环绕图像。为了实现这个效果，我们将使用 float 属性。当 float 属性被应用于一个元素时，该元素会被推到左侧或右侧，以允许文本和内联元素环绕它。

在这种情况下，若图像和标题作为一个单元包含在<figure>元素中，将非常有利于进行样式化。因为这两项都包含在<figure>元素中，所以我们将 float 应用于<figure>元素，巧妙地使文本环绕图像和标题。

代码清单 4-14 展示了如何对<figure>元素应用 float。注意，我们为<figure>元素添加了右边距。由于我们让<figure>元素向左浮动，它将位于列的左侧，允许文本位于其右侧的剩余空间中，如图 4-26 所示。右边距创建了图像和文本之间的空白，以免文本紧贴图像的边缘。

代码清单 4-14　浮动<figure>元素

```
@media (min-width: 955px) {
  ...
  figure {
    float: left;
    margin-right: 24px;
  }
}
```

NEWSPAPER TITLE

TUESDAY, 5TH SEPTEMBER 2021

ARTICLE HEADING

John Doe

Maecenas faucibus mollis interdum. Cum sociis natoque penatibus et magnis dis parturient montes, nascetur ridiculus mus. Cras justo odio, dapibus ac facilisis in, egestas eget quam. Sed posuere consectetur est at lobortis. Morbi leo risus, porta ac consectetur ac, vestibulum at eros. Lorem ipsum dolor sit amet, consectetur adipiscing elit. Curabitur blandit tempus porttitor.

Integer posuere erat a ante venenatis dapibus posuere velit aliquet. Maecenas faucibus mollis interdum. Cum sociis natoque penatibus et magnis dis parturient montes, nascetur ridiculus mus. Vivamus sagittis lacus vel augue laoreet rutrum faucibus dolor auctor. Aenean eu leo quam. Pellentesque ornare sem lacinia quam venenatis vestibulum.

“ Fusce dapibus, tellus ac cursus commodo, tortor mauris condimentum nibh, ut fermentum massa justo sit amet risus. ”

Aenean lacinia bibendum nulla sed consectetur. Duis mollis, est non commodo luctus, nisi erat porttitor ligula, eget lacinia odio sem nec elit. Donec id elit non mi porta gravida at eget metus. Cras justo odio, dapibus ac facilisis in, egestas eget quam. Cras mattis consectetur purus sit amet fermentum. Nullam id dolor id nibh ultricies vehicula ut id elit. Cras mattis consectetur purus sit amet fermentum.

SUBHEADING

- List item 1
- List item 2
- List item 3

Cras justo odio, dapibus ac facilisis in, egestas eget quam. Lorem ipsum dolor sit amet, consectetur adipiscing elit. Praesent commodo cursus magna, vel scelerisque nisl consectetur et. Cum sociis natoque penatibus et magnis dis parturient montes, nascetur ridiculus mus. Aenean lacinia bibendum nulla sed consectetur.

Donec ullamcorper nulla non metus auctor fringilla. Aenean eu leo quam. Pellentesque ornare sem lacinia quam venenatis vestibulum. Aenean lacinia bibendum nulla sed consectetur. Aenean lacinia bibendum nulla sed consectetur.

SUBHEADING

Praesent commodo cursus magna, vel scelerisque nisl consectetur et. Aenean eu leo quam. Pellentesque ornare sem lacinia quam venenatis vestibulum. Donec id elit non

Golden Gate Bridge

mi porta gravida at eget metus. Aenean lacinia bibendum nulla sed consectetur. Integer posuere erat a ante venenatis dapibus posuere velit aliquet. Aenean eu leo quam. Pellentesque ornare sem lacinia quam venenatis vestibulum. Integer posuere erat a ante venenatis dapibus posuere velit aliquet.

Morbi leo risus, porta ac consectetur ac, vestibulum at eros. Curabitur blandit tempus porttitor. Morbi leo risus, porta ac consectetur ac, vestibulum at eros. Duis mollis, est non commodo luctus, nisi erat porttitor ligula, eget lacinia odio sem nec elit.

图 4-26　浮动图像

正如你将在第 7 章中看到的，我们可以通过浮动图像来实现更多有趣的效果。不过，现在请把注意力集中在报纸页面上。我们要探讨的最后一件事是如何处理页面在非常宽的窗口下的表现。

4.5.3　将 max-width 和 margin 的值设置为 auto

如图 4-26 所示，当窗口变得极宽时，页面的布局开始受到影响。窗口越宽，问题就越明显。越来越多的用户使用超宽屏幕，因此我们需要考虑当用户将窗口最大化(占据整个屏幕)时会发生什么情况。为了处理这种情况，我们将使用一个特殊的技巧，在第 2 章中，我们曾将该技巧应用于加载器。我们将为布局设置一个最大宽度，然后将其左、右边距设置为 auto，这将在窗口大于我们设置的最大宽度时使容器在水平方向居中对齐。

对于本章示例页面，容器是 body，因此我们将把 body 的最大宽度设置为 1200px，并将其左、右边距设置为 auto。此外，还需要将背景颜色从 body 元素的样式中移至 html 元素的样式中；否则，当屏幕宽度大于 1200 像素时，页面的左、右两侧将留下白色区域。

这些更改不应放入媒体查询中。我们将编辑本章开始时在 body 上设置的样式，并添加一个 html 规则来设置背景颜色。代码清单 4-15 展示了我们对示例的更改。

代码清单 4-15　对 body 和 html 元素进行更改

```
html { background-color: #f9f7f1

body {
  background-color: #f9f7f1;   ← 将背景颜色从 body 规则移到 html 规则
  font-family: 'PT Serif', serif;
  color: #404040;
  padding: 0 24px;
  max-width: 1200px;           ← 设置页面的最大宽度
  margin: 0 auto;              ← 使页面居中
}
```

经过最后的更改，示例页面适用于移动设备和桌面用户。图 4-27 显示了完成后的布局。

NEWSPAPER TITLE

TUESDAY, 5TH SEPTEMBER 2021

ARTICLE HEADING

John Doe

Maecenas faucibus mollis interdum. Cum sociis natoque penatibus et magnis dis parturient montes, nascetur ridiculus mus. Cras justo odio, dapibus ac facilisis in, egestas eget quam. Sed posuere consectetur est at lobortis. Morbi leo risus, porta ac consectetur ac, vestibulum at eros. Lorem ipsum dolor sit amet, consectetur adipiscing elit. Curabitur blandit tempus porttitor.

Integer posuere erat a ante venenatis dapibus posuere velit aliquet. Maecenas faucibus mollis interdum. Cum sociis natoque penatibus et magnis dis parturient montes, nascetur ridiculus mus. Vivamus sagittis lacus vel augue laoreet rutrum faucibus dolor auctor. Aenean eu leo quam. Pellentesque ornare sem lacinia quam venenatis vestibulum.

“ Fusce dapibus, tellus ac cursus commodo, tortor mauris condimentum nibh, ut fermentum massa justo sit amet risus. ”

Aenean lacinia bibendum nulla sed consectetur. Duis mollis, est non commodo luctus, nisi erat porttitor ligula, eget lacinia odio sem nec elit. Donec id elit non mi porta gravida at eget metus. Cras justo odio, dapibus ac facilisis in, egestas eget quam. Cras mattis consectetur purus sit amet fermentum. Nullam id dolor id nibh ultricies vehicula ut id elit. Cras mattis consectetur purus sit amet fermentum.

SUBHEADING

- List item 1
- List item 2
- List item 3

Cras justo odio, dapibus ac facilisis in, egestas eget quam. Lorem ipsum dolor sit amet, consectetur adipiscing elit. Praesent commodo cursus magna, vel scelerisque nisl consectetur et. Cum sociis natoque penatibus et magnis dis parturient montes, nascetur ridiculus mus. Aenean lacinia bibendum nulla sed consectetur.

Donec ullamcorper nulla non metus auctor fringilla. Aenean eu leo quam. Pellentesque ornare sem lacinia quam venenatis vestibulum. Aenean lacinia bibendum nulla sed consectetur. Aenean lacinia bibendum nulla sed consectetur.

SUBHEADING

Praesent commodo cursus magna, vel scelerisque nisl consectetur et. Aenean eu leo quam. Pellentesque ornare sem lacinia quam venenatis vestibulum. Donec id elit non mi porta gravida at

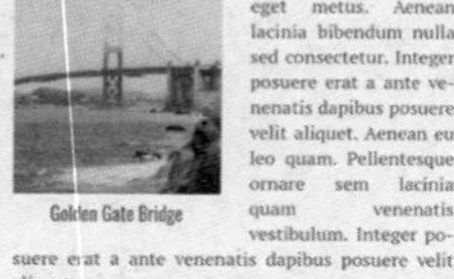

Golden Gate Bridge

eget metus. Aenean lacinia bibendum nulla sed consectetur. Integer posuere erat a ante venenatis dapibus posuere velit aliquet. Aenean eu leo quam. Pellentesque ornare sem lacinia quam venenatis vestibulum. Integer posuere erat a ante venenatis dapibus posuere velit aliquet.

Morbi leo risus, porta ac consectetur ac, vestibulum at eros. Curabitur blandit tempus porttitor. Morbi leo risus, porta ac consectetur ac, vestibulum at eros. Duis mollis, est non commodo luctus, nisi erat porttitor ligula, eget lacinia odio sem nec elit.

图 4-27　最终的布局

4.6 本章小结

- 主题是整个应用程序中保持的通用外观和风格。
- 我们可能需要导入自定义字体，因为几乎没有哪种字体是通用的。由于没有官方定义的 Web 安全字体列表，因此我们应始终使用备用关键词。
- 视觉层次结构将帮助用户在页面上寻找和识别重要信息。
- 我们可以控制浏览器在显示引号时使用的符号。
- 通过使用 counter-style at 规则，可以自定义列表显示项目符号的方式。
- 滤镜允许修改图像的外观。
- 使用 CSS 多列布局模块，可以创建多列布局。
- 在创建多列布局时，可以使内容跨越所有列。
- 可以让浏览器在行尾处使用连字符来断开单词。
- 浮动允许文本环绕一个元素。

第 5 章

悬停互动的摘要卡片

本章主要内容

- 使用 background-clip 属性来剪切静态背景图像
- 利用过渡效果在鼠标悬停时显示内容
- 利用媒体查询根据设备能力和窗口大小选择样式

摘要卡片可以用于各种目的，包括显示电影预览，购买房产，预览新闻文章，以及(在本章中)显示酒店列表。通常，摘要卡片包含标题、描述和动作调用；有时它还包含一张图片。图 5-1 显示了我们将在本章示例项目中创建的卡片。

图 5-1　最终成果

这些卡片将排列在同一行，使用 CSS 网格布局模块进行布局。每张卡片将拥有自己的背景图片，内容将置于其上。如果用户在支持悬停功能且屏幕宽度不小于 700 像素的设备上查看卡片，他们将能够看到标题，然后将光标悬停在卡片上，这将显示简短描述以及与黑色背景形成对比的橙色动作调用按钮(见图 5-2)。

图 5-2　最终的悬停效果

如果用户的设备不支持悬停功能或屏幕宽度小于 700 像素，我们将在没有悬停功能的情况下显示所有信息，以确保用户体验不受影响(见图 5-3)。

图 5-3　在无法处理悬停状态的小型或触摸设备上的最终效果

本章示例项目的另一部分是标题，我们希望让它突出显示并具备视觉吸引力。为了实现这一目标，我们将探索 background-clip 属性，看看如何在文本周围剪裁背景图像。

5.1　开始项目

本章项目的起点是代码清单 5-1 和代码清单 5-2，它们包含了我们将构建的页面的初始 HTML 和 CSS 代码。若要跟随我们执行样式化页面的过程，你可以从 GitHub 仓库(http://mng.bz/KlaO)或 CodePen(https://codepen.io/michaelgearon/pen/vYpaQPO)下载初始的 HTML 和 CSS 代码。

移动设备用户和桌面设备用户将共享相同的 HTML 和样式表。与我们在第 4 章中所做的类似，在本章中，我们将使用媒体查询根据浏览器的大小和功能来调整样式。

代码清单 5-1 显示了初始 HTML。每个卡片都包装在一个<section>元素中，包括其标题(<h2>)、描述(<p>)和动作调用(<a>)。

代码清单 5-1　初始 HTML

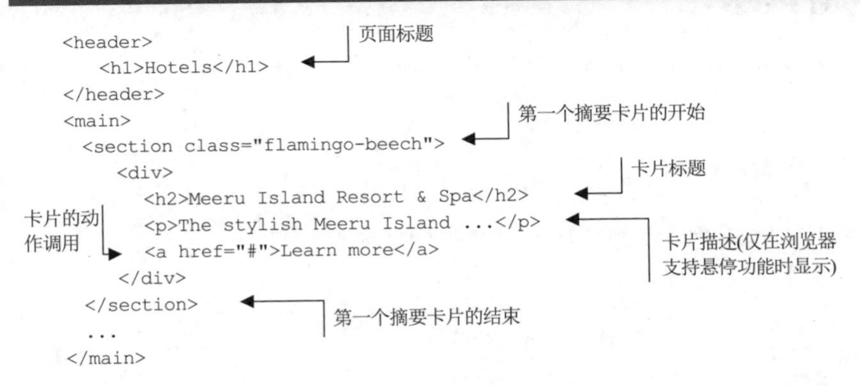

初始 CSS(见代码清单 5-2)包含了一些基本样式，用于初始化页面。对于 body 元素，我们添加了 40 像素的外边距(margin)，并在所有边上添加了 20 像素的内边距(padding)。我们采用了 Google Fonts，这次选择将 Cardo 字体族正常粗细的斜体版本用于每个卡片的描述。对于标题(headers)，我们将同时使用 Rubik 字体，包括常规体(regular)和粗体(bold)。Rubik 字体是一个不错的选择，因为它具有良好的可读性并带有圆润的边缘，这与 Cardo 字体相得益彰，提供了一种非正式的感觉。注意，当加载多个 Google Fonts 时，可以将这些导入语句合并为一个请求。

代码清单 5-2　起始 CSS

```
@import url("https://fonts.googleapis.com/css?
➥  family=Cardo:400i|Rubik:400,700&display=swap");    ← 一次请求加载 Cardo 和 Rubik 字体

body {
  margin-top: 40px;
```

```
  padding: 20px;
}
```

当我们开始样式化项目时，示例页面如图 5-4 所示。

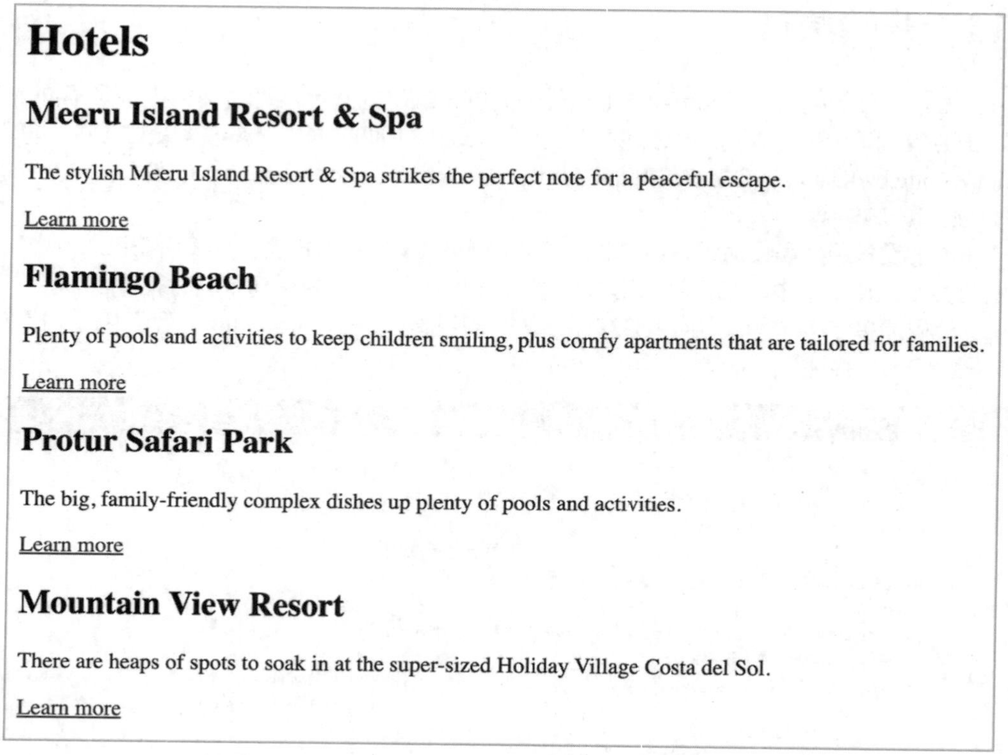

Hotels

Meeru Island Resort & Spa

The stylish Meeru Island Resort & Spa strikes the perfect note for a peaceful escape.

Learn more

Flamingo Beach

Plenty of pools and activities to keep children smiling, plus comfy apartments that are tailored for families.

Learn more

Protur Safari Park

The big, family-friendly complex dishes up plenty of pools and activities.

Learn more

Mountain View Resort

There are heaps of spots to soak in at the super-sized Holiday Village Costa del Sol.

Learn more

图 5-4　项目起始点

5.2　使用网格进行页面布局

在开始样式化项目之前，要先了解卡片和整个网页的布局。

需要考虑布局的三个方面：

- 标题和主要内容
- 卡片容器
- 卡片内的内容

对于这三个方面，我们将使用 CSS 网格布局模块进行布局。

注意　CSS 网格布局模块允许在列和行的系统中以系统化的方式在垂直和水平轴上放置和对齐元素。请查看第 2 章，详细了解此模块的工作原理。

为了在示例页面上布局元素，我们将先为窄屏幕创建样式，然后在较大的屏幕上使用媒体查询逐步调整布局。

5.2.1　使用网格布局

示例页面的布局由两个标志性元素组成：<header>和<main>。它们是<body>的直接子元素(见代码清单 5-3)。通过将<body>的 display 属性的值设置为 grid，我们将影响<header>和<main>元素的位置。

代码清单 5-3　起始 HTML

```
<body>
  <header>         <!-- title -->
  </header>
    <main>       <!-- cards -->
    </main>
</body>
```

接下来使用 place-items 属性来使页面上的元素居中对齐。这个属性是一种快捷方式，用于同时声明 align-items 和 justify-items 属性的值。将 place-items 的值设置为 center，以使所有项目都在它们各自的行和列中居中对齐。代码清单 5-4 展示了更新后的 body 规则。

代码清单 5-4　放置<header>和<main>元素

```
body {
  display: grid;
  place-items: center;
  margin-top: 40px;
  padding: 20px;
}
```

注意，此处没有定义任何 grid-template-rows、grid-template-columns 或 grid-template-areas。默认情况下，当没有声明这些区域时，浏览器会创建一个单列网格，行数等于要放置的元素数量。在本章示例中有两个元素：<main>和<body>。因此，示例网格为两行一列(见图 5-5)。

在网格内对<header>和<main>的宽度进行调整，使其仅占用其内容所需的水平空间。因为<header>具有狭窄的内容(包含单词 hotel 的<h1>元素)，所以页面标题会自动居中显示在页面上。而<main>元素则占用了可用的全部宽度，因为 Flamingo Beach 的描述(在第二个卡片中)需要占用整个宽度，甚至要换行。如果进一步扩展屏幕的宽度，会看到<main>元素也自动居中了(见图 5-6)。

图 5-5　两行一列的网格

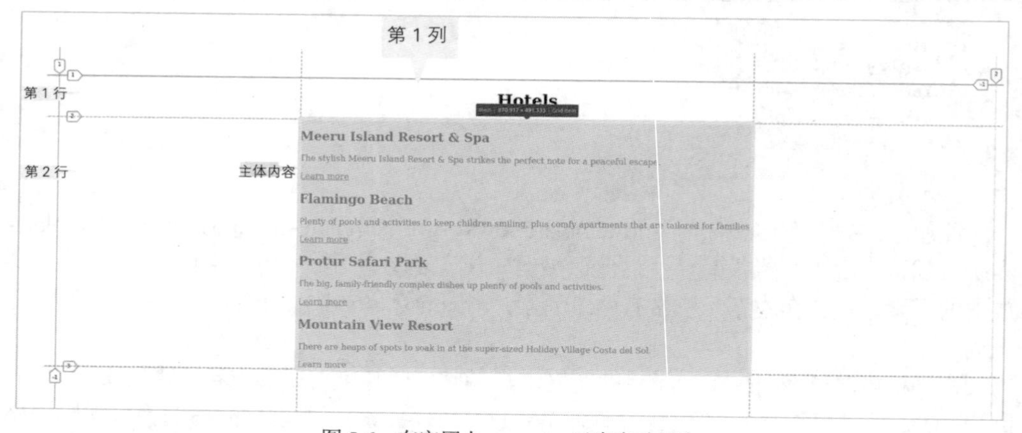

图 5-6　在宽屏上，<main>元素自动居中

在窄屏幕上，我们将依赖网格的默认功能，不定义行和列，以保持卡片的堆叠布局。为了增大卡片之间的间距，我们设置了 1rem 的间隙。此外，我们将<main>元素的最大宽度设置为 1024px，以防止在宽屏幕上水平对齐后卡片之间间距过大(参见 5.2.2 节)。代码清单 5-5 的 CSS 示例展示了更新后的样式，保持了卡片的堆叠布局，但在卡片之间添加了 1rem 的间隙(见图 5-7)。

代码清单 5-5　在窄屏幕上放置卡片

```
main {
  display: grid;
  max-width: 1024px;
  grid-gap: 1rem;
}
```

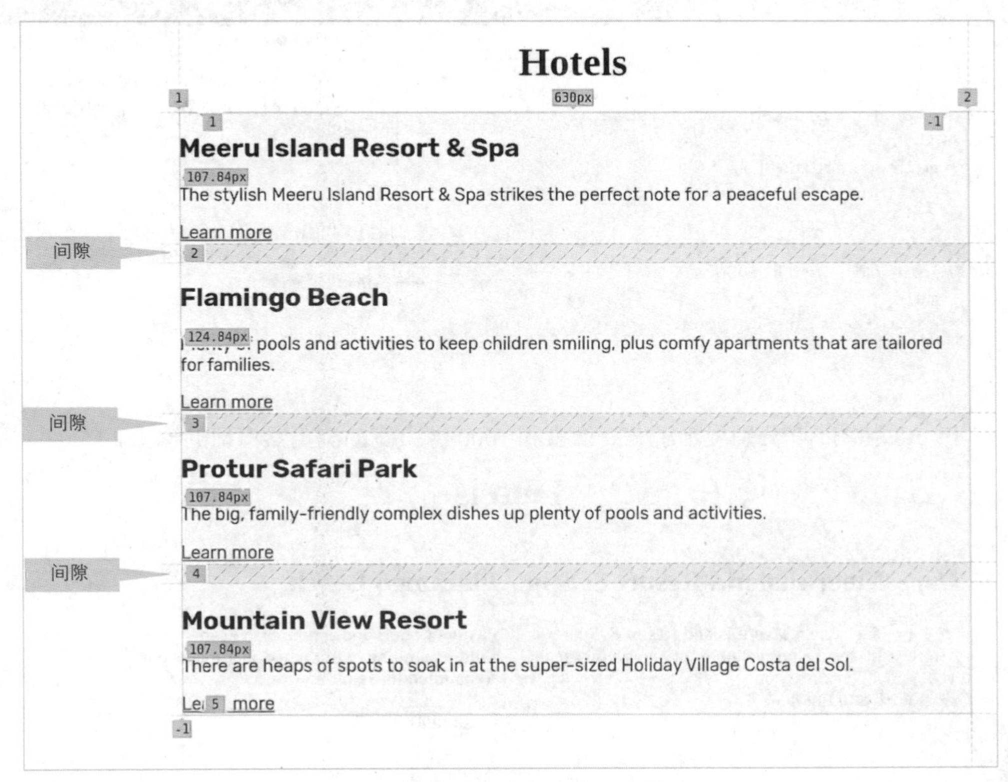

图 5-7　将网格应用于<main>元素

5.2.2　媒体查询

目前，示例卡片以垂直堆叠的方式排列，这在大多数情况下是 HTML 元素的默认行为。这种布局对于移动设备是合理的，因为它们通常具有相对较窄的屏幕。然而，在计算机屏幕上，由于浏览器窗口可能更宽，我们可以利用媒体查询来充分利用水平空间。可以定义一些媒体查询来调整布局。

- 如果窗口宽度大于或等于 700 像素，我们将调整网格，使其具有两个相等大小的列，并将每个部分的高度设置为精确的 350 像素。

- 当窗口宽度为 950 像素时，我们再次调整布局，使其具有四个相等大小的列，覆盖在前一个媒体查询中设置的 grid-template-columns 的值。高度属性值仍为 350 像素，因为前一个媒体查询的条件(min-width: 700px)仍然满足。

如果这两个媒体查询的条件都不满足(即浏览器窗口宽度小于 700 像素)，卡片将会以单列的垂直方式堆叠。代码清单 5-6 展示了创建这两个媒体查询的方法。

代码清单 5-6　卡片布局

```
@media (min-width: 700px) {
  main {
    grid-template-columns: repeat(2, 1fr);
  }
  main > section {
    height: 350px;
  }
}
@media (min-width: 950px) {
  main {
    grid-template-columns: repeat(4, 1fr);
  }
}
```

媒体查询用于确定浏览器窗口的宽度是否不小于 700 像素。如果是的话，将使用媒体查询内部的样式

第二个媒体查询用于确定浏览器窗口的宽度是否不小于 950 像素。如果是的话，这个查询将覆盖前一个查询，并将网格设置为四列

图 5-8 和图 5-9 分别展示了 800 像素和 1000 像素宽的浏览器窗口的输出。

Hotels

Meeru Island Resort & Spa

The stylish Meeru Island Resort & Spa strikes the perfect note for a peaceful escape.

Learn more

Flamingo Beach

Plenty of pools and activities to keep children smiling, plus comfy apartments that are tailored for families.

Learn more

Protur Safari Park

The big, family-friendly complex dishes up plenty of pools and activities.

Learn more

Mountain View Resort

There are heaps of spots to soak in at the super-sized Holiday Village Costa del Sol.

Learn more

图 5-8　在 800 像素宽的屏幕上的布局

Hotels

Meeru Island Resort & Spa

The stylish Meeru Island Resort & Spa strikes the perfect note for a peaceful escape.

Learn more

Flamingo Beach

Plenty of pools and activities to keep children smiling, plus comfy apartments that are tailored for families.

Learn more

Protur Safari Park

The big, family-friendly complex dishes up plenty of pools and activities.

Learn more

Mountain View Resort

There are heaps of spots to soak in at the super-sized Holiday Village Costa del Sol.

Learn more

图 5-9　在 1000 像素宽的屏幕上的布局

现在，我们已经完成了布局，可以集中精力对内容进行样式化了。我们将从标题开始，更改<h1>元素的字体，并探讨如何使用图像来为文本着色。

5.3　使用 background-clip 属性对标题进行样式化

示例页面的标题(Hotels)在视觉上可以变得更有趣。一种方法是选择一个漂亮且充满活力的颜色，并将字体族更新为现代风格。另一种方法是将背景图像应用到文本上。这些变化可以通过两个实验性属性来实现：background-clip 和 text-fill-color。

实验性属性

一些属性在不同浏览器中的表现不同。background-clip 属性就是其中之一。所有主流浏览器都支持该属性，除了 text 值以外，其他所有可能值都不必使用厂商前缀。然而，在本书撰写之时，Microsoft Edge 和 Google Chrome 仍然需要在 text 值上添加厂商前缀(https://caniuse.com/?search=background-clip)。

需要谨慎使用实验性属性，因为它们通常具有非标准的实现。有关实验性属性的更多详细信息，请参考第 3 章。

为了降低 background-clip: text 作为实验性属性的风险，我们可以设置一个备用的颜色值，这样当这两个属性不起作用时，用户将看到没有背景图像的文本。

5.3.1　设置字体

第一步是更新字体族(font-family)、字体粗细(weight)和大小(size)，以及将文本转换为大写字符。代码清单 5-7 展示了这些更改。

代码清单 5-7　标题的排版样式

```
h1 {
  font: 900 120px "Rubik", sans-serif;     ← 简写的字体属性
  text-transform: uppercase;
}
```

此处使用了 font 的简写属性。第一个值设置了字体粗细(本例中为 heavy)。第二个值是字体大小(120 像素)，然后是我们想要使用的字体族。如果这个字体无法加载，我们将回退到 sans-serif 字体。

我们通过样式化(而不是在 HTML 中统一使用大写字母)来将文本转换为大写字符。在 HTML 中统一使用大写字符可能会影响可访问性，因为某些屏幕阅读器可能会将全大写字符解释为首字母缩略词，并逐个读取字母。如果我们通过 CSS 将文本设置为大写字符，那么我们只是在视觉上进行了样式化，字符可以是混合大小写的。

此外，在这个独特的示例中，我们只需要样式化一个页面。在传统项目中，样式很可能会应用到多个页面。在样式中调整大小写，有助于确保整个网站或应用程序的一致性。

值得注意的是，我们应该谨慎使用全大写样式，因为这种样式可能会影响内容的可读性。现在示例标题如图 5-10 所示。

HOTELS

Meeru Island Resort & Spa

The stylish Meeru Island Resort & Spa strikes the perfect note for a peaceful escape.

Learn more

Flamingo Beach

Plenty of pools and activities to keep children smiling, plus comfy apartments that are tailored for families.

Learn more

Protur Safari Park

The big, family-friendly complex dishes up plenty of pools and activities.

Learn more

Mountain View Resort

There are heaps of spots to soak in at the super-sized Holiday Village Costa del Sol.

Learn more

图 5-10　将排版样式应用于标题

5.3.2　使用 background-clip

现在，我们将使用图像来给字母上色，实际上是将一个背景图像应用于字母本身。首先，我们需要在<h1>元素上设置一个背景图像。为了确保图像覆盖整个<h1>元素，我们将 background-size 属性设置为 cover。这个值会自动计算图像需要的宽度和高度，以确保图像覆盖整个元素。

接下来，我们要操作图像，使其仅应用于字母，而不是整个<h1>元素。这一步骤是 background-clip 属性发挥作用的地方。这个属性基于 box 模型定义了背景应该覆盖元素的哪一部分。在本示例中，我们将其值设置为 text，因为我们希望图像显示在字母后面。这个带有 text 值的属性仍然需要在基于 WebKit 的浏览器(Chrome、Edge 和 Opera)中使用浏览器前缀，所以我们也添加了带前缀的属性，以确保与这些浏览器的兼容性。

目前，示例文本是黑色的，导致我们无法看到背后的图像。为了不遮挡被设置为文本背景的图像，我们需要使字母变得透明。text-fill-color 属性允许设置文本的颜色。这个属性类似于 color，但如果我们同时设置了这两个属性，text-fill-color 会覆盖 color。由于 text-fill-color 也需要在基于 WebKit 和 Mozilla 的浏览器中使用厂商前缀，因此我们可以将

color 属性用作备用方案，以免在图像无法加载或任何实验性属性失败时影响用户体验。

我们之所以使用 text-fill-color 而不是将 color 属性值设置为 transparent，是因为我们将使用 color 属性来创建一个备用方案，以防用户的浏览器不支持 background-clip。我们将 text-fill-color 的值设置为白色，因为稍后我们将为页面添加一个黑色背景。这样，如果 background-clip 失败或不被支持，示例文本仍然对用户可见；它将是白色的，而不是被图像着色。代码清单 5-8 展示了更新后的标题类。

代码清单 5-8　background-clip 的文本代码

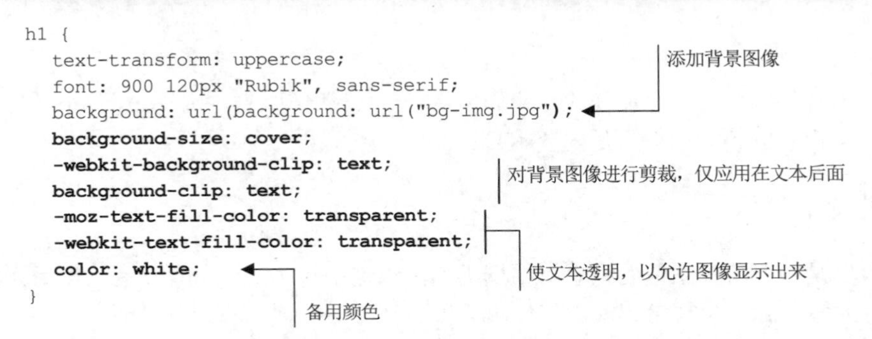

```
h1 {
  text-transform: uppercase;
  font: 900 120px "Rubik", sans-serif;
  background: url(background: url("bg-img.jpg");
  background-size: cover;
  -webkit-background-clip: text;
  background-clip: text;
  -moz-text-fill-color: transparent;
  -webkit-text-fill-color: transparent;
  color: white;
}
```


在使用前缀时，如果存在非前缀版本，我们会在非前缀版本之前添加-moz-和-webkit-属性。这样做可以确保浏览器在非实验性版本可用时使用非实验性版本。

完成了对标题的样式化之后(见图 5-11)，下一个任务是对卡片进行样式化。我们将首先专注于样式化卡片而不考虑悬停效果，然后创建用于处理宽屏(支持悬停功能)卡片的媒体查询。

图 5-11　剪裁背景图像并将其应用于标题部分

5.4　对卡片进行样式化

每个卡片都是使用一个外部的<section>元素创建的，该元素具有一个背景图像，还有一个内部的<div>元素，我们将为其设置背景颜色，以便在图像上保持文本可读性。<div>中包含了实际的内容。代码清单 5-9 展示了卡片结构，该结构与 HTML 的其余部分隔离开来。

代码清单 5-9 卡片的 HTML 结构，独立于其他部分

```
<section class="meeru-island">        ← 外部卡片容器。每个<section>元素都有一个基于其描述的酒店的类名
  <div>
    <h2>Meeru Island Resort & Spa</h2>
    <p>The stylish Meeru Island Resort…</p>     内容
    <a href="#">Learn more</a>
  </div>
</section>
```

内容容器

为了给卡片的每个部分添加样式，我们将从外到内逐步进行，先样式化每个卡片的容器，然后是内容的容器，最后是内容本身。

5.4.1 外部卡片容器

外部容器是带有背景图像的元素。根据类名单独选中每个<section>元素，然后为每个<section>元素分配一个背景图像，如代码清单 5-10 所示。

代码清单 5-10 添加背景图像

```
.meeru-island {
 background-image: url("1.jpg");
}
.flamingo-beech {
 background-image: url("2.jpg");
}
.protur-safari {
 background-image: url("3.jpg");
}
.mountain-view {
 background-image: url("4.jpg");
}
```

添加了背景图像后(见图 5-12)，接下来配置一些适用于所有<section>元素的通用样式。

可以看到，图像没有正确居中，也没有很好地展示酒店和度假村的特色。可以通过使用 background-size 属性来调整图像的大小。我们将这个属性设置为 cover，以最大化显示图片的面积，即使图像的纵横比与卡片的不同，也不会留下任何可见的空白区域。此外，我们将背景颜色#3a8491(绿松石色)用作备用颜色。最后，我们为卡片添加了一个 border-radius 来使角落变得圆滑，同时使边缘变得柔和。代码清单 5-11 展示了卡片容器样式。

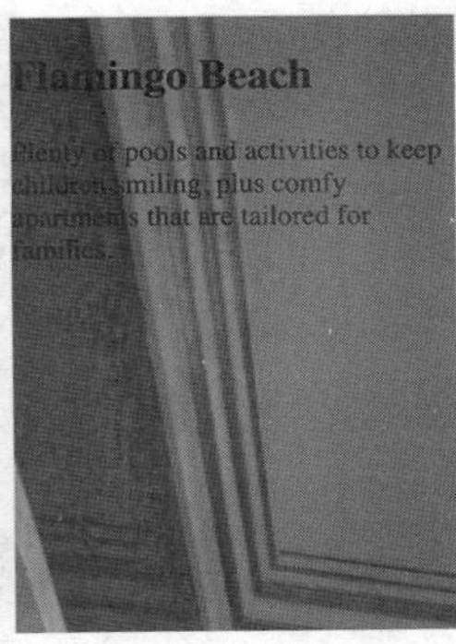

图 5-12　卡片背景图片

代码清单 5-11　卡片容器样式

```
main > section {
  background-size: cover;
  background-color: #3a8491;
  border-radius: 4px;
}
```

在处理了外部容器(见图 5-13)后，接下来继续处理内容容器。

图 5-13　样式化后的外部卡片容器

5.4.2 内部容器及其内容

为了提高文本的可读性，我们将对内部容器进行样式处理。首先为内部容器设置背景颜色，采用 rgba(0, 0, 0, .75)这种带有一定透明度的黑色背景。接下来将文本颜色改为 whitesmoke，并使其居中对齐。这样的设计不使用纯黑色或纯白色，能够为整体构图带来更柔和的感觉。

在添加了背景颜色后，在内容容器中添加 1rem 的内边距，以使文本远离深色背景的边缘，并添加 1rem 的外边距，以在图片边缘和背景之间留出一些间隙。最后，调整卡片内部文本的字体大小(font-size)、字体粗细(font-weight)、行高(line-height)和字体族(font-family)。代码清单 5-12 展示了 CSS 样式。

代码清单 5-12　卡片内容样式

```
main > section > div {
  background-color: rgba(0, 0, 0, .75);
  margin: 1rem;
  padding: 1rem;
  color: whitesmoke;
  text-align: center;
  font: 14px "Rubik", sans-serif;
}
```

卡片内容器

```
section h2 {
  font-size: 1.3rem;
  font-weight: bold;
  line-height: 1.2;
}
```

卡片标题

```
section p {
  font: italic 1.125rem "Cardo", cursive;
  line-height: 1.35;
}
```

卡片内容

在应用了卡片内容样式(见图 5-14)之后，需要进行样式处理的最后一个部分是链接。

图 5-14　卡片内部容器和排版

由于链接充当着引导用户查看有关酒店更多信息的动作按钮，我们希望它以粗体显示，并且更醒目(见代码清单 5-13)。为了实现这个效果，考虑到卡片内的大多数元素都相对较暗，我们将为链接添加明亮的黄橙色背景(#ffa600)，并将其文本颜色改为接近黑色。我们还会增大内边距。但由于链接默认是内联元素，我们需要将它的 display 属性值改为 inline-block，以确保填充会影响元素的尺寸。

代码清单 5-13　链接的样式

```
a {
  background-color: #ffa600;
  color: rgba(0, 0, 0, .75);
  padding: 0.75rem 1.5rem;
  display: inline-block;
  border-radius: 4px;
  text-decoration: none;
}

a:hover {
  background-color: #e69500;
}

a:focus {
  outline: 1px dashed #e69500;
  outline-offset: 3px;
}
```

为了使链接与卡片风格一致，我们将给链接设置 4px 的边框半径，并最终处理悬停(hover)和焦点(focus)状态。在悬停状态下，我们将略微加深背景颜色，而不是添加下画线；而在焦点状态下，我们将添加一个 3px 偏移的虚线轮廓以突出链接。图 5-15 展示了样式化后的链接。

不让所有链接水平对齐，这看起来有点奇怪，也不够有条理。为了让所有链接水平对齐，我们将再次利用网格布局。我们会将内部容器的 display 属性设置为 grid，并将 grid-template-rows 的值设置为 min-content auto min-content。同时，我们会确保内部容器的高度等于总高度减去我们分配给它的内边距和外边距的部分(见图 5-16)。

在早些时候，我们为内部容器设置了 1rem 的外边距和 1rem 的内边距。这意味着内部容器需要充分利用可用空间的整个高度，这个高度等于 100%减去 4rem(即顶部和底部各 1rem 的内边距和外边距，总共 4rem)。为了在 CSS 中实现这一效果，我们使用 calc()函数来进行数学计算，将 calc(100% - 4rem)赋给高度属性。通过定义行(grid-template-rows: mincontent auto min-content)并设置高度，我们创建了这样的布局：标题和链接只占用它们所需的空间，而中间部分(段落元素)获取剩余的空间。

图 5-15　样式化后的链接

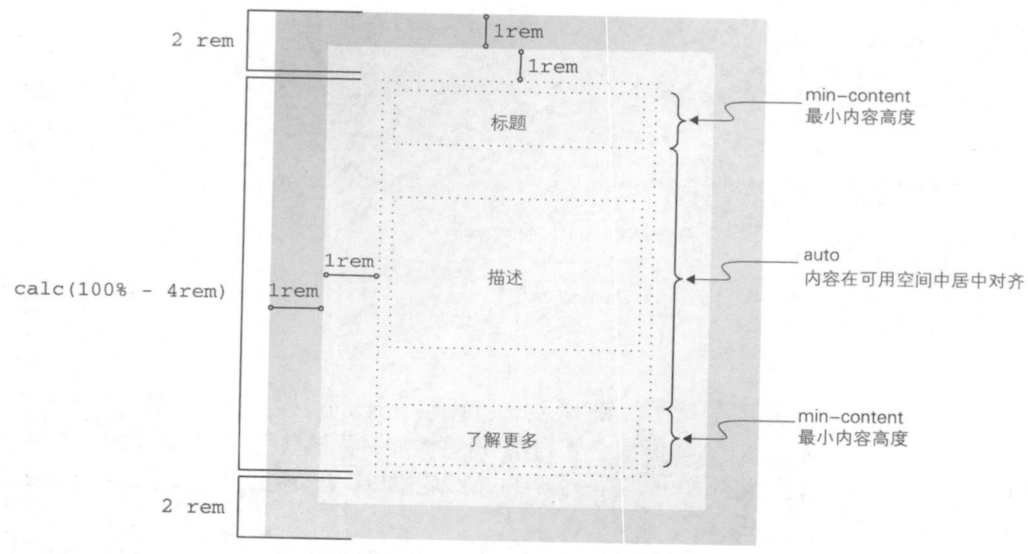

图 5-16　水平对齐卡片元素

最后，为了使段落内容在卡片中垂直居中，我们使用了 align-items 属性，将其值设置为 center，并去掉了浏览器自动为<h2>元素添加的底部边距。如果我们保留标题底部的边距，那么段落的顶部会比底部多出一些空间，因为 min-content 会考虑元素上的边距。由于卡片底部的链接没有边距，因此段落上方的空白与下方将不成比例。代码清单 5-14 展示了布局调整示例。

代码清单 5-14　内部容器布局调整

```
main > section > div {
  background-color: rgba(0, 0, 0, .75);
  margin: 1rem;
  padding: 1rem;
  color: whitesmoke;
  text-align: center;
  height: calc(100% - 4rem);
```

```
    display: grid;
    grid-template-rows: min-content auto min-content;
    align-items: center;
  }

  section h2 {
    font-size: 1.3rem;
    font-weight: bold;
    line-height: 1.2;
    margin-bottom: 0;
  }
```

这最后的调整完成了示例的卡片布局(见图 5-17)。接下来集中精力探索如何在足够宽(宽度大于或等于 700 像素)并支持悬停功能的设备上显示和隐藏内容。

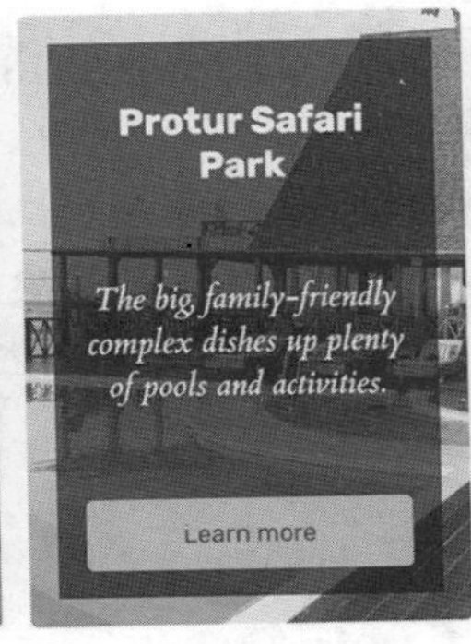

图 5-17　样式化后的卡片

5.5　在悬停和焦点内状态下使用过渡效果

我们需要先创建一个媒体查询，以检查设备是否支持悬停交互功能，浏览器窗口的宽度是否不小于 700 像素，以及用户的设备是否启用了 prefers-reduced-motion。

> **reduced-motion 偏好**
>
> 一些用户希望禁用高频动画效果，为此，他们可以在设备上启用特定设置，该设置通过 prefers-reduced-motion 属性传递给浏览器。我们必须尊重用户的设置，因此，为了确定是否对内容添加动画效果，我们会在查询中检查该属性的值是否为 no-preference。若想了解更多关于 prefers-reduced-motion 的信息，请参考第 3 章。

示例的媒体查询是这样的：@media (hover: hover) and (min-width: 700px) and (prefers-reduced-motion: no-preference) { }。注意，可以链接多个需要满足的参数，以便应用查询中的 CSS。

为了隐藏除标题之外的所有内容，我们将使用 transform 属性，并将其值设置为 translateY()。translateY()的值允许在页面流之外垂直移动内容；被移动元素周围的内容不受移动的影响，且不会改变位置或遮挡。这样，我们可以将内容移到卡片底部。

为了计算元素需要移动的距离，我们将再次使用 calc()函数。如代码清单 5-15 所示，我们将使标题向下移动，移动的幅度为卡片的高度(350px)减去 8rem(容器的顶部边距 + 容器的顶部内边距 + 标题的大小)。

代码清单 5-15　隐藏非标题内容

```
@media (hover: hover) and (min-width: 700px) and
➥ (prefers-reduced-motion: no-preference) {
  main > section > div {
    transform: translateY(calc(350px - 8rem));
  }
}
```

卡片内部的一部分向下移动，如图 5-18 所示。

因为我们计划在用户的鼠标停止悬停在该部分后以动画方式显示内容，所以我们不希望底部的溢出内容保持可见：如果用户将鼠标悬停在图片之外的内容上，该内容将向上滚动，进入图片内部，然后失去悬停状态，再次回到原来的位置。这种行为将会重复发生，导致页面出现闪烁效果。因此，我们将把内部容器的高度设置为 5rem，并在段落和链接被隐藏时隐藏溢出内容，以防止这种情况发生。

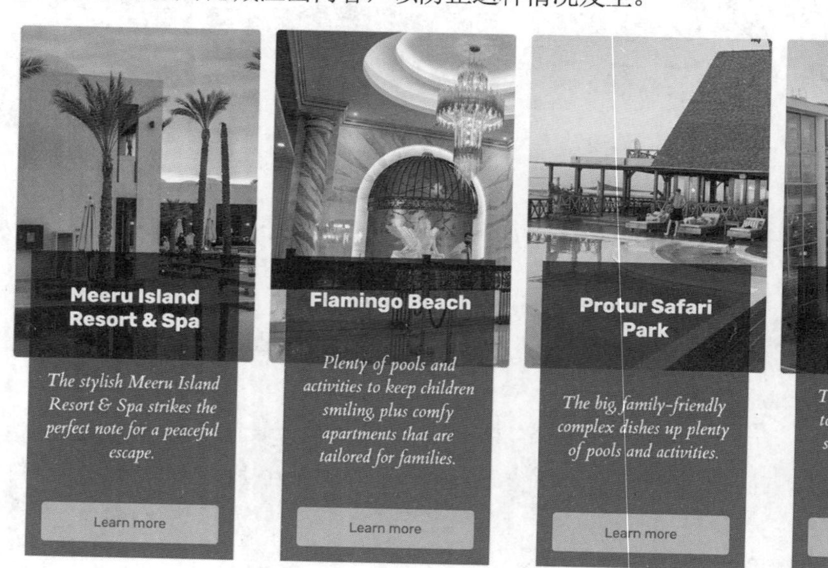
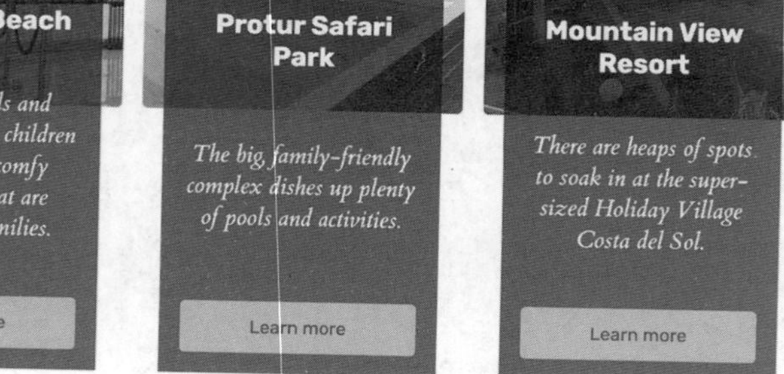

图 5-18　将内容向下移动

在第二张卡片中，注意，段落内容的一部分仍然可见，但实际上应该被隐藏。为了实现这一效果，我们将使用“不透明度”来隐藏非标题内容。此外，由于我们希望在悬停状态下添加动画效果，因此将使用 translateY()使该内容向下移动 1rem，这将为其添加一些动态效果。

所有这些操作旨在隐藏内容并缩短内部容器的 CSS 代码，如代码清单 5-16 所示。为了选择除标题以外的所有内容，可以使用:not()伪类。

代码清单 5-16　隐藏非标题内容

```
@media (hover: hover) and (min-width: 700px) and (prefers-reduced-motion:
➥ no-preference) {
  main > section > div {
    transform: translateY(calc(350px - 8rem));
    height: 5rem;
    overflow: hidden;
  }
  main > section > div > *:not(h2) {
    opacity: 0;
    transform: translateY(1rem);
  }
}
```

媒体查询

移动和缩短内部内容容器

隐藏所有不带<h2>标签的内容

not()伪类允许筛选选择器。在这种情况下，我们的目标是选择不带<h2>标签的所有内容。图 5-19 详细说明了这个过程。

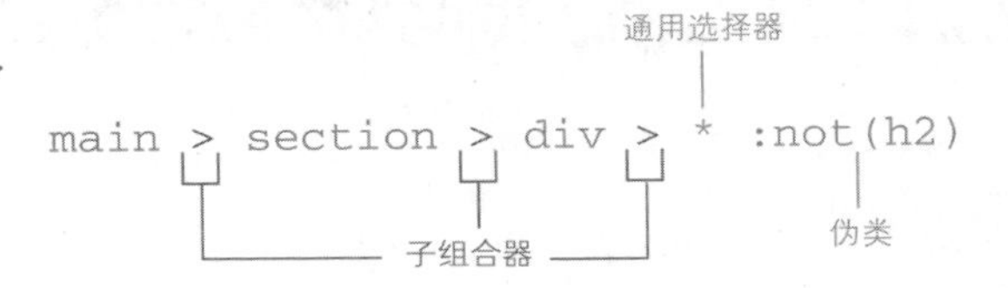

图 5-19　在内部容器中选择不带<h2>标签的所有内容

现在内容已被隐藏(见图 5-20)，我们可以思考如何重新显示它。

图 5-20　隐藏内容

要重新显示内容，我们需要在悬停和焦点状态下取消之前对内容的隐藏操作。因为我们并没有从文档对象模型(DOM)中删除链接，所以它们仅在视觉上被隐藏；在程序上，它们仍然存在，用户可以通过键盘在链接之间切换焦点。因此，我们需要在用户的鼠标悬停在卡片上以及链接获得焦点时，重新显示内容。由于我们希望在链接获得焦点时对容器元素(内容容器)进行操作，因此可以使用:focus-within 伪类。这个伪类允许有条件地应用样式，具体取决于元素的后代元素当前是否处于焦点状态。

因此，当链接获得焦点或鼠标悬停在 Section 上时，由于我们将 translateY()参数设置为 0(垂直位移为 0)并将内部容器的高度设置为 350px(外部容器的高度减去 4rem，这是容器的垂直填充和边距之和)，因此容器会被移回原来的位置。此外，我们还需要恢复段落和链接的可见性，它们的不透明度被设置为 0，并且已经向下移动了 1rem。

我们将通过为需要显示和隐藏的元素添加过渡效果来实现 hover 和 focus-within 效果。由于有预定义的状态需要在其间进行切换，并且希望动画仅在发生更改时执行一次，因此不需要使用关键帧。可以简单地使用 transition 属性，将其值设置为 all 700ms ease-in-out，这会告诉 CSS 在发生更改时通过动画显示这些变化。动画的完成时间为 700 毫秒；动画会以缓慢的速度开始，然后加速，接着再次减速，直到完成。代码清单 5-17 是 hover 和 focus-within 效果的 CSS 示例。

代码清单 5-17　在悬停和焦点内状态下显示内容

```
@media (hover: hover) and (min-width: 700px) and
➥ (prefers-reduced-motion: no-preference) {
  main > section > div {
    transform: translateY(calc(350px - 8rem));
    height: 5rem;
    overflow: hidden;
    transition: all 700ms ease-in-out;
  }
  div > *:not(h2) {
    opacity: 0;
    transform: translateY(1rem);
    transition: all 700ms ease-in-out;
  }
  section:hover div,
  section:focus-within div {
    transform: translateY(0);
    height: calc(350px - 4rem);
  }
  section:hover div > *:not(h2),
  section:focus-within div > *:not(h2){
    opacity: 1;
    transform: translateY(0);
  }
}
```

对变化进行动画处理

当鼠标悬停在 section 上时，将容器移回原来的位置

当 section 元素处于焦点内状态时，将容器移回原来的位置

在悬停状态下，将容器内所有非<h2>元素移回原来的位置，并使其完全不透明

当 section 元素处于焦点内状态时，将容器内所有非<h2>元素移回原来的位置，并使其完全不透明

在应用了这些变更后(见图 5-21)，完成项目所需的最后一步是设置页面的背景。

为了让图片变得更加突出，我们将在整个页面上添加一个深灰色(接近黑色)的背景。为了应用背景颜色，我们将在现有的 body 规则中添加 background 属性，它的值为#010101，如代码清单 5-18 所示。

代码清单 5-18　添加背景

```
body {
  display: grid;
  place-items: center;
  margin-top: 40px;
  padding: 20px;
  background: #010101;
}
```

图 5-22、图 5-23 和图 5-24 展示了在不同屏幕尺寸下完成的项目。

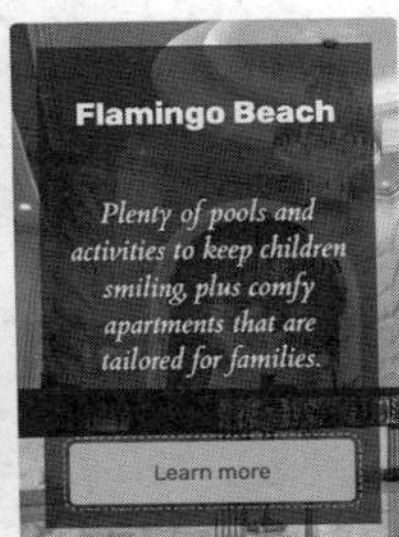

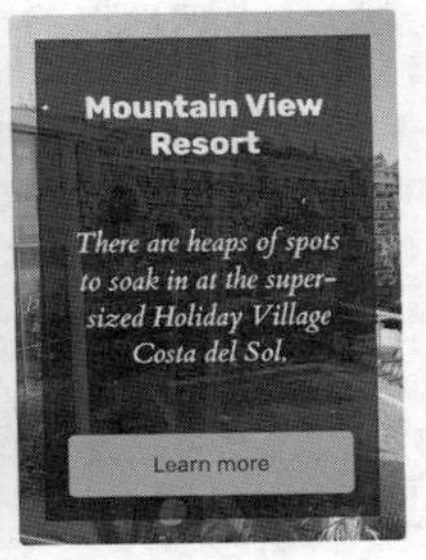

图 5-21　hover 和 focus-within 效果

图 5-22　窗口宽度为 600 像素时的效果

图 5-23　窗口宽度为 850 像素时的效果

图 5-24　启用了 prefers-reduced-motion 且窗口宽度为 1310 像素时的效果

5.6 本章小结

- 网格可以用于整个布局或布局中的单个元素。
- text-transform 属性可以将文本转换为大写字符，而不影响内容的可访问性。
- 谨慎使用 text-transform: uppercase，不要在大面积的内容上使用。
- 将 background-clip 属性的值设置为 text，可以将背景图像应用到文本上。
- 将 background-clip 属性的值设置为 text 时，仍然需要添加前缀，并且在实施过程中可能发生变化。
- 可以使用媒体查询来检查设备是否支持悬停功能，并相应地调整布局，以防止因用户的设备不支持悬停功能而错误地显示内容。
- 可以使用 and 将多个条件串联在同一个媒体查询中。
- 可以在媒体查询中使用 prefers-reduced-motion 来确保用户对动画效果的偏好不会被违反。
- :not() 伪类表示不匹配选择器列表的元素。
- translateY()会在不影响重新布局的情况下垂直移动内容。
- 可以使用 transition 属性来实现动画样式在不同状态之间的变化。
- 若想根据元素内部的子元素是否处于焦点状态有条件地应用样式，可以使用 focus-within 伪类。

第 6 章 制作个人资料卡片

本章主要内容

- 使用 CSS 自定义属性
- 使用径向渐变创建背景
- 设置图像大小
- 使用 Flexbox 布局放置元素

在本章中，我们将制作一个资料卡。在 Web 设计中，卡片是一个视觉元素，用于呈现有关单一主题的信息。我们将把这个概念应用到某人的个人资料上，并在本质上创建一个数字化的商务名片。这种布局经常用于社交媒体和博客网站，以向读者呈现作者的概况。有时它还能链接到详细个人资料页面或允许用户与资料所有者进行互动。

为了创建这个布局，我们将在布置方面做很多工作，具体来说，使用 CSS Flexbox 布局模块来使元素对齐和居中。我们还将探讨如何使一个矩形图像适应一个圆形区域，而不会使图像失真。在本章结束时，示例的个人资料卡将如图 6-1 所示。

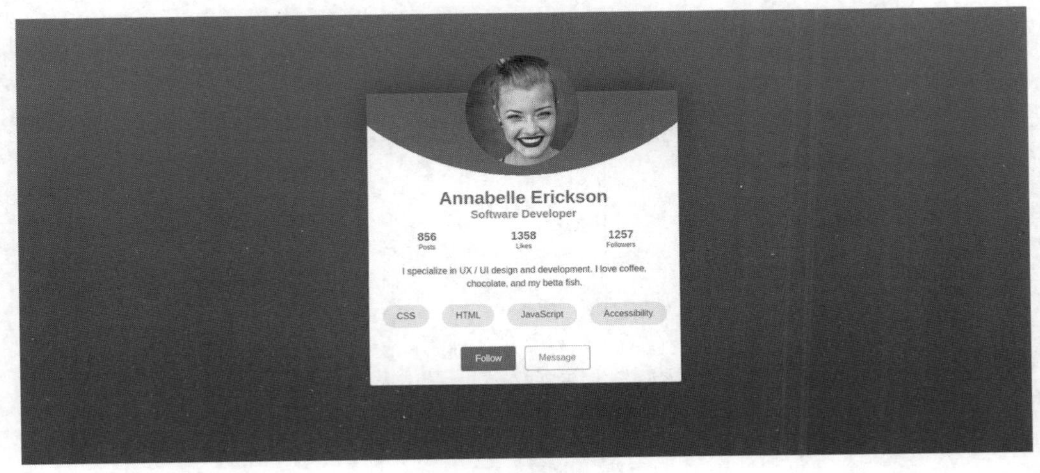

图 6-1　最终输出

6.1 开始项目

让我们直接开始，查看初始 HTML(见代码清单 6-1)，你可以在 GitHub 仓库(http://mng.bz/5197)或在 CodePen(https://codepen.io/michaelgearon/pen/NWyByWN)上找到它。这里有一个带有 card 类的<div>，其中包含在个人资料卡中展示的所有元素。为了设置本章示例的博客文章信息，我们将使用一个描述列表(description list)。所用的技术(如 CSS、HTML 等)以列表的方式呈现。

描述列表

描述列表包含一组术语，包括一个描述术语(dt)和任意数量的描述内容(dd)。描述列表通常用于创建词汇表或显示元数据。因为我们要将术语(帖子、点赞和关注者)与它们的数量(数字)进行配对，所以这个项目是描述列表的绝佳用例。

代码清单 6-1　项目的 HTML

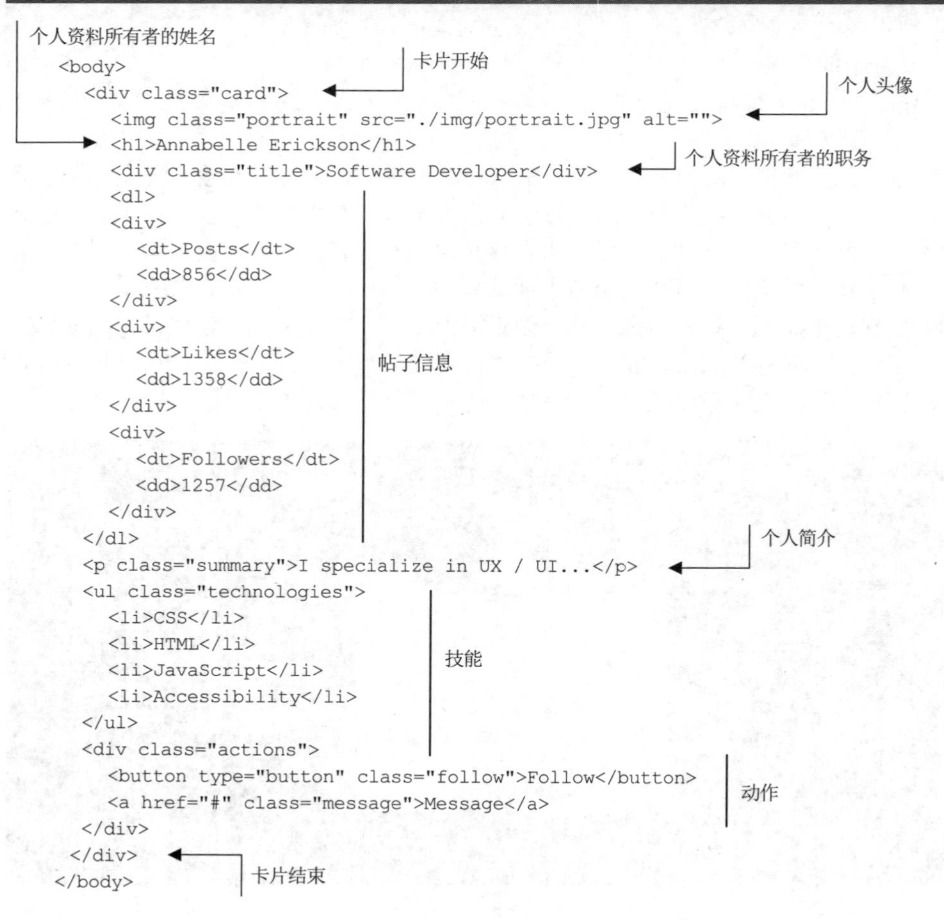


```
<body>
  <div class="card">
    <img class="portrait" src="./img/portrait.jpg" alt="">
    <h1>Annabelle Erickson</h1>
    <div class="title">Software Developer</div>
    <dl>
    <div>
      <dt>Posts</dt>
      <dd>856</dd>
    </div>
    <div>
      <dt>Likes</dt>
      <dd>1358</dd>
    </div>
    <div>
      <dt>Followers</dt>
      <dd>1257</dd>
    </div>
  </dl>
  <p class="summary">I specialize in UX / UI...</p>
  <ul class="technologies">
    <li>CSS</li>
    <li>HTML</li>
    <li>JavaScript</li>
    <li>Accessibility</li>
  </ul>
  <div class="actions">
    <button type="button" class="follow">Follow</button>
    <a href="#" class="message">Message</a>
  </div>
 </div>
</body>
```

当我们开始对卡片进行样式设置时，示例页面如图 6-2 所示。

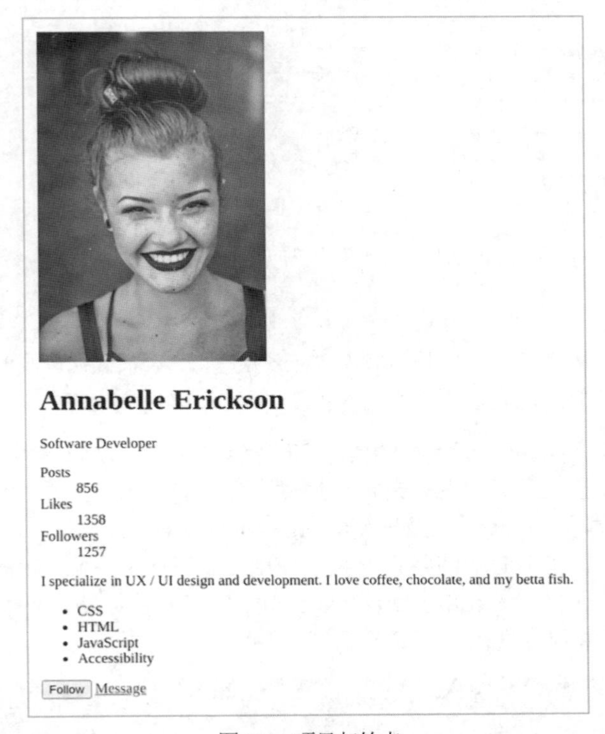

图 6-2　项目起始点

6.2　设置 CSS 自定义属性

在本章示例的布局中，当为个人头像和图片下方有颜色的部分设置样式时，将需要对图像大小的数值进行多次计算。在像 JavaScript 这样的语言中，当需要多次引用一个数值时，我们使用自定义属性(有时称为 CSS 变量)。

要创建自定义属性，首先应使用两个连字符(--)，紧接着写上变量名。与设置其他属性时一样，我们使用冒号(:)并在其后给出值来为自定义属性赋值。因此，一个 CSS 变量的声明是这样的：--myVariableName: myValue;。

和编写其他声明时一样，我们需要在一个规则内定义变量。对于本章示例项目，我们将定义颜色和图像尺寸，然后在 body 规则内进行声明，如代码清单 6-2 所示。因为我们在 body 上定义这些变量，所以<body>元素及其任何子元素都可以访问这些变量。

代码清单 6-2　定义 CSS 自定义属性

```
body {
  --primary: #de3c4b;
```

```
    --primary-contrast: white;
    --secondary: #717777;          ← 灰色
    --font: Helvetica, Arial, sans-serif;
    --text-color: #2D3142;         ← 深蓝灰色
    --card-background: #ffffff;
    --technologies-background: #ffdadd;
    --page-background: linear-gradient(#4F5D75, #2D3142);
    --imageSize: 200px;

    background: var(--page-background);
    font-family: var(--font);
    color: var(--text-color);
}
```

注意　本示例中的线性渐变将从顶部进行到底部，从深蓝色渐变到更深的蓝色。如欲深入了解线性渐变，请查看第 3 章。

需要注意的是，可以将不同类型的值分配给变量。我们可以分配颜色(比如在--primary 变量中分配颜色，这可能是 CSS 自定义属性最常见的用途之一)，但也可以定义尺寸(--imageSize)、字体族(--font)，以及渐变(--page-background)。

为了引用变量并在声明中使用它，我们使用 var(--variableName)的语法。因此，为了指定文本颜色，我们声明 color: var(--text-color);。应用了背景、字体颜色和字体族(见图 6-3)后，我们注意到背景在页面底部重复出现。

图 6-3　将背景添加到<body>元素

6.3　创建全高度背景

线性渐变是一种图像类型。在 CSS 中，当我们将图像用作元素的背景时，如果图像小于元素，图像将会重复或平铺。在本示例中，不希望图像重复。我们有两种方法来解决这个问题：

- 可以通过使用 background-repeat: no-repeat;来告诉背景不要重复。然而，由于<body>元素恰巧与其内容一样高，如果窗口比内容更高，就会在页面底部留下一个不美观的白色条。这并不是我们想要的情况。
- 第二个选择(也是我们将采用的选择)是使<html>和<body>元素占据整个屏幕的高度，而不是根据它们的内容大小进行调整。

我们将在样式表中添加代码清单 6-3 中的规则。将边距和填充的值重置为 0，因为我们希望确保内容紧贴窗口边缘。

代码清单 6-3　使背景占据整个高度

```
html, body {
  margin: 0;
  padding: 0;
  min-height: 100vh;
}
```

为了设置高度，我们使用 min-height，因为我们希望当内容的长度大于窗口的高度时，用户可以访问到所有内容，并且背景位于内容之后。通过使用 min-height，我们告诉浏览器至少将<body>和<html>元素设置为窗口的高度。如果内容使元素变得更高，浏览器将采用内容的高度。

我们为 min-height 设置的值是 100vh。视口高度(vh)是一个基于视口本身高度的单位，是百分比单位。因此，将 min-height 设置为 100vh 意味着我们希望元素的最小高度等于视口高度的 100%。现在我们已经设置好了背景(见图 6-4)，接下来设计卡片的样式。

图 6-4　全屏渐变背景

6.4 使用 Flexbox 对卡片进行样式化

让我们从卡片本身的样式开始。我们将为其设置白色背景和阴影，以赋予布局深度。注意，使用 background 变量而不是颜色值来设置背景。

我们还要将卡片的宽度设置为 75vw。视口宽度(vw)单位是视口高度(vh)单位的水平对应，也是基于百分比的单位。因此，将宽度设置为 75vw 意味着我们将卡片的宽度设为浏览器窗口总宽度的 75%。

接下来，我们将进一步限制卡片的宽度，将其最大宽度设置为 500 像素。通过同时使用 width 和 max-width 属性，我们允许卡片在屏幕尺寸较窄时进行收缩，但在更大的屏幕上对其进行限制，以免它变得过于宽阔且难以管理。最后，我们通过使用 border-radius 对卡片的边角进行圆角化处理，以使设计变得更柔和。代码清单 6-4 展示了卡片样式规则。

代码清单 6-4　对卡片进行样式化

```
.card {
  background-color: var(--card-background);
  box-shadow: 0 0 55px rgba(38, 40, 45, .75);
  width: 75vw;
  max-width: 500px;
  border-radius: 4px;
}
```

如图 6-5 所示，我们已经将一些基本样式应用到项目中。现在，让我们把卡片放在屏幕的中间(垂直和水平居中)，稍后我们会继续添加样式。

图 6-5　开始对卡片设置样式

为了将卡片精确放在屏幕中间，我们将使用弹性布局(通常称为 Flexbox)，它允许沿单一轴(垂直或水平)放置元素。虽然可以使用网格布局(是否使用取决于个人偏好)，但在这种情况下，我们只想让项目居中，而不关心它在网格中的列和行位置，因此 Flexbox 似乎是更好的选择。

对于要使用 Flexbox 在屏幕上放置的子元素，我们需要在其父元素上将 display 属性的值设置为 flex。在本项目中，我们要放置的元素是卡片，它的父元素是<body>元素，因此我们会在 body 规则中添加 display: flex 声明。

接下来，我们要定义<body>内元素的排列方式。在本示例中，我们只有一个子元素(卡片)，而我们希望它水平居中。为了实现水平居中，我们在 body 规则中加入 justify-content: center 声明。这个属性允许指定元素在轴上的分布方式。图 6-6 详细展示了各种选项。

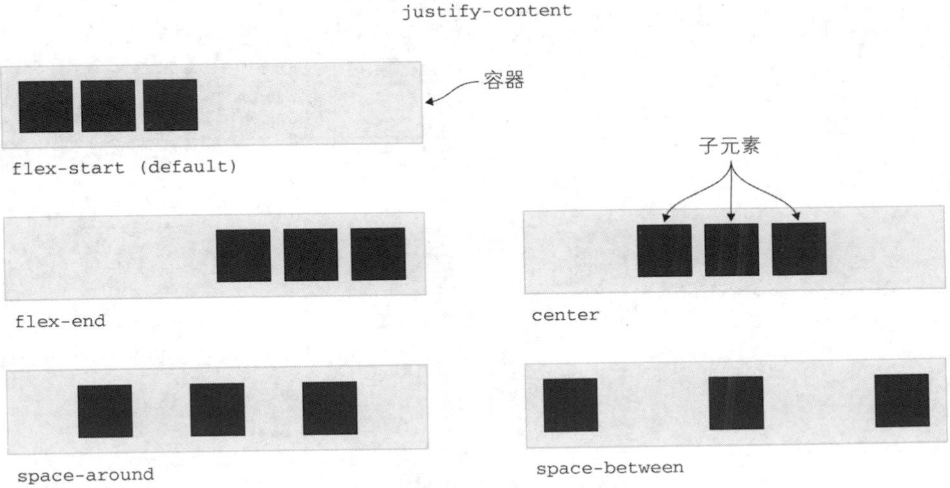

图 6-6　justify-content 的属性值

我们还想让卡片垂直居中。为了实现垂直放置，我们将使用 align-items: center。align-items 属性允许指定元素在容器中的垂直放置方式，如图 6-7 所示。

代码清单 6-5 展示了更新后的 body 规则。记住，被放置元素的父元素是我们应用 Flexbox 相关声明的元素。

代码清单 6-5　卡片居中

```
body {
  ...
  display: flex;
  justify-content: center;    ← 卡片水平居中
  align-items: center;        ← 卡片垂直居中
}
```

既然卡片已经居中(见图 6-8)，让我们关注卡片的内容，从头像开始。

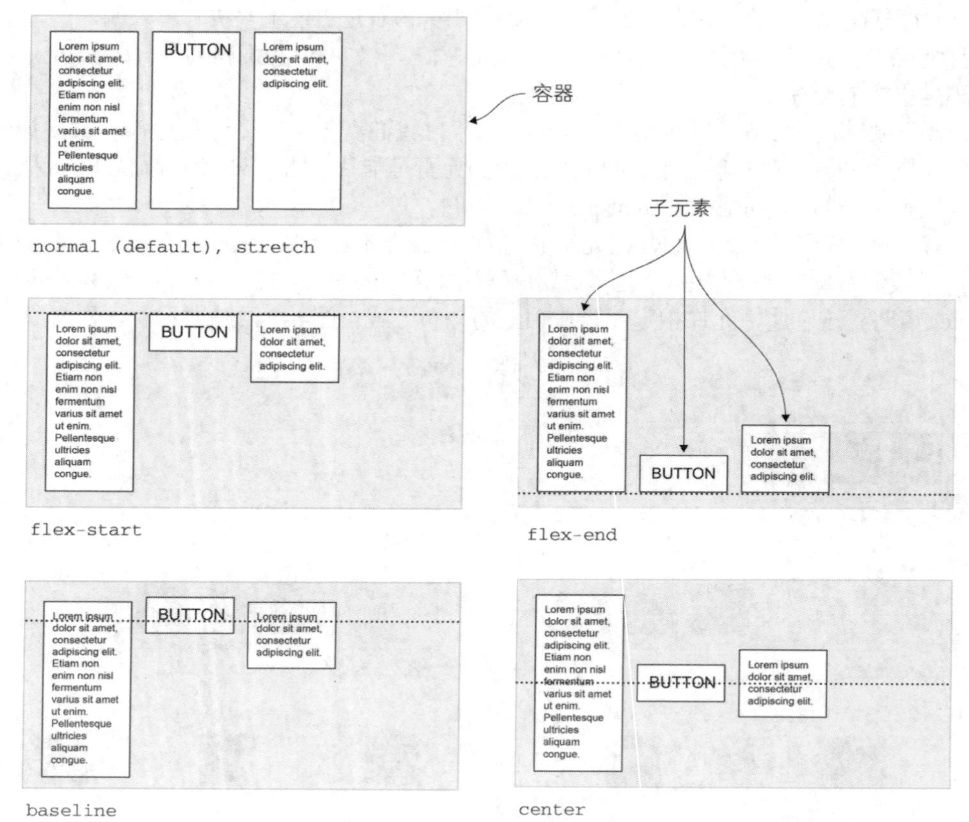

图 6-7 align-items 属性的取值

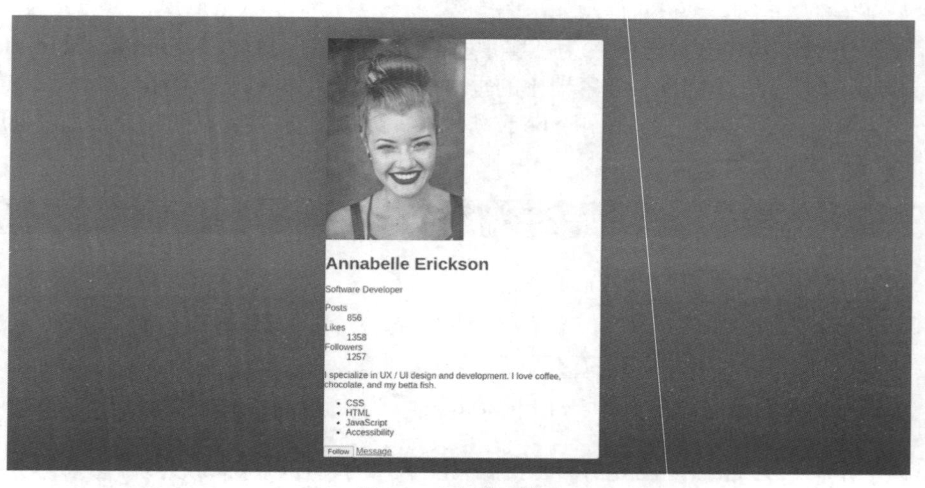

图 6-8 卡片居中显示

6.5　美化和放置头像图片

目前，我们拥有一个矩形图像，我们的目标是将其变成圆形，并使其在卡片上居中显示，同时让它的顶部略微溢出。下面先将图像转换为圆形。

6.5.1　object-fit 属性

圆的高度等于其宽度，因此如图 6-9 所示，如果将图片的高度和宽度设置为与图像大小变量相等，那将使图片失真。

图 6-9　失真的头像图片

为了防止图像失真，我们还需要定义图像相对于其给定尺寸的行为。为此，我们将使用 object-fit 属性。通过将 object-fit 的值设置为 cover，我们告诉图像保持其初始宽高比，同时适应可用的空间。在本例中，由于图像的高度大于宽度，我们会裁剪掉图像的顶部和底部。

在使用 object-fit 时，默认情况下图像会自动居中显示，并且如果需要裁剪掉图像的一部分，通常应裁剪图像的边缘部分。这在本章用例和图片中效果良好。但如果我们想要调整图像在其指定尺寸内的位置，并且只从底部裁剪，那么可以添加一个 object-position 声明。

为了将图像调整成宽度为 200 像素的圆形，我们采用代码清单 6-6 中的 CSS 代码。记住，我们已经在页面的 CSS 自定义属性中设置了图像的尺寸，所以应将图像的宽度和高度设置为与--imageSize 自定义属性相等。我们还添加了 object-fit 声明以防止图像失真。最后，使用 50%的 border-radius 属性将图像变成一个圆形。

代码清单 6-6　将卡片居中

```
body {
  ...
  --imageSize: 200px;
}

img.portrait {
  width: var(--imageSize);
  height: var(--imageSize);
  object-fit: cover;          防止失真
```

```
  border-radius: 50%;    ← 使图像变成圆形
}
```

现在示例图像如图 6-10 所示。

图 6-10　将头像变成圆形

接下来，我们需要确定图片的位置。

6.5.2　负边距

为了让图像在卡片上方突出显示，我们将采用负边距的方法。通常，为了使一个元素向下移动并远离其上方的内容，我们会为该元素添加一个正的 margin-top 值。但如果添加一个负的边距，那么不会将元素推下来，而是会向上拉动它。我们将 margin 属性与文本居中对齐样式结合起来使用，以确定图像位置。在观察图 6-11 中的最终设计时，我们注意到所有文本都采用了居中对齐样式。

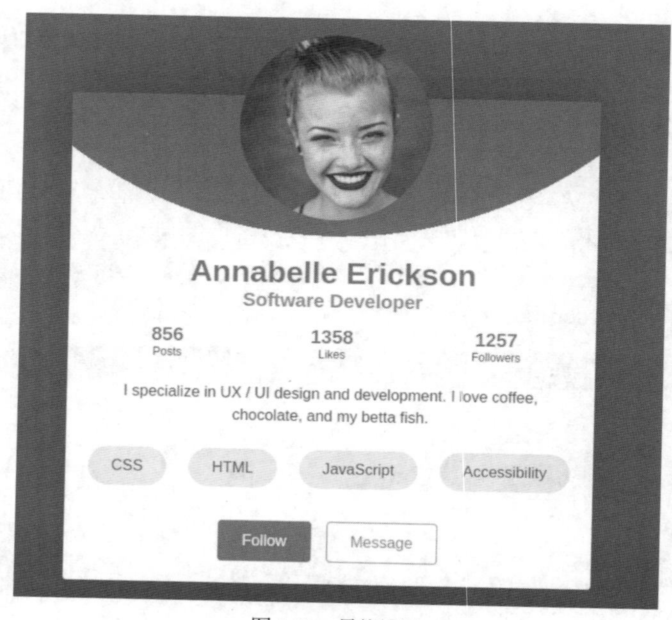

图 6-11　最终设计

因为所有文本都居中对齐，所以不妨在卡片的规则中添加一个 text-align: center 属性。默认情况下，图像是内联元素，因此当文本居中对齐时，图像也会自动居中对齐(见图 6-12)。

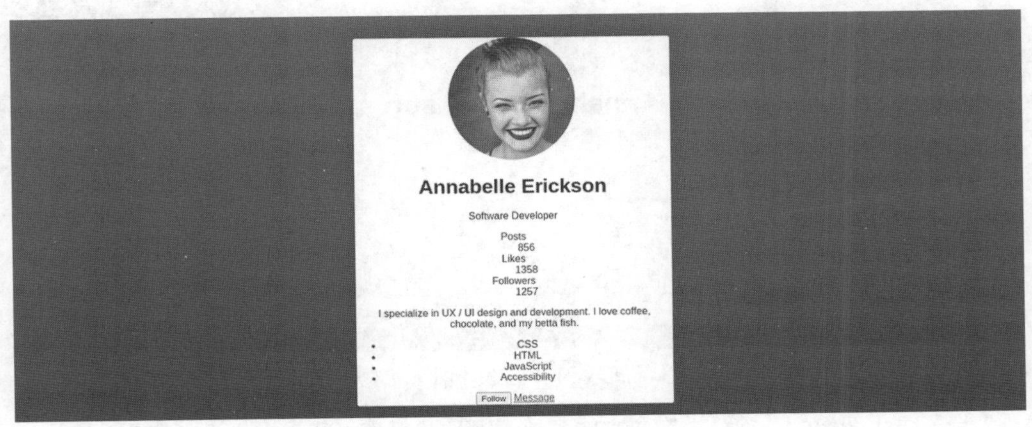

图 6-12　文本居中

现在，我们只需要添加负的上边距来使图像向上移动。我们希望图像的顶部有三分之一溢出，为此，可使用 calc()函数来进行计算。计算式是 calc(−1 * var(--imageSize) / 3)。我们将图像尺寸除以 3，以得到图像高度的三分之一，然后将得到的值乘以−1，使其变成负数。这个负边距将使图像的三分之一从卡片顶部溢出，如图 6-13 所示。

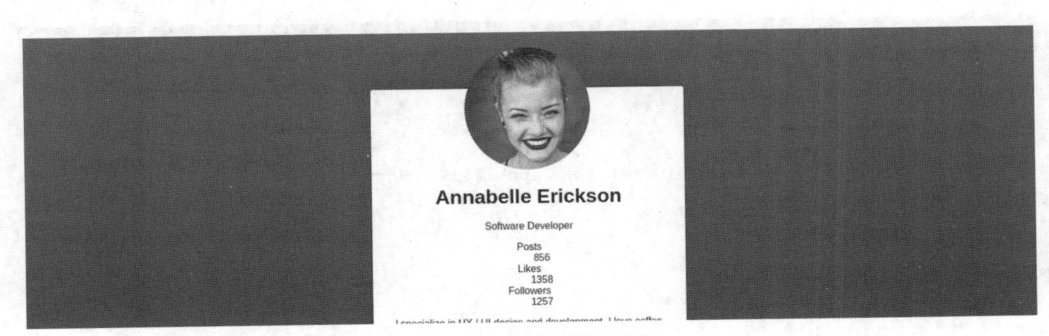

图 6-13　确定图像位置

接下来，我们需要为卡片添加一些外边距。因为我们在图像上添加了负边距，所以如果屏幕比较短(如图 6-14 所示)，图像的顶部可能会消失。

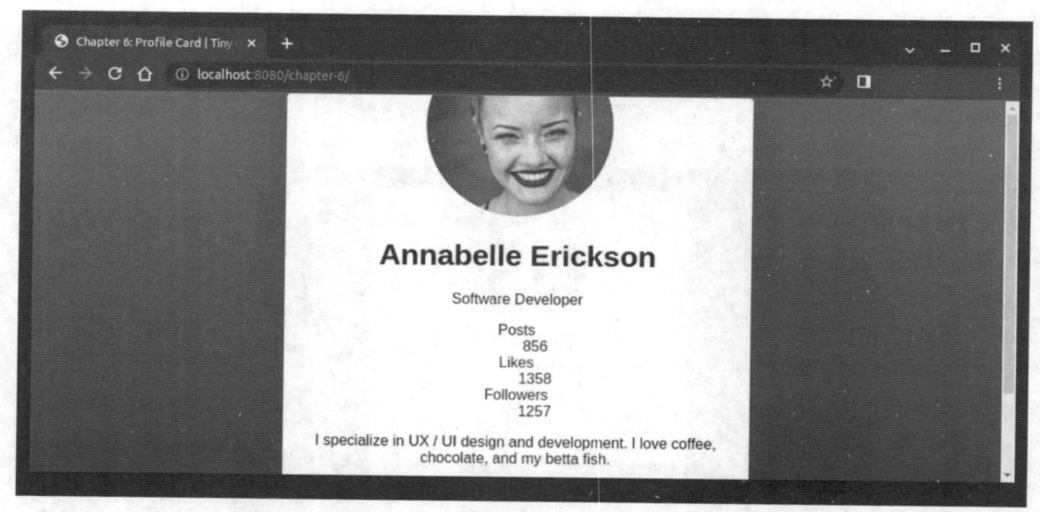

图 6-14 当窗口高度较小时，会发生图像顶部被裁剪的情况

为了防止图像的一部分在窗口高度不够大时被裁剪掉，我们需要为卡片本身添加一些垂直外边距。这个外边距的大小应该大于或等于图像溢出卡片的部分。为了计算图像溢出的部分，我们使用了 calc(−1 * var(--imageSize) / 3)。对于卡片的外边距，我们可以采用类似的概念，取图像高度的三分之一，然后加上 24px，以将卡片和图像从边缘移开。最终计算式是 calc(var(--imageSize) / 3 + 24px)。代码清单 6-7 展示了我们添加的用于确定图像位置的 CSS 代码。

代码清单 6-7 确定图像位置

```
.card {
  ...
  text-align: center;
  margin: calc(var(--imageSize) / 3 + 24px) 24px;   ◀ 垂直外边距为图像尺寸的三分之一加上 24px，水平外边距为 24px
}

img {
  width: var(--imageSize);
  height: var(--imageSize);
  object-fit: cover;
  border-radius: 50%;
  margin-top: calc(-1 * var(--imageSize) / 3);   ◀ 通过负的上边距，使图像溢出卡片
}
```

现在我们已经确定了图像的位置并添加了外边距，且能够确保在小屏幕上不会切掉图像的顶部(如图 6-15 所示)，下面将注意力转向位于图片下方的弧形红色背景。

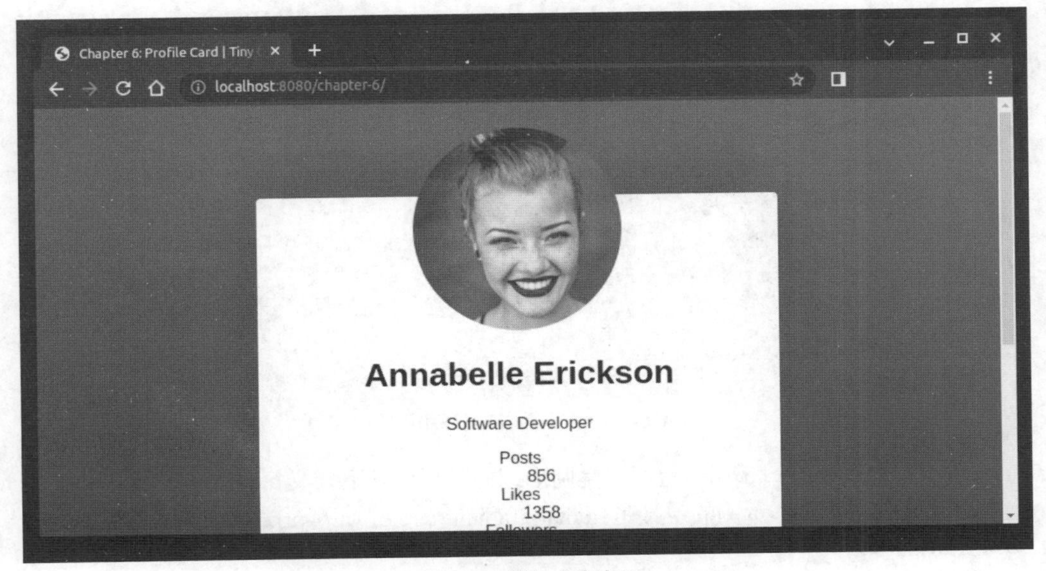

图 6-15　添加卡片边距

6.6　设置背景大小和位置

为了在图片后面添加红色的弧形背景，我们将在卡片规则中添加以下声明(见代码清单 6-8)。

代码清单 6-8　放置图像

```
.card {
  background-color: var(--card-background);
  ...
  background-image: radial-gradient(
    circle at top,
    var(--primary) 50%,
    transparent 50%,
    transparent
  );
  background-size: 1500px 500px;
  background-position: center -300px;
  background-repeat: no-repeat;
}
```

下面来解析一下这段代码的作用。先添加一个由径向渐变组成的背景图像，如图 6-16 所示。

结合背景颜色和图像

可以将背景颜色和图像同时添加到同一个元素中。将颜色分配给 background-color 属性，并将图像分配给 background-image 属性。或者，可以在 background 属性中同时应用它们，像这样：background: white url(path-to-image);。

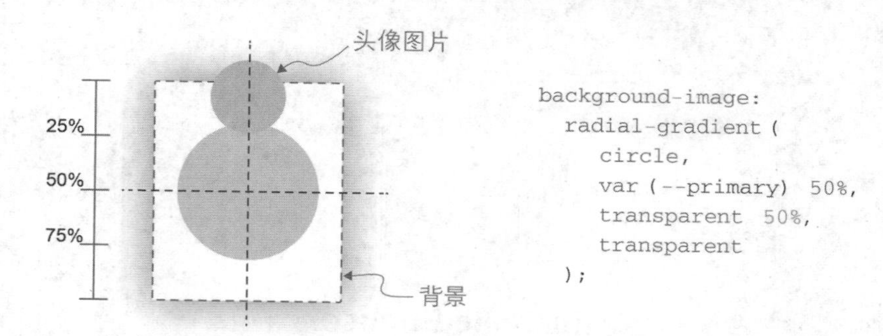

图 6-16　使用径向渐变添加背景

径向渐变使用一个闭环形状(可以是圆形或椭圆形)，然后定义每种颜色开始和结束的位置，以形成渐变。本示例的定义是 radial-gradient(circle, var(--primary) 50%, transparent 50%, transparent)。

由于主色是红色，因此渐变会创建一个红色的圆，从中心开始，一直延伸到容器 50%的位置。当达到容器大小的 50%时，颜色会立即切换为透明。因为颜色切换是瞬间发生的，没有淡化效果，所以我们得到一个完美的圆形。

默认情况下，径向渐变是从容器的中心开始的，所以下一步，在 radial-gradient 函数的开头添加 circle at top，以将圆的起始点从背景的中心移到顶部。更新后的 radial-gradient 函数为 radial-gradient(circle at top, var(--primary) 50%, transparent 50%, transparent)(如图 6-17 所示)。

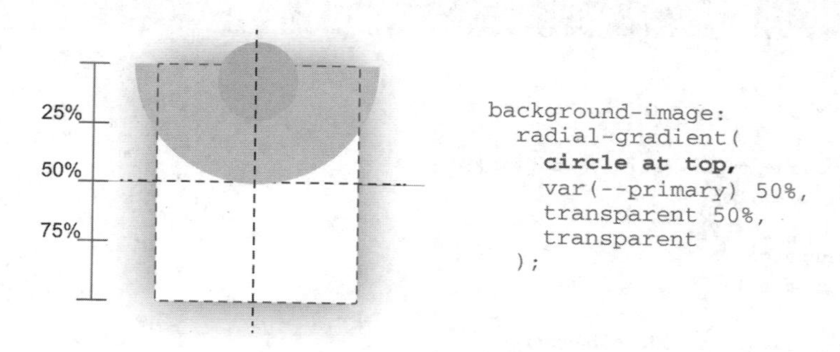

图 6-17　使渐变从容器的顶部中心开始扩散

现在，我们想要将圆上移，以使圆的底部位于图像的正下方。如图 6-18 所示，如果我们将背景上移-150 像素，并且卡片相当短(示例个人资料内容不多)，那么我们将在顶部的圆与卡片边缘之间留下缺口，这不是我们想要的效果。

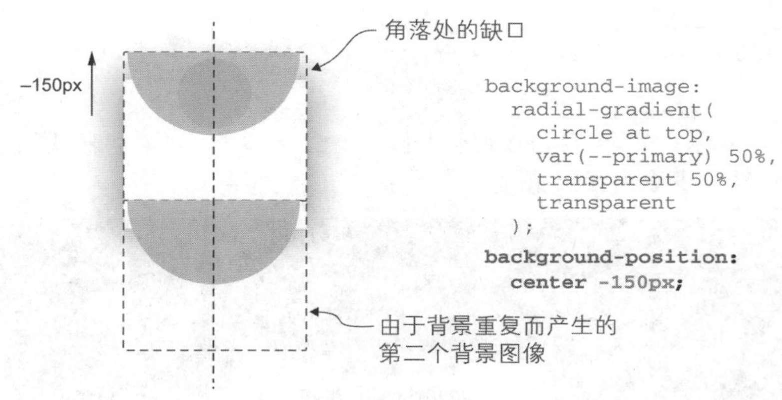

图 6-18　调整背景位置

为了防止出现这种情况，我们将背景图像的宽度设置成卡片最大尺寸的三倍(3×500 = 1500)。当我们使用渐变创建背景图像时，所产生的背景图像将随着容器大小的变化而增大或缩小，因此我们还会为背景设置一个固定的高度。这样，无论卡片中有多少内容，我们的背景形状都将是可预测的(如图 6-19 所示)。

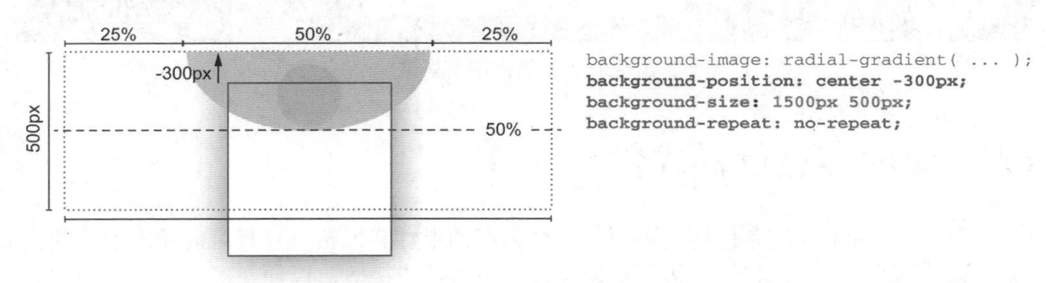

图 6-19　编辑背景尺寸并处理背景重复

在调整背景尺寸后，我们还会增大背景上移的幅度，以使其正好在个人资料图像的下方结束。正如本章前面提到的，背景图像默认是重复的。通过将图像上移，我们为平铺背景图像留出了空间。然而，我们只想要一个半圆，因此我们添加了一个 background-repeat 声明并将其值设置为 no-repeat。现在，卡片背景定义如代码清单 6-9 所示。

代码清单 6-9　放置图像

```
.card {
  background-color: var(--card-background);
  ...
  background-image: radial-gradient(
    circle at top,
    var(--primary) 50%,
    transparent 50%,
    transparent
  );
  background-size: 1500px 500px;
```

创建一个半圆，其平面部分位于卡片的顶部

将背景图像的尺寸设置为 1500 像素宽，500 像素高

```
  background-position: center -300px;   ← 使背景水平居中，并从卡片上方 300 像素的位置开始
  background-repeat: no-repeat;   ← 防止背景平铺
}
```

如图 6-20 所示，背景已被添加到卡片上。现在，卡片的顶部看起来很好，让我们把注意力转向卡片的其余内容。

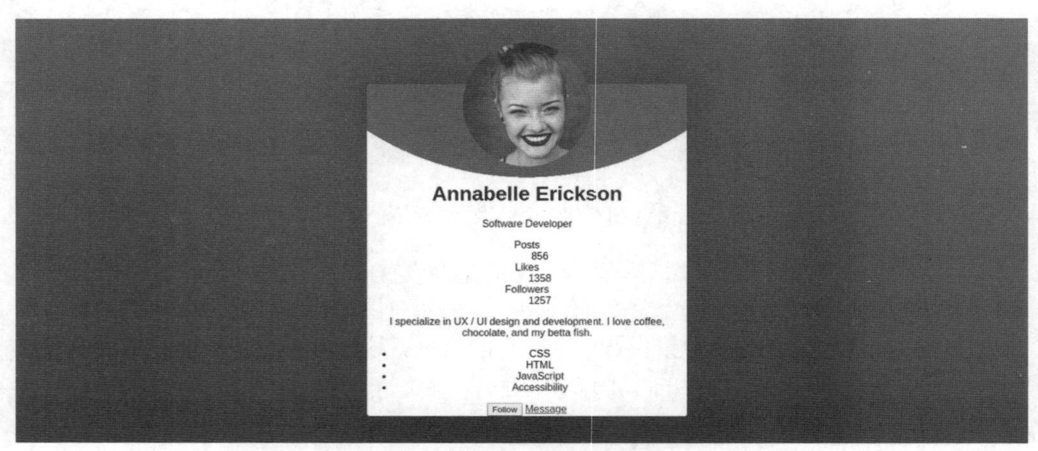

图 6-20 完成后的背景图像

6.7 对内容进行样式化

目前，示例卡片没有任何内边距，这意味着如果姓名很长，它有可能超出卡片的范围。在大多数情况下，我们会将卡片设计成一个组件或模板，以便在多个客户端中重复使用，因此应在卡片左、右添加一些内边距，以确保文本不会紧贴卡片边缘。我们还会在卡片底部添加一些内边距，以使链接和底部内容与卡片底边保持一定距离。

代码清单 6-10 展示了更新后的卡片规则，而图 6-21 显示了新的效果。我们使用了 padding 的简写属性，它定义了三个值：顶部内边距为 0，左、右内边距为 24px，底部内边距也为 24px。我们特意没有在顶部添加内边距，因为那样会使图像向下移动，迫使我们重新调整图像的位置。

代码清单 6-10 为卡片添加内边距

```
.card {
  ...
  padding: 0 24px 24px;
}
```

6.7.1 姓名和职务

沿着卡片向下看，可以发现第一个内容部分是姓名。作为一个<h1>元素，它具有浏

览器提供的一些默认样式，包括一些外边距。我们将编辑外边距，增大标题和图像之间的间距，并去除底部外边距，以确保职务(Software Developer)直接出现在姓名(Annabelle Erickson)下方。此外，我们还将文字颜色改为红色，并将字体大小设置为 2rem。

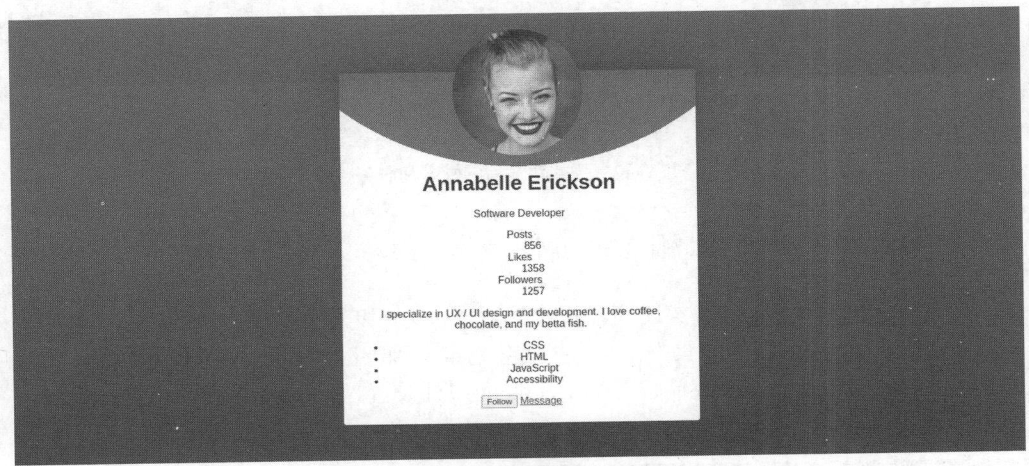

图 6-21 添加卡片内边距

rem 单位

rem 单位是相对单位，它基于根元素(在本例中是 HTML)的字体大小。在大多数浏览器中，默认字体大小为 16px。由于我们没有在项目中为 HTML 元素设置字体大小，所以当我们将<h1>的字体大小设置为 2rem 时，输出大小将为 32px(假设默认值为 16px)。

使用 rem 和 em 等相对字体尺寸的好处在于能提高可访问性。这些字体尺寸有助于确保文本在不考虑用户的设置或设备的情况下能够优雅地进行缩放。

对于职务，我们将增大字体的大小和粗细程度，并将字体颜色改为次要颜色，即灰色。代码清单 6-11 展示了新规则，图 6-22 展示了输出结果。

代码清单 6-11 对姓名使用样式

```
h1 {
  font-size: 2rem;
  margin: 36px 0 0;
  color: var(--primary);
}
```

姓名的样式

```
.title {
  font-size: 1.25rem;
  font-weight: bold;
  color: var(--secondary);
}
```

职务的样式

接下来，我们将为帖子(Posts)、点赞(Likes)和关注者(Followers)信息进行样式设置。

图 6-22 样式化之后的姓名和职务

6.7.2 space-around 和 gap 属性

在本章示例的 HTML 中，描述列表(dl)包含帖子、点赞和关注者数量(见代码清单 6-12)。每个组都包裹在一个<div>元素中，因此我们会为定义列表应用 display: flex 的属性，使这三个组水平对齐。接下来，我们将 justify-content 属性设置为 space-around，从而让它们在卡片中均匀分布。

代码清单 6-12 描述列表的 HTML

```
<dl>
  <div>
    <dt>Posts</dt>
    <dd>856</dd>
  </div>
  <div>
    <dt>Likes</dt>
    <dd>1358</dd>
  </div>
  <div>
    <dt>Followers</dt>
    <dd>1257</dd>
  </div>
</dl>
```

space-around 值通过在每个元素之间提供相等的间距，并在每个边缘上提供一半的间距，使元素在轴上均匀分布。图 6-23 展示了这种间距的应用方式。

代码清单 6-13 展示了我们对描述列表应用的样式。注意，我们添加了一个声明(gap: 12px)，这确保了元素之间的最小间距为 12 像素。我们本可以给描述列表中的<div>元素设置外边距，但外边距会影响外边缘，而 gap 属性只影响元素之间的间距。

注意 gap 属性仅在 iOS 14.5 及更高版本中受支持。目前，仍有许多用户在使用旧版本的设备。若要查看所有浏览器对此属性的兼容情况，请访问 https://caniuse.com/flexbox-gap。

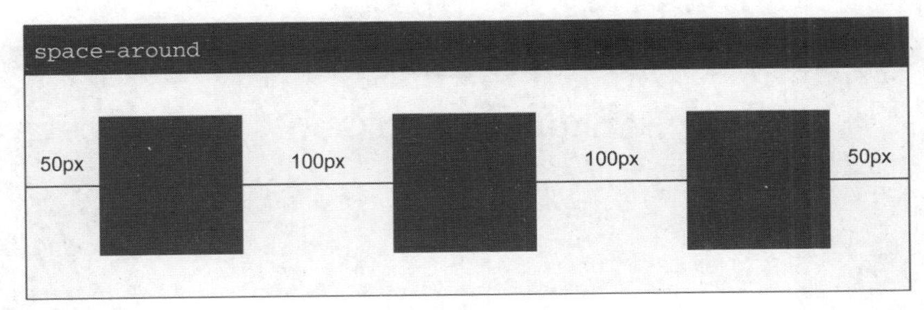

图 6-23　space-around 属性

代码清单 6-13　对姓名进行样式化

```
dl {
  display: flex;
  justify-content: space-around;
  gap: 12px;
}
```

如图 6-24 所示，现在个人资料统计信息排成一行，均匀分布在卡片上。

图 6-24　对齐的个人统计信息

然而，这些数字发生了偏移。这个偏移来自描述部分，其中包含浏览器默认的边距设置。让我们去掉这些设置，并使用代码清单 6-14 中的 CSS 样式，将文本设置为粗体、更大的字号，并使其显示为红色。

代码清单 6-14　描述细节规则

```
dd {
  margin: 0;
  font-size: 1.25rem;
  font-weight: bold;
  color: var(--primary);
}
```

去除了边距后，如图 6-25 所示，我们注意到“点赞”(Likes)仍然没有在卡片上居中。

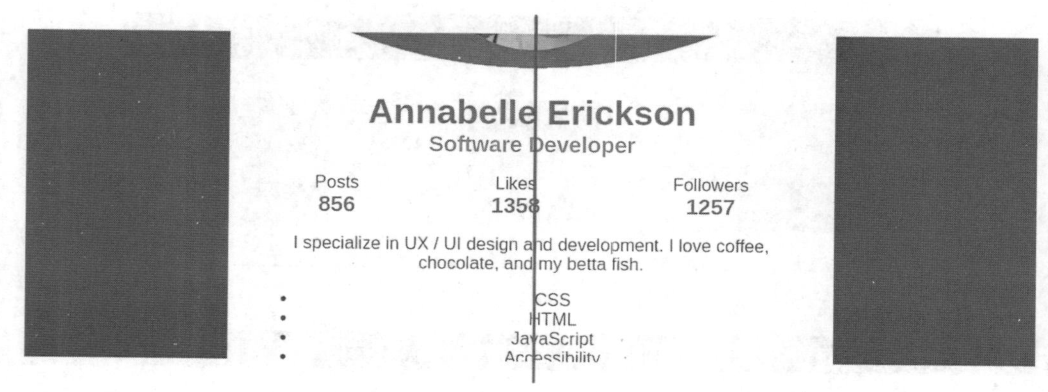

图 6-25　描述列表的对齐样式

“点赞”(Likes)没有居中的原因是这三个元素的宽度不完全相同。当浏览器为这些元素分配空间时，它会计算每个元素所需的总空间量，并均匀分配剩余的空间。因此，由于包含关注者(Followers)信息的<div>比包含帖子(Posts)信息的<div>更宽，所以包含点赞(Likes)信息的<div>没有居中。

6.7.3　flex-basis 和 flex-shrink 属性

为了使点赞信息居中，我们将为这三个<div>分配相同的宽度。不过，我们不会使用 width 属性，而是使用 flex-basis 并将其值设置为 33%。flex-basis 设置了浏览器在计算元素所需的空间时应使用的初始尺寸。我们还会将 flex-shrink 的值设置为 1。

flex-shrink 属性决定了当容器内没有足够空间来容纳元素时，是否允许元素缩小至小于由 flex-basis 值指定的尺寸。如果 flex-shrink 值为 0，那么尺寸不会被调整。但如果使用了任何正数值，则意味着允许进行缩小调整。

我们将 flex-basis 设置为 33%。但请记住，我们还在各元素之间设置了 12 像素的间距。因此，考虑到这个间距设置，我们所设置的 flex-basis 尺寸对于容器来说有些宽。通过允许元素收缩，我们告诉浏览器起初每个<div>占据容器宽度的 33%，然后均匀地收缩这些<div>以使其适应可用空间。这种做法使我们不必进行复杂的数学计算来确定每个<div>应该有多宽，但仍能使它们的大小相等。

为了编写规则(见代码清单 6-15)，我们使用子选择器(>)来选择描述列表(dl)的直接子级中的<div>元素，并应用了 flex-basis 和 flex-shrink 声明。

代码清单 6-15　“点赞”居中对齐

```
dl > div {
  flex-basis: 33%;
  flex-shrink: 1;
}
```

现在点赞信息已经居中对齐(如图 6-26 所示)，让我们将注意力转向术语(dt)的定义。

图 6-26　使“点赞”(Likes)居中

6.7.4 flex-direction 属性

在最初的设计中，我们将描述细节(即数字)放在描述术语(terms)的上方。为了在视觉上颠倒它们的位置，我们将使用 flex-direction 属性。我们之前已经明确指出，Flexbox 可以在单一轴上排列元素。到目前为止，我们在水平轴(*x* 轴)上完成了排列工作。

为了将数字移到术语之上，我们将在垂直轴(*y* 轴)上使用 Flexbox，垂直轴有时也被称为块或交叉轴。为了更改 Flexbox 操作的轴线，我们将使用 flex-direction 属性。默认情况下，该属性的值是 row，该值使 Flexbox 在 *x* 轴上生效。通过将其值改为 column，我们使其在 *y* 轴上生效。

此外，flex-direction 属性允许规定元素的排序方式。将其值设置为 column-reverse，告诉浏览器我们要在 *y* 轴上操作，并要求元素按照 HTML 的反向顺序排列，这将使描述细节(<dd>)首先出现，而描述术语(<dt>)随后出现。

与之前一样，我们希望在父元素(也就是这里的<div>)上设置行为。我们将在之前的<div>规则中进行修改，以重新排列这些元素(见代码清单 6-16)。此外，我们还会减小描述术语(<dt>)的尺寸，以突显数字(而不是术语)。

代码清单 6-16　使内容反向显示

```
dl > div {
  flex-basis: 33%;

    flex-shrink: 1;
    display: flex;
    flex-direction: column-reverse;
}
dt { font-size: .75rem; }
```

无障碍问题与内容显示次序

出于无障碍考虑，我们需要确保编写 HTML 的顺序与屏幕上显示的顺序一致。这样，当用户浏览页面内容时，通过屏幕阅读器听到的内容将与他们看到的内容相符，从而避免内容混乱的情况。在重新排列内容时，使用像 flex-direction 这样的属性时要谨慎，以免破坏内容的视觉和阅读顺序。

图 6-27 展示了样式化后的描述列表(<dl>)。

图 6-27　样式化后的描述列表

我们继续对卡片进行修改，接下来关注概要段落，它位于个人统计信息之下。

6.7.5　段落

这段内容看起来已经相当不错。我们只需要稍微增大垂直间距，以提供更清爽的版面，并增大行高，以改善可读性，如代码清单 6-17 所示。

注意，行高属性不需要指定单位。当不设置单位时，行高会随字体大小的变化而自动调整。这种不需要单位的数值仅适用于行高属性。举例来说，如果我们将行高设置为 12px，那么不管字体大小如何，行高都将保持在 12px。因此，如果字体显著增大，字母之间会在垂直方向发生重叠。一般来说，最安全的方式是不指定单位。

代码清单 6-17　段落规则

```
p.summary {
  margin: 24px 0;
  line-height: 1.5;
}
```

处理完段落之后(见图 6-28)，现在让我们对技能列表进行样式化。

图 6-28　已样式化的概要段落

6.7.6　flex-wrap 属性

现在，我们将为列表元素本身添加样式。将采用一种设计模式，有时被称为“pill”“chip”或“tag”，其中元素具有背景颜色和圆角边缘。CSS 代码如代码清单 6-18 所示。此外，我们还会添加一些内边距，以确保文本不会紧贴标签的边缘。

代码清单 6-18　将列表元素样式化

```
ul.technologies li {
  padding: 12px 24px;
  border-radius: 24px;
  background: var(--technologies-background);
}
```

在独立元素已经被样式化后(见图 6-29)，我们可以专注于列表的布局。

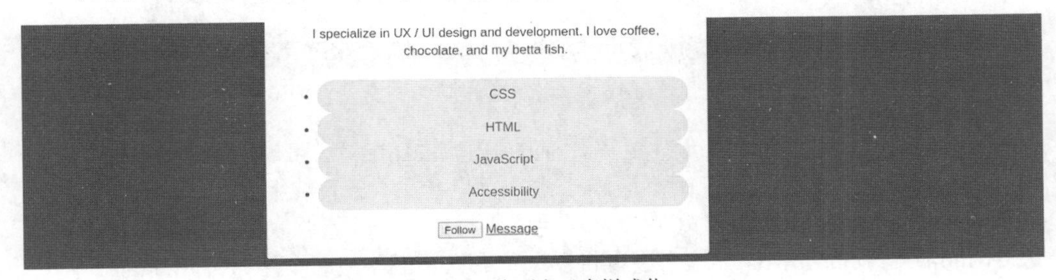

图 6-29　将列表元素样式化

首先，我们将通过使用 list-style: none 来移除项目符号。然后，我们会去除所有内边距，并将垂直边距设置为 24px，将水平边距设置为 0。

为了排列这些项目，我们将使用 Flexbox，添加一个 12px 的间隔，并将 justify-content 属性的值设置为 space-between。space-between 的工作方式类似于 space-around，但不会在容器的开头和结尾添加额外的间隔，如图 6-30 所示。

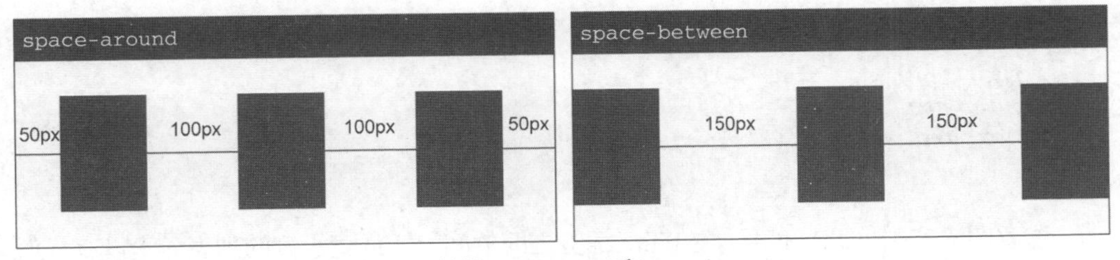

图 6-30　比较 space-around 和 space-between

用于排列 chips 的规则如代码清单 6-19 所示。

代码清单 6-19　对技能列表进行样式化

```
ul.technologies {
```

```
  list-style: none;
  padding: 0;
  margin: 24px 0;
  display: flex;
  justify-content: space-between;
  gap: 12px;
}
```

然而，我们注意到当我们缩小屏幕宽度时，最后一个标签会溢出卡片区域(见图 6-31)。

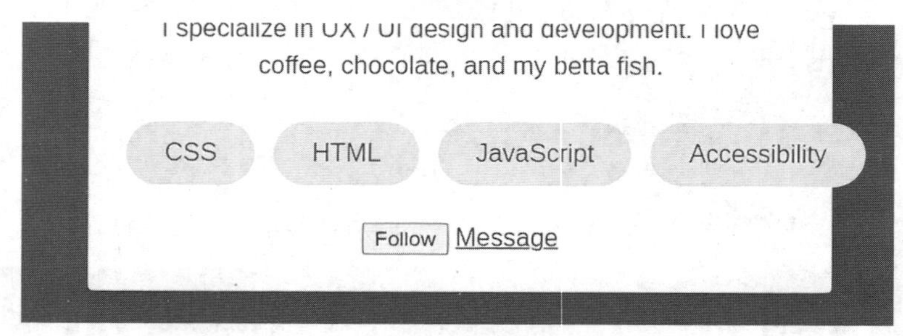

图 6-31　标签溢出卡片

在窄屏幕上，示例列表比卡片更宽。为防止内容溢出卡片，可以使用 flex-wrap 属性。

默认情况下，即使容器空间不足，Flex 项目也会在一条直线上显示，这与我们在技能列表中遇到的情况相似。为了在空间不足时将最后一个元素强制移到新的一行，可将 flex-wrap 属性设置为 wrap。这个设置告诉浏览器在空间不足时在下方开始新的一行。

像 flex-direction 一样，flex-wrap 可以改变元素的显示顺序，但这里不需要改变它。代码清单 6-20 中的规则包含了更新。

代码清单 6-20　添加 flex-wrap

```
ul.technologies {
  list-style: none;
  padding: 0;
  margin: 24px 0;
  display: flex;
  justify-content: space-between;
  gap: 12px;
  flex-wrap: wrap;
}
```

注意图 6-32 中 CSS 和 Accessibility 标签之间的间隔，尽管示例的列表元素没有任何外边距。示例列表具有一个值为 12px 的间距属性，这意味着项目之间不仅会有至少 12px 的水平间距，而且在换行时，项目之间会添加 12px 的垂直间距。

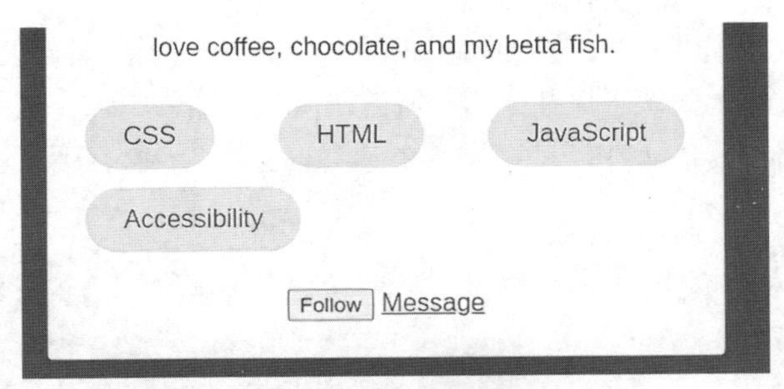

图 6-32　在窄屏上换行显示标签

6.8　对动作进行样式化

在个人资料卡中，需要样式化的最后两个元素是允许用户在卡片底部执行的操作：发送消息(Message)或进行关注(Follow)。尽管这些操作在语义上不同(一个是链接，另一个是按钮)，但二者都将应用按钮样式。让我们从一些基本样式开始，这些样式将适用于两个元素。我们创建一个规则，其中包含两个元素的选择器，以确保两种元素类型在视觉上保持一致。然后，我们创建它们各自的规则以满足它们的不同需求。

我们还创建了一个 focus-visible 规则，将通用选择器(*)和伪类:focus-visible 应用于所有元素，这样，当用户通过键盘导航到链接和按钮时，元素周围会出现虚线轮廓，使用户清楚地看到他们即将选择的内容。代码清单 6-21 展示了示例样式。

代码清单 6-21　添加 flex-wrap

```
.actions a, .actions button {      ← 适用于链接和按钮
  padding: 12px 24px;
  border-radius: 4px;
  text-decoration: none;           ← 删除下画线
  border: solid 1px var(--primary);
  font-size: 1rem;
  cursor: pointer;
}

.follow {
  background: var(--primary);
  color: var(--primary-contrast);
}

.message {
  background: var(--primary-contrast);
  color: var(--primary);
}

*:focus-visible {
  outline: dotted 1px var(--primary);
  outline-offset: 3px;
}
```

注意，在基本样式中，对于链接和按钮，光标都将改为指针样式。在大多数浏览器中，链接在默认情况下会使用指针样式，但按钮不会。因为我们希望两个元素有类似的交互体验，所以我们定义了光标样式以确保一致性。图 6-33 展示了样式化后的链接和按钮。

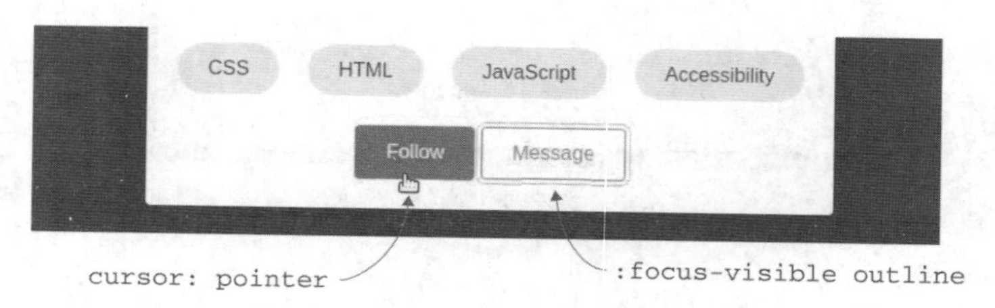

图 6-33　样式化后的动作

然而，由于这两个按钮相当靠近，我们想要扩大它们之间的间距。接下来再次使用 Flex 和 gap 来排列动作元素。

我们将使用 flex 属性为列表设置 display 值，并添加 16px 的间隙。为了确保两个元素居中，我们将采用 justify-content 属性并将其值设置为 center。最后，我们会在技能列表和动作按钮之间添加一些间隙，方法是将列表的 margin-top 属性值设为 36px，如代码清单 6-22 所示。

代码清单 6-22　放置链接和按钮

```
.actions {
  display: flex;
  gap: 16px;
  justify-content: center;
  margin-top: 36px;
}
```

通过这最后一条规则，我们已经完成了对个人资料卡的样式设置。最终成果如图 6-34 所示。

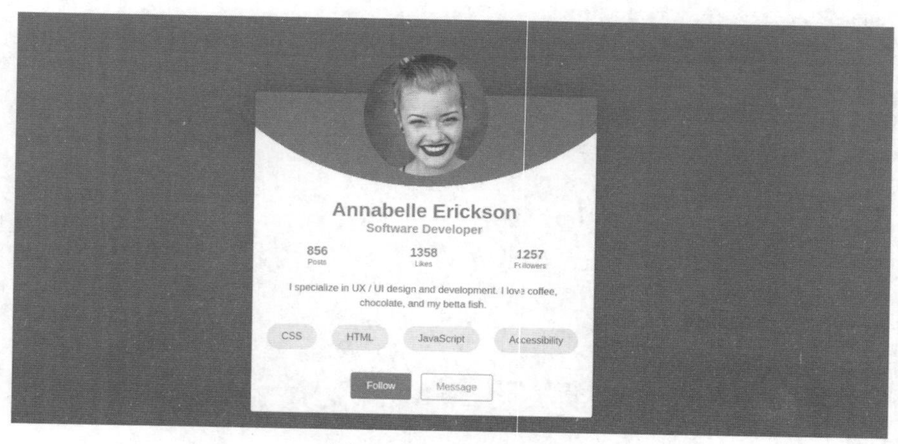

图 6-34　最终个人资料卡

6.9 本章小结

- CSS 自定义属性允许设置可在整个 CSS 中重复使用的变量。
- CSS Flexbox 布局模块允许在水平或垂直方向上单独放置元素。
- flex-direction 用于设定 Flexbox 操作的轴方向。
- flex-direction 和 flex-wrap 都可以改变元素的显示顺序。
- align-items 属性设定了元素在轴上相对于彼此的对齐方式。
- justify-content 属性规定了元素的放置方式；多余的空间将在应用该属性的元素内部分配。
- flex-basis 设置了浏览器在布局弯曲内容时使用的起始元素的大小。
- flex-shrink 决定了元素在进行弯曲时是否以及如何缩小内容。
- 为了防止图像失真，当使用的固定高度和宽度与图像的高宽比不匹配时，可以使用 object-fit 属性。

第 7 章

充分利用浮动特性

本章主要内容

- 使用浮动特性创建首字下沉效果
- 通过浮动特性使文本环绕图像排列
- 使用 CSS 形状让文本沿着浮动图像的外边缘排列

网格和 Flexbox 使我们能够创建以前曾经难以实现(甚至不可能实现)的布局。其中最常见的例子之一是三列布局，该布局可以使这三列始终都具有相同的高度，而不管其内容如何。另一种布局技术是浮动，与网格和 Flexbox 不同，它已经存在了相当长的时间。浮动特性是 CSS 逻辑属性和值模块的一部分，专门用于让其他内容环绕浮动元素排列。因此，该特性非常适合用来在文本中调整图像位置和创建首字下沉等效果。

首字下沉是一种样式化文本和进行强调的方式。它涉及创建一个更大、有时更华丽的大写字母，通常出现在页面或段落的开头。首字下沉在中世纪的彩饰手稿中被大量使用。在图 7-1 中，段落开头的字母“F”就是《布兰诗歌》手稿中首字下沉的一个示例。随着印刷术的出现，这个概念也传入印刷领域；印刷商会创建专门的字形和版材，或者简单地使用更大的字号。在网络上，首字下沉相对少见，但这种效果并不难创建，而且是一种让在线排版更具吸引力的好方法。

图 7-1　《布兰诗歌》手稿中段落开头的首字下沉

为了使内容更具视觉吸引力，另一种方法是精心设计图像，并使其与文本完美融合。通常，当在内容中添加图像时，我们只是简单地插入图像元素，也许加一些外边距，然后就不再深入考虑。但是，若将 CSS 形状和浮动特性结合起来用，我们可以使文本依据图像的实际形状进行环绕，从而创造更引人注目的效果。几乎可以让文本环绕我们创建的任何形状，甚至是曲线形状。

在本章中，我们将仔细审视排版和图像，以使内容在保持可访问性的同时更具视觉吸引力。我们将从杰克・伦敦的《野性的呼唤》(http://mng.bz/61WR)中选取一段未经样式化的内容作为起点。我们将使用浮动特性来为第一个段落添加首字下沉效果。然后，让文本环绕图像(包括位图和矢量图形)进行排列，并跟随图像的内容。图 7-2 显示了项目的起点和最终的成果。

Chapter I: Into the Primitive

> "Old longings nomadic leap,
> Chafing at custom's chain;
> Again from its brumal sleep
> Wakens the ferine strain."

Buck did not read the newspapers, or he would have known that trouble was brewing, not alone for himself, but for every tide-water dog, strong of muscle and with warm, long hair, from Puget Sound to San Diego. Because men, groping in the Arctic darkness, had found a yellow metal, and because steamship and transportation companies were booming the find, thousands of men were rushing into the Northland. These men wanted dogs, and the dogs they wanted were heavy dogs, with strong muscles by which to toil, and furry coats to protect them from the frost.

Buck lived at a big house in the sun-kissed Santa Clara Valley. Judge Miller's place, it was called. It stood back from the road, half hidden among the trees, through which glimpses could be caught of the wide cool veranda that ran around its four sides. The house was approached by gravelled driveways which wound about through wide-spreading lawns and under the interlacing boughs of tall poplars. At the rear things were on even a more spacious scale than at the front. There were great stables, where a dozen grooms and boys held forth, rows of vine-clad servants' cottages, an endless and orderly array of outhouses, long grape arbors, green pastures, orchards, and berry patches. Then there was the pumping plant for the artesian well, and the big cement tank where Judge Miller's boys took their morning plunge and kept cool in the hot afternoon.

And over this great demesne Buck ruled. Here he was born, and here he had lived the four years of his life. It was true, there were other dogs, There could not but be other dogs on so vast a place, but they did not count. They came and went, resided in the populous kennels, or lived obscurely in the recesses of the house after the fashion of Toots, the Japanese pug, or Ysabel, the Mexican hairless,—strange creatures that rarely put nose out of doors or set foot to ground. On the other hand, there were the fox terriers, a score of them at least, who yelped fearful promises at Toots and Ysabel looking out of the windows at them and protected by a legion of housemaids armed with brooms and mops.

London, Jack. "The Project Gutenberg EBook of The Call of the Wild, by Jack London." Project Gutenberg, https://www.gutenberg.org/files/215/215-h/215-h.htm. Accessed 25 3 2021.

Chapter I: Into the Primitive

"Old longings nomadic leap,
Chafing at custom's chain;
Again from its brumal sleep
Wakens the ferine strain."

Buck did not read the newspapers, or he would have known that trouble was brewing, not alone for himself, but for every tide-water dog, strong of muscle and with warm, long hair, from Puget Sound to San Diego. Because men, groping in the Arctic darkness, had found a yellow metal, and because steamship and transportation companies were booming the find, thousands of men were rushing into the Northland. These men wanted dogs, and the dogs they wanted were heavy dogs, with strong muscles by which to toil, and furry coats to protect them from the frost.

Buck lived at a big house in the sun-kissed Santa Clara Valley. Judge Miller's place, it was called. It stood back from the road, half hidden among the trees, through which glimpses could be caught of the wide cool veranda that ran around its four sides. The house was approached by gravelled driveways which wound about through wide-spreading lawns and under the interlacing boughs of tall poplars. At the rear things were on even a more spacious scale than at the front. There were great stables, where a dozen grooms and boys held forth, rows of vine-clad servants' cottages, an endless and orderly array of outhouses, long grape arbors, green pastures, orchards, and berry patches. Then there was the pumping plant for the artesian well, and the big cement tank where Judge Miller's boys took their morning plunge and kept cool in the hot afternoon.

And over this great demesne Buck ruled. Here he was born, and here he had lived the four years of his life. It was true, there were other dogs, There could not but be other dogs on so vast a place, but they did not count. They came and went, resided in the populous kennels, or lived obscurely in the recesses of the house after the fashion of Toots, the Japanese pug, or Ysabel, the Mexican hairless,—strange creatures that rarely put nose out of doors or set foot to ground. On the other hand, there were the fox terriers, a score of them at least, who yelped fearful promises at Toots and Ysabel looking out of the windows at them and protected by a legion of housemaids armed with brooms and mops.

London, Jack. "The Project Gutenberg EBook of The Call of the Wild, by Jack London." Project Gutenberg, https://www.gutenberg.org/files/215/215-h/215-h.htm. Accessed 25 3 2021.

图 7-2　项目的起点(左侧)和最终效果(右侧)

注意　位图是通过像素网格创建的，而矢量图形是通过数学公式绘制的。若要深入了解位图和矢量图之间的区别，请查看第 3 章。

本章的起始 HTML 和 CSS 分别在代码清单 7-1 和代码清单 7-2 中，用于在本章中构建页面。若想按照本章指引为页面添加样式，你可以从 GitHub 代码库(http://mng.bz/oJXD)或 CodePen(https://codepen.io/michaelgearon/pen/MWodXxM)中下载起始代码。本章示例的 HTML 包含一个<main>元素，其中包含标题(<h1>)、引文块(<blockquote>)、三个段落(<p>)、两个图像(<img>)和引用来源(<cite>)。

代码清单 7-1　起始 HTML

```
<main>
  <h1>Chapter I: Into the Primitive</h1>
```

```
  <blockquote>"Old longings nomadic…</blockquote>
  <p>Buck did not read the newspapers, or he…</p>
  <img class="compass" src="./img/compass.png"
      width="175" height="175" alt="a black and gray compass">    指南针图像
  <p>Buck lived at a big house in the…</p>
  <img class="dog" src="./img/dog.svg"
      width="126" alt="line drawing of a dog">    小狗图像
  <p>And over this great demesne Buck ruled…</p>
  <cite>London, Jack…</cite>
</main>
```

本章示例的 CSS 包含一些基础样式，用于初始化页面设置，包括外边距(margin)、内边距(padding)和背景颜色(background-color)。页面的宽度被限制为 78ch，并且当屏幕宽度超过我们设定的最大值时，外边距会让内容居中对齐。此外，我们还为页面设置了默认字体，使用的是 Times New Roman。最后，为确保图像在小屏幕上不会溢出，我们给图像设定了最大宽度，即 100%。换句话说，图像的宽度不会超过其容器的宽度。

注意　我们对最大宽度(max-width)使用了 ch 单位。ch 是一个相对单位，其值基于所选的字体族。具体而言，1ch 等于数字字符“0”的宽度，也就是它在横向上所占据的空间。

代码清单 7-2　起始 CSS

```
html {
  padding: 0;
  margin: 0;
}
body {
  background-color: rgba(206, 194, 174, 0.24);
  padding: 4rem;
  font-size: 16px;
  max-width: 78ch;             ← 避免内容在横向上占据过大空间
  margin: 0 auto;              ← 内容居中
  font-family: 'Times New Roman', Times, serif;
  border-left: double 5px rgba(0,0,0,.16);
  min-height: 100vh;           ← 无论窗口大小如何，背景都将覆盖整个窗口
  box-sizing: border-box;
}
img {
 max-width: 100%;
}
```

7.1　添加首字下沉效果

我们已经应用了一些基本的 CSS 来设置页面的外观，现在我们要专注于文本部分。由于页面宽度已经被限制，适合文本的显示，因此我们不必担心行过长的问题。但我们需要关注文本的行距。

7.1.1　行距

leading(发音为'le-diŋ)指的是文本行之间的间距。这个术语起源于印刷术时代，排版工人使用不同宽度的铅条来调整文本行之间的间距。在 CSS 中，用于实现相同效果的属性是 line-height(行高)。这个属性可以接受一个数字值(line-height: 2)或带单位的数字(line-height: 5px)。单位可以是相对单位，如 em，也可以是固定单位，如像素(px)。如果我们提供的单位是相对于字体大小的(如 em)，那么当字体被缩放或子元素具有不同的字体大小时，行高可能看起来不正确，进而对可读性产生负面影响。当我们使用没有单位的数字时，浏览器会根据元素的字体大小自动计算行高，从而消除这个问题。因此，我们将使用不带单位的 line-height。我们将专门为段落元素创建一个规则并把 line-height 设置为 1.5，然后像这样应用它：p { line-height: 1.5; }。

提示　研究表明，行高在 1.5 到 2 之间的文本使认知障碍患者更容易逐行阅读(https://www.w3.org/TR/WCAG20-TECHS/C21.html)。

7.1.2　对齐方式

为了在文本跟随图像的情况下达到最佳效果，我们将使文本两端对齐。文本两端对齐意味着我们将使所有行具有相同的宽度——这是报纸常用的技巧，用于使文本列的右边缘保持整齐，而不是参差不齐。

警告　Web 内容可访问性指南(WCAG)包括三个相互叠加的合规性级别：A、AA 和 AAA。A 级别最不严格，AAA 级别最严格。大多数情况下，网站的目标是达到 AA 级别的合规性。但如果我们需要达到 AAA 级别，则应注意，文本两端对齐与可访问性指南 1.4.5 相矛盾，这是 AAA 级别的要求(http://mng.bz/v1ja)。

为了实现文本的两端对齐，我们将使用 text-align 属性，它可以被设置为 left(左对齐)、right(右对齐)、center(居中对齐)或 justify(两端对齐)。我们将在段落规则中添加 text-align: justify;。现在，这个规则包含两个属性——text-align 和 line-height，用于处理段落的样式。代码清单 7-3 展示了已完成的段落规则，而图 7-3 显示了效果。

代码清单 7-3　已完成的段落规则

```
p {
  line-height: 1.5;
  text-align: justify;
}
```

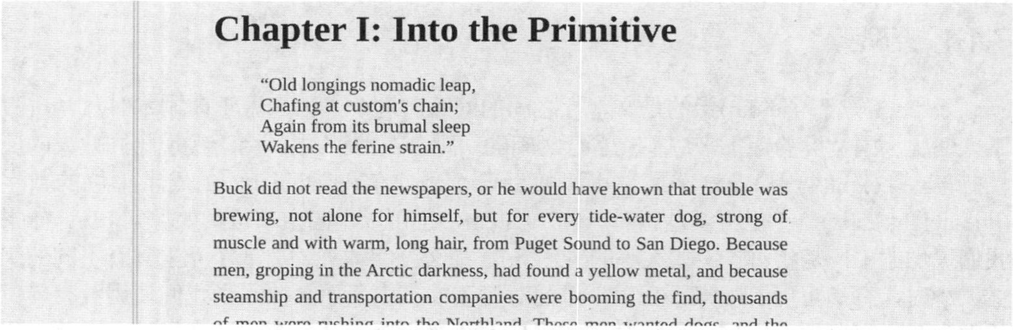

图 7-3　样式化的段落

在处理了段落之后，我们可以专注于第一个段落的第一个字母，以创建首字下沉效果。

7.1.3　第一个字母

我们不需要在 HTML 中添加任何元素来选择第一个段落的第一个字母。我们可以使用伪类:first-of-type 来选择第一个段落，然后使用伪元素::first-letter 来选择第一个字母，它们可以链接在一起。在代码中，可将这些选择表示为 p:first-of-type::first-letter {}。

注意　伪类被添加到选择器中，用于选择特定状态，而伪元素则允许选择元素的部分内容。

选中了首字母后，可以开始对其进行样式设置，以呈现首字下沉的效果。为了使其与文本的其余部分区分开，我们将选择一种更具装饰性的字体。在本例中，我们将从 Google Fonts 导入 Passions Conflict 字体(http://mng.bz/X5vE；见图 7-4)。

图 7-4　Passions Conflict 的字形

因为这种字体的大写字母非常华丽，所以非常适合用于首字下沉效果。我们还将在本章后面使用它来样式化文本开头的引文。像这样的漂亮字体适用于装饰页面，但仅适用于短内容。手写字体和装饰性字体通常不易阅读，因此不太适合大篇幅的文本。然而，对于首字下沉、大标题或短引文等情况，这些字体可以将元素与其余内容区分开，为页面增添一些个性。

这个特定字体的字形较小，远小于其余内容所使用的 Times New Roman 字体。因为我们要创建首字下沉的效果，按定义，首字应该比文本其余部分大，所以我们需要调整字体大小。此外，我们还会调整字母的行高，以确保它与文本和谐地排列在一起。最后，我们将让首字浮动到左侧，使文本环绕首字流动，从而达到我们想要的效果。

根据 Mozilla 开发者网络的描述，float 属性根据传递给它的值，将元素放置在容器的右侧或左侧。这个元素从页面的正常版式中移除，但仍然保持在版面中。周围的行内元素(如文本)会利用剩余的空间来环绕浮动元素。

float 属性可以采用以下三个值之一：left(左浮动)、right(右浮动)和 none(元素不浮动)。因为示例文本是英文，从左到右排列，所以我们希望让第一个段落的第一个字母(B)浮动到左侧，为此我们将 float: left; 添加到规则中。代码清单 7-4 展示了我们创建的用于样式化首字下沉的 CSS 规则，以及 Passions Conflict 字体的导入。

代码清单 7-4　对第一段的第一个字母设置样式

```
@import url(
     'https://fonts.googleapis.com/css2?
➥  family=Passions+Conflict&display=swap'     ◄── 导入 Passions Conflict 字体类型
);

p:first-of-type::first-letter {
  font-size: 6em;
  float: left;
  line-height: .5;                              用于样式化第一段开头的字母
  font-family: 'Passions Conflict', cursive;    B 的规则
}
```

我们调整了第一个字母的行高，以适应 B 下方的间距。默认情况下，行高与字体大小成比例。因为字母很大，所以它需要更大的行高，为了使文本在首字下方更自然地排列，我们减小了行高。图 7-5 展示了生成的效果。

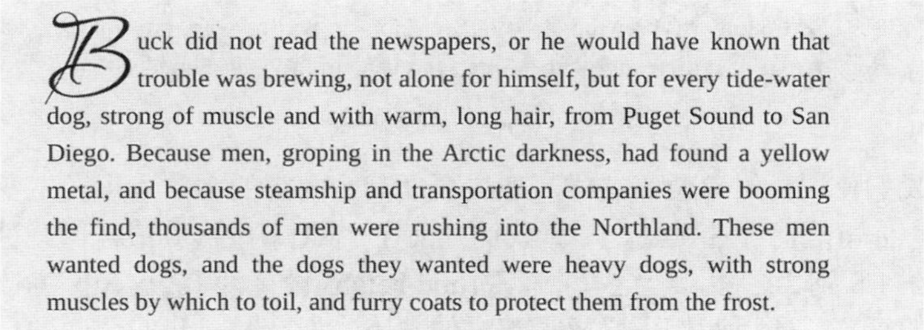

Buck did not read the newspapers, or he would have known that trouble was brewing, not alone for himself, but for every tide-water dog, strong of muscle and with warm, long hair, from Puget Sound to San Diego. Because men, groping in the Arctic darkness, had found a yellow metal, and because steamship and transportation companies were booming the find, thousands of men were rushing into the Northland. These men wanted dogs, and the dogs they wanted were heavy dogs, with strong muscles by which to toil, and furry coats to protect them from the frost.

图 7-5　首字母下沉

为了确保首字母在段落字体大小变化时能够按比例进行缩放，我们采用了 em 单位和无单位行高(line-height)。这里的 6em 值是相对于父元素(即段落标签)的字体大小来设定的。这样一来，如果我们以后调整了段落字体大小，首字母也会相应地进行缩放。

为了使首字母 B 更好地适应文本，我们调整了字母的行高。不过，还有一种方法可供选择。我们可以将 B 的 position 属性设置为 relative，然后使用 top、bottom、left 和 right 来调整它相对于文本的位置。实现首字下沉后，我们将把注意力转向页面开头的引文。

7.2 对引文进行样式化

目前，页面顶部的引文相对单调，且在其余文本中不够突出。为了让引文更加引人注目，我们将对它采用与首字母相同的字体。由于前文提到的字号和行高的差异，我们将调整这些参数，以确保段落和引文的大小和间距保持一致。代码清单 7-5 展示了用于完成此任务的 CSS 代码，图 7-6 展示了最终效果。

代码清单 7-5 格式化<blockquote>

```css
blockquote {
  font-family: 'Passions Conflict', cursive;
  font-size: 2em;
  line-height: 1;
}
```

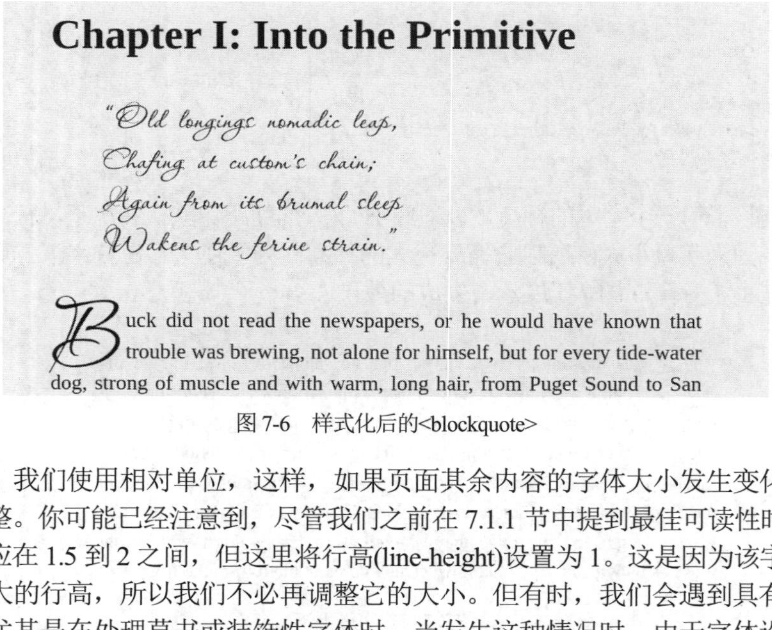

图 7-6 样式化后的<blockquote>

同样，我们使用相对单位，这样，如果页面其余内容的字体大小发生变化，引文也会随之调整。你可能已经注意到，尽管我们之前在 7.1.1 节中提到最佳可读性时，指出理想的行高应在 1.5 到 2 之间，但这里将行高(line-height)设置为 1。这是因为该字体已经默认具有较大的行高，所以我们不必再调整它的大小。但有时，我们会遇到具有较大行高的字体，尤其是在处理草书或装饰性字体时。当发生这种情况时，由于字体设计的特殊性，我们必须根据字体的特点和可读性的考量对行高进行特殊处理。

现在，文本已处理完毕，我们可以专注于处理图像。

7.3　让文本环绕罗盘图片

为了让文本环绕罗盘图片，需要先使罗盘图片向右浮动。罗盘是一个 PNG 图像，因为它是矩形的，所以文本会按矩形路径环绕图像。图 7-7 显示了浮动的罗盘。图像上应用了边框以显示其边界框。

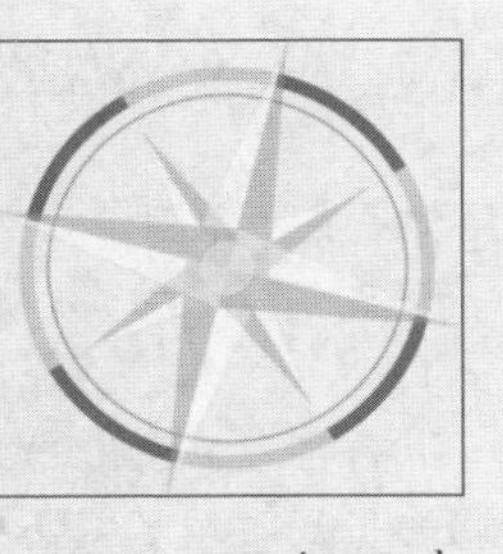

图 7-7　正方形罗盘

7.3.1　添加 shape-outside: circle 属性

为了让文本沿着罗盘的外缘曲线排列，我们需要在图像上创建一个曲线，以便文本环绕它。我们将使用的属性是 shape-outside。这个属性允许定义一个形状，文本将在它的周围流动。这个形状并非必须是矩形，它可以是以下形状中的任意一种：

- 圆形或椭圆形
- 多边形
- 从图像派生的形状(使用图像的阿尔法通道来确定形状)
- 路径(在规范中定义，但截至目前尚未在任何浏览器中实现；请参见 http://mng.bz/aMWX)
- 盒子模型值(margin-box、content-box、border-box 和 padding-box)
- 线性渐变

因为罗盘是一个圆形图形，所以我们的目标形状是一个圆。这个决定为我们提供了两个选项：

- 使用 CSS 形状(http://mng.bz/aMWX)。
- 使用 border-radius。

先来看看如何使用形状。为了定义圆形，我们将使用 circle()函数。这个函数可以带有可选的 radius 属性和可选的 position 属性，用来确定圆的中心起点。如果你没有提供 radius 属性值，它的值默认为 closest-side。如果你没有指定 position 属性，圆的起点默认位于图像的中心位置：

```
circle(<shape-radius>, at <position> )
```

在本例中，我们希望圆的中心位于图像的中间，因此我们不传递 position 属性。然而，我们必须定义一个 radius，并将其设置为 50%。

半径的计算

我们希望半径(radius)等于图像宽度的一半，这实际上可以解析为对宽度(width)和高度(height)的平方和进行开平方，再除以根号 2。

$$radius = 50\% \times \frac{\sqrt{height^2 + width^2}}{\sqrt{2}} = .5 \times \frac{\sqrt{175^2 + 175^2}}{\sqrt{2}} = 87.5$$

因为示例图像是正方形且宽度为 175，所以当我们传递 50%的半径时，合理的半径值应为 87.5。但如果图像是长方形，理解百分比半径的计算方式对于了解最终的输出结果是很重要的。

如果你有一张高度为 100px、宽度为 300px 的横向图像，那么当你选择基于百分比的值来确定内接圆的半径时结果就不那么明显了。可以使用以下公式来计算半径的值：

$$radius = 50\% \times \frac{\sqrt{height^2 + width^2}}{\sqrt{2}} = .5 \times \frac{\sqrt{100^2 + 300^2}}{\sqrt{2}} \approx 111.8$$

假设在 circle()函数中使用 50%的值，图 7-8 展示了对正方形图像和矩形图像应用圆角之后的差异。

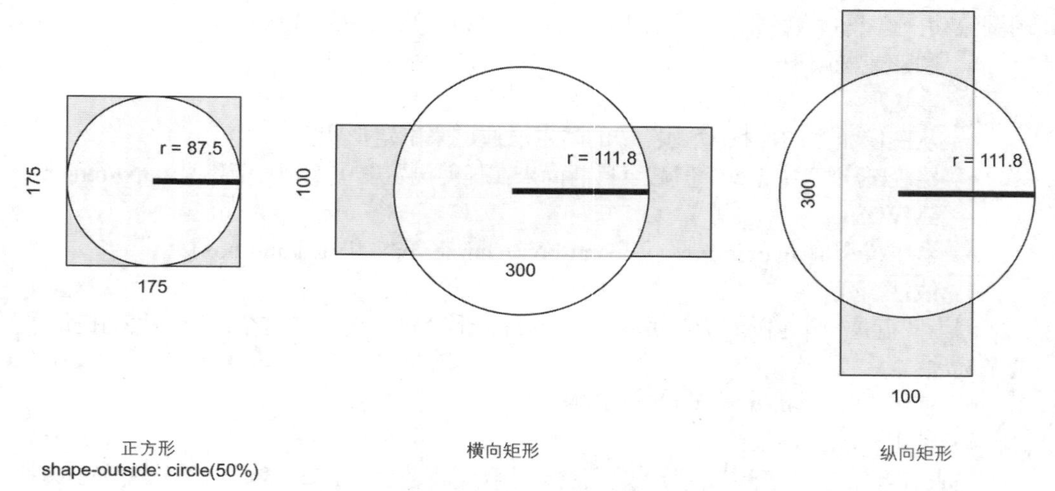

图 7-8　在正方形图像与矩形图像上应用的圆角

因为示例图片是正方形，所以我们在图片上使用了 shape-outside 属性，并将值设为 circle(50%)。代码清单 7-6 展示了相应的 CSS 规则。由于图片是正方形，它的宽高比为 1(宽度/高度 = 175 ÷ 175 = 1)。

定义　图片的宽高比是通过将宽度除以高度来计算的，这表示了图片宽度和高度之间的比例关系。

在创建形状时，并非必须添加宽高比，但它有助于在加载时减少布局变化。这可以改善用户体验。

定义　当在页面上添加一个元素或更改其大小时，元素后面的所有内容都会移动，以腾出空间来容纳这个元素或填补留下的空白区域。页面上元素的这种移动被称为布局变化(layout shift)。

当图片已设置高度和宽度，或者具有明确定义的宽高比时，浏览器可以在加载图片时为其腾出足够的空间，因此降低了布局变化的可能性。因此，不妨为图片明确定义宽高比或者设置高度和宽度，这是良好的实践，且有助于提升用户体验。

代码清单 7-6　shape-outside

```
img.compass {
  aspect-ratio: 1;              ← 宽高比
  float: right;                 ← 使图像向右浮动
  shape-outside: circle(50%);   ← 以 50%的数值添加圆形
}
```

示例输出如图 7-9 所示。文本环绕图片并沿曲线排列，但不对图像进行裁剪。这个效果的实现得益于图像的透明背景。

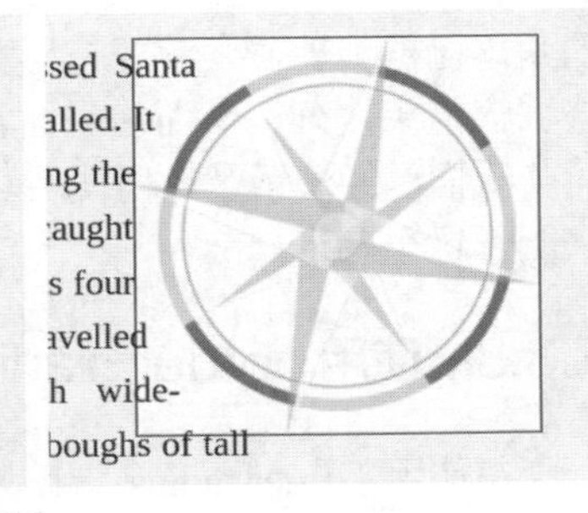

图 7-9　文本沿曲线环绕浮动罗盘图片

7.3.2　添加裁剪路径

尽管我们已经成功使用曲线的方式对文本进行布局，但图像仍然是方形的。这一问题在我们尝试添加背景后将变得更加明显。为了让图像成为真正的圆形，我们需要使用 clip-path 属性。这个属性允许定义一个裁剪区域，我们将传递与 shape-outside 相同的值，以确保图像按照文本的形状显示。此外，我们还将为图像添加一定的外边距，以确保图像与文本之间有足够的空间。示例图像的完整 CSS 代码如代码清单 7-7 所示。

代码清单 7-7　clip-path

```
img.compass {
  aspect-ratio: 1;
  float: right;
  shape-outside: circle(50%);
  clip-path: circle(50%);
  margin-left: 1rem;
}
```

我们添加了一个与 shape-outside 相匹配的 clip-path，同时在图像的左侧添加了一定的外边距，以免文本过于靠近图像。这一点尤为重要，因为罗盘上的箭头已经溢出了 circle()形状外轮廓。图 7-10 展示了最终的输出。

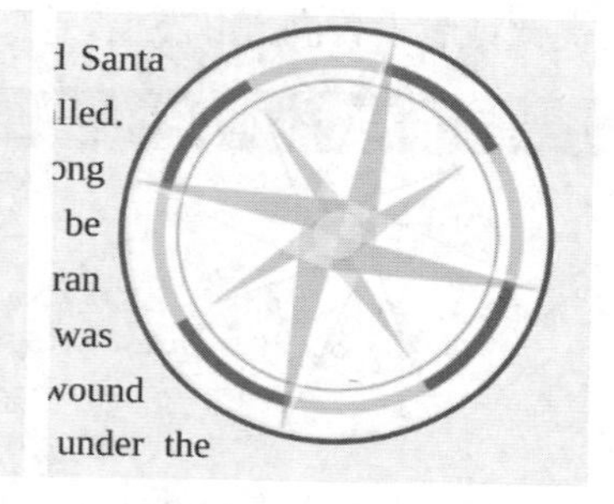

图 7-10　浮动的圆形罗盘图片

应用了 clip-path 后，我们可以观察到现在整个图像(包括背景)都已呈现出圆形。图像的角落已被裁剪，之前的方形背景现在变成了圆形。此外，我们添加的外边距使文本环绕罗盘箭头排列，从而使页面看起来更加整洁，不再显得拥挤。

我们已经演示了如何使用 CSS 形状创建一个圆形。现在来看看如何使用 border-radius 来制作这个圆形。

7.3.3　使用 border-radius 创建形状

在使用 border-radius 调整元素形状的过程中，我们能够根据元素的轮廓来创建 CSS 形状。在这种情况下，我们仍然使用 shape-outside 属性，但不再传递特定形状，而是定义形状应在 box 模型的哪一层级上形成。我们有如下选择：

- margin-box——形状遵循外边距。
- border-box——形状遵循边框。
- padding-box——形状遵循内边距。
- content-box——形状遵循内容。

让我们从一张空白的画布开始，使图像浮动到右侧，并添加一定的外边距以确保文本不会过于靠近图像。代码清单 7-8 中包含了初始 CSS，而图 7-11 展示了本章示例当前的显示效果。

代码清单 7-8　代码的起点

```
img.compass {
  aspect-ratio: 1;
  float: right;
  margin-left: 1rem;
}
```

Buck lived at a big house in the sun-kissed Santa Clara Valley. Judge Miller's place, it was called. It stood back from the road, half hidden among the trees, through which glimpses could be caught of the wide cool veranda that ran around its four sides. The house was approached by gravelled driveways which wound about through wide-spreading lawns and under the interlacing boughs of tall poplars. At the rear things

图 7-11　重新设置浮动效果并添加外边距

现在添加一个 50%的 border-radius，这将使示例图像呈现为一个圆形。但此时，文本并没有沿着曲线排列。我们仍需要添加 shape-outside 属性。

示例图像具有外边距，理想情况下，我们希望形状能够考虑这个外边距，因此我们将使用 margin-box 值。代码清单 7-9 展示了这一概念在代码中的应用。

代码清单 7-9　添加 border-radius 和 shape-outside

```
img.compass {
  aspect-ratio: 1;
  float: right;
  margin-left: 1rem;
  border-radius: 50%;
  shape-outside: margin-box;
}
```

图 7-12 展示了输出结果，其中添加了白色背景和边框，以突出显示图像的形状。

Buck lived at a big house in the sun-kissed Santa Clara Valley. Judge Miller's place, it was called. It stood back from the road, half hidden among the trees, through which glimpses could be caught of the wide cool veranda that ran around its four sides. The house was approached by gravelled driveways which wound about through wide-spreading lawns and under the interlacing boughs of tall poplars. At the rear things were on even a more

图 7-12　将 border-radius 设置为 50%并将 shape-outside 设置为 margin-box 来设定罗盘形状

与使用 circle()函数及 shape-outside 时不同，示例图像已经被裁剪成了圆形，不必使用 clip-path。这是因为 border-radius 已经执行了这种裁剪操作。

我们已经看到了实现相同效果的两种不同方法。CSS 提供了多种方法来解决问题，包括我们刚才解决的问题。然而，其中没有一种方法特别突出。border-radius 需要的代码略少，这让它稍微领先一些，但在本例中，选择取决于个人偏好。

现在我们已经处理完了罗盘图像，接下来尝试使文本在小狗图像的周围排列。

7.4 使文本环绕小狗图像

与标准形状的罗盘不同，小狗的轮廓是不规则的。这幅图像是由单一路径组成的线条，因此我们可能会尝试从 SVG 文件中提取路径，并使用 path()函数来创建形状。然而，正如我们即将看到的，尽管 path()函数在 CSS 规范中有定义(https://www.w3.org/TR/css-shapes)，但这种技术是行不通的。

7.4.1 关于 path()的使用

让我们在编辑器中打开图像文件，以检查其中的代码。对于代码清单 7-10，为了简洁起见，已删除了图像代码，以突出显示重要信息。

代码清单 7-10 dog.svg

```
<svg xmlns="http://www.w3.org/2000/svg" viewBox="0 0 152 193">
  <defs>
    <style>
      .cls-1{
        fill:none;
        stroke:#000;
        stroke-miterlimit:10;
        stroke-width:2px;
      }
    </style>
  </defs>
  <path class="cls-1" d="M21.9135,115.62c-17.2115,4.7607-37.3354,..."/>
</svg>
```

SVG 中有<defs>元素，其中包含图像的样式信息，用于定义 SVG 中各个元素的外观。此外，其中还有一个<path>元素，用于显示狗的形状。这个<path>元素相当复杂，包含 1988 个字符。然而，将 shape-outside: path('M21.913...');粘贴到 path()函数中后，似乎没有产生任何效果。这是因为在本书撰写之时，没有浏览器完全实现了 path()函数。

这一特性被实现后，你可以使用图形编辑器创建路径并复制它们以创建形状，这将成为一项有价值的技能。不过，这种方法存在一个缺点：路径可能会变得相当长，因此会大幅降低可维护性。此外，我们还有一些备选方案：

- 创建一个多边形形状并使其粗略地与示例图像匹配，这与我们用于圆形的技术相似。

- 使用 url()函数，它可以导入图像并基于图像的阿尔法通道创建形状。

我们将选择第二个选项：使用 url()函数。

7.4.2　浮动图像

与处理罗盘图像时一样(见 7.3 节)，我们将从浮动图像开始，但这次我们将使它浮动到左侧，以打破页面的视觉单调感。然后，为了创建形状，我们将使用 url()函数，并将图像的路径传递给它。代码清单 7-11 展示了应用于小狗图像的 CSS。

提供图像文件

在使用 shape-outside 时，我们必须通过服务器运行代码，以确保浏览器从服务器获取图像，而不是直接从文件系统读取。这与跨域资源共享(CORS)和浏览器设置的安全策略相关。你可以在 CSS 规范的 http://mng.bz/pdMw 中找到详细的解释。

为了解决这个问题，GitHub 存储库中的示例代码使用 http-server，在 localhost:8080 上提供文件以执行此任务。另一种选择是通过以下方式引用 GitHub 托管的文件，使用 shape-outside:url("https://raw.githubusercontent.com/michaelgearon/Tiny-CSS-Projects/main/chapter-07/before/img/dog.svg")。这样可以避免直接从文件系统读取图像，确保浏览器通过网络获取图像资源。

代码清单 7-11　使小狗图像浮动到左侧

```
img.dog {
  aspect-ratio: 126 / 161;
  float: left;
  shape-outside: url("https://raw.githubusercontent.com/michaelgearon/Tiny-
     CSS-Projects/main/chapter-07/before/img/dog.svg");
}
```

我们让图像向左浮动，然后添加 shape-outside，将图像本身的路径传递进去。浏览器会检查图像的透明度，并根据透明部分的边界确定形状的轮廓。图 7-13 展示了输出结果。

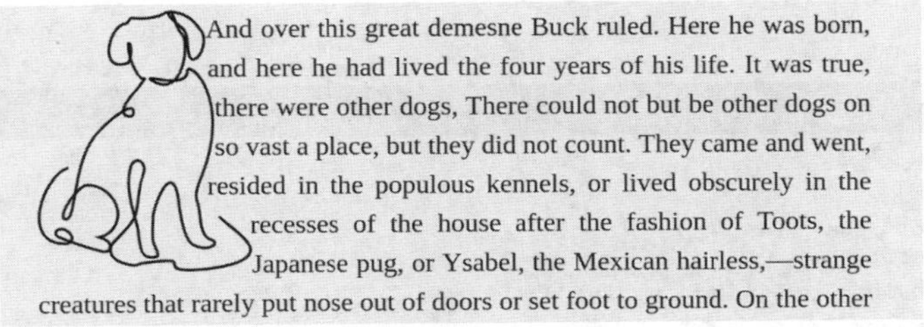

And over this great demesne Buck ruled. Here he was born, and here he had lived the four years of his life. It was true, there were other dogs, There could not but be other dogs on so vast a place, but they did not count. They came and went, resided in the populous kennels, or lived obscurely in the recesses of the house after the fashion of Toots, the Japanese pug, or Ysabel, the Mexican hairless,—strange creatures that rarely put nose out of doors or set foot to ground. On the other

图 7-13　浮动后的小狗图像

因为示例图像具有不透明线条和透明背景，所以截断(边界)是很明显的。如果图像具有从不透明到透明的渐变效果，我们可以使用 shape-image-threshold 属性来自定义截断点。这个属性接受一个介于 0(完全透明)和 1(完全不透明)之间的值。

7.4.3 添加 shape-margin

接下来需要添加一定的外边距，将文本与图像分开，因为它们看起来相当拥挤。我们不能像之前让图像浮动到右侧时那样简单地为图像添加外边距；如果尝试这样做，我们会注意到外边距将被忽略。相反，我们需要使用 shape-margin。shape-margin 属性允许调整形状与内容其余部分之间的间距。我们将添加 1em 的间距，如代码清单 7-12 和图 7-14 所示。

代码清单 7-12　将 shape-margin 添加到规则中

```
img.dog {
  aspect-ratio: 126 / 161;
  float: left;
  shape-outside: url("https://raw.githubusercontent.com/michaelgearon/Tiny-
    CSS-Projects/main/chapter-07/before/img/dog.svg");
  shape-margin: 1em;
}
```

And over this great demesne Buck ruled. Here he was born, and here he had lived the four years of his life. It was true, there were other dogs, There could not but be other dogs on so vast a place, but they did not count. They came and went, resided in the populous kennels, or lived obscurely in the recesses of the house after the fashion of Toots, the Japanese pug, or Ysabel, the Mexican hairless,—strange creatures that rarely put nose out of doors or set

图 7-14　对图像应用 shape-margin

图像底部的文本仍然离得相当近。在这个阶段，只要添加的外边距小于或等于 shape-margin 的数值，我们就可以通过添加外边距来增大空隙。如果外边距的数值大于 shape-margin，外边距仍然会生效，但至多只能产生等同于 shape-margin 数值的效果。在这个规则的基础上，我们将在图像右侧添加 1em 的外边距。代码清单 7-13 展示了小狗图像的完整 CSS。

代码清单 7-13　完成后的小狗图像

```
img.dog {
  aspect-ratio: 126 / 161;
  float: left;
  shape-outside: url('img/dog.svg');
  shape-margin: 1em;
  margin-right: 1em;
}
```

shape-margin 和 margin-right 的结合将文本与图像分隔开，生成了如图 7-15 所示的精致效果。

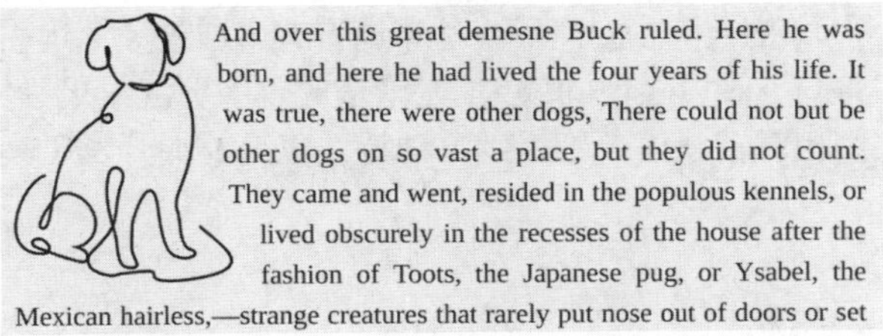

And over this great demesne Buck ruled. Here he was born, and here he had lived the four years of his life. It was true, there were other dogs, There could not but be other dogs on so vast a place, but they did not count. They came and went, resided in the populous kennels, or lived obscurely in the recesses of the house after the fashion of Toots, the Japanese pug, or Ysabel, the Mexican hairless,—strange creatures that rarely put nose out of doors or set

图 7-15　完成后的小狗浮动图像

完成最后一部分后，我们已完成了对页面的样式设计(见图 7-16)。我们现在已经拥有一个排版精美、引人注目的布局。

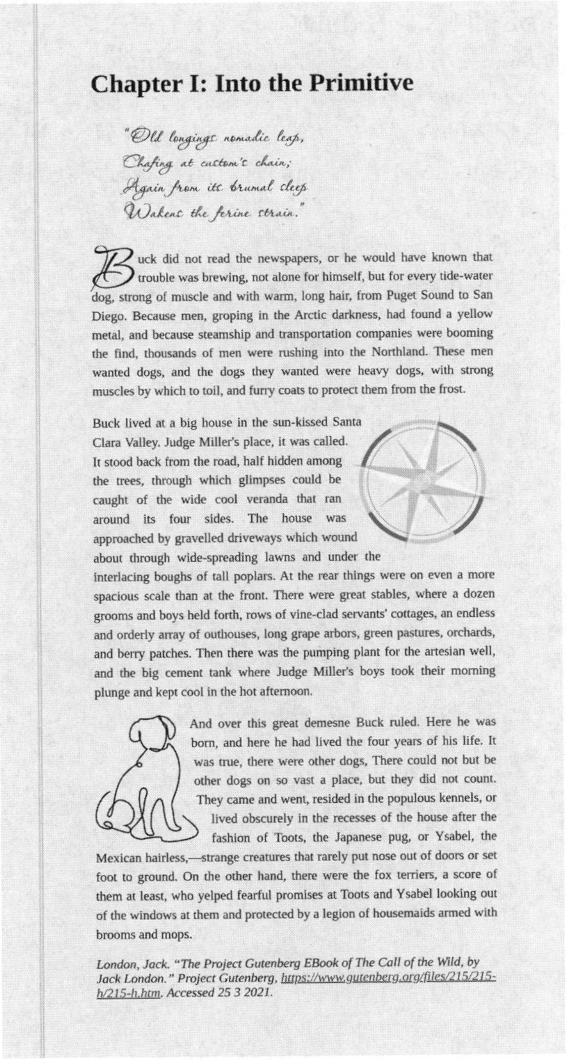

Chapter I: Into the Primitive

"Old longings nomadic leap,
Chafing at custom's chain;
Again from its brumal sleep
Wakens the ferine strain."

Buck did not read the newspapers, or he would have known that trouble was brewing, not alone for himself, but for every tide-water dog, strong of muscle and with warm, long hair, from Puget Sound to San Diego. Because men, groping in the Arctic darkness, had found a yellow metal, and because steamship and transportation companies were booming the find, thousands of men were rushing into the Northland. These men wanted dogs, and the dogs they wanted were heavy dogs, with strong muscles by which to toil, and furry coats to protect them from the frost.

Buck lived at a big house in the sun-kissed Santa Clara Valley. Judge Miller's place, it was called. It stood back from the road, half hidden among the trees, through which glimpses could be caught of the wide cool veranda that ran around its four sides. The house was approached by gravelled driveways which wound about through wide-spreading lawns and under the interlacing boughs of tall poplars. At the rear things were on even a more spacious scale than at the front. There were great stables, where a dozen grooms and boys held forth, rows of vine-clad servants' cottages, an endless and orderly array of outhouses, long grape arbors, green pastures, orchards, and berry patches. Then there was the pumping plant for the artesian well, and the big cement tank where Judge Miller's boys took their morning plunge and kept cool in the hot afternoon.

And over this great demesne Buck ruled. Here he was born, and here he had lived the four years of his life. It was true, there were other dogs, There could not but be other dogs on so vast a place, but they did not count. They came and went, resided in the populous kennels, or lived obscurely in the recesses of the house after the fashion of Toots, the Japanese pug, or Ysabel, the Mexican hairless,—strange creatures that rarely put nose out of doors or set foot to ground. On the other hand, there were the fox terriers, a score of them at least, who yelped fearful promises at Toots and Ysabel looking out of the windows at them and protected by a legion of housemaids armed with brooms and mops.

London, Jack. "The Project Gutenberg EBook of The Call of the Wild, by Jack London." Project Gutenberg, https://www.gutenberg.org/files/215/215-h/215-h.htm. Accessed 25 3 2021.

图 7-16　最终布局

我们通过使用浮动(float)特性创建了一种布局方式。通过灵活运用它，我们能够实现一些在 Flex 或网格布局下难以实现的效果。无论是像首字下沉效果示例中那样单独使用，还是与形状(尽管它们相对较新)搭配使用，浮动特性将是前端开发工具箱中不可或缺的宝贵资源。

7.5 本章小结

- 行间距(即文本行之间的空隙)对于可读性非常重要。
- 浮动(float)可以与::first-letter 搭配使用，用于创建首字下沉效果。
- 不同字体在给定相同大小的数值时，字号和行高可能不同。
- shape-outside 属性利用 CSS 形状来改变元素的形状。
- 可以使用 border-radius 创建圆形形状。
- 浮动的 CSS 形状旁的内联内容将沿形状外边缘排列。
- 当我们在 shape-outside 中使用 url()时，浏览器必须获取图像文件(托管或通过 http-server 或等效方式获取)。
- shape-margin 属性用于设置形状的边距。
- 某些布局需要使用浮动特性才能实现。

第 8 章

设计结账购物车

本章主要内容

- 使用响应式表格
- 利用网格自动设定位置
- 格式化数字
- 根据视口大小通过媒体查询有条件地设置 CSS
- 使用 nth-of-type()伪类

在日常网购中，我们经常浏览各种商品，从食品到书籍再到娱乐项目，最终往往要经过结账购物车。这个购物车允许将所选商品添加到虚拟购物篮中，然后在最终购买前查看已选项目。本章将讨论如何设计购物车的样式，以使它在窄屏和宽屏上都能正常工作。此外，我们还将探讨如何处理用于窄屏和宽屏的表格。表格对于显示数据非常有用，但对于移动设备，表格的样式设计可能具有挑战性，因此我们将研究如何在窄屏幕上使用 CSS 来解决这个问题。

首先，让我们处理主题设计。无论屏幕宽度如何，输入字段、链接和按钮等元素应该具有一致的外观，因此我们将先为它们添加样式。如果在创建用户界面的早期阶段定义主题，可以大大减少重复的代码，并有利于保持样式一致性，这样无论我们创建结账购物车还是其他页面或应用程序，都可以将这一过程应用到多种设计中。

接下来，我们将关注布局，从窄屏到宽屏，逐步进行调整。在窄屏设备(如手机)上，我们通常采用垂直堆叠的方式排列元素。随着屏幕变得更大，我们会添加规则，以充分利用可用的宽度。通常情况下，建议从移动端布局开始，然后随着屏幕变宽逐渐添加样式，相反，如果一开始就采用宽屏布局，然后在屏幕变窄时不得不覆盖先前设置的布局元素，情况可能变得很棘手。

8.1 开始项目

我们将创建样式以适应三种屏幕尺寸：

- 窄屏幕(大多数手机)——最大宽度为 549px
- 中等屏幕(平板电脑和小屏幕) ——宽度介于 500 到 955px 之间
- 宽屏幕(台式电脑和高分辨率平板电脑)——宽度大于 955px

图 8-1 显示了本章示例的起点和每个屏幕尺寸的最终输出。

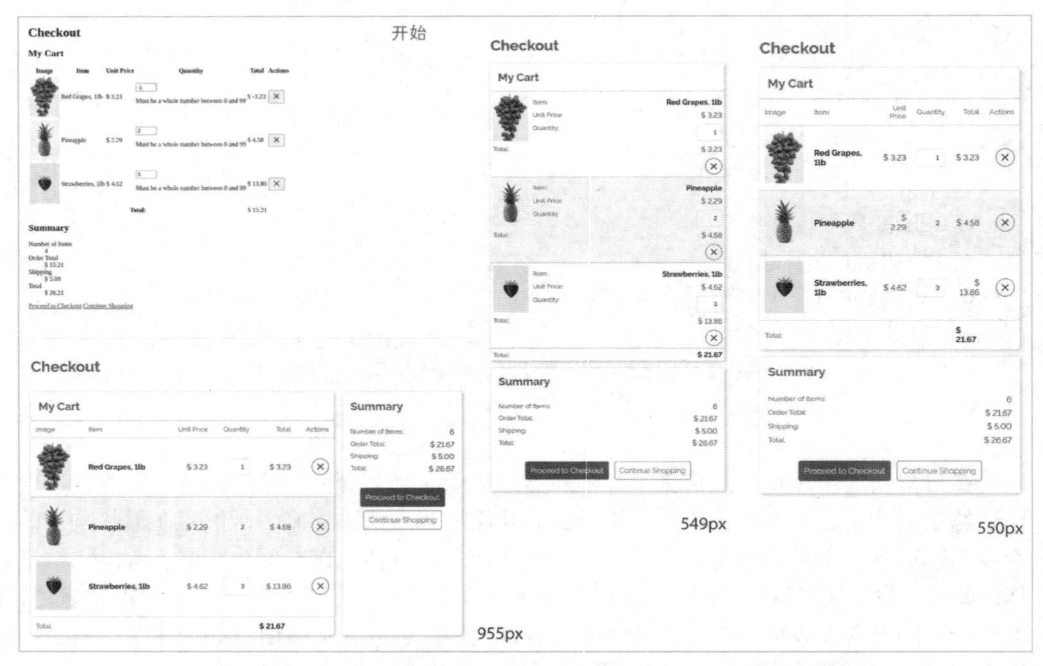

图 8-1　初始布局以及在窄屏幕、中等宽度屏幕和大屏幕上显示的最终结果

无论屏幕尺寸如何，我们都将使用相同的 HTML 结构。我们只会使用一个样式表，并通过媒体查询根据屏幕尺寸来调整元素的外观。初始 HTML 代码可以在 GitHub 上找到，链接为 http://mng.bz/GRpJ，也可以在 CodePen 上找到，链接为 https://codepen.io/michaelgearon/pen/ExmLNxL。这段代码包含两个部分——一个是购物车部分，另一个是摘要部分，它们都被包装在一个容器中。在宽屏幕上，我们将使用这个容器使这两个部分并排显示。购物车部分包括一个标题和一个表格，以便列出购物车中的各个物品。摘要部分包括一个标题、一个描述列表和两个链接。图 8-2 展示了 HTML 元素的结构。

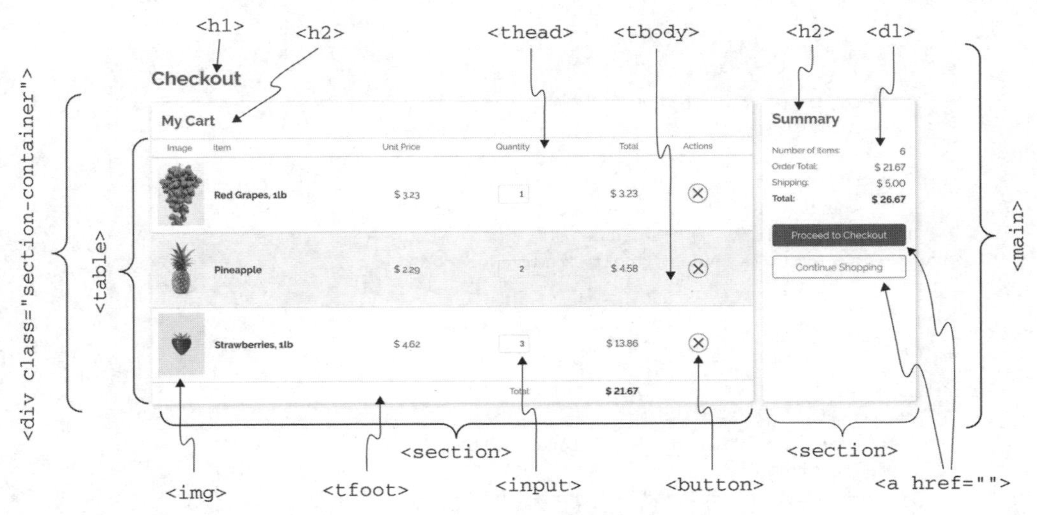

图 8-2　HTML 元素的示意图

代码清单 8-1 是我们使用的初始 HTML 的精简版本。

代码清单 8-1　起始 HTML

```
<body>
  <main>
    <h1>Checkout</h1>
    <div class="section-container">
      <section class="my-cart">
        <h2>My Cart</h2>
        <table>
          <thead>
            <tr>
                <th>Image</th>
                <th>Item</th>
                <th>Unit Price</th>
                <th>Quantity</th>
                <th>Total</th>
                <th>Actions</th>
            </tr>
          </thead>
          <tbody>
            <tr>
              <td>
                <img src="./img/grapes.jpg" width="75" height="105"
                  loading="lazy" alt="Red grapes">
              </td>
              <td data-name="Item">Red Grapes, 1lb</td>
              <td data-name="Unit Price">$ 3.23</td>
              <td data-name="Quantity">
              <input name="grapes" type="number"
                aria-label="Pounds of grape baskets"
              min="0" max="99"
```

```
              value="1">

            </td>
            <td data-name="Total">
              <!-- value calculated & inserted by JS -->
            </td>
            <td>
              <button type="button" class="destructive">
                <img width="24" height="24"
    src="./img/icons/remove.svg" alt="remove grapes">
              </button>
          </td>
        </tr>
        ...
    <tfoot>
        <tr>
          <th colspan="4" scope="row">Total:</th>
          <td id="total">
            <!-- value calculated & inserted by JS -->
          </td>
        </tr>
      </tfoot>
    </table>
    </section>

    <section class="summary">
      <h2>Summary</h2>
      <dl>
        <dt>Number of Items</dt>
        <dd id="itemQty">
          <!-- value calculated & inserted by JS -->
        </dd>
...

      </dl>
      <div class="actions">
        <a href="#" class="button primary">
            Proceed to Checkout
        </a>
        <a href="#" class="button secondary">
          Continue Shopping
        </a>
          </div>
        </section>
      </div>
    </main>
    <script src="./script.js"></script>
</body>
```

除了初始的 HTML，我们还将使用一个 JavaScript 文件(script.js)。我们不会编辑或与该文件进行交互；它的作用仅限于更新摘要部分的统计信息。

8.2　主题设计

尽管示例布局有两个明确定义的部分(购物车和摘要)需要在不同屏幕尺寸下正常工作，但有些样式始终都不会改变，无论它们在哪里或屏幕尺寸如何。这些样式包括：

- 字体
- 按钮和链接样式
- 输入框和错误信息样式
- 标题的大小和颜色

这些样式可以称为主题，为了在整个页面上保持其一致性，通常我们希望只定义一次，然后在所有地方应用它们。让我们从字体开始。

8.2.1　排版设计

目前，示例网页正使用浏览器的默认字体。在本项目中，我们计划从 Google Fonts 引入 Raleway 字体，并将其应用到整个页面的文本。我们将同时引入常规字体和粗体字体，因为在整个项目中都需要使用它们。此外，我们还将默认文本颜色设置为#171717，这个颜色几乎是黑色，适用于示例文本。我们没有使用纯黑色，因为本章示例采用的是一种柔和的设计，纯黑色可能显得过于生硬。

接下来，我们将处理数字样式。字体族默认使用旧式数字或现代数字。区别在于数字与均线和基线的对齐方式，如图 8-3 所示。

图 8-3　旧式数字和现代数字

旧式数字的某些部分会超出或低于基线，而现代数字则不会。因为我们正在创建一个购物车，希望以堆叠数字的方式表明它们正在被加总，所以我们希望使用现代数字，以确保它们能够很好地对齐。然而，我们选择的字体族 Raleway 默认使用旧式数字。为了让字体使用现代数字，可以使用 font-variant-numeric 属性，这个属性允许设置数字的显示方式。这个不太常见的属性对于处理数字非常有用，因为它允许控制数字显示的多个方面，包括：

- 零是否显示为带斜线的形式
- 数字的对齐方式
- 分数的显示方式

我们将使用 font-variant-numeric: lining-nums 属性将数字从旧样式改为现代样式。图 8-4 显示了将 font-variant-numeric 应用于 body 规则之前和之后的摘要部分。在应用之前的版本中，数字的大小不一，而在应用之后的版本中，它们已经对齐并具有统一的大小。

最后，我们将把标题的颜色改为蓝绿色。通过这一改变，我们已经为页面设置了基本的排版样式。我们直接将这些样式应用在<body>元素上，以便页面内的其他子元素继承这些样式值。代码清单 8-2 展示了截至目前构建的所有规则。

Number of Items
4
Order Total
$ 15.21
Shipping
$ 5.00
Total
$ 20.21
应用之前(旧式数字)

Number of Items
4
Order Total
$ 15.21
Shipping
$ 5.00
Total
$ 20.21
应用之后(现代数字)

均线
基线

图 8-4　应用 font-variant-numeric 属性前、后对比

代码清单 8-2　应用于<body>元素的与排版相关的样式

```
@import url('https://fonts.googleapis.com/css2?
➥  family=Raleway:wght@400;700&display=swap');

body {
  font-family: 'Raleway', sans-serif;
  color: #171717;
  font-variant-numeric: lining-nums;
}

h1, h2 {
  color: #2c6c69;
}
```

图 8-5 展示了更新后的结果。

图 8-5　应用排版样式后的结果

下面让我们将注意力转向链接和按钮。

8.2.2　链接和按钮

示例页面上有几个链接和按钮，但从样式上看，所有这些元素都像按钮。它们可以按用途分为以下三类。

- 主要的动作调用(primary call to action)：前往结账链接
- 次要的动作调用(secondary call to action)：继续购物链接
- 删除按钮(destructive)：从购物车中删除商品

我们将使用这些类别来命名样式类，以便重新使用这些规则。

在本章中，我们处理的是单个页面，但这是一个特例。在一个完整的应用程序中，通常有多个页面或组件会重用相同的样式。因此，我们不会将类命名为像 proceed-to-checkout 这样的名字，而会使用 primary，以便在不同的情境中轻松重用该类。

链接与按钮

本章示例项目中既有链接也有按钮。我们选择使用其中之一，并不是基于个人偏好，而是根据预期的功能或用途而定。对于导航，应该使用链接。而如果要执行某项操作，例如从购物车中移除物品，则应该使用按钮。我们可以自由地为这些元素设置样式，但底层元素应与预期的用例相匹配。

区分的原因在于浏览器会自动为链接和按钮添加信息和行为。这些行为包括焦点功能以及更为重要的角色定义。角色定义在辅助技术中起着关键作用，能帮助用户与网页进行无障碍互动。

链接和按钮的行为不同，例如，用户可以右键单击链接以在新标签页或窗口中打开它，但如果使用按钮和 JavaScript 创建链接，用户将无法使用这个功能。

在处理按钮类型的差异之前，让我们先考虑它们的共同点，并为所有看起来像按钮的链接(它们都有一个名为 button 的类)以及实际的按钮编写一套基本规则。一旦确定了基线，接下来我们将为每种按钮类型编写具体规则。

为了创建基线，我们将先去除浏览器默认设置的灰色背景，这可通过 background: none 来实现。此外，我们还将更新 padding、border 和 border-radius 的数值。

最后，由于我们将这个规则应用于链接和按钮，而链接默认带有下画线，我们将通过将 text-decoration 属性设置为 none 来去除链接的下画线。代码清单 8-3 展示了我们为按钮和带有 button 类的链接编写的基本规则。

代码清单 8-3　按钮的基本样式

```
button, .button {
  background: none;
  border-radius: 4px;
  padding: 10px;
  border: solid 1px #ddd;
  text-decoration: none;
}
```

这个规则将应用于所有按钮元素和所有带有 button 类的元素

在处理按钮的默认状态后，我们将添加样式变更，以便在用户将鼠标悬停在按钮上或通过键盘对按钮进行焦点操作时应用。为实现这一目标，我们将使用:hover 和:focus 伪类。

注意 伪类被添加到选择器中，用于选择特定状态。在悬停和焦点状态下添加样式变更对于可访问性至关重要，因为它提供了视觉反馈，让用户知道他们可以与元素进行交互。对于键盘导航，获得焦点(focus)时的样式更改可以告诉用户他们即将与哪个元素进行交互。如果没有这些视觉提示，用户很难确定按钮在哪里以及焦点在哪里(链接：http://mng.bz/zmdA)。

对于悬停(hover)状态，我们将在按钮周围添加一个蓝绿色的虚线轮廓，此外，为了让轮廓显得清爽一些，我们将使它向外偏移 2 像素。我们将使用两个属性：outline 和 outline-offset。outline 的工作方式类似于 border，它包括与 border 相同的三个属性，即样式(style)、宽度(width)和颜色(color)。而 outline-offset 则接受一个长度值(可以是负数)，以确定轮廓与元素边缘之间的间距。

对于焦点(focus)状态，我们使用与悬停状态相同的样式，但不再采用虚线轮廓，而是使用实线。代码清单 8-4 显示了最终 CSS，包括悬停(hover)和焦点(focus)状态的样式。

代码清单 8-4　按钮的悬停和焦点状态

```
button:hover,
.button:hover {
  outline: dotted 1px #2c6c69;
  outline-offset: 2px;
}

button:focus,
.button:focus {
  outline: solid 1px #2c6c69;
  outline-offset: 2px;
}
```

图 8-6 展示了悬停和焦点状态下的样式链接和按钮。

现在我们已经创建了一个基线，可以开始专注于每个具体的用例。我们将从处理动作调用(例如前往结账和继续购物链接)开始。因为我们已经建立了基线，所以只需要编辑这些用例的颜色，如代码清单 8-5 所示。我们根据用户更可能选择的操作来区分它们，以突出主要选项。在整个应用程序中保持一致的操作类型样式，有助于引导用户进行选择。

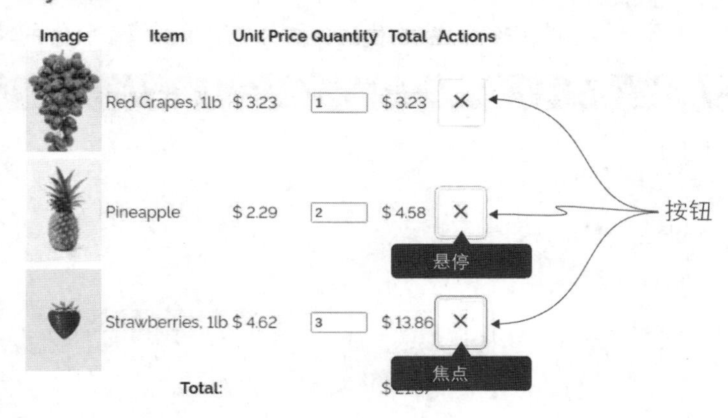

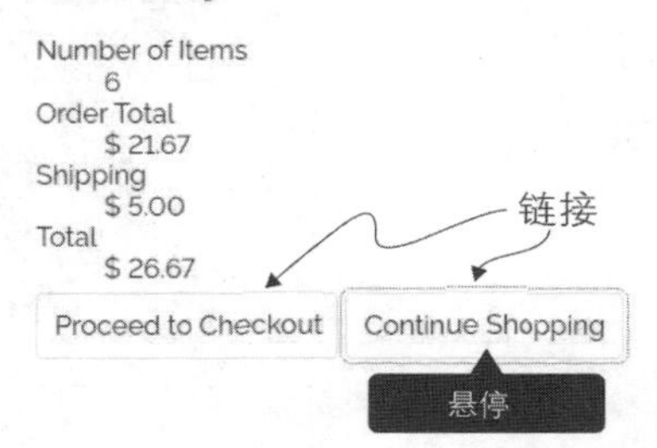

图 8-6　悬停和焦点状态下的按钮样式

代码清单 8-5　调用动作的样式

```
button.primary,
.button.primary {
  border-color: #2c6c69;
  background: #2c6c69;
  color: #ffffff;
}
```
用于前往结账链接

```
button.secondary,
.button.secondary {
  border-color: #2c6c69;
  color: #2c6c69;
}
```
用于继续购物链接

在购物车商品表格中，需要对删除按钮进行样式设置。该按钮已经应用了名为 destructive 的类。与前两种按钮类型相似，删除按钮需要调整边框、文本和轮廓颜色。这次将其改为红色以显出其破坏性操作特性。为了实现按钮的圆形外观，我们将其 border-radius 设置为 50%。此外，我们减小了 padding 的值，以免删除按钮在表格中过于突出，这是我们不希望看到的效果。最后，通过使用 vertical-align 属性，让图像在按钮中垂直居中对齐。这一属性可应用于内联元素和内联块级元素，根据周围的内联和内联块级元素，来决定元素在垂直方向上的对齐方式。我们希望在按钮内部垂直居中显示图像，因此使用属性值 middle。

代码清单 8-6 展示了删除按钮的 CSS 代码。图 8-7 展示了每个状态的输出结果。

代码清单 8-6　删除按钮

```
button.destructive {
  border-color: #9d1616;
  color: #9d1616;
  border-radius: 50%;
  padding: 5px;
}

button.destructive img {
 vertical-align: middle;      使图像在按钮内部
}                             居中显示

button.destructive:hover,
button.destructive:focus {
 outline-color: #9d1616;
}
```

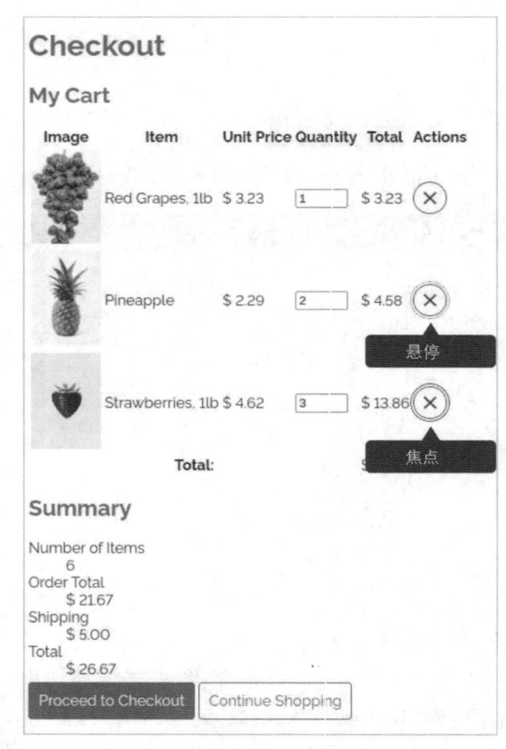

图 8-7　链接和按钮的样式

8.2.3　输入文本框

这里将对输入文本框进行一些最基本的样式设置。注意，我们不会在本章中处理无效输入或错误信息的样式，因为本章的重点是创建一个包含表格的响应式布局。有关如何样式化表单的详细内容，请查看第 10 章。

对于这个布局，我们将为输入文本框应用与按钮和链接相同的基本样式。然而，我们不会编写新的规则，而是将输入选择器添加到现有的规则集中，如代码清单 8-7 所示。

代码清单 8-7　向基本按钮样式添加 input

```
button,
.button,
input {
  background: none;
  border-radius: 4px;
  padding: 10px;
  border: solid 1px #ddd;
  text-decoration: none;
}
```

图 8-8 展示了经过样式化的输入文本框。

图 8-8　样式化后的文本框

8.2.4　表格

接下来着手对表格进行样式设置。我们将仅关注与主题相关的样式，如颜色和边框。布局和响应性方面的处理将在 8.3 节至 8.5 节进行介绍。

示例表格分为三个部分，我们将按顺序逐一处理。

- 头部：<thead>
- 主体：<tbody>

- 尾部：<tfoot>

对表格头部进行样式化

我们将对表头进行样式设置。由于表头不如表格内容本身重要，我们将为其使用稍小一点的字号和较浅的颜色，从而使其区别于其他文本。我们还将把表头的默认字体粗细从 bold 改为 normal。通过略微淡化表头，我们在表格中创建了一个视觉层次结构，突出了用户最关心的内容(购物车中的物品)。规则如代码清单 8-8 所示。

代码清单 8-8　对单元格内容进行样式化

```
th {
  color: #3a3a3a;
  font-weight: normal;
  font-size: .875em;
}
```

目前，示例表头如图 8-9 所示。

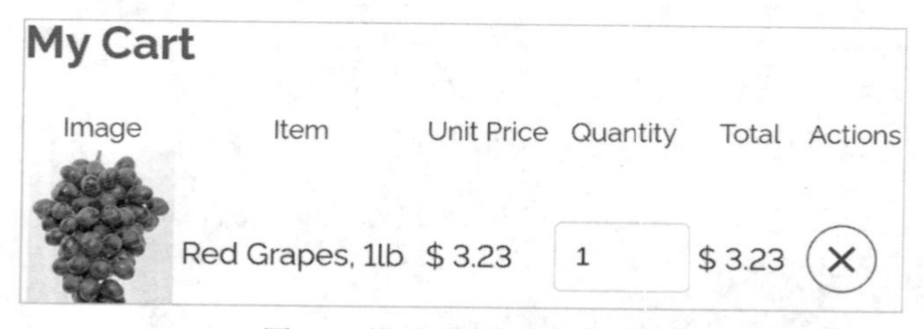

图 8-9　样式化后的表头单元格

加粗显示第二个单元格中的项目

在表格正文部分(<tbody>)，我们将商品名称(位于第二列)的文本加粗，从而突出显示它。为了给商品名称添加 font-weight 属性，并将其值设置为 bold，我们将使用伪类:nth-of-type()，这允许我们根据其在相同标签的同级元素中的位置选择元素。为了选中表格正文部分中每行的第二个单元格，也就是第二个<td>元素，我们使用了 tbody td:nth-of-type(2)。样式规则如代码清单 8-9 所示。

代码清单 8-9　加粗显示表格正文部分中每行的第二个单元格

```
tbody td:nth-of-type(2) {
  font-weight: bold;
}
```

图 8-10 展示了更新后的表格，其中商品名称已经加粗。

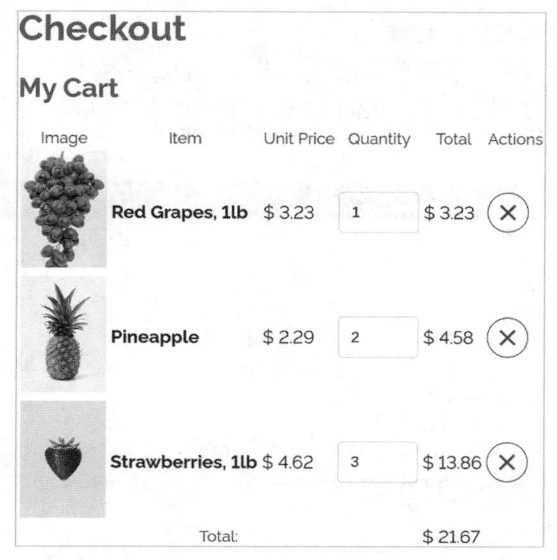

图 8-10　加粗显示商品名称

给行添加条纹效果

接下来给表格的行添加条纹效果。我们将再次使用:nth-of-type()，但是不再传递一个数字，而是使用关键词 even。代码清单 8-10 中的规则将选择表格正文部分(<tbody>)中的偶数行，并为它们添加浅青色的背景颜色。

代码清单 8-10　为表格正文部分的行添加条纹效果

```
tbody tr:nth-of-type(even) {
   background: #f2fcfc;
}
```

图 8-11 展示了更新后的行。

图 8-11　带有条纹的行

加粗显示表格底部的总计金额

我们想加粗显示表格底部的总计金额。由于我们已经有一个用于加粗文本的规则，即用于加粗商品名称的规则，因此我们可以将 tfoot td 选择器添加到该规则中，如代码清单 8-11 所示。

代码清单 8-11　加粗显示表格底部

```
tbody td:nth-of-type(2),
tfoot td {
   font-weight: bold;
}
```

更新后的表格底部如图 8-12 所示。

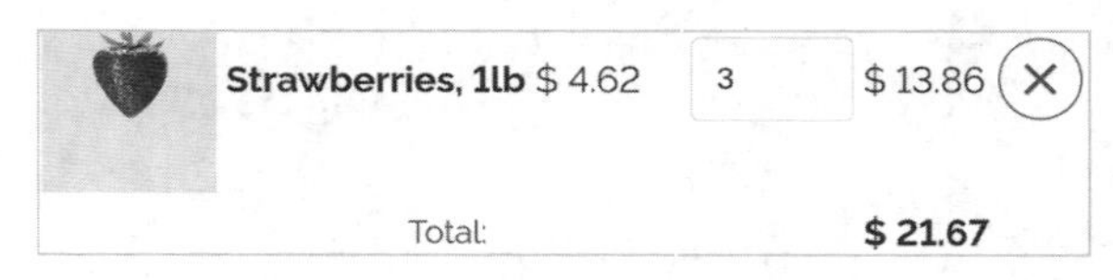

图 8-12　加粗显示总金额

处理边框样式

我们将在所有行的顶部添加一个边框，无论它们在表格中的哪个位置。此外，我们希望消除单元格之间突出的白线。当行的背景颜色加深时，这些白线会变得尤为明显(如图 8-13 所示)。

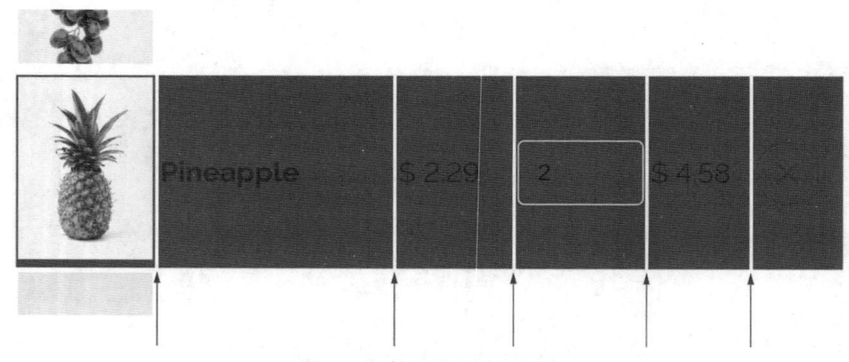

图 8-13　单元格之间的白线

先来消除单元格之间的空白间隙。但为什么会出现这些白线呢？如果我们决定为表格中的每个单元格都添加边框，那么表格将呈现出如图 8-14 所示的样式。

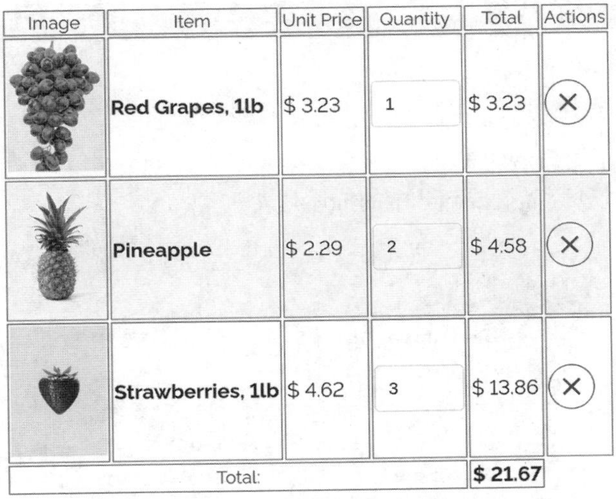

Image	Item	Unit Price	Quantity	Total	Actions
	Red Grapes, 1lb	$ 3.23	1	$ 3.23	⊗
	Pineapple	$ 2.29	2	$ 4.58	⊗
	Strawberries, 1lb	$ 4.62	3	$ 13.86	⊗
Total:				**$ 21.67**	

图 8-14　单个单元格上的边线

注意，每个单元格周围都有一个边框。我们在行中看到的间隙是各个单元格之间的间隙。如果我们将边框合并，且只在单元格之间显示一条线，那么间隙会消失(如图 8-15 所示)。

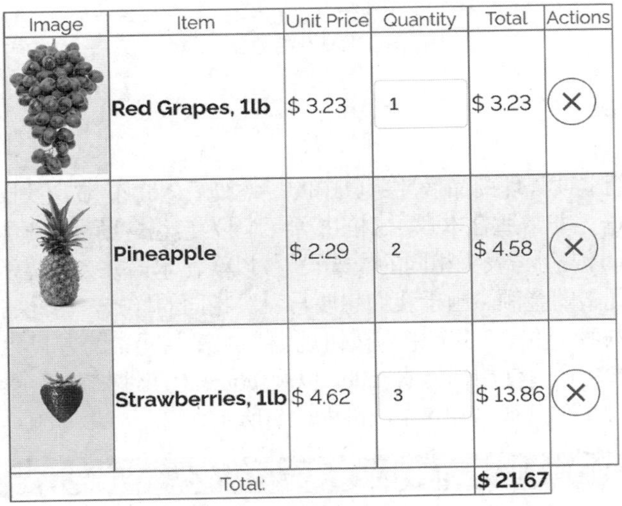

Image	Item	Unit Price	Quantity	Total	Actions
	Red Grapes, 1lb	$ 3.23	1	$ 3.23	⊗
	Pineapple	$ 2.29	2	$ 4.58	⊗
	Strawberries, 1lb	$ 4.62	3	$ 13.86	⊗
Total:				**$ 21.67**	

图 8-15　对表格边框进行合并

我们通过将 border-collapse 属性的值设定为 collapse 来消除间隙并合并边框。添加了这个属性后，我们可以给行添加边框。在合并边框之前，只有独立的单元格可以具有边框。因此，在本项目中，我们将表格的边框合并，然后为每行的顶部添加边框，如代码清单 8-12 所示。

代码清单 8-12 处理表格边框

```
table { border-collapse: collapse; }
tr { border-top: solid 1px #aeb7b7; }
```

图 8-16 展示了更新后的表格。

接下来继续处理商品摘要部分中的描述列表。

图 8-16 样式化后的表格边框

8.2.5 描述列表

现在，让我们继续处理商品摘要部分中的描述列表(<dl>)。描述列表通常用于创建术语表或显示元数据，非常适合本章示例的摘要，因为它包含商品及其对应的数值。我们将为描述术语(<dt>)应用与表头相同的样式设置，以淡化术语并突出显示描述内容(<dd>)，后者包含了每个元素的金额。由于我们想要与表头相同的样式，因此将 dt 设置为现有规则的选择器，这与我们在 8.2.3 节中为按钮规则添加输入元素的方式相似。

接下来，我们将通过使用伪元素::after 以及 content 属性来在每个<dt>后添加两个冒号。CSS 和输出结果如代码清单 8-13 和图 8-17 所示。

代码清单 8-13 对描述列表进行样式设置

```
th, dt {                      ← 在现有的标题样式中
    color: #3a3a3a;             加入描述术语
    font-weight: normal;
    font-size: .875em;
}

dt::after {                   在每个描述术语后
  content: ": ";              添加一个冒号
}
```

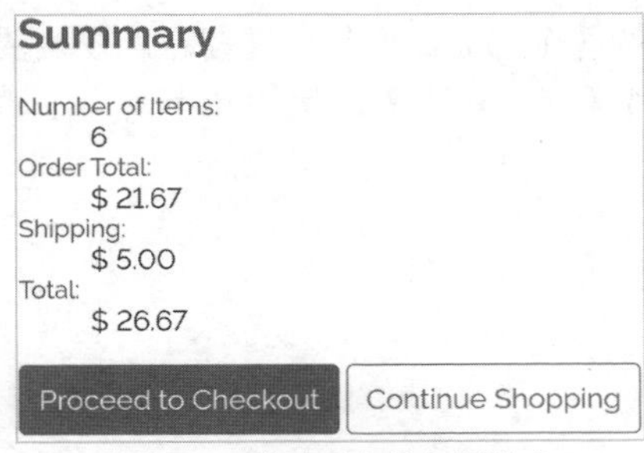

图 8-17　描述列表的主题样式

8.2.6　卡片

为了给布局增添层次感并在各个部分之间营造分离效果，我们将为各个部分的容器应用卡片的样式。卡片是一种常见的设计模式，用于通过将内容包裹在类似于扑克牌的方框或容器中来进行分隔。这个模式与我们在第 6 章中创建个人资料卡片时采用的模式相同。

为了实现卡片设计，我们将为<body>元素添加淡青色的背景，并通过阴影效果使各个部分看起来像是稍微浮在<body>元素的上方。为了创建这个阴影效果，我们将使用 box-shadow 属性，它允许我们控制在 *x* 轴和 *y* 轴上添加的阴影程度，以及模糊度、阴影扩散的距离和阴影的颜色。图 8-18 详细说明了这些属性值是如何应用的。

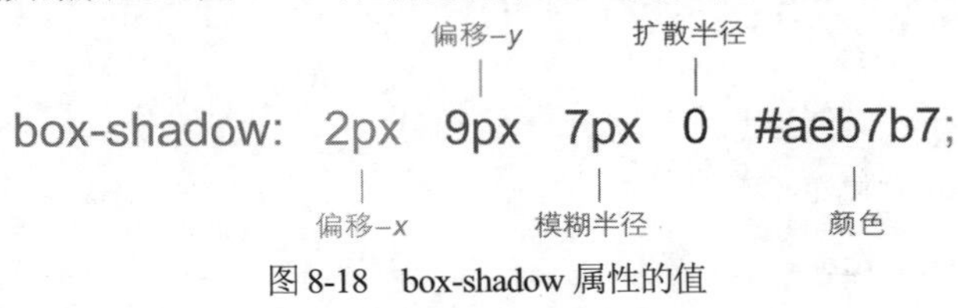

图 8-18　box-shadow 属性的值

另一种选择是使用 inset 值，表示阴影应该朝元素内部而不是外部产生。为了实现卡片的效果，我们将 border-radius 的值设定为 4px，与用于链接、按钮和输入文本框的值相同。代码清单 8-14 展示了 section 规则。

代码清单 8-14　为各个部分添加样式

```
body {
  font-family: 'Raleway', sans-serif;
  color: #171717;
  font-variant-numeric: lining-nums;
  background: #fbffff;          ← 为页面添加背景颜色
}

section {
  background: #ffffff;           让各个部分看起来
  border-radius: 4px;            像卡片
  box-shadow: 2px 2px 7px #aeb7b7;
}
```

图 8-19 显示了设计好的各个部分。但是，请留意，在摘要卡片底部，链接溢出了卡片的范围。之所以发生这种情况，是因为链接的 display 属性默认为 inline。

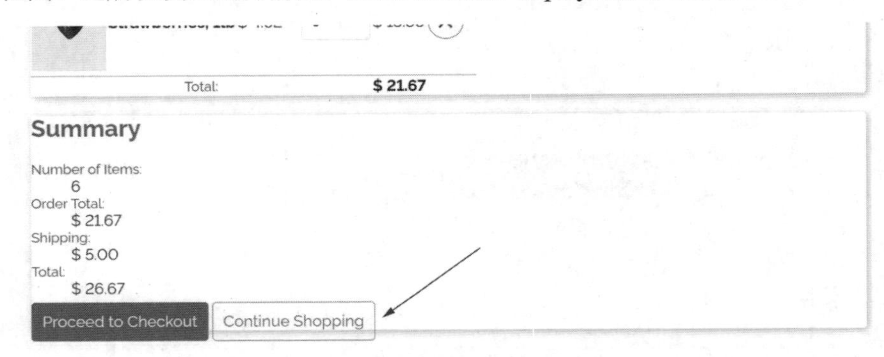

图 8-19　主题化后的链接发生溢出

当给内联元素(本例中为链接)添加垂直内边距时，元素的高度不会在页面的布局中增大。因此，它仅占用其内容(文本)所占的空间，这就是它不会增大卡片高度的原因。为了解决这个问题，我们把内联元素的显示属性值从 inline 改为 inline-block。代码清单 8-15 展示了更新后的规则。

代码清单 8-15　为各个部分设定样式

```
button, .button, input {
  background: none;
  border-radius: 4px;
  padding: 10px;
  border: solid 1px #ddd;
  text-decoration: none;
  display: inline-block;
}
```

CSS 样式修改完之后，示例布局如图 8-20 所示。

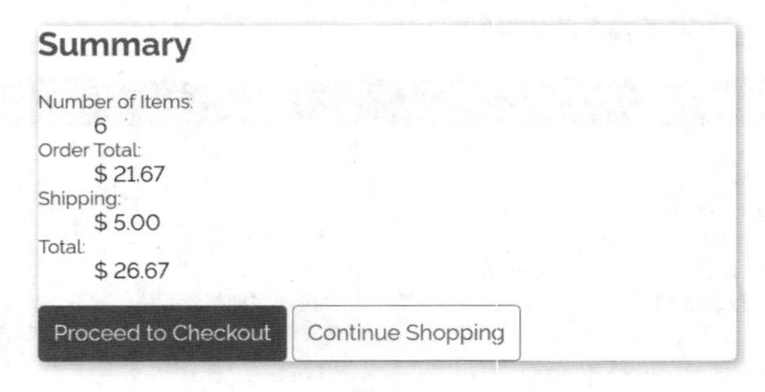

图 8-20　样式化之后的卡片

在处理完主题之后，我们可以开始专注于布局。

8.3　移动端布局

我们将从移动端布局开始。首先要做的是使表格具有响应性。

8.3.1　表格移动端视图

由于表格需要较大的宽度，传统的表格布局在移动设备上效果不佳，而手机屏幕并不提供足够的宽度。为了适应移动设备，表格的行和单元格在窄屏上将像卡片一样显示。

使用媒体查询

我们将先使用媒体查询，在视口宽度小于或等于 549 像素时将一组规则应用到表格上。媒体查询的格式是@media(max-width:549px){}。注意，这里使用了 max-width。在先前的章节中，我们使用了 min-width，因为我们希望样式只在屏幕达到特定尺寸时应用。但在本章示例中，我们进行了相反的操作：我们希望样式一直被应用，直到屏幕达到特定宽度为止。

在这个媒体查询内定义表格在窄屏上的样式。图 8-21 展示了当前表格的样式以及目标效果。

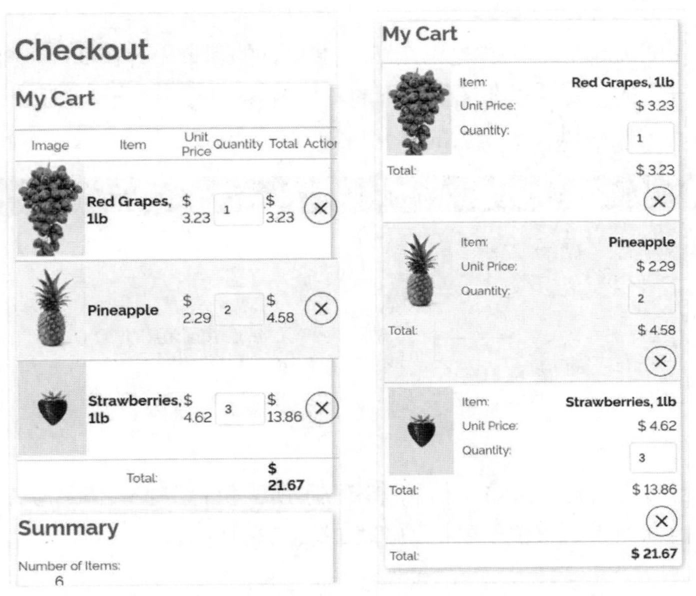

当前效果　　　　目标效果

图 8-21　移动设备上的表格变化前、后对比

为了查看在窄屏或移动设备上的效果，大多数浏览器的开发者工具都允许模拟特定设备的屏幕。在 Google Chrome 中，若要选择特定设备，可以通过在 DevTools 工具栏顶部单击具有手机图标的按钮来切换设备工具栏，然后选择想要使用的设备，如图 8-22 所示。然而，值得注意的是，这种模拟是有限的，不能取代真实设备上的测试。

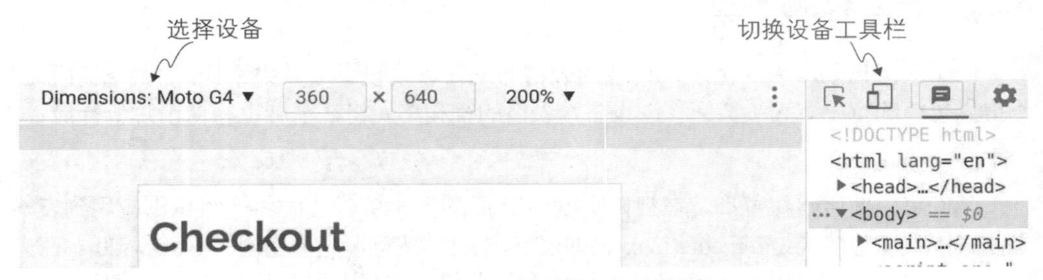

图 8-22　Chrome DevTools 中的设备模拟

修改表格的显示结构

首先，将所有内容垂直堆叠，而不是水平排列每一行的元素。为此，将行和单元格的显示属性值设为 block。默认情况下，表格单元格的显示值为 table-cell，而行的显示值为 table-row。

接下来，使图像向左浮动(详见第 7 章)，并使行的其余内容在其周围排列。同时，在图像周围加入一定的边距，以在图像和行的其他内容之间创造一些空隙。代码清单 8-16 展示了媒体查询的开头以及更新后的单元格样式。

代码清单 8-16　移动端的单元格和行布局

```
@media(max-width: 549px) {
  td, tr { display: block; }
  table td > img {
    float: left;
    margin-right: 10px;
  }
}
```

专门针对作为单元格的直接子元素的图像，以免图像(红色 X)浮动在按钮中

虽然我们已接近目标，但表头信息并未位于所需位置。表头信息应在表格主体行中每个信息项之前，而不是只位于表格顶部(如图 8-23 所示)。

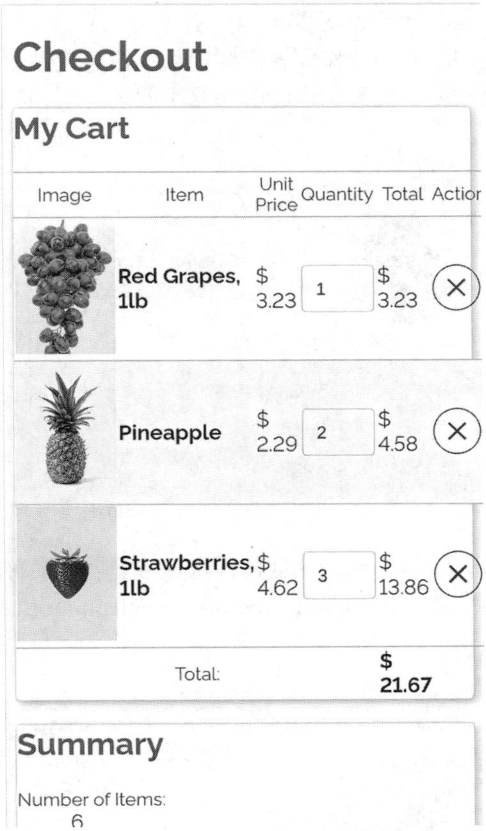

图 8-23　移动设备上，标题显示在表格顶部

利用数据属性显示内容

为了在每个内容前放置标题信息，我们不会使用表头。相反，我们会在 HTML 单元格中添加一些数据属性：<td data-name="Item">Red Grapes, 1lb</td>。这些数据将驱动对每行进行标记，而不是在表头中放置内容。

我们使用绝对定位将表格标题移至显示范围之外，如代码清单 8-17 所示。我们不想使用 display:none，因为辅助技术仍需要表格标题中的信息。通过将其绝对定位到显示范围之外(使用一个较大的负值)，我们在视觉上隐藏它，但在程序上不会隐藏。

代码清单 8-17　隐藏表格标题

```
@media(max-width: 549px) {
  ...
  thead {
    position: absolute;
    left: -9999rem;
  }
}
```

在将表格标题移出显示范围后(见图 8-24)，我们可以专注于从 data-name 属性中提取数据并展示给用户。我们注意到，移除表格标题后，内容发生了一些位移，因为表格当前并未占据整个屏幕的宽度。我们稍后会解决这个问题。现在先处理表格标题信息。

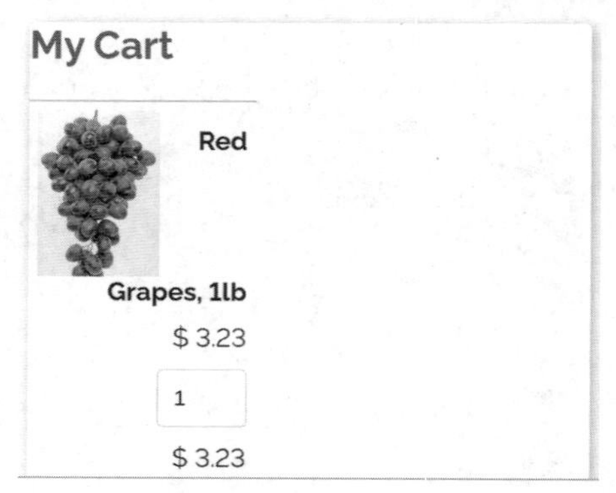

图 8-24　将表格标题移出显示范围

为了显示属性值，我们使用 attr()函数，该函数接受属性名称并返回一个值。对于本章的用例，content 属性将是 td[data-name]::before { content: attr(data-name) ":"; }。图 8-25 对此进行了详细的说明。

图 8-25　在单元格前添加标题信息

为了对齐标签和内容，我们将 text-align 和 float 结合起来使用。我们在单元格中使用 text-align:right 来使单元格内容(商品名称、单价、输入文本框、总计和按钮)右对齐，然后让标签(从 data-name 属性获取的内容)向左浮动，以创建两个元素之间的间隙，如图 8-26 所示。此外，我们为单元格添加了一定的内边距，以增大内容之间的空隙。代码清单 8-18 展示了用于对齐表格单元格内容的 CSS。

图 8-26　对齐标签和内容

代码清单 8-18　显示 data-name 属性的内容

```
@media(max-width: 549px) {
  ...
  td {
    text-align: right;
    padding: 5px;
  }
  td[data-name]::before {
    content: attr(data-name) ":";
    float: left;
  }
}
```

现在数据已经显示在 data-name 属性中，让我们对其进行样式设置，使其与定义标题样式相匹配。不必复制样式，可将选择器附加到现有规则中，如代码清单 8-19 所示。

代码清单 8-19　最后的修饰

```
@media(max-width: 549px) {
  ...
  th, dt, td[data-name]::before {
    color: #3a3a3a;
    font-weight: normal;
    font-size: .875em;
  }
}
```

表格占据全宽度

标签样式设置完成后，让我们再次关注一下如何让表格占据其可用的全宽度。我们可以通过使用规则 table { width: 100%; }来解决这个问题。由于我们希望表格在各种屏幕尺寸下都占据可用的全宽度，我们将此规则添加到媒体查询之外。

表格的移动端样式(见图 8-27)快要完成了。唯一剩下的就是表格页脚的处理。

图 8-27　全宽表格

表格页脚

在表格页脚(<tfoot>)中，我们希望文本在一行上对齐。为此，将使用 Flexbox，并将 justify-content 属性值设置为 space-between，同时将 align-items 属性值设置为 baseline，使标签和总数分别位于同一行的两端(想了解 CSS Flexbox 布局模块的工作原理，请查看第 6 章)。

查看表格页脚的 HTML(见代码清单 8-20)时，可以注意到第一个单元格是标题(<th>)，而不是表数据单元格(<td>)。这是合理的，因为第一个单元格描述了该行的内容。

代码清单 8-20　表格页脚的 HTML

```
@media(max-width: 549px) {
  <tfoot>
    <tr>
      <th colspan="4" scope="row">Total:</th>
      <td id="total">
        <!-- value calculated & inserted by JS -->
      </td>
    </tr>
  </tfoot>
}
```

如果仔细观察图 8-27，会发现页脚内容没有任何填充；它直接贴在卡片和行边框上。早前，我们对所有表数据单元格进行了填充，但没有对标题进行操作，因此现在我们将对页脚进行填充。代码清单 8-21 总结了我们为创建移动端表格布局而编辑和创建的样式，同时展示了我们为表格页脚所做的更改。

代码清单 8-21　移动端表格 CSS

```
th, td, td[data-name]::before {
  color: #3a3a3a;
  font-weight: normal;
  font-size: .875em;
}
@media(max-width: 549px) {
  td, tr { display: block }
  table td > img {
    float: left;
    margin-right: 10px;
  }
  thead {
    position: absolute;
    left: -9999rem;
  }
  td {
    text-align: right;
    padding: 5px;
    vertical-align: baseline;
  }
  td[data-name]::before {
    content: attr(data-name) ":";
```

```
    float: left;
  }

  tfoot tr {
    display: flex;
    justify-content: space-between;
    align-items: baseline;
  }
  tfoot th { padding: 5px }
}
table { width: 100% }
```

图 8-28 展示了完成的表格。

处理前的表格页脚

处理后的表格页脚

在移动端显示的已调整的表格

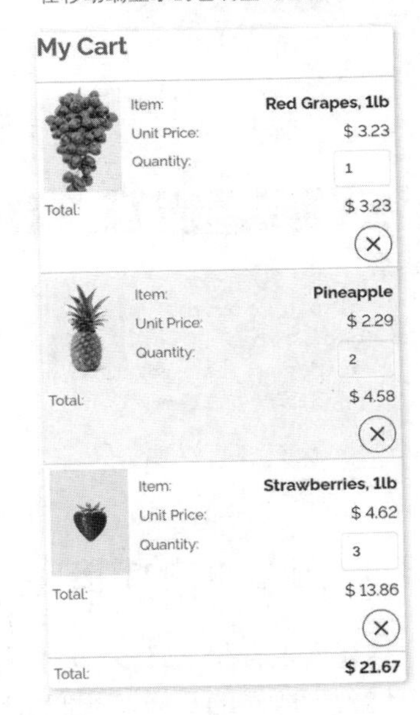

图 8-28　窄屏幕下以卡片形式显示的表格

现在表格可以很好地在移动设备上显示，我们将转向描述列表和整体布局。不同于专门为小屏幕创建的样式规则，接下来的一组规则将适用于任何宽度的屏幕，因此它们不会被放在媒体查询中。我们先来处理描述列表(<dl>)。

8.3.2　描述列表

表格在移动设备和桌面屏幕上将呈现完全不同的外观，而描述列表在各种屏幕宽度下都会保持一致。它在宽屏幕上的位置会有所变化，但列表本身不会改变。因为描述列表在任何屏幕尺寸下都是相同的，所以我们不会将布局样式放在媒体查询中。

为了展示描述列表，我们将使用网格布局(详见第 2 章)。我们将定义两列，并允许项目在这两列内自动确定位置。当子元素没有得到具体的位置指令时，网格容器的子元素会自动放置在第一个可用空间中，这正是我们要利用的行为。我们还会定义间距并在容器中进行适当的填充，以在网格和卡片中分隔元素。最后，让数字右对齐。代码清单 8-22 展示了 CSS，图 8-29 展示了描述列表调整之前和之后的效果。

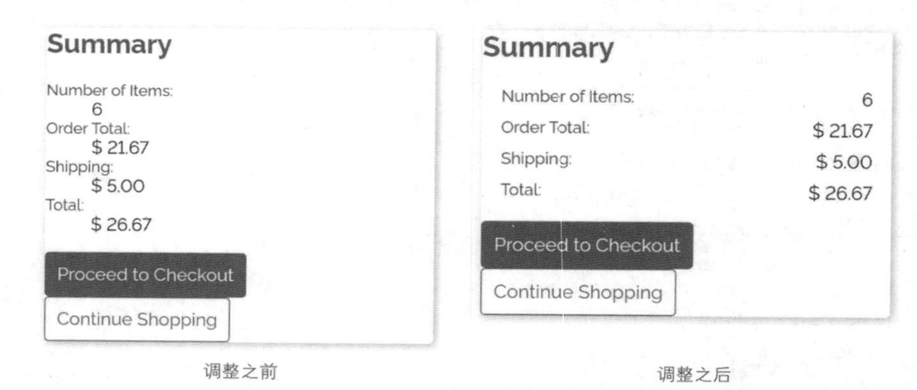

图 8-29　描述列表调整前、后对比

代码清单 8-22　描述列表的样式

```
dl {
  display: grid;
  gap: .5rem;
  grid-template-columns: auto max-content;
  padding: 0 1rem;
}
dd { text-align: right; }
```

我们在第二列使用 max-content，这是因为我们不希望数字换行，这样会使它们难以阅读

8.3.3　调用动作的链接

描述列表看起来好多了，但是调用动作的链接仍需要一些改进。就像我们在 8.3.2 节为描述列表所做的那样，我们希望调用动作链接在任何屏幕尺寸下都具有相同的布局，因此它的样式将放在媒体查询之外。

先对链接的容器进行适当的填充，并使用 text-align 属性使它们居中。当屏幕空间不足以使链接并排显示时，它们会堆叠在一起，我们将为它们添加一定的外边距，以防止它们挤在一起。代码清单 8-23 展示了代码。图 8-30 展示了输出前、后的变化。

代码清单 8-23　动作链接

```
.actions {
  padding: 1rem;
  text-align: center;
}
.actions a {
  margin: 0 .25rem .5rem;
}
```

图 8-30　调用动作链接修改前、后的布局

8.3.4　内边距、外边距以及外边距折叠

除了关于标题的内容之外，本章各小节的内容都是针对移动设备进行布局的。默认情况下，浏览器为标题设置了一定的外边距，但这个设置并没有产生我们期望的效果；它并没有在卡片边缘和标题之间创建垂直空隙，而是将卡片向下推移。外边距会推动内容，但不会影响元素或其内容所占的空间，这就是顶部外边距(即标题)溢出卡片的原因。

如果我们移除标题的外边距并改用内边距，会导致卡片被扩展，但两个卡片之间的间隙将会消失。因此，我们需要给区块本身添加一定的外边距，以在两个卡片之间创建间隙。如果我们给区块添加数值为 1rem 0 的外边距(即顶部和底部各 1rem，左、右为 0)，那么两个卡片之间仍会保留 1rem 的间距——这是外边距折叠的直接结果。除非通过浮动或弹性布局改变元素的位置，否则相互接触的两个外边距会折叠成其中较大的一个。图 8-31 展示了这种效果。

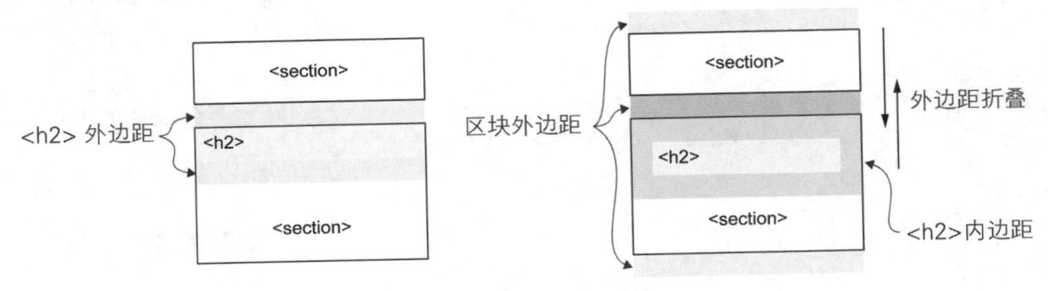

图 8-31　外边距及外边距折叠的效果

把卡片标题的外边距替换为内边距，以增大卡片边缘和标题之间的间距。然后为卡片添加区块外边距，以恢复丢失的垂直空间。最后，在主体中添加内边距，以确保卡片不会紧贴屏幕的左、右边缘。代码清单 8-24 展示了具体的操作。

代码清单 8-24 区块外边距和标题内边距

```
body {
  font-family: 'Raleway', sans-serif;
  color: #171717;
  font-variant-numeric: lining-nums;
  background: #fbffff;
  padding: 1rem;
}

section { margin: 1rem 0 }
section h2 {
  padding: 1rem;
  margin: 0;
}
```

完成移动端布局后(见图 8-32)，让我们把屏幕宽度调整到适用于平板电脑和笔记本电脑的宽度。

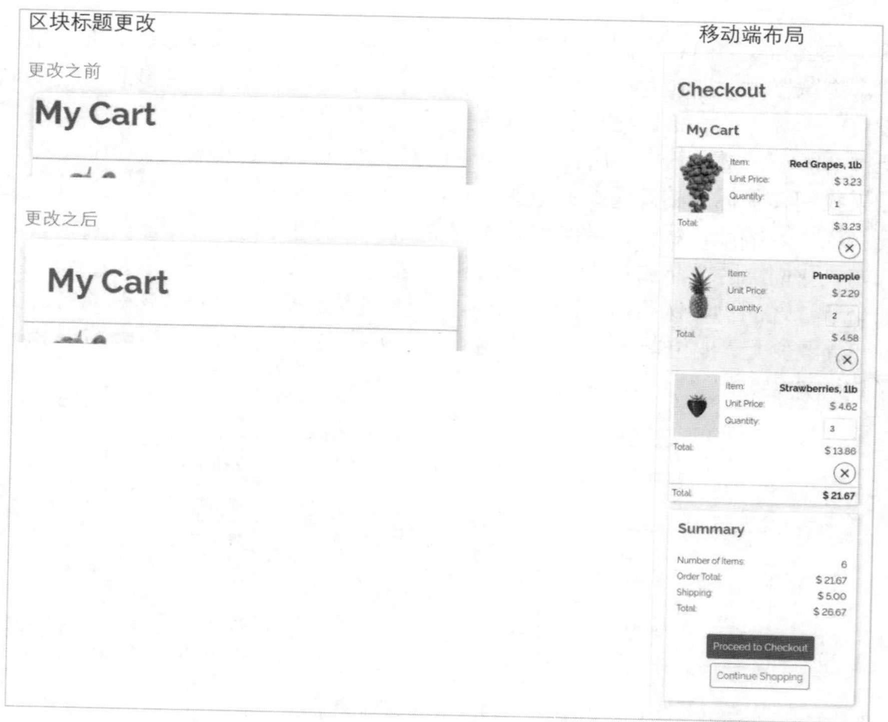

图 8-32 卡片标题更改前、后的对比

8.4 中等尺寸屏幕的布局

我们针对移动设备所做的大部分设计在中等尺寸屏幕上看起来很不错。因为我们使用媒体查询来限制表格布局的更改范围，使其仅适用于宽度小于或等于 549px 的屏幕，所以我们编写的样式不会被应用于宽度为 550px 或任何更宽的屏幕。图 8-33 展示了视口宽度为 549px 和 550px 时的表格。当宽度为 550px 时，我们回到了标准的表格布局。

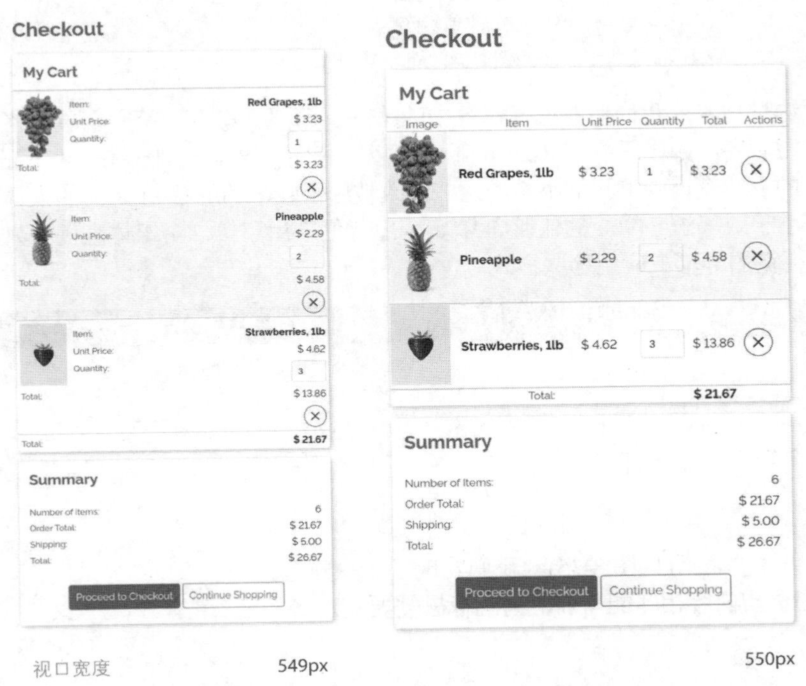

图 8-33　不同屏幕宽度下的显示效果

8.4.1　右对齐的数字

接下来更新表格中数值的对齐方式。在前端开发中，通常右对齐的数字更便于进行视觉计算，尤其是当这些数字在同一列进行加总时。我们将对单位价格、数量以及总数的标题和单元格进行更新，让其右对齐显示。

为了选择表头和单元格，可以使用:nth-of-type(n)选择器。例如，若要选择“Unit Price”列(第三列)的标题和单元格，我们会使用 th:nth-of-type(3), td:nth-of-type(3) { ... }，然后对其后的列(Quantity、Total 和 Actions)重复相同的过程。

我们也可以用稍微不同的方式思考这个过程。我们的目标是使除了前两列之外的所有列右对齐。在:nth-of-type()内部，我们不仅可以传递数字，还可以传递模式。在 8.2.4 节中，我们在设置行背景颜色时使用了这个技巧，当时传递的是 even 参数。这次，我们将传递一个自定义模式，使用参数 n+3。这个模式表示我们想要选择从第三个实例开始的所有匹配元素(迭代器是 n 且起始点是 3)。图 8-34 阐释了这个模式。

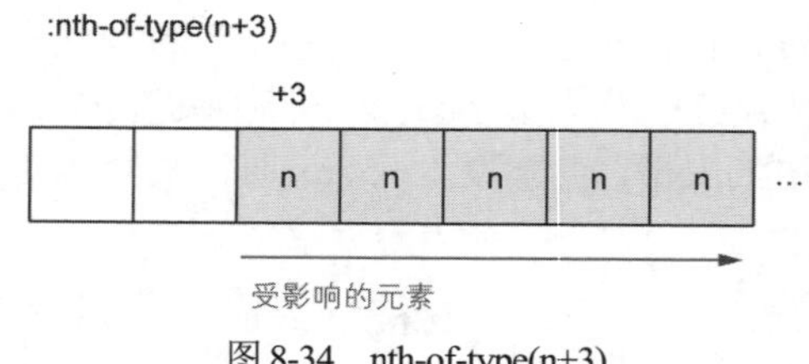

图 8-34　nth-of-type(n+3)

通过这种技术，我们能够选择每行中的第三、第四、第五和第六个单元格，并使它们的内容右对齐，如代码清单 8-25 所示。注意，我们将这个规则放在一个 min-width 值为 550px 的媒体查询内。我们不希望这些更改被用于较小的屏幕(在之前的媒体查询中定义为宽度小于或等于 549px 的任何屏幕)，因此我们使用了第二个媒体查询，只在宽度为 550px 或更宽的屏幕上应用这些样式。

代码清单 8-25　使内容右对齐

```
@media (min-width: 550px) {
  th:nth-of-type(n+3),
  td:nth-of-type(n+3) {
     text-align: right;
  }
}
```

在应用样式之后(见图 8-35)，我们发现了一些问题。

- 为了与内容相匹配，前两列的标题需要左对齐。

图 8-35　使数字和 Actions 列右对齐

- 字段内的数字没有右对齐。
- 删除按钮紧贴卡片的边缘。

让我们按顺序解决这些问题。

8.4.2　使前两列左对齐

我们将利用特异性来处理标题。由于作为选择器，th 在特异性方面不如 th:nth-of-type(n+3)，因此我们可以编写一个针对 th 的规则，使文本左对齐，并保留我们之前针对其他列编写的规则。这个 th 规则会使所有列的标题内容左对齐。接着，我们将在 th:nth-of-type(n+3)规则中覆盖数字和按钮列的 text-align 属性值。代码清单 8-26 展示了这些更改。

代码清单 8-26　更新标题规则

```
@media (min-width: 550px) {

  th { text-align: left }

  th:nth-of-type(n+3),
  td:nth-of-type(n+3) {
    text-align: right;
  }
}
```

现在表格的前两个标题是左对齐的，而不是居中显示的(这是浏览器的默认设置)，而其他列保持了右对齐(见图 8-36)。

图 8-36　样式化之后的标题

8.4.3 使输入文本框中的数字右对齐

我们可以选择使此表格视图中或任意宽度的屏幕中的输入文本框内的文本右对齐，并在媒体查询之外进行设置。由于我们已在移动端视图中使数字和总数右对齐，因此合理的做法似乎是更新输入文本框样式以使其适用于所有显示尺寸，并将这个更新放入主题中。

为了选择数字类型的输入，我们可以使用属性选择器：input[type="number"] { ... }。我们将在媒体查询之外的样式表中添加 input[type="number"] { text-align: right }，因为我们希望在任意屏幕尺寸下应用这个样式。输入字段内的文本右对齐后(见图 8-37)，我们需要处理的最后一部分是所有表格数据单元格和标题中的内边距。

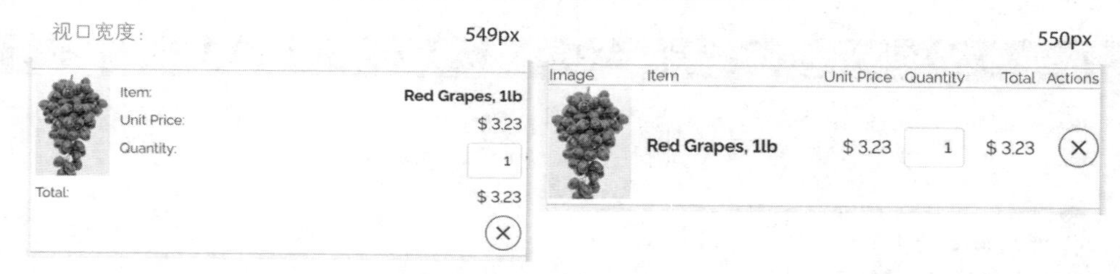

图 8-37 使输入文本框中的数字右对齐

8.4.4 单元格内边距和外边距

为了完成中等尺寸屏幕下的表格视图，我们需要在表格标题、表格主体和页脚中的单元格上添加内边距和外边距。为了实现这个效果，在中等尺寸屏幕(min-width: 550px)的媒体查询中，为 td 和 th 添加 padding: 10px 的样式规则。代码清单 8-27 展示了我们为实现表格布局所做的全部修改。

代码清单 8-27 中等尺寸的屏幕

```
input[type="number"] { text-align: right }

@media (min-width: 550px) {

  th { text-align: left }

  th:nth-of-type(n+3),
  td:nth-of-type(n+3) {
    text-align: right;
  }

  td, th { padding: 10px }
}
```

现在我们已经针对小尺寸和中等尺寸的屏幕进行了样式设置(见图 8-38)，让我们进一步处理宽屏显示。

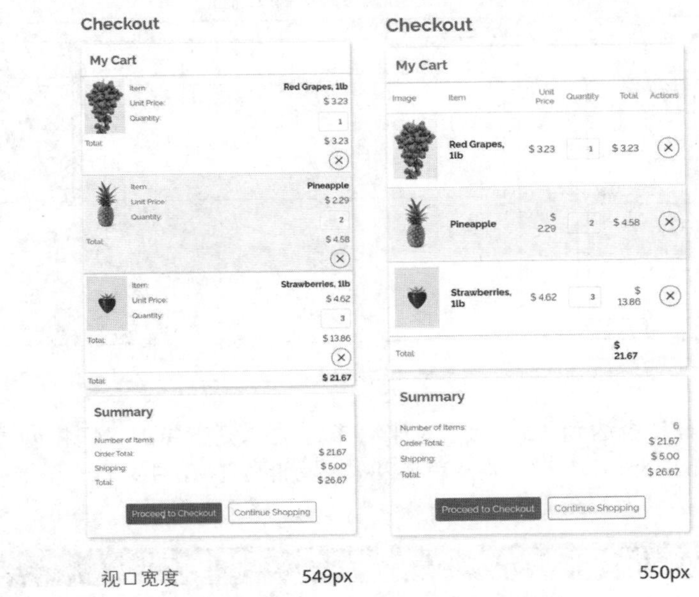

图 8-38　适用于手机端和平板电脑端的布局

8.5　宽屏幕

随着屏幕宽度的增大，标题和描述之间的距离逐渐加大，导致摘要部分变得难以阅读(见图 8-39)。

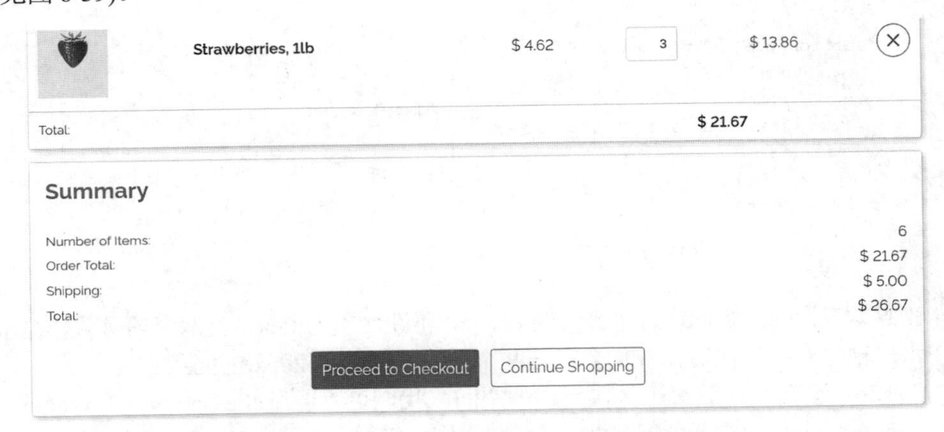

图 8-39　在台式电脑或笔记本电脑上显示摘要信息(视口宽度为 955 像素)

随着屏幕变得更宽，我们有更多的水平空间可以利用，所以当视口达到 955 像素宽时，我们将摘要区块移到购物车区块旁边，如图 8-40 中的线框示意图所示。

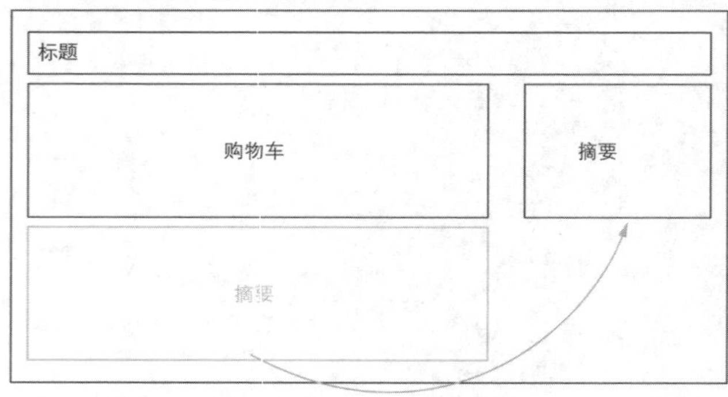

图 8-40 布局线框图

为了根据屏幕是否达到 955 像素宽来有条件地改变布局，我们将创建媒体查询 @media(min-width:955px){}。在代码清单 8-28 内显示的 HTML 中，有一个围绕两个区块的容器<div>，其类名为 section-container。

代码清单 8-28 页面的 HTML

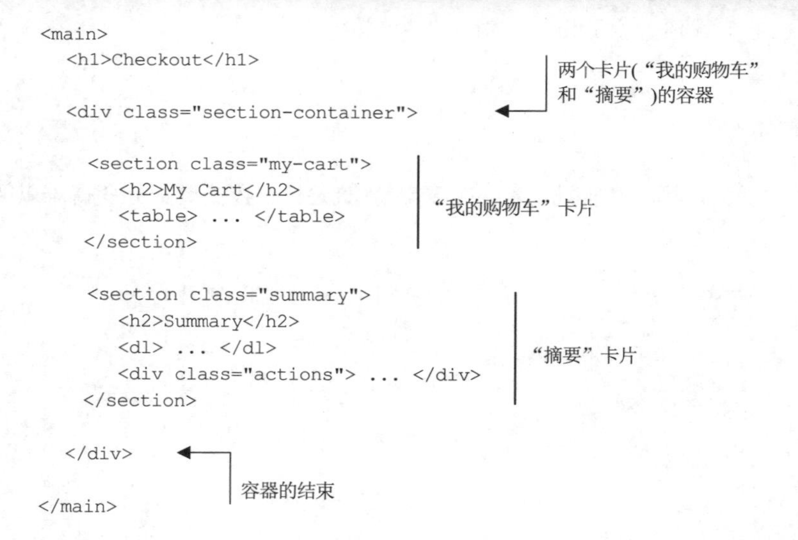

```
<main>
  <h1>Checkout</h1>

  <div class="section-container">

    <section class="my-cart">
      <h2>My Cart</h2>
      <table> ... </table>
    </section>

    <section class="summary">
      <h2>Summary</h2>
      <dl> ... </dl>
      <div class="actions"> ... </div>
    </section>

  </div>

</main>
```


在媒体查询中，我们通过将容器的 display 属性设置为 flex，使两个项目并排显示，并在水平轴上对齐。接着，我们会在这两个区块之间添加 20px 的间距。

Flexbox 会自动计算每个区块所占的空间。我们可以通过 flex-grow、flex-shrink 和 flex-basis 属性影响浏览器分配尺寸的方式。我们将摘要区块 flex-basis 的值设置为 250px，并将购物车区块 flex-grow 的值设置为 1。

对于摘要卡片来说，flex-basis 属性决定了浏览器在开始分配区块空间时，区块的初始大小。如果 flex 属性设定的内容能容纳 250px 宽的区块，浏览器将让区块的尺寸保持不变；否则，浏览器将根据需要调整区块尺寸。而 flex-grow 属性则告诉浏览器，如果内容的 flex 设置后仍有多余空间，应该使此元素变宽以利用这些额外空间。图 8-41 展示了应用和未应用这两个属性时，区块的不同尺寸。

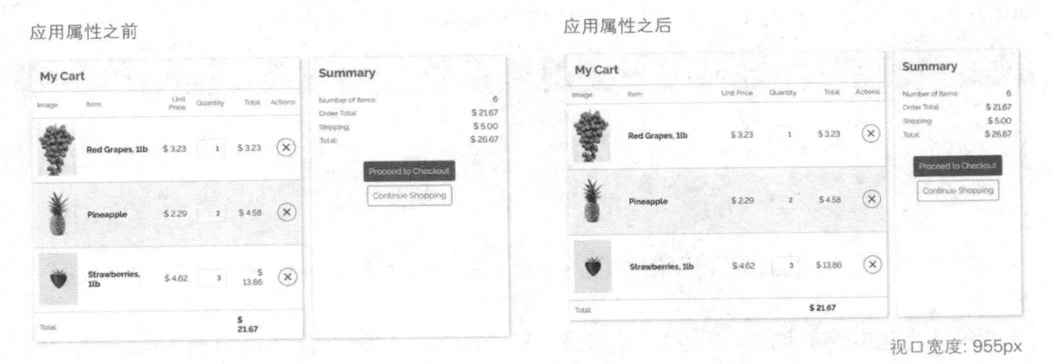

图 8-41　应用 flex-basis 和 flex-grow 属性前、后对比

通过使用 flex-grow 和 flex-basis，我们能够控制表格相对于摘要卡片的宽度。因此，在本项目中，我们使用代码清单 8-29 中的媒体查询。

代码清单 8-29　在宽屏幕上并排放置这两个卡片

```
@media (min-width: 955px) {
  .section-container {
    display: flex;
    gap: 20px;
  }
  section.my-cart { flex-grow: 1; }
  section.summary { flex-basis: 250px }
}
```

图 8-41 展示了屏幕宽度为 955 像素时的布局。然而，如果屏幕变得更宽，比如超宽曲面显示器，会出现另一个问题：内容再次变得难以阅读(见图 8-42)。尽管摘要卡片上设置的 flex-basis 值使摘要内容具有良好的可读性，但由于表格不断扩展(通过 flex-grow 属性)，因此该区块变得过于臃肿。

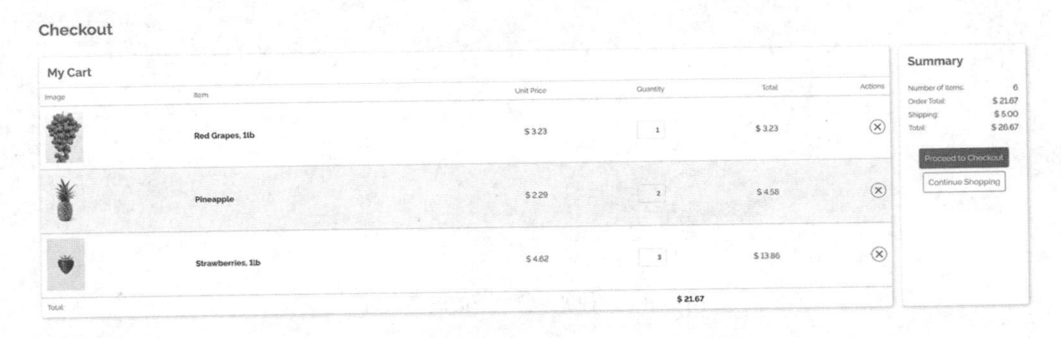

图 8-42　在宽度为 2000 像素的屏幕上的布局

为防止表格变得过宽，我们可以限制包含主标题和卡片的<main>元素的宽度。这个改变确保无论用户的显示屏有多宽，或用户如何扩展窗口，内容都能够正确呈现。如代码清单 8-30 所示，将左、右外边距的值设置为 auto 来使页面内容居中。

代码清单 8-30　main 元素的最大宽度

```
main {
  max-width: 1280px;
  margin: 0 auto;
}
```

布局此时已应用了所有样式(见图 8-43)，我们已经对内容进行了限制并使其居中显示。

通过这些最终的调整，我们已经完成了整个项目。从一个 HTML 文件开始，我们根据屏幕宽度创建了三种不同的布局(见图 8-44)。

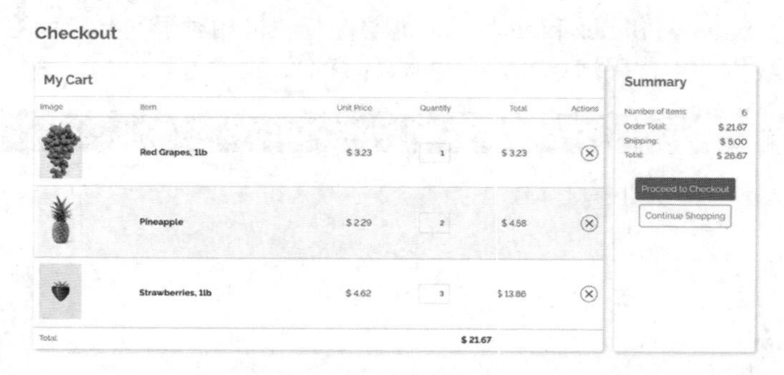

图 8-43　限宽布局

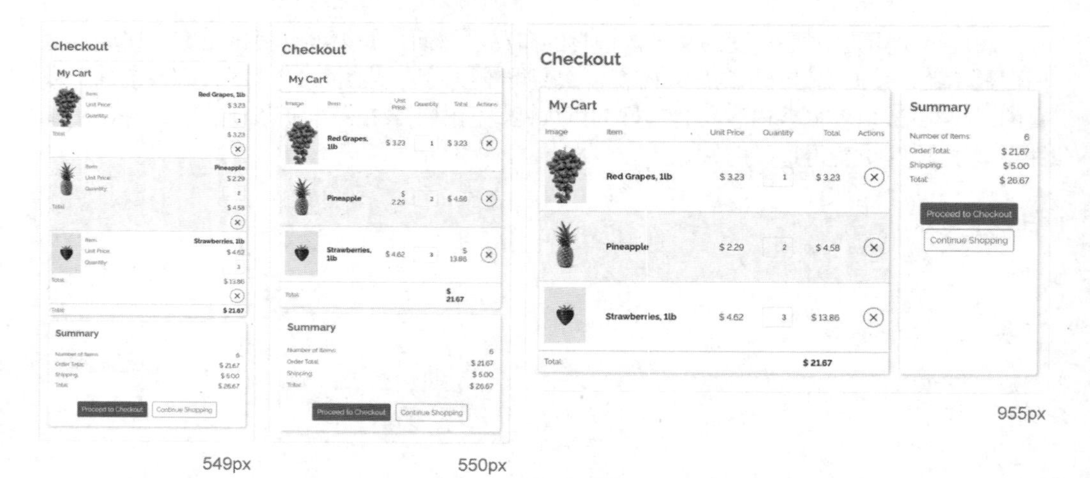

图 8-44　三种屏幕宽度下的最终布局

8.6　本章小结

- 数字样式可以通过 font-variant-numeric 属性进行控制。
- 媒体查询允许根据屏幕大小有条件地应用样式。
- 根据所设计样式的内容或它们所代表的内容来为 CSS 类命名，将有助于创建易于理解和维护的名称。
- HTML 属性值可用于选择元素。
- 可以使用伪元素、content 属性和 attr()函数，通过 CSS 显示 HTML 属性。
- 外边距可以折叠。
- 设置为 display:flex 的元素可以通过 flex-grow、flex-shrink 和 flex-basis 进行控制。
- :nth-of-type 可根据目标元素在容器内相对于同类元素的位置，利用数字、关键词或自定义模式来选中目标元素。

第 9 章 创建虚拟信用卡

本章主要内容

- 在布局中使用 Flexbox 和 position
- 处理背景图像并调整尺寸
- 加载和应用本地字体
- 使用过渡和背面可见性属性来创建 3D 效果
- 使用 text-shadow 和 border-radius 等附加样式属性

在第 3 章中，我们了解到 CSS 中的动画为创造交互式网页体验提供了许多机会。我们利用动画使用户在等待任务完成时知道后台正在进行某项操作。现在，我们将运用动画来响应用户的互动，并为信用卡图片创建翻转效果。动画将展示信用卡正面，但当鼠标悬停或用户在移动设备上点击时，它会进行翻转以展示信用卡的背面。

这种效果对用户非常实用，因为我们重新呈现了其信用卡可能的外观，展示了在线购物时需要根据信用卡输入的信息，比如过期日期或安全码。动画是在网页中重现实际生活中的场景以模拟实物的一种方式。这个项目与第 8 章的结账购物车设计息息相关。

我们还将探索如何利用 CSS Flexbox 布局模块进行布局，设置信用卡背景和卡片上的图标样式。同时，我们会使用阴影、颜色和边框半径等样式属性。在本章结束时，项目的布局将如图 9-1 所示。

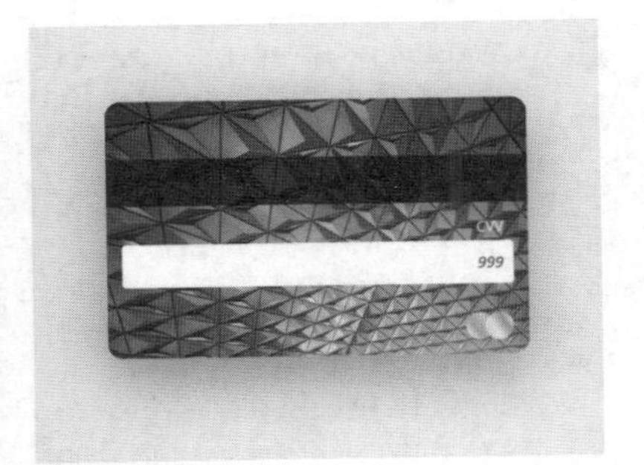

图 9-1　信用卡正面和背面的最终效果

在进行此项目的过程中，随时尝试自定义以匹配你的设计风格，例如，可以尝试改变背景图像或字体等。这个项目为你提供了极好的机会来微调样式以展现个性化风格。让我们开始吧。

9.1 开始项目

项目的 HTML 由两个主要部分构成。在代表虚拟卡片的整体区块内，有前端和后端部分。你可以在 GitHub 仓库的 chapter-09 文件夹(http://mng.bz/Bm5g)、CodePen(https://codepen.io/michaelgearon/pen/YzZKMKN)以及代码清单 9-1 中找到起始的 HTML。

代码清单 9-1 项目的 HTML

```
<section class="card-item">                                    ← 整个信用卡的容器
  <section class="card-item__side front">                      ← 卡片正面的容器
    <div class="card-item__wrapper">
      <div class="card-item__top">                             ┐
          <img src="chip.svg" class="card-item__chip" alt="card chip">
        <div class="card-item__type">                          │ 卡片正面顶部的区块
          <img src="logo.svg" alt="Card Type" class="card-item__typeImg"
➥ height="37" width="152">
        </div>
      </div>                                                   ┘
        <div class="card-item__number">                        ← 卡片正面中部的区块，显示卡号
        <div>1111</div>
        <div>2222</div>
        <div>3333</div>
            <div>4444</div>
      </div>
      <div class="card-item__content">                         ← 卡片正面底部的区块，显示失效日期和持卡人姓名
        <div class="card-item__info">
          <div class="card-item__holder">Card Holder</div>
          <div class="card-item__name">John Smith</div>
        </div>
        <div class="card-item__date">
          <div class="card-item__dateTitle">Expires</div>
          <div class="card-item__dateItem">02/22</div>
        </div>
        </div>
      </div>
  </section>
  <section class="card-item__side back">
      <div class="card-item__band"></div>
      <div class="card-item__cvv">
          <div class="card-item__cvvTitle">CVV</div>
          <div class="card-item__cvvBand">999</div>
          <div class="card-item__type">
            <img src="card-type.svg" class="card-item__typeImg"
➥ height="30" width="50">
```

```
        </div>
      </div>
    </section>
  </section>
```

另外，一些初始的 CSS 用于将背景颜色更改为浅蓝色，并在页面顶部添加边距，如代码清单 9-2 所示。

代码清单 9-2　起始 CSS

```
* {
   box-sizing: border-box;
}
body {
  background: rgb(221 238 252);
  margin-top: 80px;
}
```

我们使用第 1 章中介绍的全局选择器来将所有 HTML 元素的 box-sizing 值设定为 border-box。这个选择器有两个值：

- content-box——这个值是用于计算元素宽度和高度的默认值。如果 content-box 的高度和宽度为 250px，那么任何边框或内边距都将添加到最终渲染的宽度中。例如，假设元素四周有 2px 的边框，那么最终渲染的宽度将为 254px。
- border-box——该值与 content-box 的不同之处在于，如果我们将元素的高度设置为 250px，则任何边框和内边距都将包含在这个指定数值中。border-box 中的内容尺寸会随着内边距和边框的增大而减小。

图 9-2 展示了一个关于这两个属性设置的示例。项目的起点如图 9-3 所示。

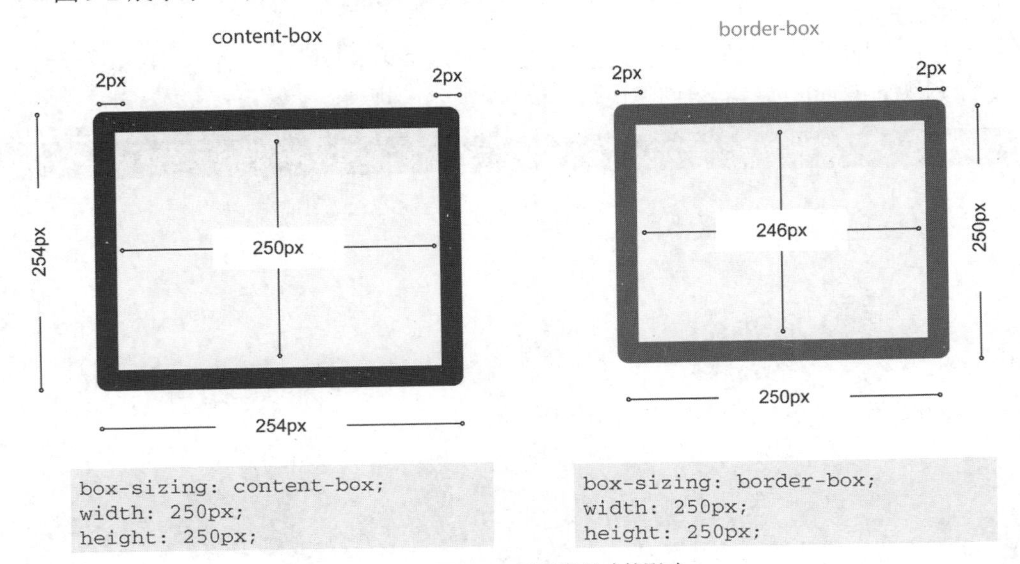

图 9-2　box-sizing 对元素尺寸的影响

图 9-3　项目的起点

9.2　创建布局

卡片的正反两面都有一个名为 card-item__side 的类。正面还有一个名为 front 的类，背面有一个名为 back 的类。拥有两个类名(一个在正反两面上是相同的，另一个不同)，使我们能够利用.card-item__side 选择器(共有的类)为正反两面分配通用的样式，并使用.front {}或.back {}规则分别为每个面分配独特的样式。

先让卡片在屏幕上居中显示。第一步是对卡片的高度和宽度进行设定：最大宽度为 430px，固定高度为 270px。

在 9.5 节，我们会将卡片的背面放在前面以制造翻转效果，因此我们要将卡片的位置设为相对定位。

为了让卡片在浏览器窗口水平居中，最后一步是将卡片的左、右边距设置为自动。我们使用.card-item 选择器来创建代码清单 9-3 所示的规则。

代码清单 9-3　容器样式

```
.card-item {
  max-width: 430px;
  height: 270px;
  margin: auto;
  position: relative;
}
```

图 9-4 展示了更新后居中对齐的信用卡。

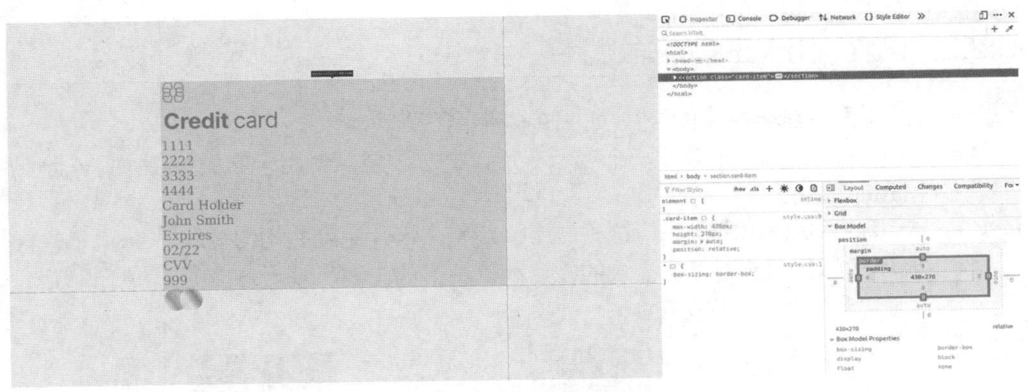

图 9-4　居中对齐的信用卡

9.2.1　调整信用卡尺寸

为了确保信用卡的正反两面充分利用父容器(即卡片)提供的空间，我们已经设置了信用卡的最大宽度和高度。因此，我们将使用类选择器.card-item__side 为信用卡的两面分别分配 100%的高度和宽度。代码清单 9-4 展示了具体操作。

代码清单 9-4　信用卡正反两面共享的容器

```
.card-item__side {
  height: 100%;
  width: 100%;
}
```

添加了这段代码后，信用卡正反两面将会扩展以匹配其父容器的尺寸，正如图 9-5 所示。

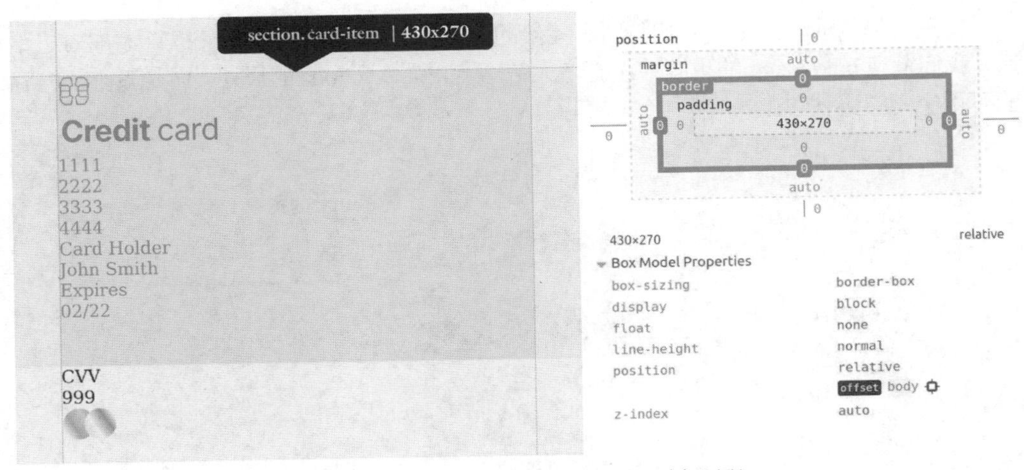

图 9-5　信用卡正反两面与父容器的尺寸相匹配

9.2.2 设置信用卡正面的样式

卡片的正面有三个主要的区块(如图 9-6 所示)：

- 卡片顶部有两个图像，一个展示芯片，另一个展示信用卡的类型(比如 Visa 或 MasterCard)。
- 卡片中部是信用卡号码，这些数字横跨整个卡片宽度并均匀分布。
- 卡片底部分别放置了持卡人的姓名和信用卡的失效日期，这些元素位于两端。

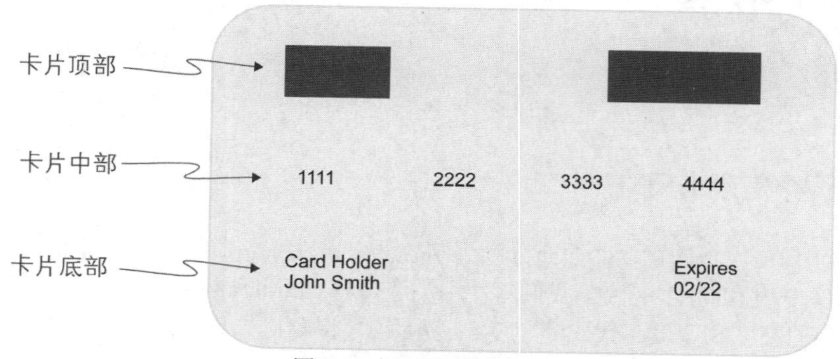

图 9-6 卡片正面的线框图

在开始为信用卡正面的各个部分设置样式之前，让我们给卡片正面添加一定的内边距，以免内容直接与边缘贴在一起，让卡片显得清爽一些。代码清单 9-5 显示了具体操作。

代码清单 9-5 信用卡正面的容器样式设计

```
.front {
  padding: 25px 15px;
}
```

在项目最初的样式中，我们将所有元素的 box-sizing 设置为 border-box。添加内边距后，我们发现 box-sizing 的更改并没有增大信用卡正面<section>的尺寸，而是减小了内容的可用空间(见图 9-7)。

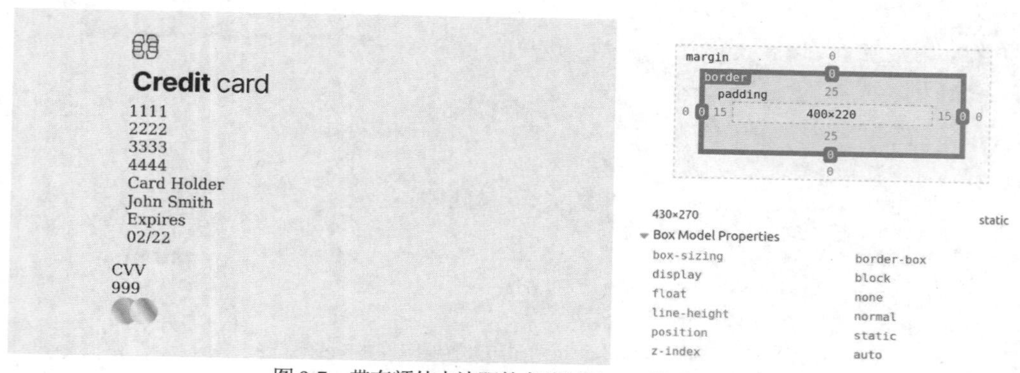

图 9-7 带有额外内边距的卡片以及 box 模型示意图

信用卡顶部

我们在卡片的布局中采用了 Flexbox。Flexbox 通常是在单一轴布局中放置项目的最佳选择。此外，我们需要充分利用 Flexbox 提供的额外功能，尤其是在间距和对齐方面，这是浮动布局无法提供的功能。

注意　有关 CSS Flexbox 布局模块及其相关属性的详细信息，请参阅第 6 章。第 7 章涵盖浮动布局。

考虑到这些情况，我们将卡片顶部的 display 属性设置为 flex，并调整对齐方式，使元素的顶部能够对齐。align-items 的默认属性是 stretch，这会增大 flex 项目的高度，让它们的高度与集合中最高元素的高度相匹配。

尽管如此，我们不希望元素出现这种失真；我们希望元素能够垂直顶部对齐。因此，我们将 align-items 属性设置为 flex-start。接着，我们把 justify-content 属性设置为 space-between，这样可以沿轴均匀分布元素，在两个元素之间创造出间隔，并将它们置于卡片的两个极端边缘。

我们会在顶部添加一定的外边距和内边距，以进一步调整其相对于卡片边缘的位置。接着，我们将芯片的宽度增至 60px。由于这是一个 SVG 图像，我们可以放大其尺寸而不损害其质量。由于我们仅调整了宽度，未改变默认高度，因此图像的高度将按比例自动缩放。代码清单 9-6 展示了用于样式化信用卡顶部的规则。

代码清单 9-6　信用卡正面顶部的布局

```
.card-item__top {
  display: flex;
  align-items: flex-start;
  justify-content: space-between;
  margin-bottom: 40px;
  padding: 0 10px;
}
.card-item__chip {
 width: 60px;
}
```

更新后的信用卡外观如图 9-8 所示。

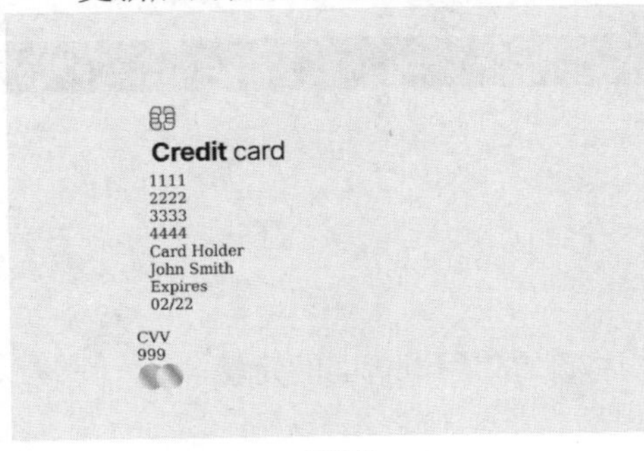

更新前

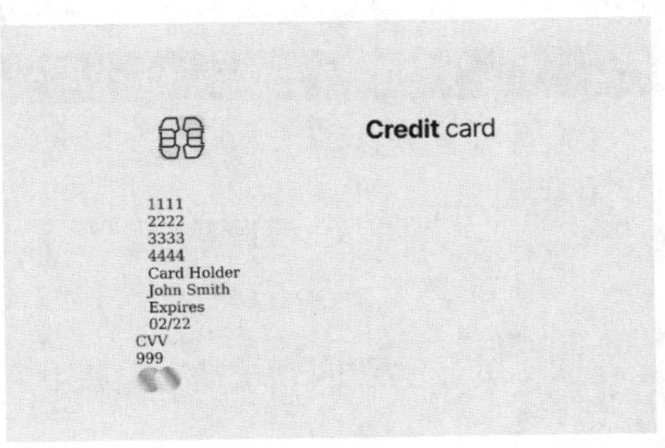

更新后

图 9-8　信用卡顶部样式设计

信用卡中部

信用卡正面中部是卡号。我们采用了 flex 属性，并用 justify-content: space-between 将数字分组，使它们均匀地分布在卡片宽度上。此外，我们还添加了内边距和外边距，以在数字和其周围元素之间留出空间。代码清单 9-7 展示了这些设置。

代码清单 9-7　信用卡正面中部的布局

```
.card-item__number {
  display: flex;
  justify-content: space-between;
  padding: 10px 15px;
  margin-bottom: 35px;
}
```

图 9-9 展示了卡号在整个信用卡宽度上均匀分布的情况。

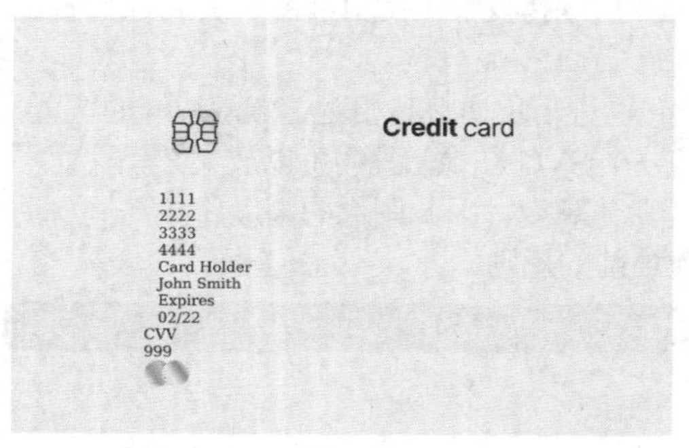

修改之前

修改之后

图 9-9　均匀分布的卡号

信用卡底部

信用卡正面的底部有两个要素：持卡人姓名和信用卡失效日期。与处理信用卡顶部和中部时一样，我们想要分隔信用卡底部的这些信息并将它们放置在信用卡两端的边缘。

我们将采用相同的模式，利用 Flexbox、justify-content 和 padding 来放置这些元素。但是这次不需要使用任何外边距。代码清单 9-8 展示了我们将要使用的规则。

代码清单 9-8　信用卡正面的底部布局

```
.card-item__content {
  display: flex;
  justify-content: space-between;
  padding: 0 15px;
}
```

图 9-10 显示了更新后的布局。接下来，我们将设置信用卡背面的元素。

修改之前

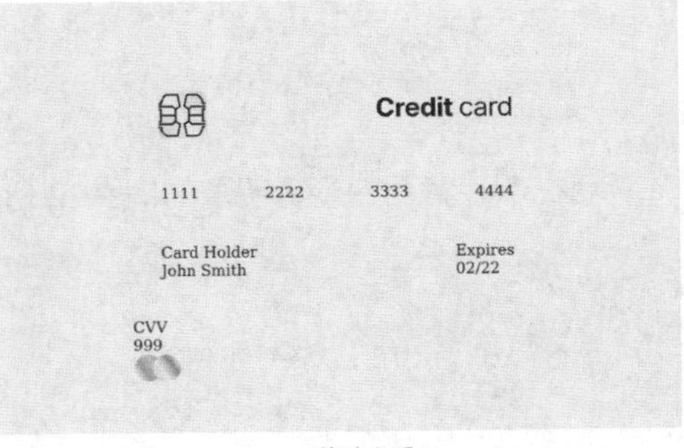

修改之后

图 9-10　信用卡正面的布局

9.2.3　信用卡背面的布局

信用卡的背面布局包括安全码和半透明条(磁条)的布局，如图 9-11 所示。我们先来看一下半透明的背部条。

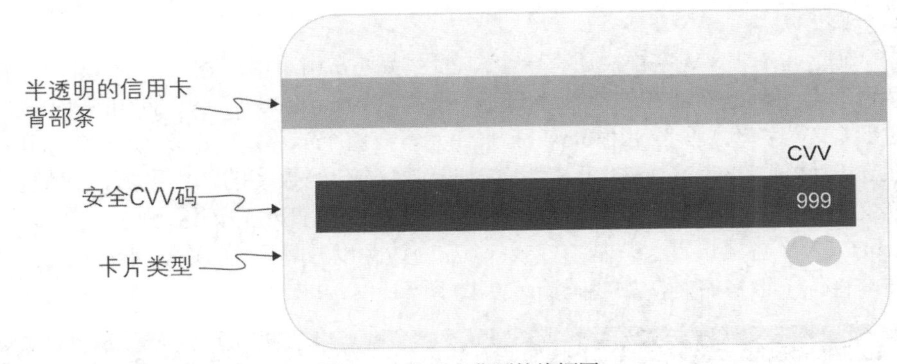

图 9-11　信用卡背面的线框图

半透明条

我们想要使用 card-item__band 类来创建一个高度为 50px 的带状条，并将其置于距离卡片顶部 30px 的位置。尽管<div>没有内容，但因为<div>是块级元素，它会自动占据可用的完整宽度。这个带状条会充满整个宽度。

为了使带状条向下移动(而不是留在卡片顶部)，我们将在卡片背面添加内边距。我们不能使用外边距，因为这会推挤之前存在的内容(在卡片顶部)，无法实现我们想要的效果。

尽管大部分主题设置将在后续章节中进行，现在可以添加背景颜色，以便清晰地展现我们正在进行的操作(见代码清单 9-9)。背景颜色设置为 80%不透明的深蓝色，这样卡片上的部分背景图像就能隐约显示出来。

代码清单 9-9　放置带状条

```
.back { padding-top: 30px }
```

```
.card-item__band {
  height: 50px;
  background: rgb(0 0 19 / 0.8);
}
```

现在卡片背面的半透明条如图 9-12 所示。

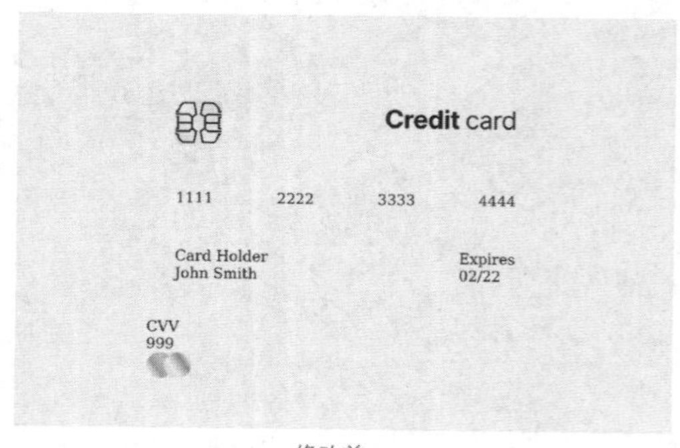

修改前

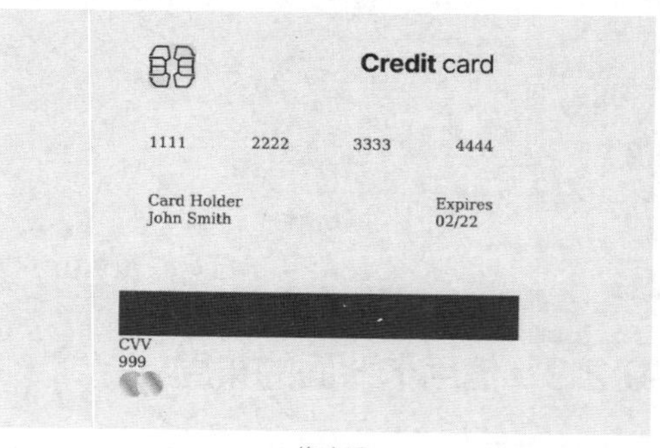

修改后

图 9-12　信用卡背面的样式化带状条

安全码

安全码之上有 CVV 字样，还有一个白色区域(通常用于用户签名)，区域内包含安全码。字母和数字都是右对齐的，并嵌套在一个类名为 card-item__cvv 的<div>内。

对于 CVV 字母，不必使用 Flexbox 来使元素在整个卡片宽度上均匀分布。简单使用 text-align 属性使文本右对齐即可。然而，在包含安全码数字的白色区域，我们会使用 Flexbox，不是为了右对齐文本，而是为了更轻松地垂直对齐该区域内的内容。先给 card-item__CVV 容器设置一些基本样式：添加内边距以分隔元素，并使用 text-align 属性，这样文本将位于卡片右侧，如代码清单 9-10 所示。

代码清单 9-10　设定文本的位置

```
.card-item__cvv {
  text-align: right;
  padding: 15px;
}
```

在处理容器之后(见图 9-13)，我们可以单独为字母和安全码设置样式。

对于 CVV 字母，我们只需要给这段文本添加一定的外边距和内边距，使其偏离右侧边缘并远离下方的数字。由于我们希望数字位于特定高度的白色区域内，我们将使用 height 属性并将其值设置为 45px。为了使文本在方框内垂直居中，我们不再尝试根据文本大小计算所需的垂直内边距，而是使用 Flexbox，并把 align-items 属性值设置为 center。然而，我们仍将使用内边距将文本与方框的右边缘分隔开。

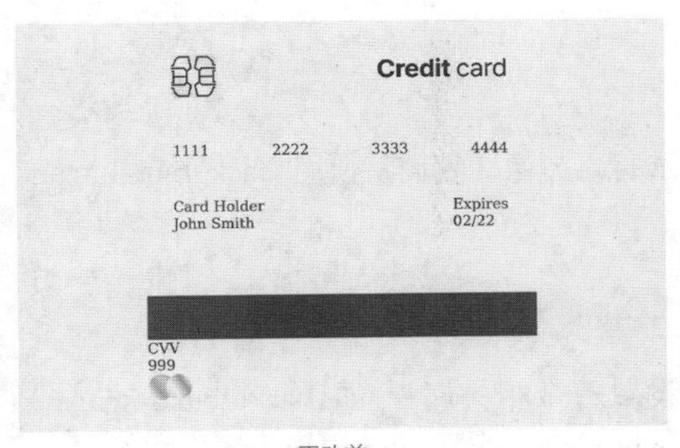

更改前

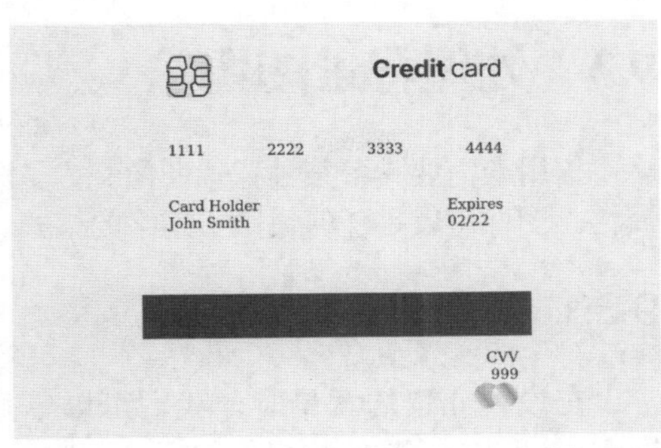

更改后

图 9-13 文本对齐

因为 Flexbox 中 justify-content 属性的默认值是 flex-start(这会将文本重新放到方框的左侧)，所以我们需要显式地将它赋值为 flex-end，这样容器内的元素(即文本)将保持在右侧。代码清单 9-11 展示了用于样式化 CVV 和安全码的 CSS。

代码清单 9-11 信用卡背面的布局

```
.card-item__cvvTitle {
  padding-right: 10px;
  margin-bottom: 5px;
}
.card-item__cvvBand {
  height: 45px;
  margin-bottom: 30px;
  padding-right: 10px;
  display: flex;
  align-items: center;
  justify-content: flex-end;
  Background: rgb(255, 255, 255);
}
```

现在，卡片如图 9-14 所示。

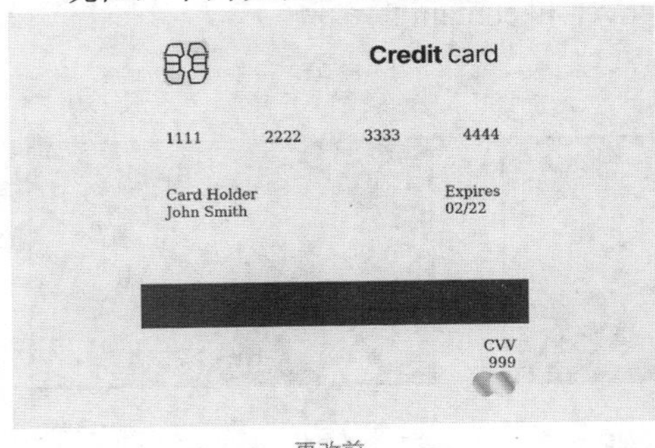

更改前

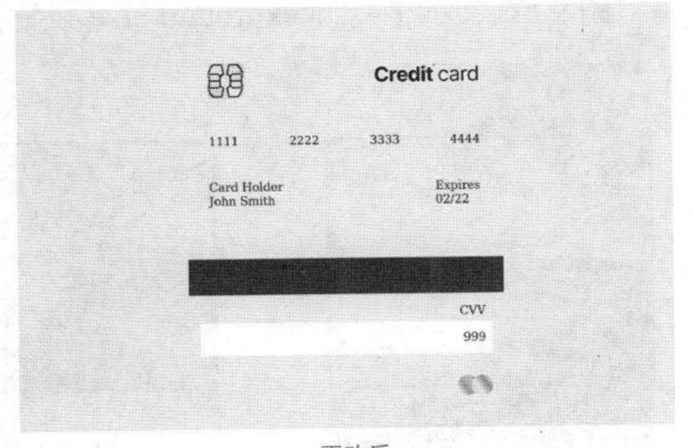

更改后

图 9-14 卡片上放置的元素

卡片开始呈现出最终的形态。现在我们需要为卡片的正、反面应用背景图像、颜色和排版样式。这些步骤将造成巨大的变化，让卡片更接近最终的外观。

9.3 处理背景图像

信用卡需要具备某种背景图像。为了添加背景图像，我们将使用 background-image 属性。图像可以是任何适用于网络的格式。

9.3.1 背景属性的简写形式

在设置元素的背景时，我们可以单独设置每个相关属性(如 background-image、background-size 等)，也可使用简写的 background 属性。我们将使用以下属性和值。

- background-image: url("bg.jpeg")
- background-size: cover
- background-color: blue
- background-position: left top

如果使用简写的 background 属性，声明将是 background: url("bg.jpeg") left top / cover blue;。这里截取了图像的 URL，以使代码更易于阅读和讨论，但在实际的代码中，需要提供图像的完整 URL 来获取图像，我们将在本章中多次使用。图 9-15 详细分析了属性值的组成。

图 9-15 background 属性的简写形式

我们将 background-size 属性值设定为 cover。这个设置让浏览器自行计算图像在不失真的前提下覆盖整个元素的最佳大小，并尽可能多地展示图像内容。如果图像和元素的高宽比不同，图像超出的部分将会被裁剪。如果不希望任何图像被裁剪，可以使用 contain 值。图 9-16 展示了将 background-size 设置为 cover 和 contain 的示例。

background-position: center;
background-size: cover;
background-color: blue;

background-position: center;
background-size: contain;
background-color: blue;

background-position: center;
background-size: contain;
background-color: blue;
background-repeat: no-repeat;

图 9-16 background-size 的示例

尽管我们将 cover 设置为 background-size 的值，我们还是添加了背景颜色。当图像和背景颜色都存在时，图像总是覆盖在颜色之上。这么做有多种原因。例如，如果图像比元素小或是透明的，设置的背景颜色能确保图像后面有一致的背景色。它还能在图像加载时或加载失败时为浏览器提供显示内容。在本项目中，这不是必需的，但是设置一个与页面背景不同的颜色，可以将卡片和页面区分开来，在图像加载失败时该颜色可以充当备选方案。因为我们想让卡片的正面和背面都具有背景图像，所以我们会更新.card-item__side 规则，它会影响到卡片的正反面，具体更新内容如代码清单 9-12 所示。

代码清单 9-12　卡片正反两面的背景图像

```
.card-item__side{
  height: 100%;
  width: 100%;
  background: url("bg.jpeg") left top / cover blue;
}
```

完成背景图像的设置后(见图 9-17)，我们可以专注于文本的样式设计。

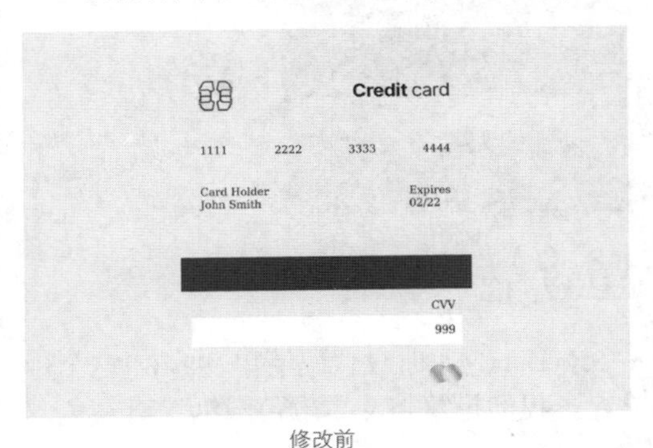

修改前

修改后

图 9-17　卡片的正反两面都已添加背景图像

9.3.2　文本颜色

现在我们已经设置了背景图像，但我们注意到文本难以阅读，所以将其从黑色改为白色，并通过更新.card-item 选择器来实现。代码清单 9-13 展示了更新后的.card-item 规则。

> **颜色对比与背景图片**
>
> 为了保证文本与图像重叠时的颜色对比度始终符合可访问性标准，需要采取手动测试，并考虑窗口大小调整引起的内容重排对文本与图像重叠位置的影响。一种有效技巧是测试文本颜色与图像最明亮和最暗部分之间的对比度。
>
> 同样值得一提的是，正如本项目所展示的那样，图像越复杂，就越难以实现良好的可读性。

代码清单 9-13　设置容器的颜色

```
.card-item {
  max-width: 430px;
  height: 270px;
  margin: auto;
  position: relative;
  color: white;
}
```

通过更新这个规则，我们已将卡片上的所有文本都改成了白色(见图 9-18)。然而，安全码是在白色背景上的，因此我们需要更新其规则，将文本颜色改为较暗的色调。

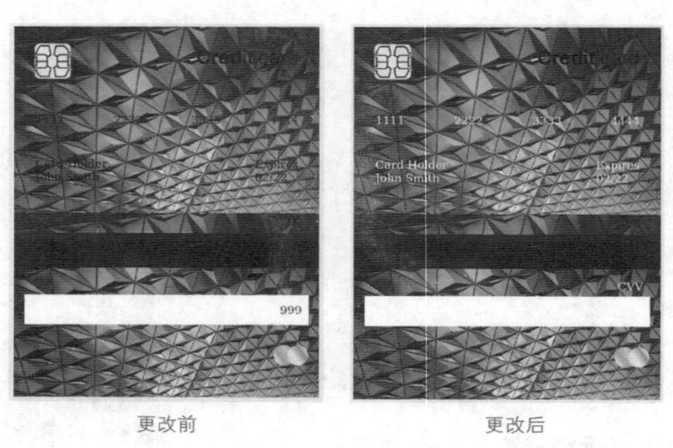

图 9-18　文本颜色已改为白色

为了改变文本颜色，我们将更新.card-item__cvvBand 规则(见代码清单 9-14)。这个规则目前提供了白色带状条并确定了安全码的位置。我们打算将文本颜色改为深蓝灰色。

代码清单 9-14　信用卡背面的白色背景

```
.card-item__cvvBand {
  background: white;
  height: 45px;
  margin-bottom: 30px;
  padding-right: 10px;
  display: flex;
  align-items: center;
  justify-content: flex-end;
  color: rgb(26, 59, 93);
}
```

在恢复了安全码的可见性之后(见图 9-19)，让我们把注意力转向卡片正面的两个文本元素：持卡人(Card Holder)和失效日期(Expires)。

从信息角度来看，这两个文本仅用于标记它们所配对的元素，因此它们在视觉上的重要性要低于实际的姓名和日期。为了降低它们的视觉重要性，我们将降低其不透明度(见代码清单 9-15)，使它们呈现轻微半透明状态，并降低它们的亮度。在 9.4 节中，当处理排版时，基于相同的原因，我们会减小它们的尺寸。

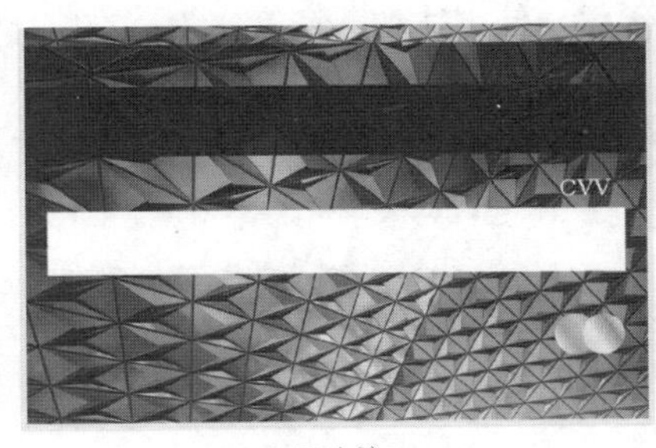

更改前

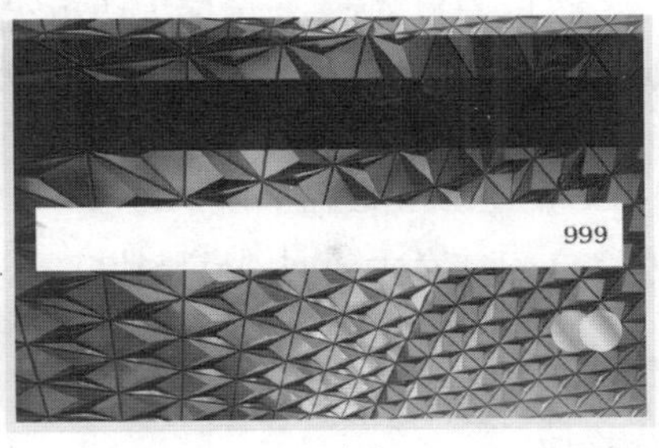

更改后

图 9-19 恢复安全码的显示

代码清单 9-15 为标签文本添加样式

```
.card-item__holder, .card-item__dateTitle {
  opacity: 0.7;
}
```

现在，卡片的最终外观已经显现(见图 9-20)。我们已经对布局、格式、图像和颜色进行了样式设置。但我们仍需要调整排版并创造主要效果：悬停时的翻转。接下来，我们将调整字体。

更改前

更改后

图 9-20 降低文本透明度

9.4 排版

在其他项目中，我们使用免费在线资源 Google Fonts 来加载所需的字体。通过连接到 Google Fonts 应用程序编程接口(API)，请求所需的字体，然后将属性值设置为我们正在使用的字体系列。但在某些情况下，我们可能会选择自行加载字体文件，而不依赖于 API 或内容分发网络(CDN)。

警告 与图像和其他媒体形式一样，字体也受许可证的限制。在网站或应用程序中使用字体之前，无论通过何种方式(API、CDN 或本地托管)导入字体，请确保拥有适当的许可证。如果有疑问，请向你的法律团队咨询！

这两种方法各有利弊。没有哪一种明显比另一种更好，因此选择取决于我们正在处理的项目的需求。

使用本地或自托管字体的优点包括：

- 不必依赖第三方。
- 能够更好地控制跨浏览器支持和性能优化，使字体加载速度比第三方字体更快。

缺点包括：

- 必须自行进行性能优化。
- 用户不会预先缓存字体。

使用第三方托管字体的优点包括：

- 用户可能已经在其设备上缓存了该字体。
- 导入更加简单。

缺点包括：

- 需要额外发起调用以获取字体文件。
- 第三方跟踪的内容存在隐私问题。
- 该服务可以随时停供字体。

为了从本地项目文件夹加载我们自己的字体，需要创建@font{}规则来定义和导入我们想要使用的字体。为了理解这个@font 规则，先来看一下字体格式。

9.4.1 @font-face

字体可以有几种文件类型。下面列出了一些常用的类型。

- TrueType(TTF)：所有现代浏览器都支持；未压缩。
- Open Type(OTF)：TTF 的演进版本；允许更多字符，如小型大写字母和旧式数字。
- Embedded Open Type(EOT)：由微软为网络开发；仅被 Internet Explorer 支持(已过时，因为 Internet Explorer 已停止更新)。
- Web Open Font Format(WOFF)：为网络创建；经过压缩；字体文件中包含版权信息的元数据；并且被万维网联盟(https://www.w3.org/TR/WOFF2)推荐。
- Web Open Font Format 2(WOFF 2)：是 WOFF 的延续；压缩率比 WOFF 高 30%。
- Scalable Vector Graphic(SVG)：在网络字体普及之前诞生，允许在 SVG 中嵌入字形信息。

若你在选择要使用的字体类型，建议你使用 WOFF 或 WOFF 2。

注意 直至最近我们才能够依赖 WOFF 2 文件而不需要上传多个字体格式。在网络上仍然可以找到很多关于字体的过时信息。一个有用的技巧是查看信息的发布日期——越新越可靠。

之前的章节讲过，在处理字体时，需要导入我们想要使用的字体粗细。处理本地字体时也是如此：除非我们使用可变字体，否则每种变体(字体粗细和样式)都需要单独包含在项目中。

可变字体相对较新。不同于将每种样式放在单独的文件中，对于可变字体，所有排列组合都包含在单个文件中。所以，如果我们想要常规体、粗体和半粗体，可以只导入一个文件(而不是三个)，这样，我们不仅可以访问这三种字体粗细，还可获得从细体到特粗体的所有变体。斜体可能不在同一个文件中；在某些字体中，斜体字形与非斜体版本不同。

对于本章示例项目，我们想要加载三种字体：Open Sans 常规体、Open Sans 粗体和 Open Sans 斜体。这些字体都属于同一个字体系列。Open Sans 有静态字体版本和可变字体版本。可变版本将斜体和常规样式分别存储在两个文件中。对于非斜体需求，由于要加载多种字体粗细，我们将使用可变版本。

然而，对于斜体，我们只使用常规体。对于单一的常规体，加载可变字体版本就没有意义。因为可变字体包含了所有字体粗细所需的所有信息，它的文件(314.8KB)要比仅包含一个字体粗细的文件(17.8KB)大得多。出于性能的考量，坚持使用静态版本是更合理的选择。

对于每种字体，我们需要创建一个单独的@font-face 规则。这个@规则定义了字体，包括字体的加载来源、它的粗细以及我们希望它如何加载。

首先声明@font-face { }规则。在花括号内，我们将定义其特征和行为，包括以下四个描述符。

- font-family——这是我们通过 font-family 属性将字体应用于元素时使用的名称。
- src——字体加载的位置。该描述符接受一个由逗号分隔的位置列表，用于获取字体并指定每个源所期望的格式。浏览器将按照列表顺序尝试获取字体，从第一个开始，直到成功获取字体。
- font-weight——指示特定字体文件表示的字体粗细。对于可变字体，我们将添加一个范围。
- font-display——决定字体加载方式。我们将使用描述符值 swap。字体的加载会阻塞页面，也就是说浏览器会等待字体加载完成后再继续加载其他资源。swap 限制了允许字体阻塞页面加载的时间。如果字体加载时间超过了限制，浏览器将继续加载其他资源，并在字体加载完成后完成应用。在这个设置之下，即使字体尚不可用，浏览器也能够展示内容并让用户与页面交互。

代码清单 9-16 展示了两个规则，它们必须添加在样式表的顶部。另外，除了少数情况，规则通常不能被声明在现有规则内部。举例来说，像.myClass{@font-face{...}}这样的结构是行不通的。唯一的例外是@supports 规则，下一节会详细展开讨论。

代码清单 9-16　声明字体

```
@font-face {
  font-family: "Open Sans";
  src: url("./fonts/open-sans-variable.woff2")
       format("woff2-variations");
  font-style: normal;
  font-weight: 100 800;
  font-display: swap;
}

@font-face {
  font-family: "Open Sans";
  src: local("Open Sans Italic"),
```

用于引用字体的名称

如果浏览器可以加载可变字体，则从此处获取字体

该字体将支持从 100 到 800 的任何字号

检查设备，查看本地是否已加载该字体

```
        url("./fonts/open-sans-regular.woff2") format("woff2"),
        url("./fonts/open-sans-regular.woff") format("woff");
    font-style: italic;
    font-weight: normal;
    font-display: swap;
}
```

尝试加载 woff2 格式

如果不支持 woff2，则加载 woff

声明此文件使用常规体(粗细值等于 400)

应用这段代码后，用户界面没有变化。因为我们还没有把字体应用到任何元素上，所以仍在使用浏览器的默认字体。同时，为了应对浏览器不支持可变字体的情况，需要创建一个备用方案。在把字体应用到元素之前，先来看一下浏览器的支持情况。

9.4.2　使用@supports 创建备用方案

鉴于可变字体相对较新，且并非所有用户设备都及时更新，我们将设置备用方案。通过使用@supports 这个@规则，可以检查浏览器是否支持特定属性和数值，然后编写只在特定条件满足时才会应用的 CSS。

我们的特性查询为@supports not (font-variation-settings: normal) { ... }。由于查询的条件之前有关键词 not，其中包含的样式将在条件不满足时应用。换句话说，如果浏览器不支持可变字体行为，则加载静态版本。

我们在文件顶部的@supports 中添加了所需的普通样式版本的两种字体粗细的@font-face 规则(见代码清单 9-17)。此外，我们还创建了一个@supports(font-variation-settings:normal){}规则，这次没有使用 not 关键字。在这个针对支持可变字体的浏览器的第二个@规则中，我们重用了在 9.4.1 节中创建的两个规则。这样一来，只有当浏览器支持可变字体时，我们才加载可变字体，避免在浏览器不支持可变字体时加载该文件。

代码清单 9-17　用于不支持可变字体的浏览器的备用方案

```
@supports (font-variation-settings: normal) {
  @font-face {
    font-family: "Open Sans";
    src: url("./fonts/open-sans-variable.woff2")
  ➥ format("woff2-variations");
      font-weight: 100 800;
      font-style: normal;
      font-display: swap;
  }
}

@supports not (font-variation-settings: normal) {
  @font-face {
    font-family: "Open Sans";
    src: local("Open Sans Regular"),
        local("OpenSans-Regular"),
        url("./fonts/open-sans-regular.woff2") format("woff2"),
        url("./fonts/open-sans-regular.woff") format("woff");
```

在支持可变字体时应用的样式

之前创建的可变字体规则，已放入特定的@规则中

在不支持可变字体时应用的样式

普通样式规则，字体粗细为 regular(400)

```
    font-weight: normal;
    font-display: swap;
  }

  @font-face {                                      普通样式规则，字体粗细为 bold(700)
    font-family: "Open Sans";
    src: local("Open SansBold"),
         local("OpenSans-Bold"),
         url("./fonts/open-sans-regular.woff2") format("woff2"),
         url("./fonts/open-sans-regular.woff") format("woff");
    font-weight: bold;
    font-display: swap;
  }
}
```

在添加备用方案后，我们来更新 body 规则，将 Open Sans 应用到项目中(见代码清单 9-18)。尽管我们为加载字体添加了备用方案，但在 body 规则的 font-family 属性值中，我们仍然将 sans-serif 用作备用选项，以防字体文件加载失败。

代码清单 9-18 将字体应用到项目中

```
body {
  background: rgb(221, 238, 252);
  margin-top: 80px;
  font-family: "Open Sans", sans-serif;
}
```

应用字体后，文本已经改为使用 Open Sans 而不是浏览器默认字体(见图 9-21)。现在，我们可以为各个元素编辑字体粗细和样式。

修改前

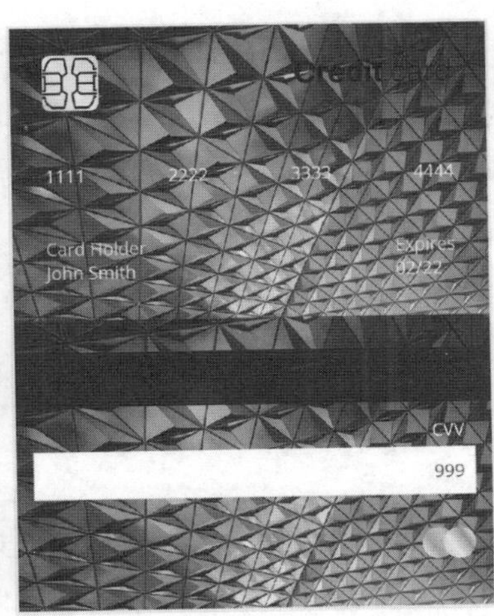

修改后

图 9-21 将 Open Sans 应用到项目中

9.4.3　字体大小和排版改进

从卡片的正面开始，我们将增大数字的字号并使其加粗。根据代码清单 9-19，在现有规则的基础上进行添加。

代码清单 9-19　加粗和增大数字的字号

```
.card-item__number {
  display: flex;
  justify-content: space-between;
  padding: 10px 15px;
  margin-bottom: 35px;
  font-size: 27px;
  font-weight: 700;
}
```

图 9-22 展示了样式化后的数字。

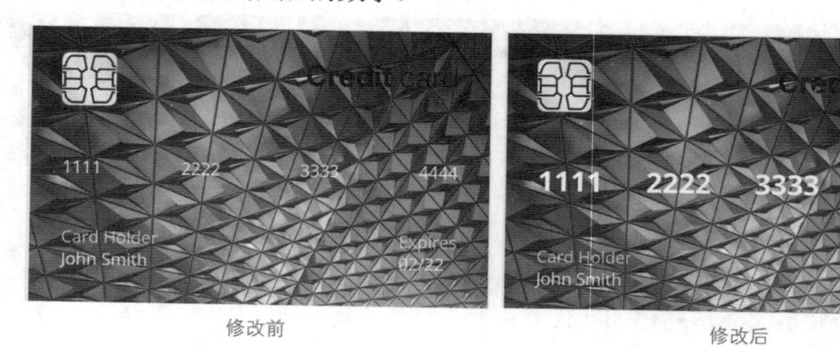

图 9-22　对数字进行样式化

接下来是数字下方的文本部分，我们想要减小“持卡人”(Card Holder)和“失效日期”(Expires)的字号。我们将它们的字号设定为 15px，同时增大具体姓名和日期的字号并加粗，如代码清单 9-20 所示。

代码清单 9-20　持卡人信息和失效日期的排版

```
.card-item__holder, .card-item__dateTitle {
  opacity: 0.7;
  font-size: 15px;
}
```

持卡人(Card Holder)和失效日期(Expires)

```
.card-item__name, .card-item__dateItem {
  font-size: 18px;
  font-weight: 600;
}
```

具体姓名和失效日期

现在卡片正面的文本元素已经处理完毕(见图 9-23)，让我们转向卡片的背面。

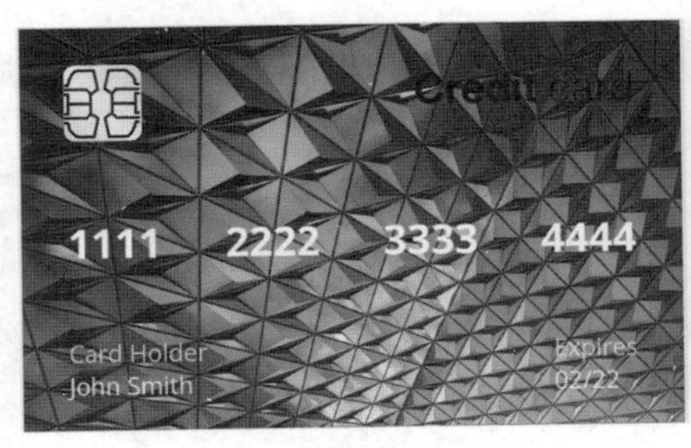

修改前

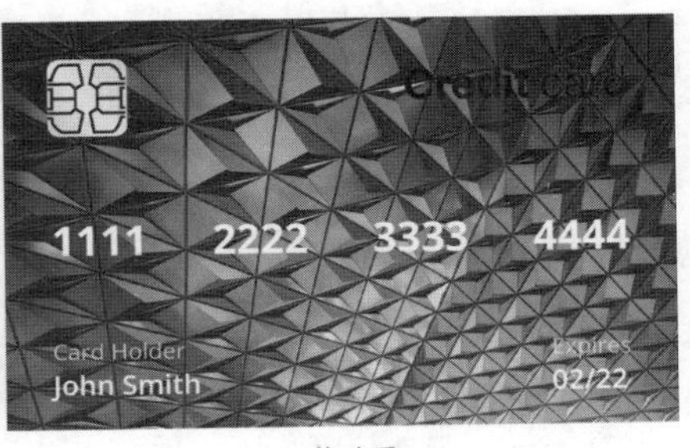

修改后

图 9-23　卡片正面的排版

在卡片背面，需要将安全码更新为斜体。我们将根据代码清单 9-21，使用 font-style: italic 更新现有的规则。

代码清单 9-21　将卡片安全码设置为斜体

```
.card-item__cvvBand {
  background: white;
  height: 45px;
  margin-bottom: 30px;
  padding-right: 10px;
  display: flex;
  align-items: center;
  justify-content: flex-end;
  color: #1a3b5d;
  font-style: italic;
}
```

现在卡片已经完成排版(见图 9-24)，我们准备应用翻转效果。

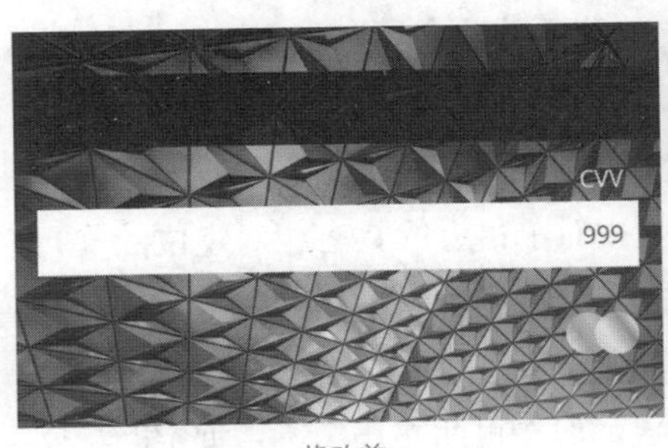

修改前

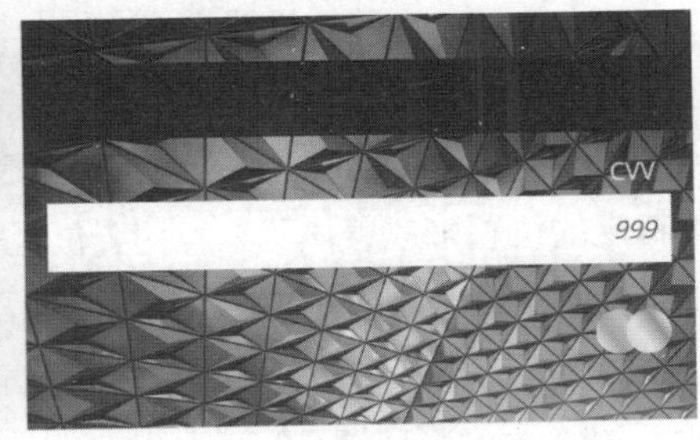

修改后

图 9-24　完成的排版样式

9.5　创建翻转效果

接下来，我们将为支持悬停交互的设备创建翻转效果。首先要调整位置，使卡片的背面覆盖它的正面。接着，利用 backface-visibility 和 transform 属性来放置卡片。为了呈现平滑的变化，我们将使用过渡(transition)效果。

9.5.1 位置

为了实现翻转效果，我们通过 backface-visibility 属性将卡片的正反两面堆叠在一起。然后我们会切换显示的面。使用 backface-visibility 属性，当显示背面时，我们在水平轴上进行旋转；因此，需要对背面进行翻转，使内容镜像显示。想象一下，在透明纸的背面绘制图像，然后通过正面观察时，背面的图像是镜像的。用于叠放卡片正反面和翻转背面的 CSS 代码如代码清单 9-22 所示。我们将这些代码放入媒体查询中，以检查浏览器是否支持悬停功能。我们希望只在支持悬停功能的设备上实现翻转效果。对于不支持悬停功能的设备(比如手机)，我们将同时显示卡片的正反两面。

代码清单 9-22 将背面叠放在正面之上

```
@media (hover: hover) {
  .back {
    position: absolute;
    top: 0;
    left: 0;
    transform: rotateY(-180deg);   ← 翻转卡片
  }
}
```

在本章开头，我们在.card-item 规则中将 position 属性值设置为 relative。我们在父级或更高级容器中使用相对定位，与此相反，我们将卡片背面的 position 属性值设置为 absolute。将 top 和 left 的值设置为 0，会将卡片背面放置在具有 card-item 类的容器(具有卡片正反两面的容器)的左上角部位。

当使用 position: absolute 时，我们将元素从页面的正常布局流中移出，并可以在页面上设置特定的位置来放置该元素。这个位置是相对于最近的具有相对定位的父元素计算的。如果找不到具有相对定位的父元素，那么元素将相对于页面的左上角进行放置。

这里可能会有些易混淆的地方。如果没有设置元素的位置值(top、left、right、bottom 或 inset)，那么元素将放置在它通常所在的位置，但在页面布局中不占据空间。这也会影响元素的高度和宽度。如果你在 CSS 中提供了值，那么元素将保持该值；否则，它只占据所需的空间。即使是块级元素，也不再占据整个可用的宽度。此外，如果使用百分比等相对单位设置宽度，它将根据与它相对的元素来计算。图 9-25 展示了使用 position: absolute 的一些场景。

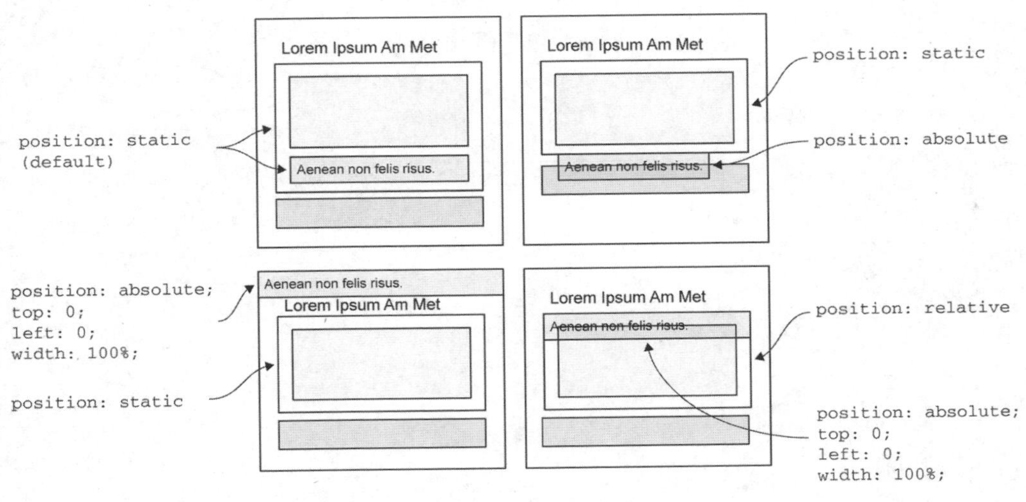

图 9-25 绝对定位

应用 CSS 之后(见图 9-26)，卡片的背面已经翻转并覆盖了正面，现在我们可以应用 backface-visibility 属性。

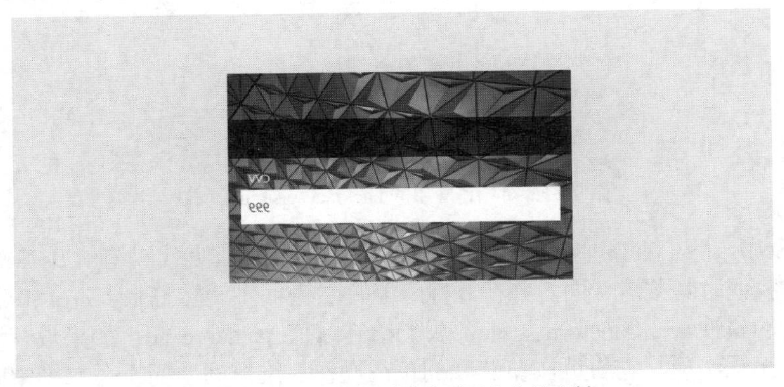

图 9-26 卡片的背面置于正面之上并翻转

9.5.2 过渡和 backface-visibility

到目前为止，我们只考虑了二维空间中的对象，换句话说，我们只考虑了平面视角。我们研究了宽度和高度，但没有考虑深度。现在我们将考虑第三个维度。

当使用翻转效果时，我们希望除非用户的鼠标悬停在卡片上，否则背面保持隐藏。信用卡有两个面，第二个面有一个 transform: rotateY(-180deg)的声明(表示背面)。因此，在三维空间中，该面背对着我们。通过在两个面上将 backface-visibility 属性值设置为 hidden，任何一个背对着我们的面都会被隐藏。

现在卡片的背面背对着我们，所以被隐藏了。如果我们旋转整张卡片，其背面将面向我们，而正面将被隐藏。图 9-27 演示了 CSS 和 HTML 是如何相互作用以创建翻转效果的。

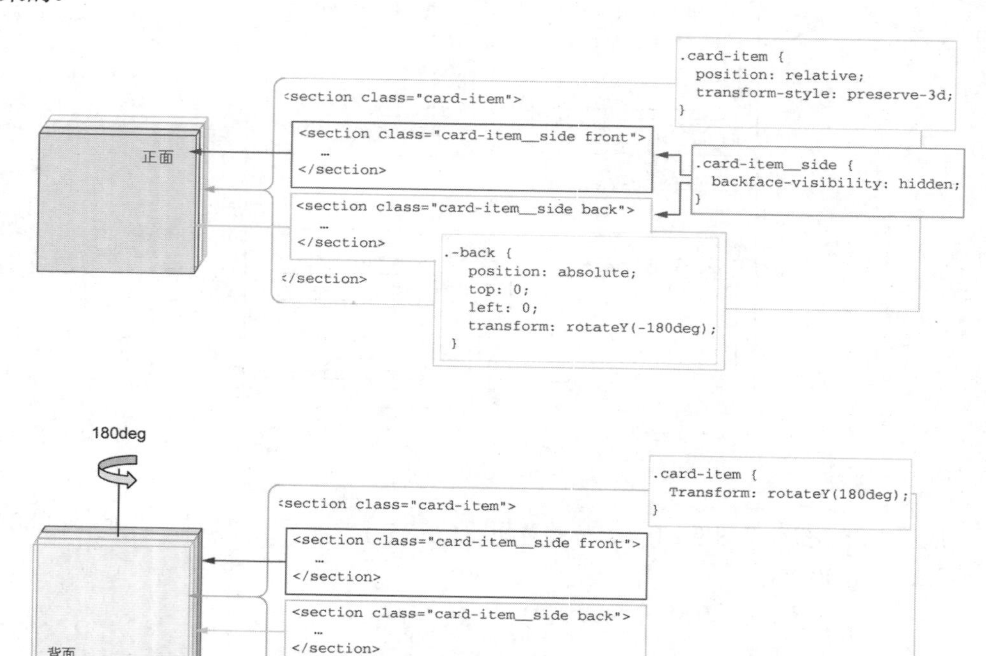

图 9-27　对项目应用的 backface-visibility 属性

在 CSS 中，我们在媒体查询中添加了一些规则和属性(见代码清单 9-23)。它们指示卡片在背对我们时隐藏这一面，并在鼠标悬停时围绕 *y* 轴旋转整张卡片 180°。注意一个未被讨论过的属性——transform-style，我们给它赋值 preserve-3d。如果没有这个属性，翻转效果将无法实现。它告诉浏览器我们正在操作三维空间，而不是二维空间，这定义了正面和背面的概念。

代码清单 9-23　隐藏背面并只在鼠标悬停时显示它

```
@media (hover: hover) {
  ...
  .card-item {
    transform-style: preserve-3d;
  }
  .card-item__side {
    backface-visibility: hidden;
  }
  .card-item:hover {
    transform: rotateY(180deg);
  }
}
```

指示浏览器以三维空间的方式运作

隐藏背对我们的那一面

鼠标悬停时，将整张卡片翻转，展示其背面

当利用悬停功能展现卡片的背面(见图 9-28)时，我们需要添加动画以使其呈现翻转效果。注意，背面不再呈现镜像效果。

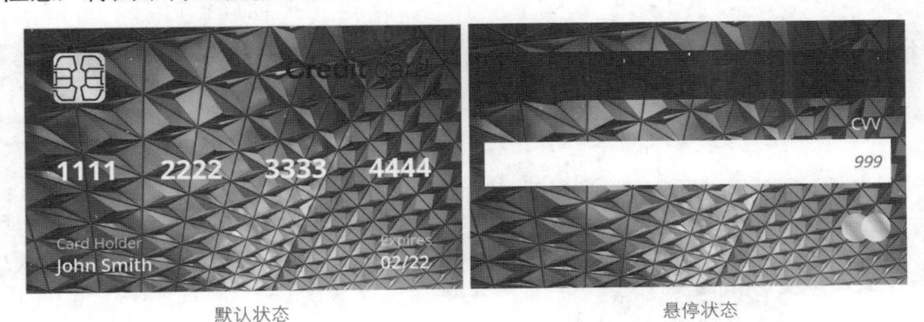

图 9-28 卡片的默认状态和悬停状态

目前，当鼠标悬停在卡片上时，背面会立即显示。我们希望让它看起来就像卡片实际被翻转一样。

9.5.3 transition 属性

为了实现卡片翻转的动画，我们将使用过渡(transition)属性。你可能还记得第 5 章中提到过，过渡用于给 CSS 变化添加动画效果。在本例中，我们将通过在包含正反两面的 card-item 容器中添加一个过渡声明来使卡片旋转的变化产生动画效果。我们还将在媒体查询中添加一个条件。

由于这个动画的动感较强，我们希望尊重用户的设置。因此，我们会在媒体查询中添加 prefers-reduced-motion: no-preference 的条件，如代码清单 9-24 所示。

代码清单 9-24 过渡和 transform 属性

```
@media (hover: hover) and (prefers-reduced-motion: no-preference) {
  ...
  .card-item {
    transform-style: preserve-3d;
    transition: transform 350ms cubic-bezier(0.71, 0.03, 0.56, 0.85);
  }
  ...
}
```

此动画持续 350ms，只对未在其设备上将 prefers-reduced-motion 设置为 reduce 的用户产生影响。这动画影响了 transform 属性(即旋转)。图 9-29 展示了动画的进行过程，而图 9-30 则展示了启用 prefers-reduced-motion 时的用户界面。

我们使用了一个 cubic-bezier()函数作为时间函数。接下来，让我们更仔细地看看这个函数的含义。

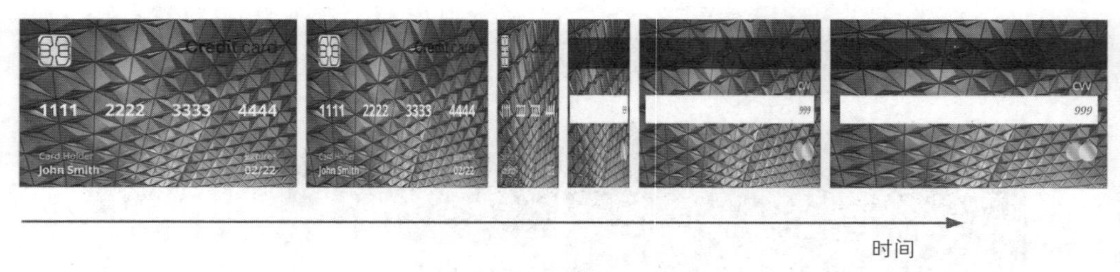

图 9-29　随时间变化的动画

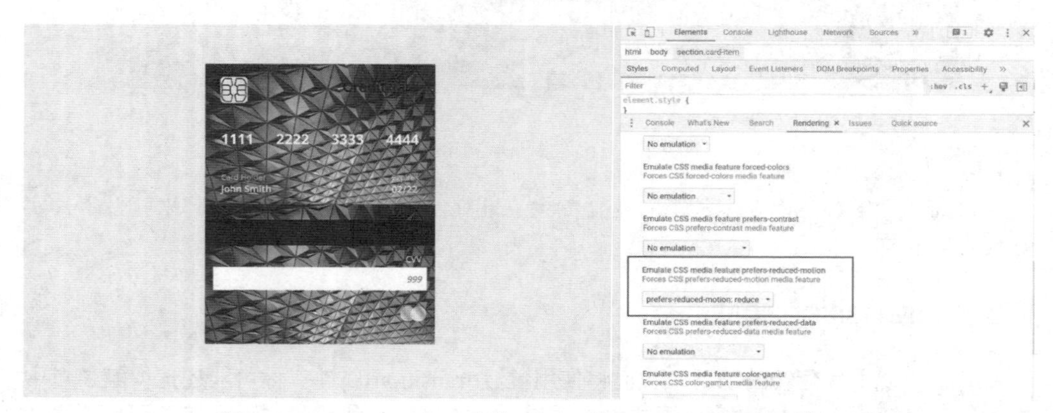

图 9-30　Chrome DevTools 中的 prefers-reduced-motion: reduce　模拟

9.5.4　cubic-bezier()函数

贝塞尔曲线以法国工程师皮埃尔 • 贝塞尔(Pierre Bézier)的名字命名，他在雷诺汽车的车身上使用了这些曲线(http://mng.bz/d1NX)。贝塞尔曲线由四个点组成：P_0、P_1、P_2 和 P_3。P_0 和 P_3 分别表示起始点和结束点，而 P_1 和 P_2 是这些点上的控制点。点和控制点的值是通过 x 和 y 坐标来设置的(见图 9-31)。

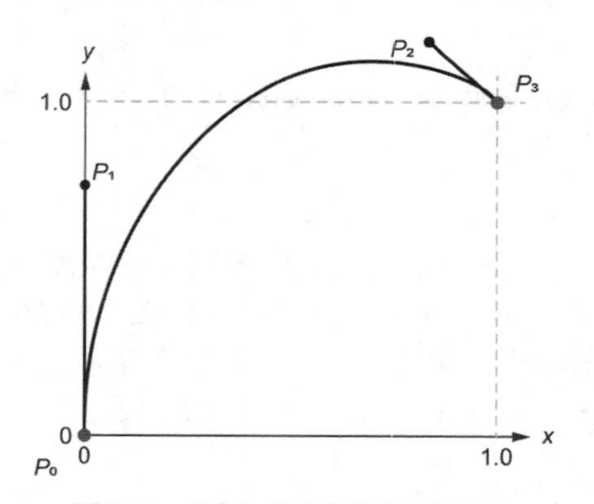

图 9-31　贝塞尔曲线上的点和控制点

在 CSS 中，P_0 和 P_3 的数值被分别设定为(0, 0)和(1, 1)。因此，我们只需要关注控制柄。通过操纵曲线，可以改变动画的加速度。CSS 中的函数使用四个参数来表示 P_1 和 P_2 的 x 和 y 值：cubic-bezier(x1, y1, x2, y2)。注意，x 值必须在 0 到 1 的范围内，包括边界值。

对于我们之前所用的预设时间函数，无论是在过渡还是在其他动画中，都可以用 cubic-bezier()函数来表达它们的值(见图 9-32)[1]。

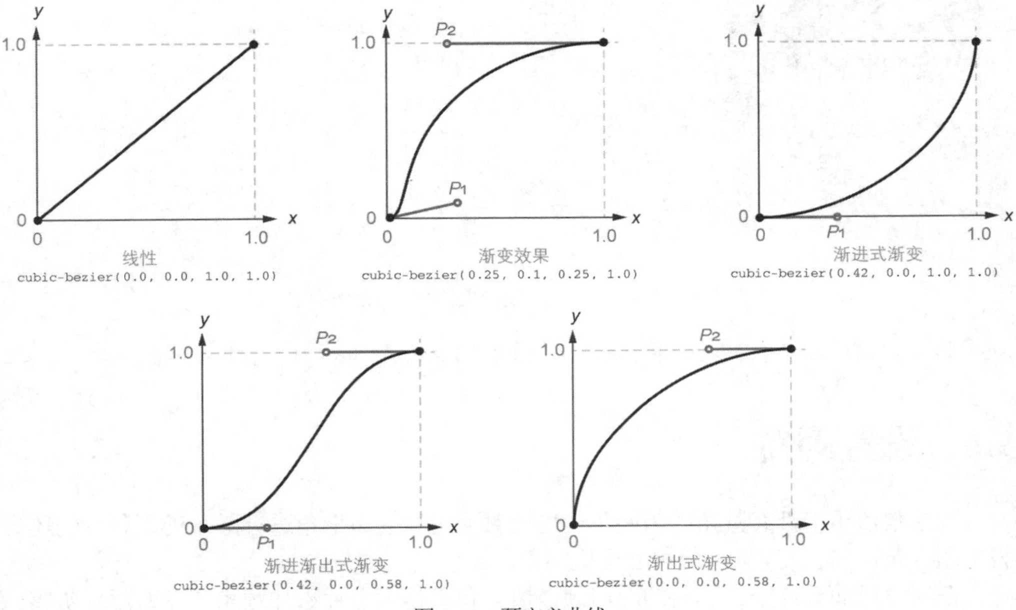

图 9-32　预定义曲线

为了给设计添加动画，编写自定义的 cubic-bezier()函数的过程可能会很烦琐。幸运的是，像 https://cubic-bezier.com 这样的在线工具让我们可以看到曲线并确定数值(参见图 9-33)。

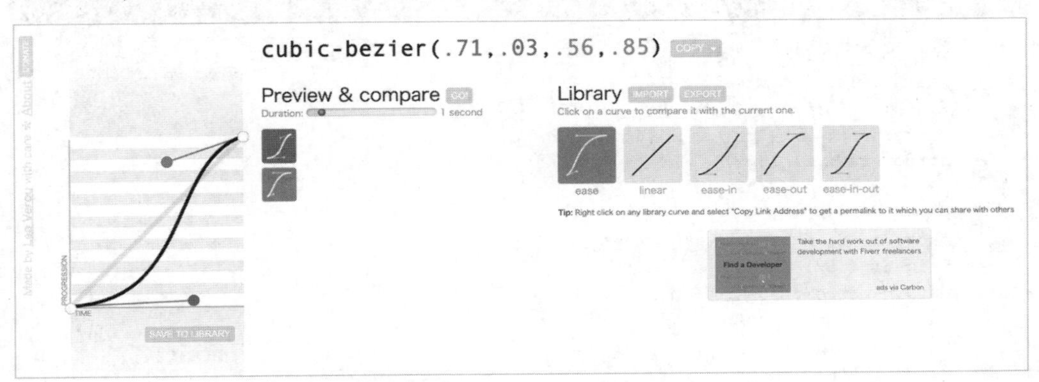

图 9-33　来自 cubic-bezier.com 的一个 cubic-bezier()函数示例

1　Martine Dowden and Michael Dowden. *Architecting CSS: The Programmer's Guide to Effective Style Sheets*. Apress, 2020.

我们也可以在一些浏览器开发者工具中看到 cubic-bezier()，比如 Mozilla Firefox 的工具(见图 9-34)。

图 9-34　在 Firefox 开发者工具中查看曲线细节

动画完成后，让我们给项目添加一些最后的修饰。

9.6　设置圆角

大多数信用卡都有圆角，因此我们也要对信用卡的边框角进行圆角处理。我们还会将信用卡背面白色 CVV 框的角处理成圆角。

在用户界面设计中，圆角的应用须谨慎。我们将为卡片添加圆角，以增添真实感。尖锐的边角可能显得生硬，但过度使用圆角则会使界面显得过于柔和、不严谨，这并非适用于所有情况。合适的圆角程度应根据设计需求确定。为了提升卡片的真实感，我们将添加以下 CSS 样式，见代码清单 9-25。

代码清单 9-25　添加 border-radius

```
.card-item__side {
  height: 100%;
  width: 100%;
  background: url("bg.jpeg") left top / cover blue;
  border-radius: 15px;
}
.card-item__cvvBand {
  background: white;
  height: 45px;
  margin-bottom: 30px;
  padding-right: 10px;
  display: flex;
  align-items: center;
  justify-content: flex-end;
  color: #1a3b5d;
  font-style: italic;
  border-radius: 4px;
}
```

卡片

白色 CVV 区块

有了圆角，卡片的正反面如图 9-35 所示。

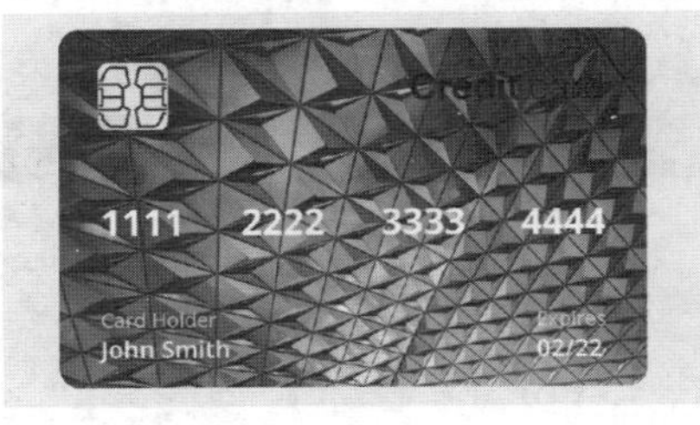

默认状态　　悬停状态

图 9-35　卡片以及 CVV 区块上的圆角

9.7　外框和文本阴影

第 4 章简要讨论了 drop-shadow 值，它可以用于图像滤镜的 filter 属性。另一种为元素添加阴影的方式是使用 box-shadow 属性，它为元素的外框添加阴影效果。

9.7.1　drop-shadow 函数与 box-shadow 属性

或许我们会对 drop-shadow 滤镜属性和 box-shadow 属性之间的区别感到好奇。它们拥有相同的基本数值设置，但 box-shadow 属性额外包含两个非必选参数：spread-radius 和 inset。

在图像上使用 drop-shadow 滤镜属性的好处在于，当使用滤镜时，阴影被应用在阿尔法蒙版(而不是边界框)上。因此，如果我们有一个 PNG 或 SVG 图像，并且该图像具有透明区域，那么阴影会应用在透明部分周围。如果我们对相同的图像添加 box-shadow 而不是使用滤镜，那么阴影只应用于外部图像容器(如图 9-36 所示)。

图 9-36　对比显示：box-shadow(左)与 drop-shadow(右)

为了加强卡片的 3D 效果并使其看起来似乎在漂浮，我们将给卡片添加阴影。因为我们只想给卡片的边界区域添加阴影，所以可以使用 box-shadow 属性。这将为项目增添立体感，并进一步强调卡片背面的存在。阴影会比较大、柔和，并且相当透明。为了达到这种效果，我们将在.card-item__side 规则中添加 box-shadow: 0 20px 60px 0 rgb(14 42 90 / 0.55);。更新后的规则如代码清单 9-26 所示。

代码清单 9-26　在卡片上使用 box-shadow

```
.card-item__side {
  height: 100%;
  width: 100%;
  background: url("bg.jpeg") left top / cover blue;
  border-radius: 15px;
  box-shadow: 0 20px 60px 0 rgb(14 42 90 / 0.55);
}
```

图 9-37 展示了更新后的卡片。

图 9-37　添加阴影以提升卡片的立体感

9.7.2 文本阴影

我们也可以为文本添加阴影。如果我们对文本应用 box-shadow，阴影将被应用在包含文本的边框上，而不是应用于单独的字母。为了给字母添加阴影，我们使用 text-shadow 属性，它与 box-shadow 属性具有相同的语法。我们将在卡片的正面使用此属性，以显现文本与背景的差异。我们需要将此属性添加到.front 规则中，如代码清单 9-27 所示。

代码清单 9-27　为卡片正面所有文本元素设置文本阴影

```
.front{
  padding: 25px 15px;
  text-shadow: 7px 6px 10px rgb(14 42 90 / 0.8);
}
```

图 9-38 展示了卡片变化前、后的效果。

尽管效果微妙，但添加的阴影让数字稍微凸显出来。值得注意的是，最好谨慎使用这种效果，因为它很容易降低可读性而非提高可读性。

图 9-38　添加 text-shadow 之前与之后

9.8 收尾

我们需要处理的最后一个细节针对的是不使用翻转效果，但能同时查看卡片正反两面的用户(比如使用手机和平板等没有悬停功能的设备的用户，以及设置了 prefers-reduced-motion 的用户)。目前，当卡片正反两面都显示时，两面之间没有间距。因此，让我们在卡片正面的底部添加一定的边距以将它们分开，如代码清单 9-28 所示。

代码清单 9-28　将卡片的正面和反面分开

```
.card-item__side {
  height: 100%;
  width: 100%;
  background: url("bg.jpeg") left top / cover blue;
  border-radius: 15px;
  box-shadow: 0 20px 60px 0 rgb(14 42 90 / 0.55);
  margin-bottom: 2rem;
}
```

使用相对 URL 路径以提高可读性

在 Moto G4 设备上，卡片如图 9-39 所示。

我们综合运用媒体查询、阴影、定位和过渡等技术，完成了这个项目。我们创造了一张逼真的卡片(如图 9-40 所示)。

图 9-39　在移动设备上查看项目

图 9-40　最终效果

9.9　本章小结

- 可以通过 box-sizing 属性来改变 box 模型的行为。
- 将 background 属性设置为 cover，以便尽可能多地展示背景图像，同时仍覆盖整个元素。
- 在网页中，字体有多种格式，但我们只需要 WOFF 和 WOFF 2 格式。
- 字体既可以是静态的也可以是可变的。
- 使用@font-face 规则来定义字体的导入位置和方式，以及它们的行为方式。
- @font-face 规则需要放在样式表的顶部。
- @supports 规则允许创建针对特定浏览器功能的样式。
- 与 transform-style: preserve-3d 搭配使用的 backface-visibility 属性可以创建翻转效果。
- cubic-bezier()函数定义了元素随时间呈现动画效果的方式。
- box-shadow 属性允许向元素的外框添加阴影。
- 可以使用 text-shadow(而不是 box-shadow)属性来为文本的单个字母添加阴影。

第 *10* 章

样式化表单

本章主要内容

- 对输入文本框设置样式
- 对单选按钮和复选框设置样式
- 对下拉菜单设置样式
- 考虑可访问性的情况
- 比较:focus 和:focus-visible
- 使用:where 和:is 伪类
- 使用 accent-color 属性

表单在应用程序中随处可见。从联系人表单到登录界面，它们无处不在。但是，表单的设计可以显著影响用户体验。在本章中，我们将对表单进行样式设计，并深入讨论必须考虑的无障碍性问题。我们将探究样式化单选按钮、复选框以及下拉菜单时可能面临的挑战，并探讨处理错误信息样式的不同方法。

在本章中，表单是指 HTML 的<form>元素中的一段代码，包含被用户用来向网站或应用程序提交数据的控件(表单文本框)。由于联系人表单在应用程序和网站中普遍存在，因此本章将以联系人表单作为项目的基础。

10.1　初始设置

示例表单包含两个文本框、一个下拉菜单、若干单选按钮、一个复选框和一个文本域。表单顶部有一个标题，底部有一个 Send 按钮。图 10-1 展示了项目的初始状态(未应用任何样式的原始 HTML)及最终状态。

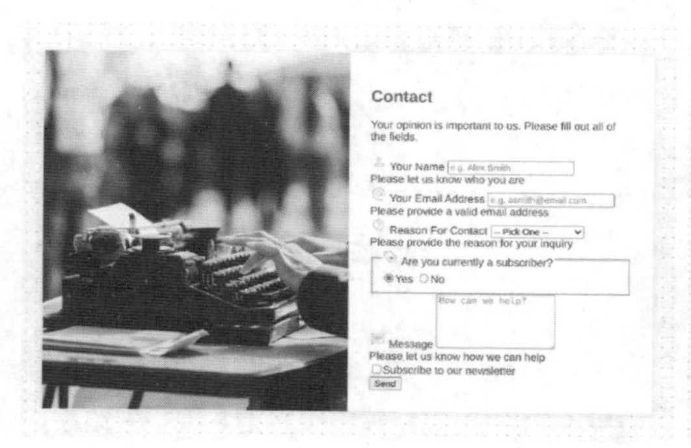

初始状态

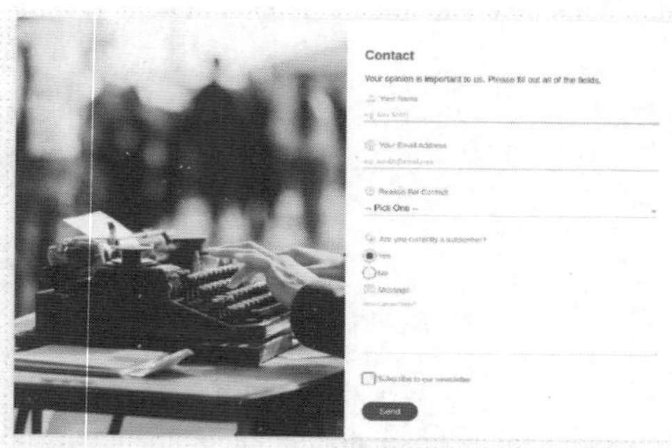

最终状态

图 10-1　项目的初始状态和最终状态

初始 HTML 相当简单，其中包含表单，表单内有标签、输入控件、错误信息和按钮。初始和最终的代码可以在 GitHub(http://mng.bz/rWYZ)、CodePen(https://codepen.io/michaelgearon/pen/poeoNbj)以及代码清单 10-1 中找到。

代码清单 10-1　初始 HTML

```
<body>
  <main>
    <section class="image"></section>
    <section class="contact-form">
      <h1>Contact</h1>
      <form>
        <p>Your opinion is important to us…</p>
        <label for="name">
          <img src="./img/name.svg" alt="" width="24" height="24">
          Your Name
        </label>
        <input type="text"
          id="name"
          name="name"
          maxlength="250"
          required
          aria-describedby="nameError"
          placeholder="e.g. Alex Smith"
    >
    <div class="error" id="nameError">
      <span role="alert">Please let us know who you are</span>
    </div>

  <label for="email">
    <img src="./img/email.svg" alt="" width="24" height="24">
    Your Email Address
  </label>
  <input type="email"
        id="email"
        name="email"
        maxlength="250"
        required
```

左侧图像

带有关联标签和错误信息的姓名输入控件

带有关联标签和错误信息的电子邮件输入控件

```
        aria-describedby="emailError"
        placeholder="e.g. asmith@email.com"
>
<div class="error" id="emailError">
   <span role="alert">Please provide a...</span>
</div>

<label for="reasonForContact">
  <img src="./img/reason.svg" alt="" width="24" height="24">
  Reason For Contact
</label>
<select id="reasonForContact"
         required
         aria-describedby="reasonError"
>
  <option value="">-- Pick One --</option>
  <option value="sales"> Sales inquiry</option>
      ...
</select>
<div class="error" id="reasonError">
   <span role="alert">Please provide the...</span>
</div>

<fieldset>
   <legend>
      <img src="./img/subscriber.svg" alt=""
width="24" height="24">
      Are you currently a subscriber?
        </legend>
     <label>
<input type="radio" value="1" name="subscriber"
     checked required>
Yes
       </label>
       <label>
          <input type="radio" value="0" name="subscriber" required>
          No
      </label>
    </fieldset>
    <label for="message">
      <img src="./img/message.svg" alt="" width="24" height="24">
      Message
    </label>
    <textarea id="message"
              name="message"
              rows="5"
              required
              maxlength="500"
              aria-describedby="messageError"
              placeholder="How can we help?"
     ></textarea>
     <div class="error" id="messageError">
        <span role="alert">Please let us know how we can help</span>
     </div>
```

带有关联标签和错误信息的电子邮件输入控件

“联系原因”下拉菜单及其关联标签

包含订阅单选按钮的输入控件集

消息文本域

```
      <label>
          <input type="checkbox" name="subscribe">
        Subscribe to our newsletter
    </label>

    <div class="actions">
      <button type="submit" onclick="send(event)">Send</button>
    </div>
    </form>
  </section>

  </main>

  <script src="./script.js"></script>
</body>
```

订阅复选框

处理错误的 JavaScript

你可能已注意到，HTML 中包含一个 JavaScript 文件。我们将在本章的 10.8 节中使用该文件来展示和隐藏错误。

为了专注于样式化表单元素，我们在初始项目中提供了页面布局的 CSS。它使用网格来并排放置图像和表单。同时，使用渐变(gradient)来创建背景中的点。使用 CSS 自定义属性设置主题颜色，并进行一些基本的排版设置(包括使用 sans-serif 字体)，同时将项目的默认文本大小设置为 12pt。代码清单 10-2 展示了初始的 CSS。

代码清单 10-2　初始 CSS

```
html {
  --color: #333333;
  --label-color: #6d6d6d;
  --placeholder-color: #ababab;
  --font-family: sans-serif;
  --background: #fafafa;
  --background-card: #ffffff;
  --primary: #e48b17;
  --accent: #086788;
  --accent-contrast: #ffffff;
  --error: #dd1c1aff;
  --border: #ddd;
  --hover: #bee0eb;

  color: var(--color);
  font-family: var(--font-family);
  font-size: 12pt;
  margin: 0;
  padding: 0;
}

body {
  background-color: var(--background);
  background-image: radial-gradient(var(--accent) .75px,
                    transparent .75px);
  background-size: 15px 15px;
  margin: 0;
```

使用自定义属性设置主题颜色

添加带有小圆点的背景

```
  padding: 2rem;
}

main {
  display: grid;
  grid-template-columns: 1fr 1fr;
  margin: 1rem auto;
  max-width: 1200px;
  box-shadow: -2px 2px 15px 0 var(--border);
}

.image {
  background-image: url("/img/illustration.jpeg");
  background-size: cover;
  background-position: bottom center;
  object-fit: contain;
}

.contact-form {
  background-color: var(--background-card);
  padding: 2rem;
}

h1 { color: var(--accent); }
```

使用网格来并排放置两个区块

限制设计的宽度，以确保其不会过度扩展，并使其在页面中水平居中

将图像添加到左侧

10.2　重置输入控件集样式

输入控件集专为控件和标签的分组而设计。单选按钮组是输入控件集的一个典型应用案例，因为它们有效地将控件清晰地归为一组。它们还通过<legend>为控件组提供了一种方便的标签方法。不过，在视觉上，我们普遍认为它们不够美观。

让我们重置该组的样式，让其在视觉上不再显现。但从程序角度来看，我们希望保留这个组，因为它对于使用辅助技术的用户来说很有用，但我们会让该组融入得更自然些。为了让<fieldset>样式不再显示，我们需要重置三个属性：border、margin 和 padding。代码清单 10-3 展示了规则。

代码清单 10-3　重置输入控件集样式

```
fieldset {
  border: 0;
  padding: 0;
  margin: 0;
}
```

现在浏览器默认样式已经从<fieldset>中移除(见图 10-2)，让我们专注于输入控件。

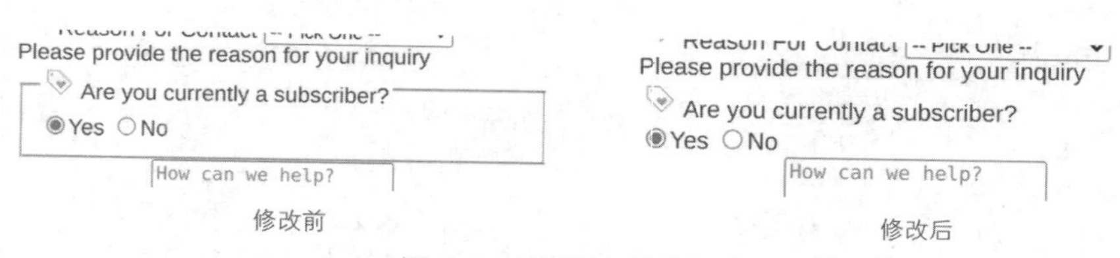

图 10-2　重置输入控件集

10.3　对输入控件进行样式化

表单中有四种类型的输入控件，分别为：

- Your Name——text
- Your Email Address——email
- Yes/No——radio
- Subscribe to our newsletter——checkbox

HTML 中有更多类型的输入控件，包括日期、时间、数字和颜色，每种类型都有其特定的含义和样式注意事项。我们选择了前面提到的四种类型，因为它们经常被应用在当前的网站中。

这些输入控件的初始外观将指导我们的样式规划。例如，对于单选按钮和复选框，我们会采用不同的处理方式，但我们可以在多种类型之间重复使用代码。我们会根据未经样式处理的控件外观进行分组，因此将先处理文本和电子邮件件，然后集中处理单选按钮和复选框。让我们从文本和电子邮件输入控件开始。

10.3.1　对文本和电子邮件输入控件进行样式设置

首先，我们需要确定如何选择文本框和电子邮件输入控件(也就是除了单选按钮和复选框之外的所有输入控件)。一种解决方案是给我们想要处理的每个输入控件添加一个类。然而，在处理含有大量表单的应用程序或复杂表单时，这种方法将难以维护且会变得混乱。因此，我们将使用伪类:not()与类型选择器 selector[type="value"]。

:not()伪类允许选择不符合特定条件的元素。在本例中，我们想选择除了单选按钮和复选框类型以外的所有输入控件。因此，选择器将是 input:not([type="radio"], [type="checkbox"])。现在我们可以开始为这些输入控件添加样式，这些输入控件当前的外观如图 10-3 所示。

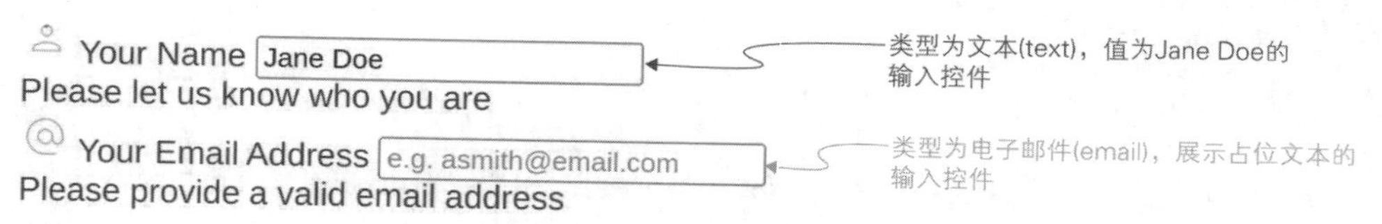

图 10-3　文本类型和电子邮件类型的输入控件

从图 10-3 中可以看到字体比我们在页面主体上设置的 12pt 要小。小字体在移动设备上会令人难以阅读；对许多用户来说，尤其是对年幼的孩子和年长者来说，小字体通常不便于阅读。如果我们想让表单适应不同设备并满足不同人群的需求，我们需要增大字体，因此将其设置为 1rem，以使其与应用程序的其余部分相匹配。输入控件不会默认继承字体样式，因此我们还需要将 color 和 font-family 设置为 inherit。

注意　inherit 是一个便利的属性值。如果默认情况下没有发生继承，它将允许元素强制从父级元素那里继承属性值。

接下来，我们将为输入控件添加一定的内边距和自定义边框，同时使它们的角变得圆润。在本例中，我们这样做是出于对样式的考量。大多数应用都有一个通用的风格(外观和感觉)。我们选择应用于输入控件的样式应与应用程序的整体主题保持一致，以帮助表单与页面融为一体，看起来更协调。从市场营销的角度来看，保持一致的主题还有助于提升品牌的辨识度。

为创建底部边框的渐变效果，我们将使用从主色到强调色的线性渐变。因为渐变是一种图像，无法直接赋给 border-bottom 属性，所以需要使用 border-image，它允许用图像对边框进行样式化。此外，我们还会在 border-bottom 属性中提供一种备用颜色，如代码清单 10-4 所示。

代码清单 10-4　对单选按钮和复选框类型以外的所有输入控件进行样式设置

```
input:not([type="radio"], [type="checkbox"]) {

  font-size: 1rem;
  font-family: inherit;

  color: inherit;
  border: none;                                          ← 移除输入控件的所有边框
  border-bottom: solid 1px var(--primary);
  border-image: linear-gradient(to right, var(--primary), var(--accent)) 1;   ← 为边框添加渐变
  padding: 0 0 .25rem;
  width: 100%;
}
```

重新添加边框，但只限于底部，将主色用作备用颜色（指向 border-bottom 行）

像素(px)和根元素尺寸(rem)

需要注意的是，我们的边框使用像素(px)作为单位，而其他声明则使用 rem 作为单位。在某些情况下，我们希望设计的某些元素与文本字号成比例。换句话说，如果文本字号增大或减小，我们希望这些元素相应地进行缩放。在这种情况下，我们使用 rem 作为填充和边距的单位，因为如果文本字号增大，我们不希望设计显得拥挤；相反，如果文本字号减小，我们希望相应地缩减这些空间。对于这些情况，我们希望使用相对单位，比如 rem。

我们希望边框始终为 1 像素，不受文本字号影响。因此，使用固定单位。

我们已经为文本和电子邮件输入控件设置了一些基本样式，如图 10-4 所示。而且，我们已为表单控件创建了一个主题。

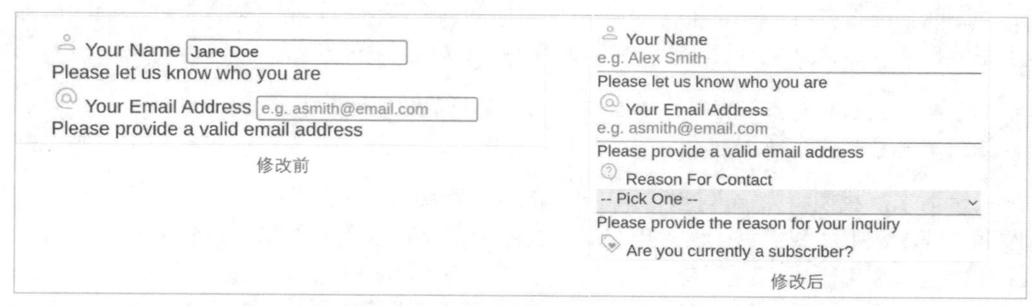

图 10-4　文本和电子邮件输入控件的样式

10.3.2　让选择框和文本域的样式与输入框相匹配

为了确保控件的外观和感觉在各个控件间保持一致，让我们将应用于输入控件的样式应用到<textarea>和<select>元素上。我们不会创建新规则或复制、粘贴代码。为了保持样式的一致性和可维护性，我们将在现有规则中添加 select 和 textarea 选择器，如代码清单 10-5 所示。

代码清单 10-5　在现有的规则中添加 textarea 和 select

```
input:not([type="radio"], [type="checkbox"]),
textarea,
select {
  font-size: 1rem;
  font-family: inherit;
  color: inherit;
  border: none;
  border-bottom: solid 1px var(--primary);
  border-image: linear-gradient(to right, var(--primary), var(--accent)) 1;
  padding: 0 0 .25rem;
  width: 100%;
}
```

- 将 textarea 和 select 添加到规则中
- 只在底部添加边框，并将主色用作备用颜色
- 为边框添加渐变效果

应用规则后，我们注意到选择框和文本域仍需要一些额外的样式设置。让我们先专注于<textarea>。图 10-5 展示了更新前、后的<textarea>。

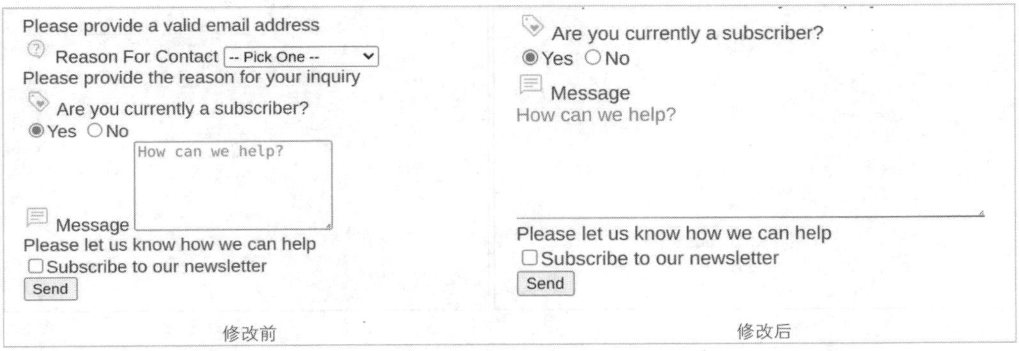

图 10-5　更新前、后的<textarea>样式

默认情况下，在网络中用户可以通过单击并拖动<textarea>的右下角来调整文本域的宽度和高度。在示例布局中，改变高度不会引起任何布局问题。然而，改变宽度会隐藏图像，并最终导致表单不再居中，如图 10-6 所示。

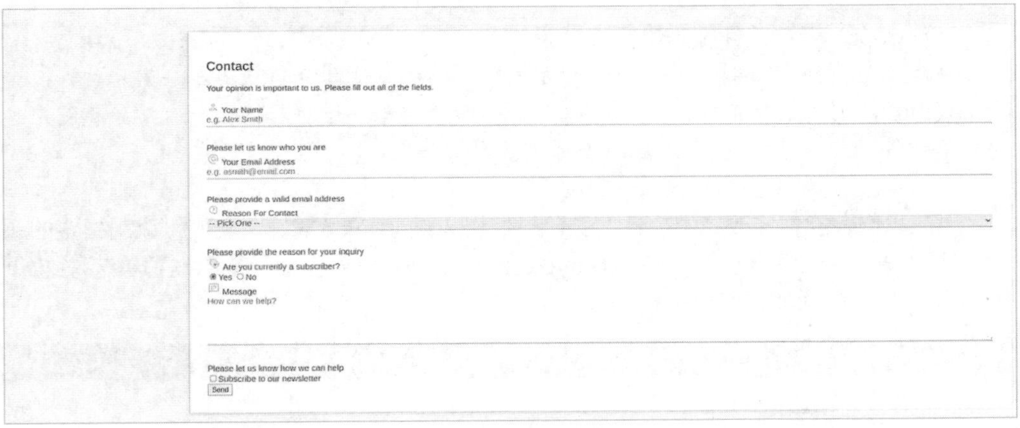

图 10-6　<textarea>调整大小的问题

<textarea>在容器外部以不规则的方式延伸。当文本域垂直调整大小时，容器会相应调整大小，但水平方向则不然。将<textarea>的 resize 属性从默认设置(both)改为 vertical，可以限制用户调整元素大小的能力。用户仍可以改变文本域的高度，但无法调整宽度，如代码清单 10-6 所示。

代码清单 10-6　更新后的 textarea 样式

```
textarea { resize: vertical }
```

在视觉上，文本框看起来一样，并且保留了右下角调整大小的控件(见图 10-7)。然而，当用户与调整大小的控件交互时，他们只能进行垂直调整。

我们仍需要处理<select>，但这个过程会比处理<textarea>的过程更加复杂。因此，让我们先完成对输入控件的样式化，然后回过头来完成对<select>控件的样式化。

图 10-7　仅在垂直方向调整<textarea>

10.3.3　对单选按钮和复选框进行样式化

一些表单控件在样式设计方面相当棘手，因为可以应用的样式非常有限。单选按钮和复选框正是属于这种情况。直到最近，没有任何属性能够影响单选按钮的圆形或复选框的方形。我们只能选择用自定义样式替换原生控件样式。

为什么有些表单控件很难进行样式设计

一些表单控件，特别是单选按钮和复选框，因样式设计方面的挑战而为人熟知。这种挑战源自能够用来改变它们外观的 CSS 属性数量有限。这种属性数量有限的原因是这些表单控件的外观主要受操作系统(而非浏览器)控制。

现在我们有能力修改原生控件的颜色。使用 accent-color 属性，我们可以用指定的颜色取代用户代理选择的颜色。将 accent-color: var(--accent); 应用于复选框和单选按钮(见代码清单 10-7)，将产生图 10-8 所示的结果。

代码清单 10-7　更新后的 textarea 样式

```
input[type="radio"],
input[type="checkbox"] {
   accent-color: var(--accent);
}
```

样式仅应用于类型为 radio 或 checkbox 的输入控件

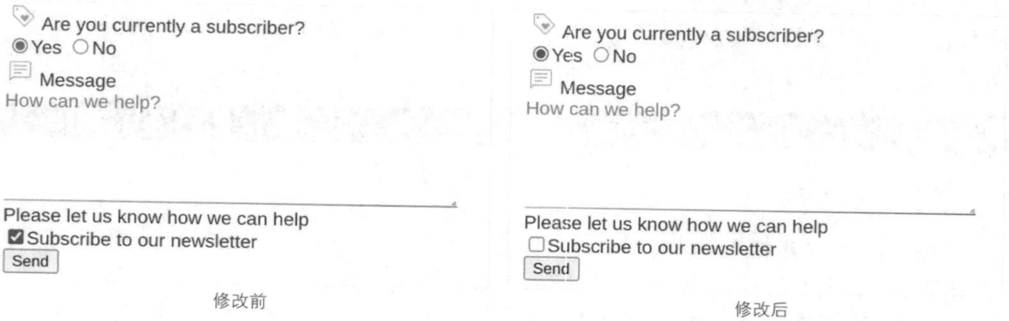

Are you currently a subscriber?
Yes No
Message
How can we help?
Please let us know how we can help
Subscribe to our newsletter
Send

修改前

Are you currently a subscriber?
Yes No
Message
How can we help?
Please let us know how we can help
Subscribe to our newsletter
Send

修改后

图 10-8　单选按钮和复选框已经应用了强调色

现在，这些元素已经应用了我们设置的强调色，而不再使用之前的浅蓝色默认颜色。然而，如果我们在应用中增大字号，控件并没有随之增大(见图 10-9)。

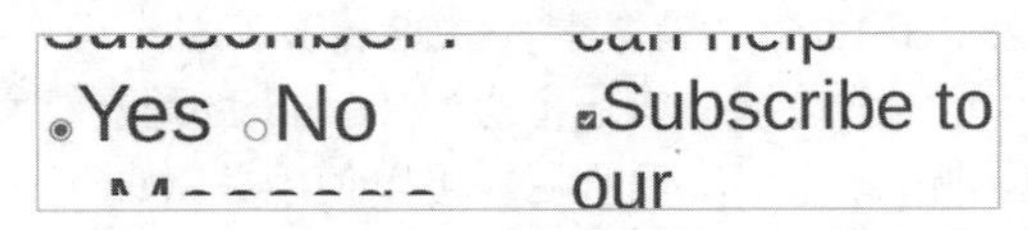

图 10-9　增大单选按钮和复选框文本的字号

虽然我们可以改变元素的颜色(这是一种有效的方式，能快速而高效地使控件适应自定义样式)，但如果我们希望允许控件随字号变化进行调整或进行其他自定义调整，我们需要替换控件的样式。为了保持控件的功能性并只替换其视觉外观，我们将使 HTML 保持不变。将隐藏浏览器提供的原生控件，并用自定义样式替换其外观。为了隐藏原生控件，将使用 appearance 属性，并将其值设为 none。这个属性允许控制控件的原生外观。通过将其属性设置为 none，表明不想显示操作系统提供的样式。同时，会将背景颜色设置为自定义的背景颜色(因为一些操作系统为控件添加了背景)，然后重置边距。

我们可以移除先前创建的 accent-color 声明；因为我们完全重新定制了控件的外观，所以这个声明将不起作用。代码清单 10-8 展示了修改后的 CSS。

代码清单 10-8　重置单选按钮和复选框

```
input[type="radio"],
input[type="checkbox"] {
  accent-color: var(--accent);
  appearance: none;
  background-color: var(--background);
  margin: 0;
}
```

图 10-10 显示单选按钮已经消失。现在，我们可以开始为这些控件创建自己的样式了。

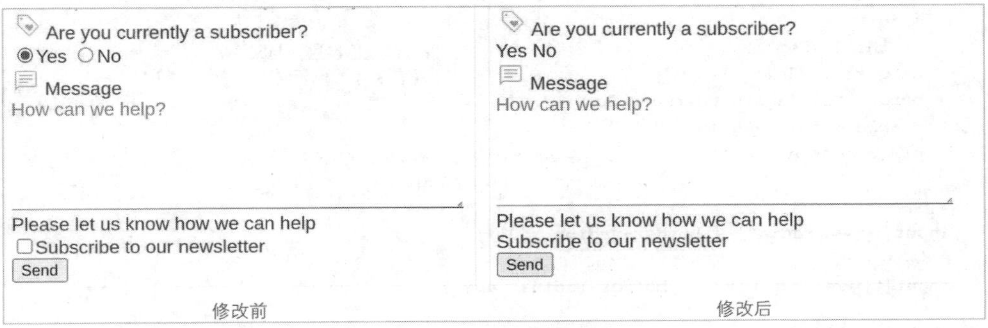

图 10-10　重置单选按钮和复选框样式

首先，我们要创建一个方框。对于单选按钮，我们将给这个方框添加圆角边框以使其呈现为圆形。在本质上，无论输入元素是复选框还是单选按钮，都需要一个方框。我们将把输入元素的高度和宽度设置为 1.75em，从而创建一个方框。我们使用 em 单位是因为它们是父元素字号的百分比。通过将高度和宽度设置为 1.75em，可使它们等于父元素字号的 175%。如果<label>元素(作为输入元素的父元素)具有 16 像素的字体大小(font-size)，方框将是 28(16×1.75 = 28)像素宽，28 像素高。

接下来，我们将添加一个边框，该边框会继承<label>元素的字体颜色。这一步可能令人困惑：如何让边框颜色继承字体颜色呢？可以使用关键词值 currentcolor，这允许属性继承字体颜色(否则将不能继承)。我们将把边框颜色设置为 currentcolor，以使边框颜色与字体颜色匹配。为了设置边框宽度，将使用 em 单位，使边框宽度能够随着单选按钮的大小变化进行缩放。

由于输入元素默认为内联元素，为了应用我们设置的高度和宽度，需要改变显示属性。我们将其设置为 inline-grid，因为在处理输入元素的选中状态时，需要使内部的圆圈或选中标记居中。网格布局通过 place-content 属性让我们能够轻松实现这一点。

inline-block 与 block 相对应，相似地，inline-grid 与 grid 相对应。inline-block 具有 block 的特性，但以内联方式出现在页面流中。inline-grid 亦是如此。我们可以使用 grid 的所有特性，但该元素以内联方式出现在页面流中，而不是出现在前一个内容的下面。对于本例来说，这意味着输入元素将与文本标签一起出现，因此不必为包含单选按钮或复选框的标签创建特殊规则。

最后，我们需要处理边框半径。在这一步中，复选框和单选按钮有所不同，因为复选框是方形的，而单选按钮是圆形的。由于输入框具有圆角，我们将为复选框添加一个小的边框半径(4px)。为了使单选按钮呈现圆形，我们将添加一个 50%的边框半径。更新后的规则如代码清单 10-9 所示。

代码清单 10-9　对单选按钮和复选框的样式进行设置

```
input[type="radio"],
input[type="checkbox"] {
  appearance: none;
  background-color: var(--background);
  margin: 0;
  width: 1.75em;
  height: 1.75em;
  border: 1px solid currentcolor;
  display: inline-grid;
  place-content: center;
}

input[type="radio"] { border-radius: 50% }

input[type="checkbox"] { border-radius: 4px }
```

将边框颜色设置为与父元素的文字颜色相同

当元素被选中时，调整内部圆盘或勾选标记以使其居中显示

我们已经为未选中的控件添加了样式。现在我们需要处理这些控件被选中时使用的样式。在图 10-11 中，已选中和未选中的元素看起来是相同的。

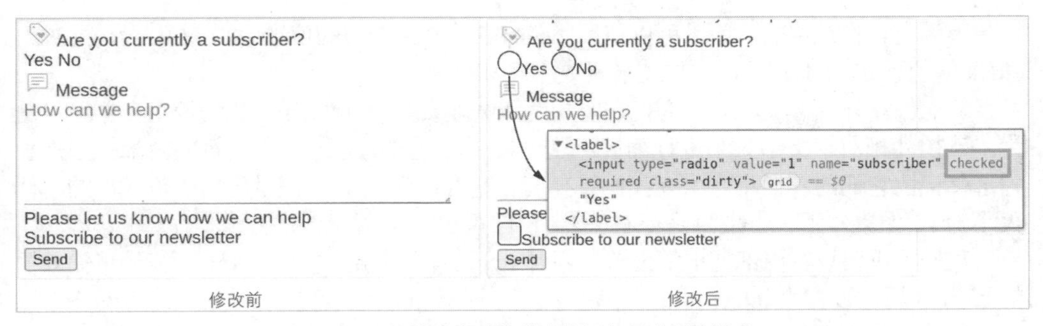

图 10-11　没被选中时的单选按钮和复选框的样式

10.3.4　使用:where()和:is()伪类

我们现在要介绍两个伪类，它们有助于让代码更整齐、简洁：:is()和:where()。这两个伪类的工作方式类似，它们接受一系列选择器，如果列表中任何一个选择器匹配，就会应用相应的规则。它们非常适合用来简化冗长的选择器列表。以前，我们可能会写像input:focus, textarea:focus, select:focus, button:focus { ... } 这样的代码，但现在我们可以使用:where 或:is 将其简化为 :where(input, textarea, select, button):focus { ... }这样的代码。

:is()伪类的使用方式与:where()的相同。它们之间的差异在于它们的特异性级别。相较于:is()，:where()的特异性级别较低，因此更容易被其他规则覆盖。而:is()则采用列表中特异性级别最高的选择器的特异性值。

注意　要了解特异性级别的计算方法，请查看第 1 章。在 10.3.9 节中，我们将更深入地探讨如何使用:where()和:is()计算特异性级别。

警告　在使用:is()时要小心，因为如果选择器列表中有一个 id 选择器(id 选择器具有最高的特异性级别)，我们可能会创建很难被覆盖的规则。

我们将把伪类(如:checked、:hover 和:focus)、伪元素::before 与:where()、:is()结合起来使用，以完成对复选框和单选按钮的样式设置。

10.3.5　设置选中状态下的单选按钮和复选框样式

为了给单选按钮被选中时内部出现的圆点以及复选框被选中时内部出现的勾号添加样式，将应用与之前用于未选中的控件的方法类似的方法。我们创建了一些适用于两种输入类型的基本样式，然后根据它们各自的样式差异，对每个元素进行最后的个性化处理，分别为每个元素添加最后的修饰。和之前一样，首先创建一个方框。接下来，把这个方框放在现有样式的中心，然后将其形状调整为圆点或对勾。

为了在当前元素内创建第二个方框，我们将使用::before 伪元素。此时，:where()伪类(详见 10.3.4 节)将派上用场；我们将使用它来选择两种输入类型，并添加::before 伪元素。因此，选择器将是这样的：:where(input[type="radio"], input[type="checkbox"]):: before{}。

因为内容将是空的，所以可以使用 content 属性并把它的值设为""(空引号)，同时将 block 的值设定为 display，这样就能设定宽度和高度。

之前创建外部方框时，我们把它的高度和宽度设置为 1.75em。我们使用 em 单位是为了让控件相对于文字大小进行缩放。这里将采用同样的方式。我们希望内部的圆点和勾选标记比它们的容器小，所以我们将高度和宽度设为 1em。假设应用于输入框的字体大小为 16 像素，那么方框将是 16(16×1=16)像素宽，16 像素高。

我们不需要设置内部方框的位置。回想一下之前在代码清单 10-8 中，我们将输入框的 display 属性设置为 inline-grid，然后将 place-content 属性设置为 center。这个网格布局会自动将内部方框放在输入框的中心。内部圆点和勾选标记的 CSS，如代码清单 10-10 所示。

代码清单 10-10　使内部方框居中

```
:where(input[type="radio"], input[type="checkbox"])::before {
  display: block;
  content: '';
  width: 1em;
  height: 1em;
}
```

当应用这段代码时，看不到任何变化，如图 10-12 所示。虽然内部方框存在，但尚不可见。

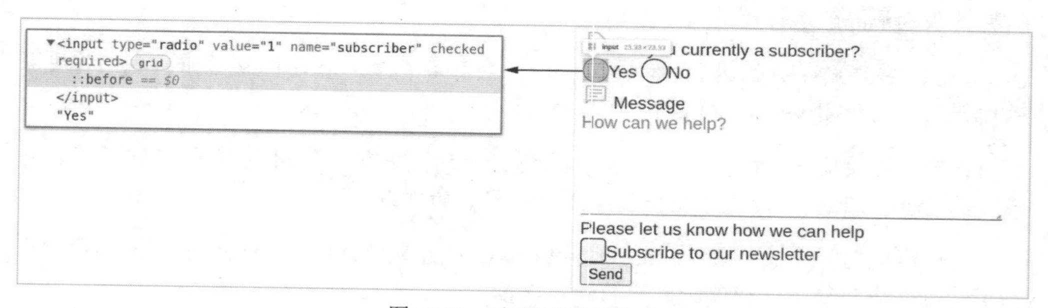

图 10-12　不可见的内部方框

方框之所以不可见，是因为它没有任何内容或背景颜色。接下来添加一个背景颜色。

10.3.6　使用:checked 伪类

我们不会始终对页面上的元素应用相同的背景颜色。当元素被选中时，将使用强调色，而当鼠标悬停在元素上时，将使用悬停颜色。

:checked 伪类选择器可用于单选按钮或复选框，也可用于下拉菜单(<select>)中的选项元素(<option>)，在元素被选中时可以应用特定的样式。但能否在<option>上使用该伪类选择器取决于浏览器是否支持。

当我们为选中状态和悬停状态设置背景颜色时，如果选择器具有相同的特异性级别(如本示例)，那么规则的书写顺序至关重要。如果我们先编写选中状态的规则，然后编写悬停状态的规则，那么在鼠标悬停时悬停颜色会应用到已选中的控件；悬停状态的规则会覆盖选中状态的规则，因为在 CSS 文件中悬停状态的规则出现在后面。因此，我们需要确保在 CSS 文件中悬停状态的规则位于选中状态的规则之前。图 10-13 展示了这两种情况。

图 10-13　在不同规则顺序下，悬停状态表现的效果

接下来介绍如何在 CSS 文件中应用背景颜色。代码清单 10-11 展示了到目前为止本项目中悬停状态和选中状态的代码。

代码清单 10-11　内部元素的背景颜色

```
:where(input[type="radio"], input[type="checkbox"]):hover::before {
    background: var(--hover);
}
```

当鼠标悬停时给内部方框添加背景颜色

```
:where(input[type="radio"], input[type="checkbox"]):checked::before {
   background: var(--accent);
}
```

当输入控件被选中时给内部方框添加背景颜色

图 10-14 显示了在元素内部可以创建的方框。当元素被选中时，方框以强调色显示；当用户的鼠标悬停在未选中的单选按钮或复选框上时，将显示一个灰色方框。

图 10-14　设置选中状态

接下来，需要设计方框的内部显示内容，在这一步的代码中，将分别为单选按钮和复选框创建圆点和勾选标记。

10.3.7　设置单选按钮被选中时显示的圆点

先处理单选按钮，通过在代码清单 10-12 中添加 border-radius 并将其值设置为 50%，使内部方框变成圆形。这里不必区分悬停状态和选中状态，因为我们希望无论元素处于什么状态，其内部形状都是一个圆点。

代码清单 10-12　单选按钮中的圆点

```
input[type="radio"]::before {
  border-radius: 50%;
}
```

现在已经完成传统样式的单选按钮，无论文本大小如何，它都能很好地进行缩放(如图 10-15 所示)。在为单选按钮设置样式之后，接下来将关注复选框内勾选标记的设定。

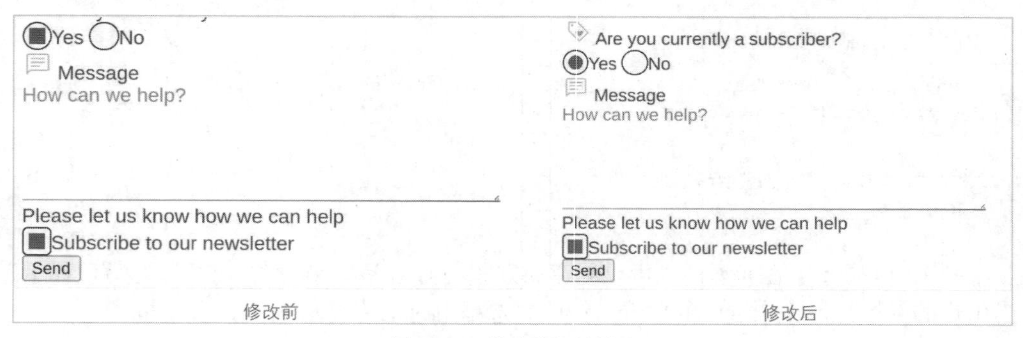

图 10-15　单选按钮的样式

10.3.8　使用 CSS 为复选框设置标记

之前已经对单选按钮进行了简单的重塑：使用 border-radius 来实现圆点形状。但勾选标记的创建并不那么简单。为此，我们将使用 clip-path。

注意 可以使用 clip-path 创建形状，通过定义剪切区域来确定元素中哪些部分应该显示，哪些部分应该隐藏。第 7 章已经对 clip-path 进行了介绍。

接下来将多边形应用于 clip-path，以制作勾选标记。多边形是通过设置一系列基于百分比的 *X* 和 *Y* 坐标来创建的，并形成连接线。形状的起点为(0, 0)，若未显式关闭形状，它会自动连接第一个点和最后一个点。代码中将使用 polygon()函数，也就是 polygon(14% 44%, 0% 65%, 50% 100%, 100% 16%, 80% 0%, 43% 62%)。图 10-16 详细展示了逐点构建形状的过程。

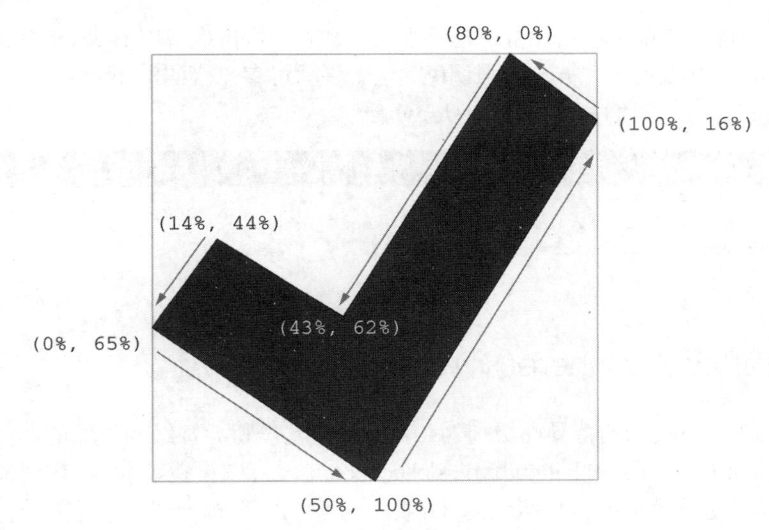

图 10-16 多边形勾选标记的坐标图

注意 确定简单形状的坐标相对容易。但随着形状变得更加复杂，手动确定坐标的方式可能会变得烦琐。在这种情况下，可以利用矢量图形绘制软件，比如 Inkscape 和 Illustrator，或者使用 CSS 形状生成网站，比如 https://bennettfeely.com/clippy。

创建完形状后，可以创建 clip-path 并将其应用于复选框的内部，如代码清单 10-13 所示。

代码清单 10-13 复选框中的勾选标记

```
input[type="checkbox"]::before {
   clip-path: polygon(14% 44%, 0% 65%, 50% 100%, 100% 16%, 80% 0%, 43% 62%);
}
```

添加 clip-path 之后，将获得一个功能完整的复选框。接下来要完成一些最后的修饰。注意图 10-17 中，选中的单选按钮和复选框的轮廓仍然呈现字体颜色，而不是强调色。

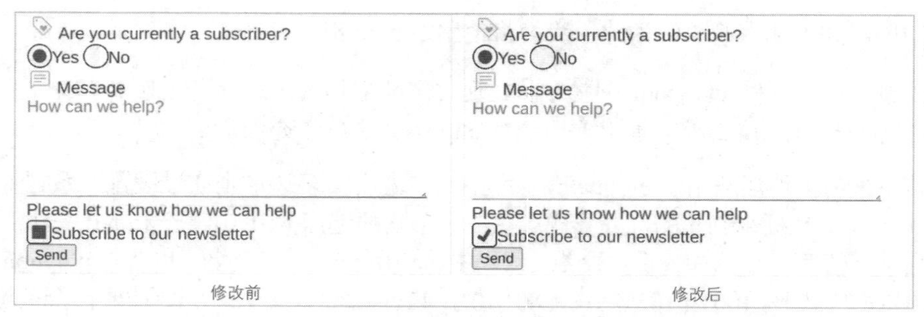

图 10-17 对复选框中的勾选标记进行样式化

为了给被选中的单选按钮和复选框添加轮廓颜色，将再次使用:checked 伪类，只有当控件被选中时边框颜色才会被改为强调色。这个步骤可参见代码清单 10-14。出于选择器特异性级别的考虑，我们使用:is()而不是:where()。

代码清单 10-14 为被选中的控件设置强调色轮廓

```
:is(input[type="radio"], input[type="checkbox"]):checked {
   border-color: var(--accent);
}
```

10.3.9 使用:is()和:where()计算特异性级别

之前提到，:where()的特异性级别为 0，意味着它是特异性级别最低的选择器。我们在选择器 input[type="radio"], input[type="checkbox"] { ... }中设置了默认的边框颜色，根据表 10-1 可知该选择器的特异性级别为 11(表中的 011)。在每一列中，需要统计每种选择器的数量，然后将 A、B、C 这三列的值汇总到一起以获得特异性级别的值[1]。

表 10-1 计算特异性级别

选择器	A ID 选择器 (×100)	B 类选择器、属性选择器和伪类(×10)	C 类型选择器、伪元素(×1)	特异性级别
where(input[type="radio"], input[type="checkbox"])	不考虑特异性规则，始终等于 0			000
where(input[type="radio"], input[type="checkbox"]):checked	不考虑特异性规则，始终等于 0			000
input[type="radio"]	0	1	1	011
input[type="radio"]:checked	0	2	1	021
is(input[type="radio"], input[type="checkbox"]):checked	0	2	1	021

1 Martine Dowden and Michael Dowden. *Architecting CSS: The Programmer's Guide to Effective Style Sheets*. Apress, 2020.

在本例中，:is()的特异性级别取决于它内部特异性级别最高的选择器的值，因此特异性级别为 11，因为 :checked 状态的特异性级别为 10，所以最后得出的特异性级别是 21(11+10=21)。由于 21 大于 0，因此覆盖了样式，使边框颜色变成了强调色。

现在单选按钮和复选框在选中和未选中状态下都被样式化，并且当鼠标在这两种情况下悬停时也会显示相应的样式。图 10-18 展示了本章项目目前的进展。

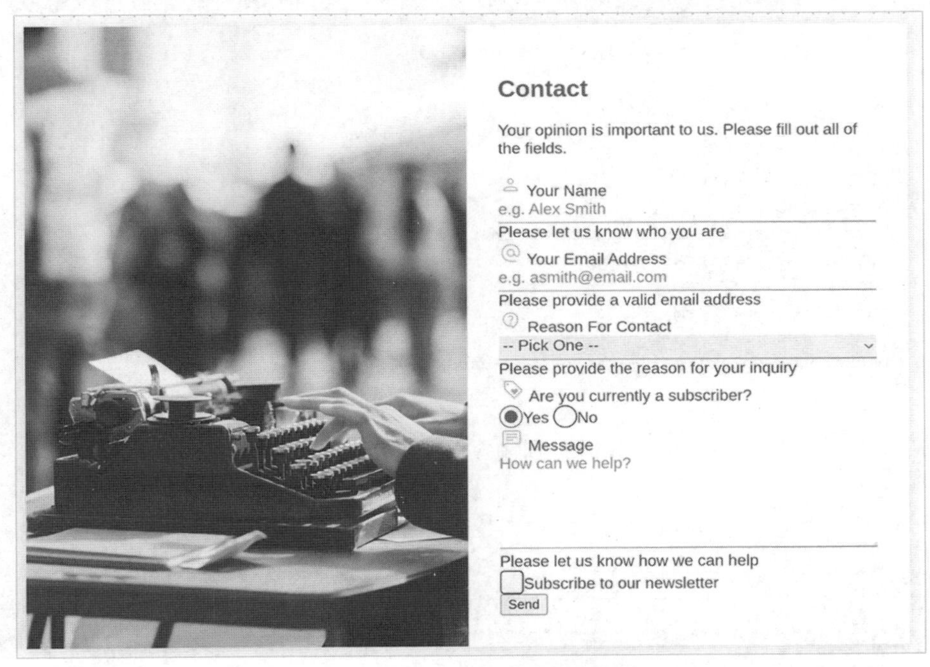

图 10-18　对单选按钮和复选框进行样式化

接下来把注意力转向下拉菜单。

10.4　对下拉菜单应用样式

尽管我们已经对<select>元素应用了与基于文本的<input>和<textarea>元素相同的默认样式(见代码清单 10-5)，但从图 10-19 中可以看出下拉菜单(<select>)仍然显得不够完善。在展开视图中也可以看到，选项列表与主题不相符。

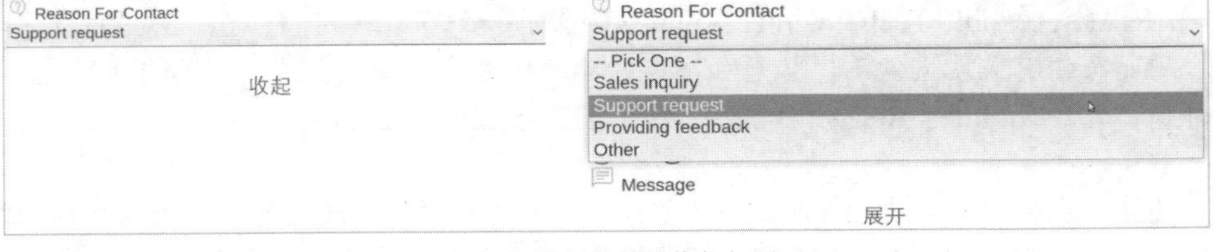

图 10-19　下拉菜单的收起与展开

让我们先解决背景颜色的问题。因为表单背后是白色背景，而输入控件默认也采用白色背景，所以在视觉上不明显。现在需要在现有声明中添加一条规则，从而影响<input>、<textarea>和<select>元素，将背景颜色设置为卡片的背景色(见代码清单 10-15)。这样一来，若卡片的背景发生变化，表单控件就会呈现出相应的背景颜色。

代码清单 10-15　对 select 应用默认样式

```
input:not([type="radio"], [type="checkbox"]),
textarea,
select {
    font-size: 1rem;
    font-family: inherit;
    color: inherit;
    border: none;
    border-bottom: solid 1px var(--primary);
    border-image: linear-gradient(to right, var(--primary), var(--accent)) 1;
    padding: 0 0 .25rem;
    margin-bottom: 2rem;
    width: 100%;
    background-color: var(--background-card);   ← 添加背景颜色声明
}
```

在添加了背景颜色之后，我们看到输入框和选项具有白色背景(见图 10-20)。

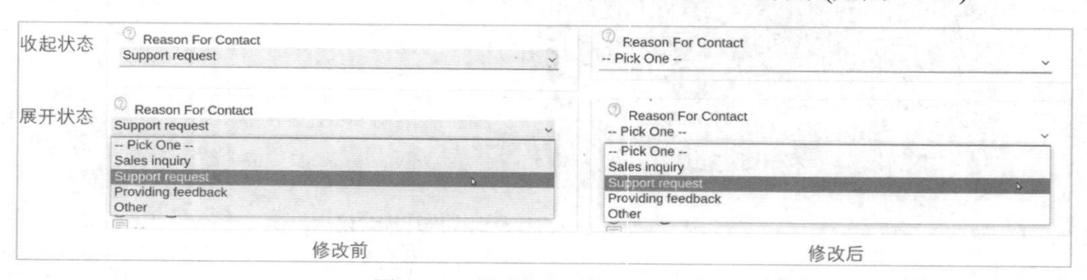

图 10-20　样式化之后的 select 元素

尽管可以通过更新下拉菜单选项以使其更好地与主题协调，但这些菜单(类似于单选按钮和复选框)大部分的样式和功能都是从操作系统中继承的。因此，如果仅使用 CSS 进行样式设计，将会受到一些限制，对于本章示例的设计来说，我们能够用 CSS 实现的改变已大致完成。尽管我们可以通过 JavaScript 和 ARIA 来替代整个控件，但由于本书的重点是 CSS，我们将尽可能多地使用 CSS 进行样式设计。

什么是 ARIA

ARIA(Accessible Rich Internet Applications)是一套可添加到 HTML 元素的角色和属性，用于提供有关元素使用、状态和功能的额外信息，这些信息原本对用户不可见。欲知详情，请访问 https://www.w3.org/WAI/standards-guidelines/aria。

注意　在创建自定义控件时，务必留意浏览器自动提供的底层可访问性信息和功能，并确保重新构建这些功能，同时考虑到控件的视觉方面。当你需要自定义控件时，库或框架可能会很有帮助，前提是该库或框架是以可访问性为核心构建的。通常，查阅文档是了解最佳实践的最佳途径。

10.5　对标签和图例进行样式化

为了给标签和图例添加样式，将首先为它们设置垂直边距，以在标签和控件之间留出一些空间。我们还将利用 Flexbox 来对齐文本、图标、单选按钮和复选框。最后，我们会减小它们的字号并改变它们的颜色。在这里，最关键的是用户输入的值，而不是标签。通过减小标签的尺寸，降低了它们在视觉层次中的重要性。最终的代码如代码清单 10-16 所示。

代码清单 10-16　添加边距并更新字号

```
label, legend {
  display: flex;
  align-items: center;      对齐标签文本和图标
  gap: .25rem;
  margin: 0 0 .5rem 0;
  font-size: .875rem;
  color: var(--label-color);
}
```

在对标签和图例进行了样式化之后(见图 10-21)，现在将注意力转向占位符。

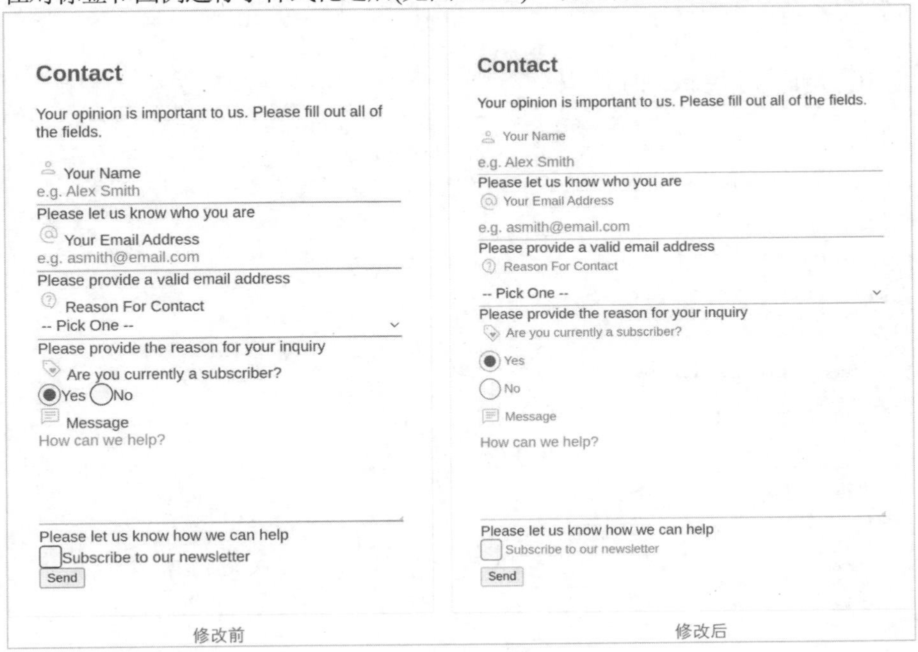

图 10-21　样式化之后的标签和图例

10.6　为占位文本添加样式

在示例表单中，不能很好地区分用户填写的字段和占位文本。若要解决这个问题，可以像处理标签时那样，不再突出显示占位文本，以使其与用户的响应明显区分开来。

标签与占位文本

本章示例项目同时使用标签和占位文本。尽管占位文本有助于引导用户，但并不能替代标签。实际上，Web 内容可访问性指南(Web Content Accessibility Guidelines，WCAG)明确规定表单输入控件必须配备标签(http://mng.bz/mVzW)。

用户在输入控件中输入数值后，占位文本会消失。这种布局存在问题，因为用户在输入数值后无法参考原来的说明。

此外，对于辅助技术，比如屏幕阅读器，标签是必需的。这些技术依赖标签提供的信息来指示用户需要填入的内容。

为了给占位文本添加样式，可以使用::placeholder 伪元素。为了确保无论元素类型如何，占位文本都以相同的方式进行样式化，可以编写一个规则。在这个规则中，将减小占位文本的字号并使其颜色变浅，具体的实现请参考代码清单 10-17。

代码清单 10-17　对占位文本进行样式化

```
::placeholder {
  color: var(--placeholder-color);
  font-size: .75em;
}
```

对所有元素类型的占位文本进行样式化

图 10-22 展示了更新后的文本框。

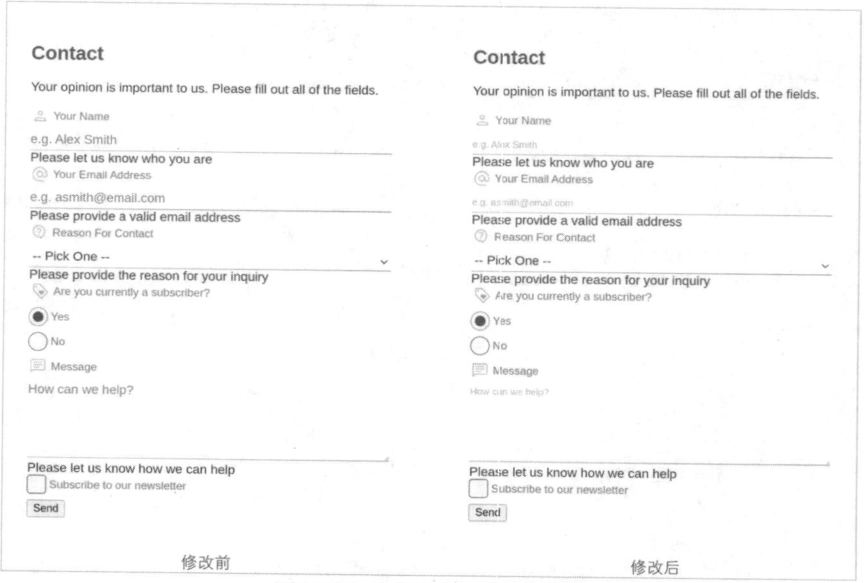

修改前　　修改后

图 10-22　对占位文本进行样式化

接下来，让我们样式化表单底部的按钮。

10.7　对发送按钮进行样式化

在表单底部有一个发送(Send)按钮。需要为它添加更醒目的效果，并使其与表单的其他部分保持一致。可以针对该按钮创建一个规则。

接下来，将去掉边框，进行圆角处理，并调整文本和背景颜色。在图 10-23 的“修改前”部分，按钮文本小于默认字体大小，因此还需要将字体大小更改为 1rem。最后，需要对按钮的内边距进行设置。

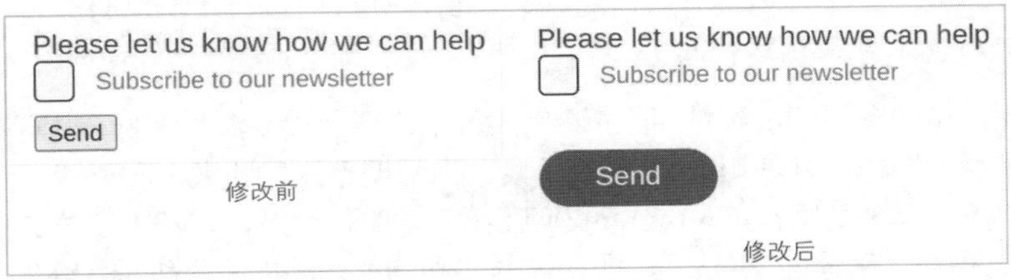

图 10-23　对发送按钮进行样式化

为了进一步凸显按钮，我们将它与其他输入控件稍微分开一些。按钮位于一个具有类名 actions 的<div>内。可以将这个<div>的顶部外边距设置为 2rem，这将使按钮与订阅(Subscribe)复选框之间的距离稍微增大。代码清单 10-18 展示了修改后的新规则，图 10-23 展示了修改后的效果。

代码清单 10-18　重设按钮样式

```
button[type="submit"] {
  border: none;
  border-radius: 36px;
  background: var(--accent);
  color: var(--accent-contrast);
  font-size: 1rem;
  cursor: pointer;
  padding: .5rem 2rem;
}

.actions { margin-top: 2rem }
```

接下来，需要对错误信息进行样式化。

10.8　错误处理

错误信息在姓名、电子邮件和信息控件下方。当前它们没有被样式化，因此不容易被识别为错误信息，也难以与它们描述的输入控件相匹配。此外，我们希望在用户与控件交互之前不显示这些错误信息，因为没有人希望在没有任何交互的情况下看到错误信息。

接下来将对错误信息进行样式化，使其呈现错误信息应有的外观；然后，将它们设置为默认隐藏，并且仅在适当的时候显示。在这个任务中将使用 JavaScript 文件。

将通过在--error 自定义属性中设置颜色，使文本呈现为红色，这与网络中大多数错误信息的颜色相符。我们还将使文本加粗，并在错误前加上一个错误图标，以清晰地表明它是错误信息；因为不希望仅仅通过颜色传达意义或意图。

注意 颜色是区分内容类型的常用方法。但应始终搭配其他元素来使用，比如图标、文字，或者通过改变大小、粗细或形状来区分，因为色盲用户可能无法区分颜色。此外，一些颜色在不同文化中可能具有不同的含义。出于可访问性和清晰度的考量，最佳实践是不只依赖颜色本身来传达信息。

为了保持错误图标的一致性，同时避免在每个错误前重复添加图标，我们将通过 CSS 以编程方式添加图标，并使用::before 伪元素。为了调整图标的大小和位置，我们将使用两个相对单位，一个是字符单位(ch)，我们在第 7 章中使用过，它基于字体的宽度；另一个是 ex，它相对于字体的 X-高度，即字体基线和均线之间的距离(如图 10-24 所示)。使用这些特定的单位，因为它们不仅能适应当前字体大小，还将符合正在使用的字体的特性。使用 ch 和 ex 单位，有助于使图标与文本之间的空隙看起来更加和谐。

图 10-24 字体术语的视觉表示

接下来在错误的<div>中添加一定的外边距，以便为输入控件留出一些空间。截至目前，错误样式规则如代码清单 10-19 所示。

代码清单 10-19 错误信息的样式

```
.error {
  color: var(--error);          ← 将文本设置为红色
  margin: .25rem 0 2rem;
}
.error span::before {
  content: url('./img/error.svg');
  display: inline-block;
  width: 1.25ex;                将图标的大小设置为 1.25ex 宽，1.25ex 高
  height: 1.25ex;
  vertical-align: baseline;     ← 使图标与文本的基线对齐
  margin-right: .5ch;
}
```

注意，当在文本前添加图标时，应该将其添加到<span>中，而不是将其放入错误信息的<div>中。这是因为需要在错误信息的<div>以及整个错误区块中显示和隐藏这个<span>元素。接下来请仔细查看 HTML 以了解其中的原因。

代码清单 10-20 展示了姓名文本框的完整控件，包括标签和错误信息。注意，错误信息的<div>具有一个值为 nameError 的 id，该 id 通过输入控件的 aria-describedby 属性来引用。aria-describedby 属性告诉屏幕阅读器和辅助技术，其引用的 id 包含有关输入控件的额外信息。

如果通过使用 display: none 完全隐藏错误信息的<div>，那么 aria-describedby 指向的元素将不存在。因此，我们仅隐藏内容(即<span>)，以使元素与其错误之间的程序连接不受影响。由于只隐藏<span>，因此我们需要将图标应用到<span>上，这样当隐藏错误信息时，也会隐藏图标。

代码清单 10-20　姓名文本框的 HTML

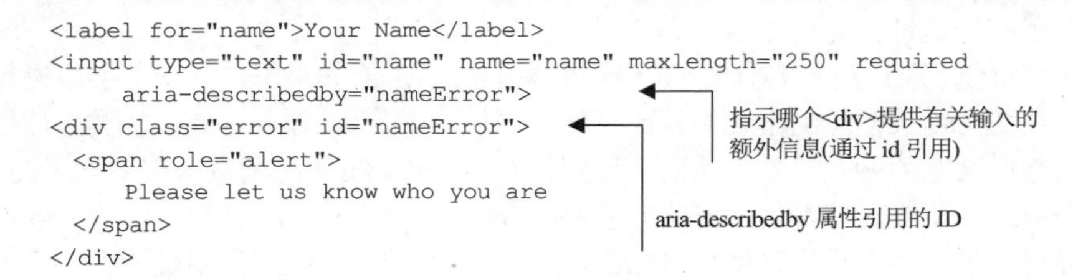
指示哪个<div>提供有关输入的额外信息(通过 id 引用)
aria-describedby 属性引用的 ID

```
<label for="name">Your Name</label>
<input type="text" id="name" name="name" maxlength="250" required
     aria-describedby="nameError">
<div class="error" id="nameError">
  <span role="alert">
     Please let us know who you are
  </span>
</div>
```

图 10-25 显示了样式化之后的错误信息。

修改前　　修改后

图 10-25　样式化前、后的错误信息

在样式化错误信息之后，接下来应该进行设置，只在需要的时候显示它们。在图 10-25 中，输入的是有效值，但错误信息仍然显示。为了仅在输入无效信息时显示错误信息，应该在默认情况下隐藏错误信息。首先对包含在错误信息<div>中的<span>应用 CSS 属性值 display: none；然后使用:invalid 伪类有条件地显示它(仅当输入内容无效时)。

在本例中，输入内容的有效性取决于我们在输入控件上设置的属性。再次查看姓名文本框的 HTML：<input type="text" id="name" name="name" maxlength="250" required aria-describedby="nameError">。这里添加了 required 和 maxlength 属性；因此，如果输入控件中没有值或值的长度超过 250 个字符，那么该输入控件的值将被认为是无效的，并且:invalid 伪类中的样式将被应用。

Email 元素(<input type="email" id="email" name="email" maxlength="250" required aria-describedby="emailError">)也具有 maxlength 和 required 属性，因此它与姓名文本框一样，当用户输入不合规的信息时，它将被认为是无效的。它的类型为 email。在 HTML 中，某些字段类型具有内置的验证机制，email 就是其中之一。如果我们输入一个值为 myEmail 的电子邮件地址，它将被认为是无效的。

:invalid 伪类有助于在字段有效时防止错误信息的显示，但如果用户尚未与字段进行交互，它将无法防止错误信息的出现。相比之下，可以考虑使用:user-invalid 伪类，该伪类仅在用户与字段交互后触发一次。然而，目前仅有 Mozilla Firefox 浏览器支持该属性。因此，由于当前跨浏览器支持不足，应该考虑使用 JavaScript。未来，如果:user-invalid 得到更广泛的支持，那时将不再需要使用 JavaScript 根据用户交互来显示/隐藏错误信息。项目中的脚本监听失焦事件(blur event)，这种事件在元素失去焦点时发生。当我们单击或通过制表键离开一个输入控件时，将触发失焦事件。JavaScript 脚本监听这些事件，并为用户刚刚离开的输入控件添加一个名为 dirty 的类，这样就能知道哪些字段已经与用户进行了交互，哪些尚未进行。带有 dirty 类的字段已经进行了交互，没有 dirty 类的字段尚未进行交互。

通过将 dirty 类与:invalid 伪类结合起来使用，我们只会在用户接触过的无效控件下方显示错误信息，以免在用户填写表单之前过早显示错误信息。可以使用选择器.dirty:invalid+.error span。这将选择一个具有 error 类的元素内的 span 元素，该元素紧跟在一个同时具有无效状态和 dirty 类的元素之后。

最后，当输入控件同时处于无效和 dirty 状态时，我们将把它的边框颜色改为之前设定的错误信息颜色。由于之前使用了边框图像来创建渐变效果，因此需要将其移除。代码清单 10-21 展示了显示和隐藏错误信息的完整规则。

代码清单 10-21　用于处理错误的 CSS

```
.error span { display: none; }      ← 默认情况下隐藏错误信息

.dirty:invalid + .error span {      在 HTML 中，当输入控件无效且为
   display: inline;                 dirty 状态时，显示错误信息
}
```

```
:is(input, textarea).dirty:invalid {
  border-color: var(--error);
  border-image: none;
}
```

在输入控件无效且为 dirty 状态时，将文本框和文本域的边框颜色改为红色

图 10-26 展示了输入控件可能的三种状态：无效且为 dirty 状态、有效状态，以及无效但尚未触发状态。

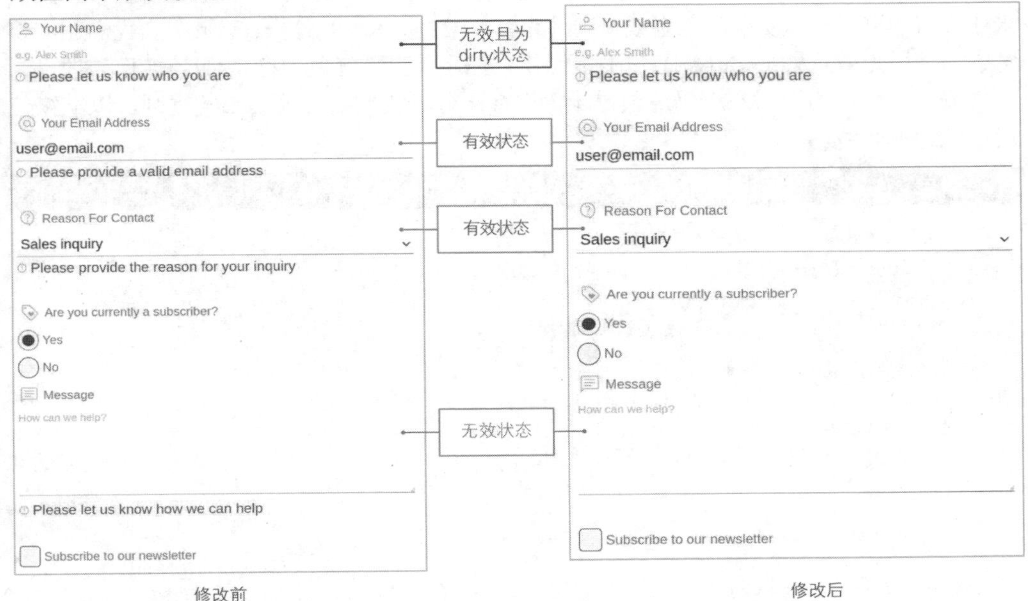

图 10-26　错误处理以及输入控件的状态

尽管在外观上示例表单已经完成，但仍需要进行一些最后的修饰。

10.9　为表单元素添加悬停和焦点样式

为了确保表单具备可访问性，接下来需要添加悬停样式，并调整默认焦点样式以使其与控件和按钮的主题相匹配。虽然之前已处理了单选按钮和复选框的悬停样式，但尚未设置焦点样式。对于其他元素，也未考虑悬停和焦点状态。

接下来将从设置焦点样式开始，因为仍需要将其应用于表单上的所有元素。对于通过键盘而非鼠标单击表单元素进行网页导航的用户，焦点至关重要。它在视觉上为用户指出了当前具有焦点的元素。因此，如果我们不喜欢默认的焦点样式，可以重新对其进行设计，但不要删除。

10.9.1　使用:focus 及:focus-visible

对于一些设计而言，如果始终显示焦点样式，而不管用户以何方式浏览网页，将可

能引起压迫感，为此，最近 CSS 规范中添加了一个新属性，以便基于用户输入方式(键盘或鼠标)应用焦点样式。伪类:focus-visible 允许我们添加样式并使其在用户使用键盘进行交互时生效，但在用户使用鼠标时不会生效。与之相反，伪类:focus 始终生效，不管用户如何与元素交互。

对于文本框和电子邮件输入控件、下拉菜单以及文本域，我们将取消默认的轮廓，并将边框颜色从渐变色改为单一色。鉴于之前提到的不希望仅依赖颜色进行区分，接下来还会将边框样式从实线改为虚线，代码清单 10-22 展示了具体操作。此外，我们还需要考虑当字段无效且处于 dirty 状态时(显示错误信息并显示红色边框)，应该如何处理。为了使输入控件在错误状态下仍可通过颜色进行区分，我们将撰写第二条规则，以继续使用红色边框颜色。

代码清单 10-22　设置文本框和下拉菜单获得焦点时的样式

```
:is(
  input:not([type="radio"], [type="checkbox"]),
  textarea,
  select
):focus-visible {
  outline: none;                                    ← 移除默认的轮廓
  border-bottom: dashed 1px var(--primary);
  border-image: none;                               ← 移除渐变图像
}

:is(
  input:not([type="radio"], [type="checkbox"]).dirty:invalid,
  textarea.dirty:invalid,
  select.dirty:invalid
):focus-visible {
 border-color: var(--error);
}
```
当用户已经和控件交互，并且其值无效时，边框颜色保持不变

图 10-27 显示了更新以后，控件得到焦点时的样式。

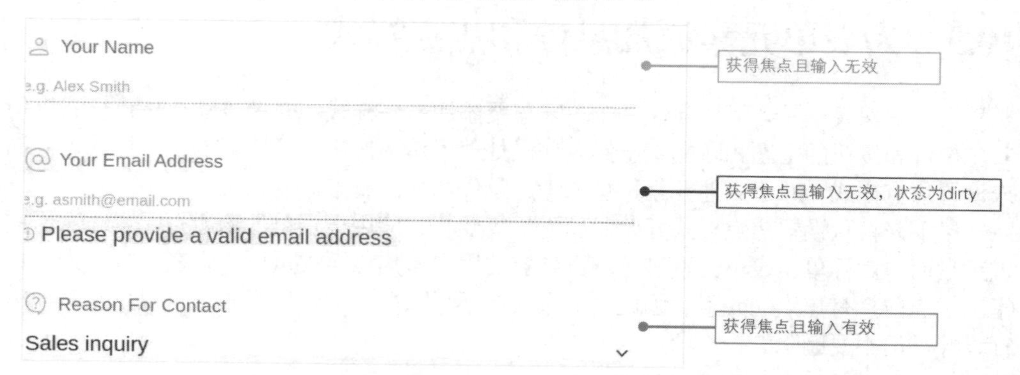

图 10-27　文本框和下拉菜单获得焦点时的样式

接下来，需要处理单选按钮和复选框的焦点状态。对于这些元素，我们将保留其轮

廓但调整其外观。与之前对其他输入控件所做的一样，将使用虚线和主色调。我们还需要对轮廓进行偏移操作，以在边框和轮廓之间生成一定的间隔，具体操作见代码清单 10-23。

代码清单 10-23　单选按钮和复选框获得焦点时的样式

```
:where(input[type="radio"], [type="checkbox"]):focus-visible {
  outline: dashed 1px var(--primary);
  outline-offset: 2px;
}
```

使轮廓向外移动 2 像素，以确保它不会直接贴在边框上

图 10-28 展示了单选按钮和复选框获得焦点时的样式。

图 10-28　单选按钮和复选框的焦点样式

在处理完焦点样式之后，接下来处理悬停样式。

10.9.2　添加悬停样式

用户输入文本的控件，例如类型为 text 和 email 的文本框或<textarea>，在鼠标悬停时会将光标样式从默认样式更改为文本样式。图 10-29 展示了每种光标样式的外观。注意，光标的外观可能会因操作系统、浏览器和用户设置而略有不同。

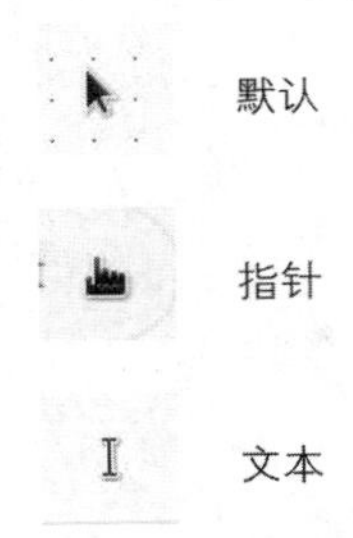

图 10-29　Chrome 中的光标样式

尽管文本框、电子邮件输入控件以及文本域在鼠标悬停时已经有一些差别，但下拉菜单却没有。接下来需要将下拉菜单的光标样式更改为指针样式，以强调该控件是可点

击的，如代码清单 10-24 所示。

代码清单 10-24　设定下拉菜单的悬停样式

```
select:hover { cursor: pointer }
```

在处理了焦点样式和悬停样式之后，需要关注的最后一件事是确保这些样式对启用了 forced-colors: active 的用户仍然有效。

10.10　处理 forced-colors 模式

forced-colors 模式是一种高对比度设置，允许用户将颜色调色板限制为他们在设备上设置的一系列颜色。Windows 的高对比度模式就是一个例子。当此模式处于启用状态时，它会影响许多 CSS 属性，包括我们在这个项目中使用过的一些属性，尤其是 background-color。我们使用 background-color 来确定单选按钮和复选框的内部形状在选中和未选中的元素中是否可见。此外，我们还用它来重新设计<select>控件的箭头。

在 Chrome 中，我们可以使用 DevTools 模拟在机器上启用 forced-colors 模式的情形，而不必编辑计算机设置。在 DevTools 的控制台中，选择渲染标签。如果尚未显示，可以单击省略号按钮以显示可能的标签，并从下拉菜单中选择它。在该标签上，找到 forced-colors 模拟下拉菜单，并将其设置为 forced-colors: active。此设置会更新页面的样式，使其表现得好像我们已经在机器上将 forced-colors 设置为 active 一样。图 10-30 显示了启用模拟的 Chrome DevTools 设置。(注意：除 Chrome 外的浏览器可能没有此功能，或者启用它的方法可能不同。)

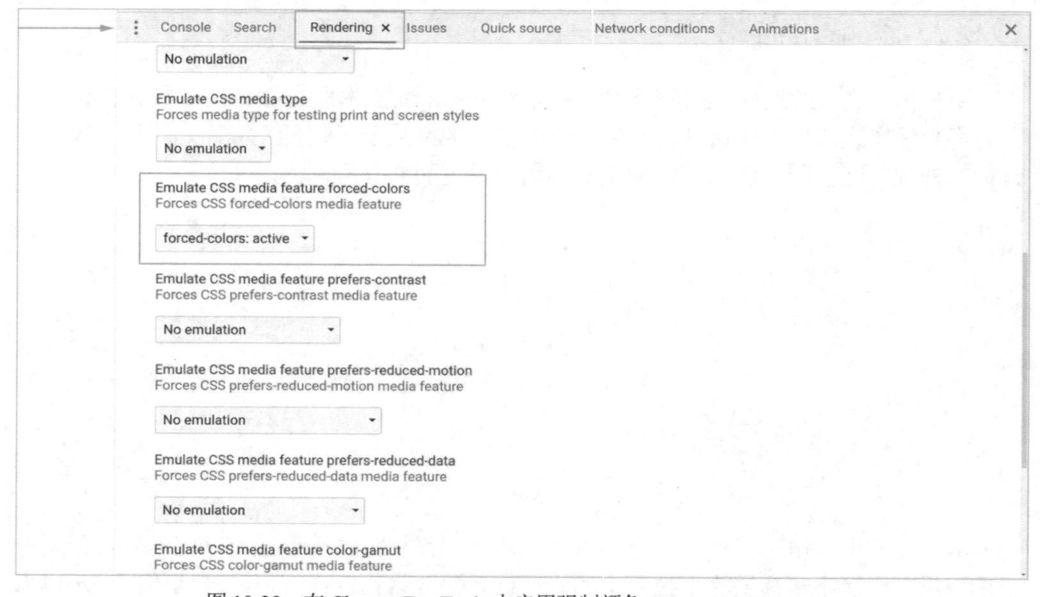

图 10-30　在 Chrome DevTools 中启用强制颜色：forced-colors: active

当应用模拟时，页面样式会发生变化(见图 10-31)。我们无法判断哪个单选按钮被选中，以及复选框是否被选中。这个例子展示了应用除颜色以外的技术来区分含义的重要性，因为现在的错误信息不再通过红色来显示。

在这种模式下，我们不会尝试还原颜色，因为需要尊重用户的设置。但我们需要确保已被选中的输入控件在视觉上与未被选中的输入控件有所区别。

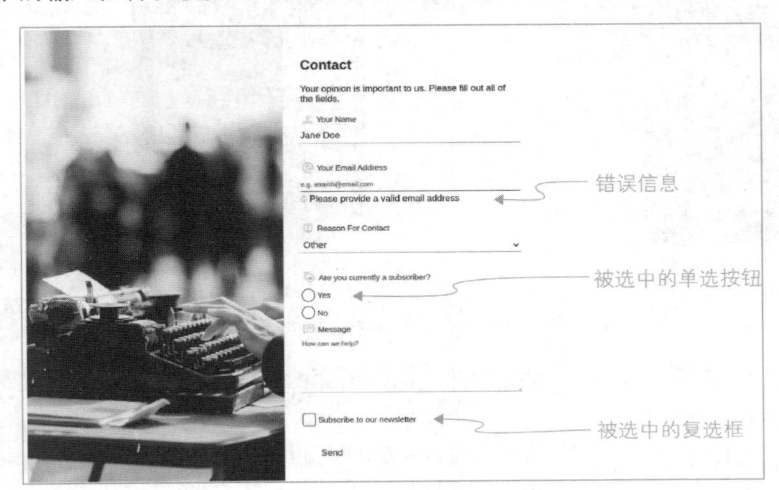

图 10-31　模拟 forced-colors: active

为了创建仅在用户将 forced-colors 设置为 active 时应用的规则，我们将使用@media (forced-colors: active) { } 媒体查询。在媒体查询内创建的规则仅在用户启用 forced-colors 时生效。

复选框和单选按钮之所以不再可见，是因为我们对它们应用了系统定义的背景颜色(在本例中是白色)。因此，我们将使背景使用系统颜色而不是强调色。在 CSS Color Module Level 4 规范(http://mng.bz/o1Vy)中，可以找到可用的颜色列表。我们将使用 CanvasText，这意味着将应用的颜色与用于文本的颜色相同。代码清单 10-25 展示了完整的媒体查询。

代码清单 10-25　forced-colors: active 媒体查询

```
@media (forced-colors: active) {
  :where(input[type="radio"], input[type="checkbox"]):checked::before {
    background-color: CanvasText;
  }
}
```

如图 10-32 所示，应用了媒体查询后，示例页面在 forced-colors 模式下，已不再呈现出有问题的样式。

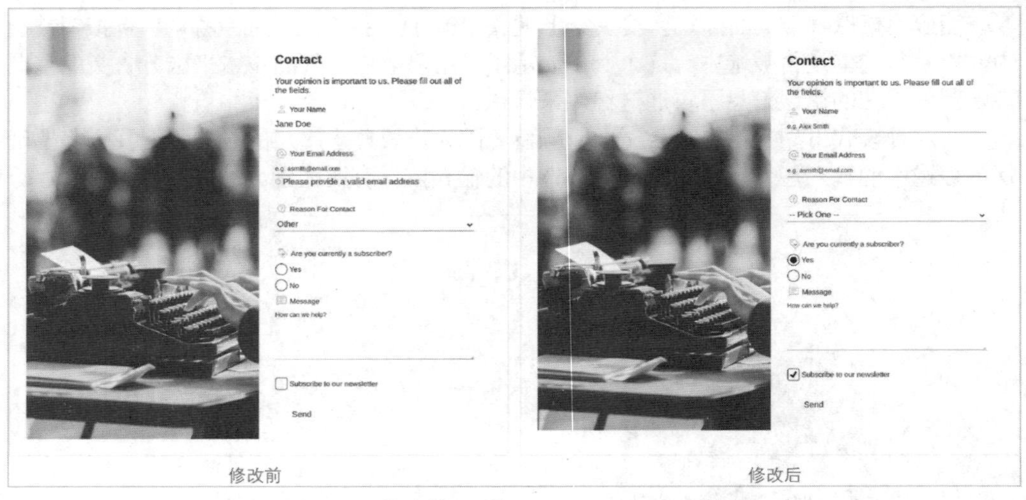

图 10-32　修改前、后的 forced-colors: active 样式

当我们关闭模拟时，先前设置的样式保持不变；它们不受媒体查询内设置的样式的影响(如图 10-33 所示)。

完成最后的任务后，我们已完成对表单的样式设置。

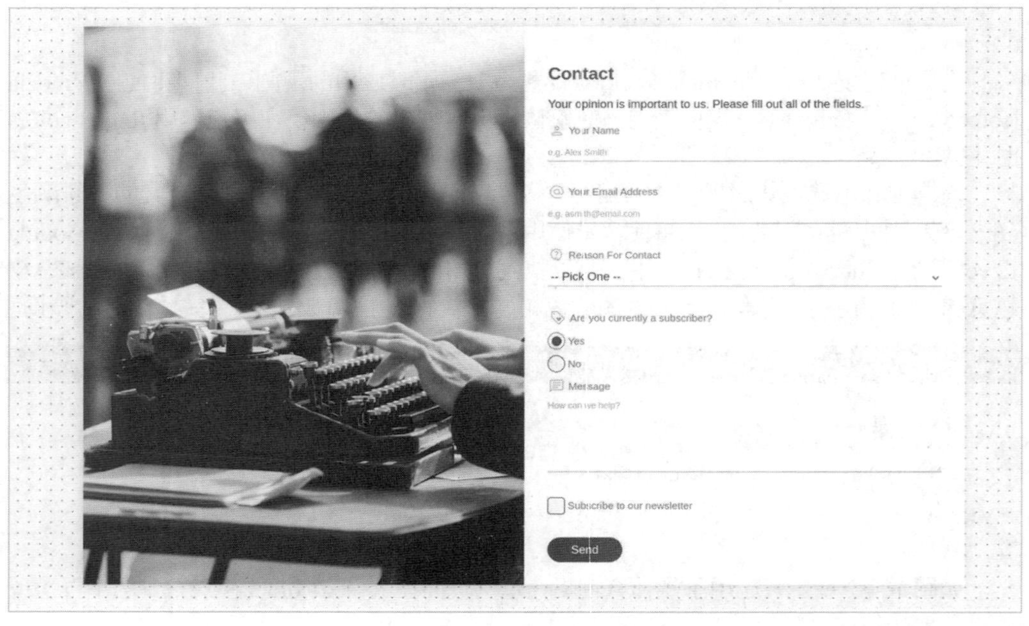

图 10-33　最终效果

10.11 本章小结

- 由于表单控件(如下拉菜单)的功能与操作系统紧密耦合，表单控件比那些没有这种耦合的控件更难实现样式化。
- 通过使用渐变，我们可以创建形状。
- 通过使用 em，我们可以调整元素的大小，使其与文本大小成比例。
- 当其他方式无法生效时，我们可以使用关键词值 currentcolor 来继承 font-color(字体颜色)。
- :where()和:is() 伪类的工作方式类似，但具有不同的特异性级别。
- :checked 伪类允许我们选中表单元素。
- 可以使用:invalid 伪类在输入控件无效时有条件地进行格式化。
- 输入控件值的有效性由 HTML 中设置的控件属性确定。
- :focus 样式对于设计的可访问性是必要的。
- 为了只对键盘用户显示焦点样式，可以使用:focus-visible。
- 在一些浏览器中，可以强制浏览器应用悬停和焦点样式。
- 在本章示例项目中，通过显示错误信息的示例，强调了传达含义时不仅要使用颜色，还要使用其他手段。
- forced-colors 模式改变了某些属性的行为以及可以应用于用户界面的颜色。
- 可以在 forced-colors 被设置为 active 时有条件地通过媒体查询应用样式。
- 在一些浏览器中，可以模拟 forced-colors 模式来检查设计。

第 11 章

社交媒体分享链接的动画效果

本章主要内容

- 使用 OOCSS、SMACSS 和 BEM 架构模式
- 在处理组件时，对 CSS 进行范围限定
- 处理社交媒体图标
- 创建 CSS 过渡效果
- 通过 JavaScript 解决 CSS 的限制

互联网的根本目标之一是分享和分发信息。而今，通过社交媒体我们已经实现这一目标。在本章中，我们将为一些链接添加样式和动画效果，使其可以通过电子邮件或社交媒体分享网页。

与前几章一样，在本章项目中我们将继续使用 HTML 和 CSS，而不依赖任何框架。之所以选择这种方法，是为了将重点放在 CSS 本身，从而避免因使用外部包而引入复杂性。然而，实际应用中许多项目都使用了框架，其中一些包含了组件的概念。

将功能转化为组件的常见目的之一是方便在应用的多个地方重复使用同一段代码或元素。随着可重用性的提高，命名冲突的可能性也随之上升。一些系统会自动将组件的 CSS 范围限定为组件本身，以防止可能的样式冲突。然而，许多系统不对 CSS 作用域进行限制，这就需要开发者在设计新组件样式时保持谨慎，以确保不会影响其他组件的样式。

不管使用哪个框架，也不管它是如何处理 CSS 范围的(或者是否处理)，我们都有多种架构可以用来组织和规范化样式。在深入研究本章项目之前，让我们迅速了解一些 CSS 架构选项。

11.1 处理 CSS 架构

OOCSS、SMACSS 和 BEM 是一些最受欢迎的 CSS 架构方法。在本章中，我们将采用 BEM，但会对这三个选项进行概括性的介绍，以便更好地理解它们之间的主要差异。

11.1.1　OOCSS

OOCSS(Object-Oriented CSS，面向对象的 CSS；https://github.com/stubbornella/oocss/wiki)是由 Nicolle Sullivan 在丹佛的 Web Directions North 提出的，旨在帮助开发人员创建快速、可维护且符合标准的 CSS。Sullivan 将 OOCSS 的“对象”部分描述为“可重复的视觉模式，可以抽象为独立的 HTML、CSS，以及可能使用的 JavaScript 片段。然后，该对象可以在整个站点中重复使用”——换句话说，这就是如今被称为组件或小部件(widget)的抽象元素。为了实现这种可重用性，OOCSS 遵循两个主要原则。

- 将结构和样式分离——将视觉特征(如背景、边框等，有时称为主题)保存在它们各自的类中，然后可以与对象混合使用，以创建各种元素。
- 分离容器和内容——通过避免使用与位置相关的样式，可以确保对象在应用程序或网站的任何位置都保持相同的外观。

11.1.2　SMACSS

由 Jonathan Snook 开发的 SMACSS(Scalable and Modular Architecture for CSS，可扩展且模块化的 CSS 架构；http://smacss.com)将 CSS 规则划分成五个类别。

- Base：通过使用元素选择器、后代选择器、子选择器以及伪类所应用的默认样式。
- Layout：用于在页面上布局元素，如标题、文章和页脚。
- Module：用于布局页面上较为离散的部分，如轮播、卡片和导航栏。
- State：用于增强或覆盖其他样式的元素，如错误状态或菜单的状态(打开或关闭)。
- Theme：定义外观和风格；如果它是页面或项目的唯一主题，则不必将其分离到独立的类中。

11.1.3　BEM

由一家名为 Yandex 的公司开发，BEM(Block Element Modifier，块元素修饰符；https://en.bem.info/methodology)是一种基于组件的架构，旨在将用户界面拆分为独立、可重用的块。

- Block
    - 描述块的目的。
    - 比如，一个元素的类名可以是 header。
- Element
    - 描述元素的目的。
    - 块名后跟两个下画线和一个元素名，即可形成一个类名，如 header__text。
- Modifier
    - 描述外观、状态和行为。
    - 类模式为 block-name_modifier-name(如 header_mobile)或 block-name__element-name_modifier-name(如 header__menu_open)。

CSS 架构方法的选择是一个与团队相关的任务。项目需求、团队规模和经验，以及使用的库和框架都是需要考虑的因素。由于 BEM 具有组件化的特性，因此在本章中，我们将使用它来定义和设计社交媒体分享链接的样式。

11.2　开始项目

既然我们已经选择了项目中要使用的架构，并确定了命名规范，让我们看一下将要构建的内容。我们将为一个“分享”(Share)按钮添加样式，当用户单击时，会展开一组链接，允许用户通过电子邮件进行分享或将页面分享到 Facebook、LinkedIn 或 Twitter。然后，我们将使用过渡效果来实现分享选项的展开和关闭，以及对各个链接设置悬停/焦点状态下的效果。图 11-1 展示了本章项目的目标。

图 11-1　本章项目目标

本章的初始 HTML(见代码清单 11-1)包括一个用于容纳组件的容器、一个 Share 按钮以及一个菜单，让用户选择如何分享页面。该代码包含一个指向 JavaScript 文件的链接，使组件可以通过键盘导航使用，并在用户单击 Share 按钮时触发显示/隐藏组件内链接的操作。正如你将在 11.6 节中看到的，若仅使用 CSS 来实现元素的动画，将面临一些限制，因此我们将依赖于几行 JavaScript 代码来支持 CSS。你将在后续小节更详细地学习 JavaScript(同样将在 11.6 节中进行介绍)；现在请专注于本章的 HTML 和 CSS。

代码清单 11-1　起始 HTML

```
<main>
  <div class="share" id="share">                    ← 组件容器

    <button id="shareButton"
        class="share__button"
        type="button"
        aria-controls="mediaList"
        aria-expanded="false"
        aria-haspopup="listbox">
          <img src="./icons/share.svg" alt="" width="24" height="24">
          Share
    </button>

    <menu aria-labelledby="share"
          role="menu"
        id="mediaList"
        class="share__menu">

    <li role="menuitem" class="share__menu-item">     ← 菜单项
```

Share 按钮，用于打开和关闭社交媒体链接列表（<button> 部分）

媒体菜单（<menu> 部分）

```
        <a href="mailto:?subject=Tiny%20..."
          target="_blank"
          rel="nofollow noopener"
          tabindex="-1"
          class="share__link"
        >
          <img src="./icons/email.svg"
             alt="Email" width="24" height="24">
        </a>
      </li>
      <li role="menuitem" class="share__menu-item">
          <a href="https://www.facebook.com/sh..."
            target="_blank"
            rel="nofollow noopener"
            tabindex="-1"
            class="share__link"
          >
           <img src="./icons/facebook.svg"
                alt="Facebook" width="24" height="24">
         </a>
       </li>
       ...
    </menu>
  </div>
  </main>

  <script src="./scripts.js"></script>
```

第一个链接是 mailto 链接，用于通过电子邮件(而不是社交媒体)分享内容

媒体图标

社交媒体分享链接

用于处理键盘交互并辅助 CSS 运行的脚本

为了使组件与屏幕边缘保持一定的距离，我们对主元素应用了一些基本的 CSS：main { margin: 48px; }。

你可以在 GitHub(http://mng.bz/KeR4) 或 CodePen(https://codepen.io/michaelgearon/pen/YzZzpWj)找到所有初始代码(HTML、CSS 和 JavaScript)。现在，初始页面如图 11-2 所示。

图 11-2　初始页面

如你所见，图标已经准备好了，接下来将深入讨论它们的来源和获取方式。

11.3　获取图标

每当使用他人的品牌图标时，我们需要回答以下问题：

- 我们是否被授权使用该图标？
- 图标的使用是否存在限制？

在使用社交媒体图标时，我们实际上在作品中展示了这些品牌，因此必须按照它们的指南来确定何时、如何以及在什么情境中可以使用这些品牌图标。对于不代表特定品牌的图标(比如我们在 mailto 链接和 Share 按钮中使用的图标)，除非我们自己设计了这些图标，否则仍然需要遵循版权法规，就像对本章项目中使用的其他任何媒体(图像、声音、视频等)一样。

注意 我们不是律师，也不打算在本章提供法律建议。如果有疑问，请咨询法律专业人士。

11.3.1 媒体图标

查找品牌图标使用方式的有效途径是通过网络搜索，使用“样式指南”和“品牌指南”之类的关键词。许多社交媒体平台都提供关于如何呈现品牌的具体说明，包括图标和徽标的下载。表 11-1 列出了我们在组件中使用的社交媒体平台及其品牌信息的链接。在本章项目中，我们直接从各自的品牌指南中获取社交媒体图标。

表 11-1 社交媒体品牌资源

品牌	图标	资源链接
Facebook		http://mng.bz/9Dza
LinkedIn		https://brand.linkedin.com/downloads
Twitter		http://mng.bz/jPry

11.3.2 图标库

寻找图标的过程可能会有些烦琐，特别是在大型项目中，因此使用图标字体和库是常见的做法，这些也受到使用条款的限制。对于图标在何处使用以及如何使用，每个库和图标字体都有相关的规定。有些还要求提供归属信息。因此，在获取图标时，我们必须注意所有需要遵循的规则。

在本章项目中，我们从 Material Symbols(https://fonts.google.com/icons)获取了与品牌无关的图标。因为我们只需要两个图标(分享和电子邮件@)，所以我们下载了它们各自的 SVG 文件，并将它们放入图标文件夹中，而不是将整个库导入项目中。这些图标已经包含在起始代码中，因此我们可以开始进行样式设置。

11.4 对区块进行样式化

因为我们采用 BEM 命名约定，所以区块名称将是 share。因此，包裹整个组件的容器<div>将具有一个名为 share 的类。这个区块名称将被包含在未来使用 BEM 命名约定的所有类中(参见 11.1.3 节)。这有助于将 CSS 局限在该组件范围内，防止它与应用程序的其他部分发生样式冲突。

如代码清单 11-2 所示，我们为该区块定义了 font-family、background 和 border-radius，还将组件的 display 属性设置为 inline-flex。inline-flex 与 flex 的工作方式相似，但它将元素设为内联级元素，而不是块级元素。通过使组件表现为内联元素(类似于链接、span、按钮等)，我们为其在应用程序中的布局提供了最大的灵活性。此外，按钮默认为内联元素，当关闭时，它所呈现出的效果就是一个按钮，因此我们将让组件具有与按钮相似的行为。

注意　若想了解 Flexbox 的工作方式以及探索相关属性，请参阅第 6 章。

代码清单 11-2　设置容器的样式

```
.share {
  font-family: Verdana, Geneva, Tahoma, sans-serif;
  background: #ffe46a;        ◄── 黄色
  border-radius: 36px;
  display: inline-flex;
}
```

对区块进行样式设置以后(见图 11-3)，接下来处理区块内部的各个元素。

图 11-3　样式化后的容器区块

11.5　对元素进行样式化

在本章的项目中，区块有三个子元素，我们希望对它们进行样式设置：

- Share 按钮
- 包含链接列表的菜单
- 菜单内的各个链接

下面从 Share 按钮开始，逐一处理列表。

11.5.1　Share 按钮

给按钮赋予的类名将包含区块名称，后跟两个下画线，然后是元素名称。在本章的项目中，我们将这个元素称为 button，所以类名将是 share__button。通过在类名前加上

share__前缀，可以确保仅对位于区块内的这个特定按钮进行样式设置。

我们将覆盖浏览器提供的默认样式，确保按钮内的图标和文本对齐(参见代码清单 11-3)。同时，我们会去掉背景和边框，调整字体大小和内边距，并对边角进行圆角处理。

为了使图标和文本对齐，可以将按钮的 display 属性设置为 flex，然后通过 align-items 使图标和文本在垂直方向对齐。为了在图标和文本之间添加空隙，在代码中使用 gap 属性。

代码清单 11-3　对 Share 按钮进行样式化

```
.share__button {
  background: none;
  border: none;
  font-size: 1rem;
  padding: 0 2rem 0 1.5rem;
  border-radius: 36px;
  display: flex;
  align-items: center;
  gap: 1ch;
}
```

图 11-4 显示了输出结果。

图 11-4　样式化之后的 Share 按钮

接下来处理悬停和焦点样式。可以使用:hover 和:focus-visible 伪类有条件地改变光标样式，并在按钮上添加黑色轮廓。然后，使轮廓偏移-5px，从而使轮廓位于按钮内部而不是外缘的 5px 处。

outline-offset 属性允许控制轮廓的位置。正数让轮廓向外移动，使其远离目标元素；负数则使轮廓嵌入元素内部。代码清单 11-4 展示了本项目中的悬停和焦点样式。

代码清单 11-4　Share 按钮的悬停和焦点样式

```
.share__button:hover,
.share__button:focus-visible {
  cursor: pointer;
  outline: solid 1px black;
  outline-offset: -5px;
}
```

图 11-5 展示了 Share 按钮在鼠标悬停时的状态。

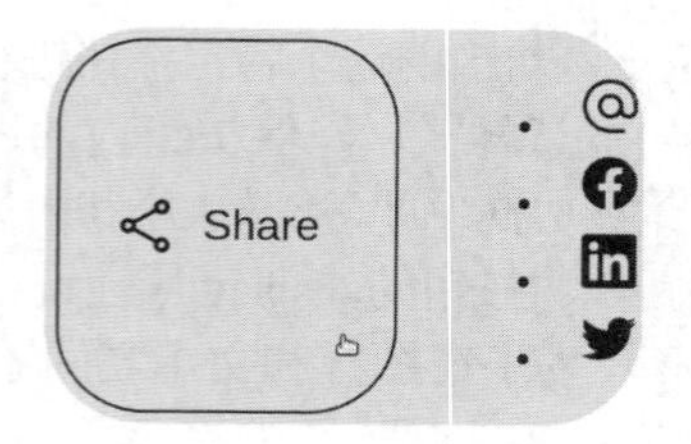

图 11-5　鼠标悬停时 Share 按钮上的效果

11.5.2　Share 菜单

为了对菜单及其项目进行样式设置，首先应该移除项目前的圆点符号，然后将这些元素横向排列在 Share 按钮旁边。为了去除圆点符号，可以将列表项的 list-style 的值设为 none。接着，为菜单应用 flex 布局。最后，需要消除浏览器默认应用于菜单项的边距和内边距。代码清单 11-5 展示了更新后的 CSS 代码。

代码清单 11-5　Share 菜单和菜单项

```
.share__menu-item { list-style: none; }

.share__menu {
  display: flex;
  margin: 0;
  padding: 0;
}
```

观察当前的输出结果(如图 11-6 所示)，可以注意到在容器边缘和元素之间需要一定的间距。我们将在样式化各个链接时处理这个问题。

图 11-6　样式化之后的菜单

11.5.3　分享链接

为确保链接在鼠标悬停时呈现圆形(而非椭圆形)边框，可将它们的高度和宽度都设为 48px。接着，使它们的边角呈现圆角。这一步也解决了之前遇到的间距问题，因为正如你在代码清单 11-6 所示，已经将图标的高度和宽度设置为 24。由于代码将链接的高度和宽度都设置为 48px，因此当链接居中时，每个图标与其链接边缘之间将有 12px 的空白区域。

代码清单 11-6　列表元素的 HTML

```
<li role="menuitem" class="share__menu-item">
  <a href="https://www.facebook.com/sha..."
    target="_blank"
```

```
    rel="nofollow noopener"
    tabindex="-1"
    class="share__link"
  >
    <img src="./icons/facebook.svg" alt="Facebook" width="24" height="24">
  </a>
</li>
```

我们还为链接添加了透明边框。由于边框占据布局空间，为了在悬停或焦点状态下防止内容产生偏移，我们默认使用透明边框，并在需要显示边框时进行着色。这种方法可确保为边框分配所需的空间，并防止元素后续内容在边框显示时发生偏移。

为了将图标居中放置在圆形区域中，我们使用了 Flex 布局，使内容在水平方向上居中对齐，并使条目在垂直方向上居中对齐。代码清单 11-7 展示了 CSS 代码。

代码清单 11-7　对链接进行样式化

```
.share__link:link,
.share__link:visited {
  height: 48px;
  width: 48px;
  border-radius: 50%;
  display: flex;
  align-items: center;
  justify-content: center;
  border: solid 1px transparent;
}
```

在对链接进行了样式设置之后(如图 11-7 所示)，现在可以为悬停和焦点状态设计链接的样式。

图 11-7　样式化后的分享链接

11.5.4　scale()

在悬停和焦点状态下，可以通过将边框颜色从透明改为黑色来展示边框。在设置链接的边框时，我们使用 border 的简写属性，以便在一个声明中定义样式、边框宽度和边框颜色。因为只是改变颜色，所以将使用 border-color 而不是 border 的简写形式。通过使用 border-color，我们可以编辑边框的颜色，而不必考虑已定义的其他属性。

接下来，将使用 scale()函数来增大图标，使其看起来好像被放大了一样。在第 2 章中，在扩展加载条时使用了 scaleY()来在垂直方向上增大和缩小进度条。在本项目中，我们希望链接以等比例的方式增大，因此将使用 scale()函数。当传递单个参数时，该函数会使元素在水平和垂直方向上以相同的比例增大。

scale()函数是 scaleX()和 scaleY()的缩写形式。如果只传递一个值，那么 scale()将同时在水平和垂直方向上进行缩放。如果传递两个参数，那么第一个参数定义水平缩放，第二个参数定义垂直缩放。

在悬停或焦点状态下，我们希望链接比未交互时放大 25%，因此将为 transform 属性传递参数 1.25。修改后的 CSS 如代码清单 11-8 所示。

代码清单 11-8 悬停和焦点状态下的链接样式

```
.share__link:hover,
.share__link:focus-visible {
  border-color: black;
  outline: none;
  transform: scale(1.25);
}
```

应用了样式后，现在的链接在鼠标悬停时将变大(如图 11-8 所示)，但由于现在链接比容器更高，链接顶部和底部的空隙没有填充黄色背景。

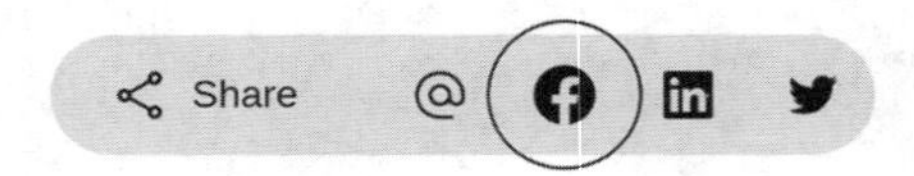

图 11-8 悬停状态下的链接

为了实现放大效果，我们希望整个链接的背景都是黄色的。因此，可以向链接添加黄色背景，从而完成这个任务，但由于整个块的背景是黄色的，因此链接的背景必须也是黄色的。如果我们更改容器的背景颜色，那么链接的背景颜色也应该改变。为了确保颜色保持一致，可以使用自定义属性(CSS 变量)或让元素从其父元素继承颜色。

11.5.5 继承属性值

background-color 属性默认情况下不会被继承。但我们想要明确指示链接继承背景颜色。为了实现继承，可以将链接的 background-color 属性值设置为 inherit。然而，继承至多只能上至父级。在本例中，控制背景颜色的元素是链接的曾祖父级元素，如图 11-9 所示。

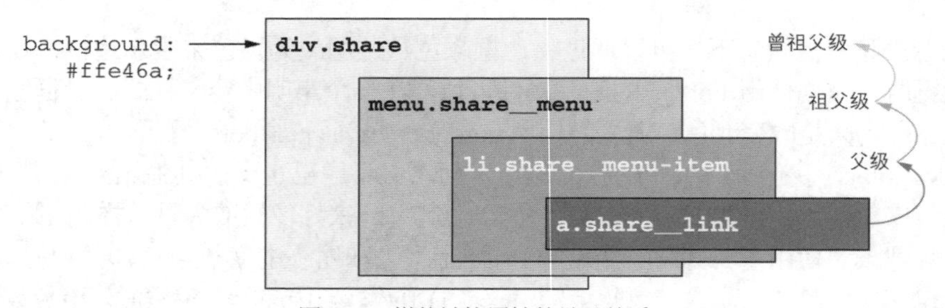

图 11-9 媒体链接属性的继承关系

为了让链接、菜单和菜单项的规则继承 background-color，从而使属性值传递到链接，我们将这三个元素的 background-color 属性都设置为 inherit(见图 11-10)。然而，我们注意到尽管解决了链接在悬停状态下的间隙问题，但组件右侧的圆角却丢失了。

图 11-10　继承 background-color

现在显示结果失去了圆角，这是因为与 background-color 一样，border-radius 也不会被继承。为了解决这个问题，可以应用与 background-color 相同的逻辑。代码清单 11-9 展示了修改过的 CSS。注意，链接的 border-radius 并没有被编辑。我们希望链接的形状始终为圆形，因此我们保留了链接上的 border-radius: 50%声明。

代码清单 11-9　继承属性值

```
.share__menu-item {
  list-style: none;
  background: inherit;
  border-radius: inherit;
}

.share__menu {
  display: flex;          ◄── 将链接变成圆形
  margin: 0;
  padding: 0;
  background: inherit;
  border-radius: inherit;
}

.share__link:hover,
.share__link:focus-visible {
  border-color: black;
  outline: none;
  transform: scale(1.25);
  background: inherit;
}
```

虽然这种继承属性值的方式可能有点烦琐，但它确保了颜色的集中控制。这种方法有助于维护，以便我们随时更改背景颜色，或为支持多个主题而扩展组件。另一种选择是使用自定义属性来处理颜色。

通过使用继承的 border-radius 和 background-color，本项目的悬停和焦点样式已经完成(如图 11-11 所示)，但在悬停状态下链接的变化是突然发生的。接下来对大小变化进行动画处理。

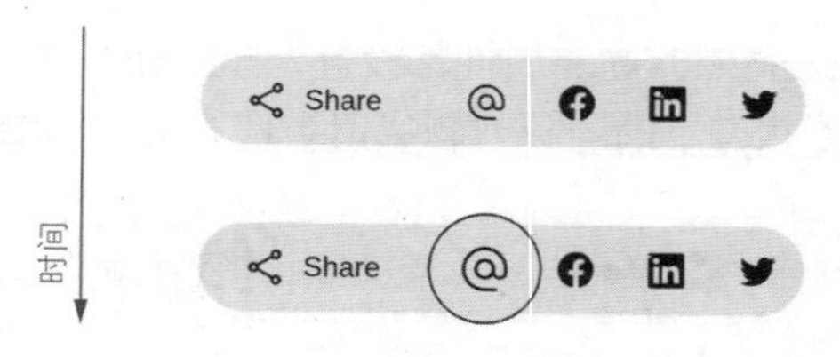

图 11-11 分享链接的悬停效果

11.6 对组件进行动画处理

在第 3 章中，我们使用关键帧(keyframes)来创建动画，这使我们能够定义动画的步骤。对于悬停状态，我们已经定义了起始和结束状态。现在正从一个状态(未悬停或获得焦点)过渡到另一个状态(悬停或获得焦点)，其样式已经在规则中定义。因此，可以使用过渡。

11.6.1 创建过渡

过渡不需要关键帧，但仍允许以动画方式将样式从一个状态过渡到另一个状态。通过使用 transition 属性，可以定义应该进行动画处理的属性变化，以及动画的持续时间和计时函数。在.share__link 规则中添加 transition: transform ease-in-out 250ms;以告诉浏览器对链接的尺寸变化添加平滑的过渡效果。参见代码清单 11-10。

为确定过渡所需的时间，可以选择相对较快的值：250ms。我们希望动画的持续时间足够长，以确保其可见性，但同时动画足够快速，以确保其响应迅捷性。若过渡速度过慢，项目将显得迟滞，并分散用户完成任务(分享内容)的注意力。

代码清单 11-10 链接大小变化的过渡

```
.share__link:link,
.share__link:visited {
  text-decoration: none;
  display: flex;
  flex-direction: column;
  align-items: center;
  justify-content: center;
  height: 48px;
  width: 48px;
  border-radius: 50%;
  border: solid 1px transparent;
  transition: transform ease-in-out 250ms;
}
```

注意 在添加过渡效果后，你可能会注意到在悬停状态下轮廓被截断。原因在于 JavaScript 控制组件的展开和关闭，同时切换溢出和可见性。11.6.2 节将详细解释 JavaScript 的操作。单击 Share 按钮，将触发此行为的切换。

在过渡(transition)代码行中，明确告诉浏览器对 transform 属性进行动画处理。然而，我们没有在.share__link:link, .share__link:visited 规则中定义 transform 属性。尽管如此，运行代码时，注意到大小变化有动画效果，且代码能正常运行。这是因为在未定义的情况下，scale()默认等同于 scale(1)。因此，当链接处于焦点或悬停状态时，从 scale(1)过渡到 scale(1.25)，然后在移出链接时再次过渡到 scale(1)。

接下来对链接的隐藏和显示(单击按钮时)进行动画处理。

11.6.2　展开和关闭组件

请记住，本项目的目标是让组件默认隐藏链接菜单，并仅在用户单击 Share 按钮时显示它(如图 11-12 所示)。

图 11-12　菜单的关闭和展开状态

首先，需要默认隐藏菜单项。为实现这一目标，将菜单的宽度设置为 0，并隐藏溢出，如代码清单 11-11 所示。

代码清单 11-11　隐藏菜单

```
.share__menu {
  display: flex;
  margin: 0;
  padding: 0;
  background: inherit;
  border-radius: inherit;
  width: 0;            ← 将菜单的宽度设置为 0
  overflow: hidden;    ← 隐藏溢出，以使其中的链接也被隐藏
}
```

在菜单被隐藏后(如图 11-13 所示)，需要在 Share 按钮被单击时切换显示和隐藏菜单。

图 11-13　隐藏的菜单

JavaScript 为项目处理了部分行为。本章开头提到了这个项目需要一些 JavaScript 脚本。打开 JavaScript 文件后，可以看到其中包含大量的代码(见代码清单 11-12)。

代码清单 11-12　JavaScript 文件

```
(() => {
  'use strict';

  let expanded = false;
```

```
const container = document.getElementById('share');
const shareButton = document.getElementById('shareButton');
const menuItems = Array.from(container.querySelectorAll('li'));
const menu = container.querySelector('menu');

addButtonListeners();
addListListeners();
addTransitionListeners();

function addButtonListeners() {
  shareButton.addEventListener('click', toggleMenu);
  shareButton.addEventListener('keyup', handleToggleButtonKeypress);
}
function addListListeners() {
  menuItems.forEach(li => {
      const link = li.querySelector('a');
      link.addEventListener('keyup', handleMenuItemKeypress);
      link.addEventListener('keydown', handleTab);
      link.addEventListener('click', toggleMenu);
  })
}

function addTransitionListeners() {
  menu.addEventListener('transitionstart', handleAnimationStart);
  menu.addEventListener('transitionend', handleAnimationEnd);
}

function handleToggleButtonKeypress(event) {
  switch(event.key) {
    case 'ArrowDown':
    case 'ArrowRight':
      if (!expanded) { toggleMenu(); }
      moveToNext();
      break;
    case 'ArrowUp':
    case 'ArrowLeft':
      if (expanded) { toggleMenu(); }
      break;
  }
}

function handleMenuItemKeypress(event) {
  switch(event.key) {
    case 'ArrowDown':
    case 'ArrowRight':
      moveToNext();
      break;
    case 'ArrowUp':
    case 'ArrowLeft':
      if (event.altKey === true) {
        navigate(event);
        toggleMenu();
      } else {
        moveToPrevious();
      }
```

为 Share 按钮添加事件监听器，以便通过鼠标点击和键盘按键触发菜单的展开和关闭

为链接添加事件监听器，监听点击和按键行为，以处理菜单内的键盘导航

为菜单添加事件监听器，以了解过渡开始和结束的时机

处理键盘的“上箭头”和“下箭头”按键动作，或者说处理 Share 按钮的键盘操作

处理链接上的按键事件，以在菜单内进行键盘导航，包括退出菜单

```
      break;
    case 'Enter':
      toggleMenu();
        break;
    case ' ':
      navigate(event);
      toggleMenu();
      break;
    case 'Tab':
      event.preventDefault();
      toggleMenu();
      break;
    case 'Escape':
      toggleMenu();
      break;
    case 'Home':
      moveToNext(0);
      break;
    case 'End':
      moveToNext(menuItems.length - 1);
      break;
  }
}
```

处理链接上的按键事件，以在菜单内进行键盘导航，包括退出菜单

```
function handleTab(event) {
  if (event.key !== 'Tab') { return; }
  event.preventDefault();
}
```

防止通过 Tab 键在链接之间导航，因为我们希望在按下 Tab 键时将焦点返回到 Share 按钮，而不是移动到下一个链接

```
function toggleMenu(event) {
  expanded = !expanded;
  shareButton.ariaExpanded = expanded;
  container.classList.toggle('share_expanded');
  if (expanded) {
    menuItems.forEach(li => li.removeAttribute('tabindex'));
  }
  if (!expanded) {
    menuItems.forEach(li => {
      li.removeAttribute('data-current');
      li.tabIndex = -1;
    })
    shareButton.focus();
  }
}
```

展开和关闭菜单

```
function moveToNext(next = undefined) {
  const selectedIndex = menuItems.findIndex(
    li => li.dataset.current === 'true'
  );
  let newIndex
  if (next) {
    newIndex = next;
  } else if (
    selectedIndex === -1 || selectedIndex === menuItems.length - 1) {
```

当定义了 next 时，根据索引将焦点移到具体的项目；否则，在用户到达菜单中的最后一项时，循环浏览链接，回到顶部

```
      newIndex = 0;
    } else {
      newIndex = selectedIndex + 1;
    }

    if (selectedIndex !== -1) {
      menuItems[selectedIndex].removeAttribute('data-current');
    }
    menuItems[newIndex].setAttribute('data-current', 'true');
    menuItems[newIndex].querySelector('a').focus();
  }
```

当定义了 next 时，根据索引将焦点移到具体的项目；否则，在用户到达菜单中的最后一项时，循环浏览链接，回到顶部

```
  function moveToPrevious() {
    const selectedIndex = menuItems.findIndex(li => li.dataset.current);
    const newIndex = selectedIndex < 1
      ? menuItems.length - 1
      : selectedIndex - 1;
    if (selectedIndex !== -1) {
      menuItems[selectedIndex].removeAttribute('data-current');
    }
    menuItems[newIndex].setAttribute('data-current', 'true');
    menuItems[newIndex].querySelector('a').focus();
  }
```

将焦点移至上一个链接，并在用户到达菜单中的第一项时使其返回到列表底部

```
  function navigate(event) {
    const url = event.target.href;
    window.open(url);
  }
```

当用户通过键盘(而不是默认的鼠标点击)触发动作时为用户导航；当用户在菜单项上按下空格键时使用

```
  function handleAnimationStart() {
    if (!expanded) { menu.style.overflow = 'hidden' };
  }
```

在菜单关闭时隐藏溢出

```
  function handleAnimationEnd() {
    if (expanded) { menu.style.overflow = 'visible' }
  }
})()
```

如果菜单是展开的，则显示溢出，以允许放大的图标扩展到容器之外

大部分的代码负责处理组件的键盘可访问性，代码清单 11-13 展示了与单击按钮相关的部分。页面加载时，默认关闭组件，并找到元素的容器，将其分配给 container 变量。接着，为按钮添加事件监听器，当按钮被单击时触发 toggleMenu()函数。在按钮被单击时，我们将 expanded 变量改为其相反值。如果值为 true，则变为 false，反之亦然。最后，使用 classList.toggle()来添加或移除 share_expanded 类。如果该类不存在，则添加；如果存在，则移除。

代码清单 11-13　展开和关闭菜单(JavaScript)

```
(() => {
  ...
  let expanded = false;
  const container = document.getElementById('share');
  ...
```

定义一个变量来保存当前的状态

为 HTML 容器元素定义一个变量

```
function addButtonListeners() {
  shareButton.addEventListener('click', toggleMenu);    // 定义按钮被单击时发生的操作
  ...
}

function toggleMenu(event) {
    expanded = !expanded;    // 切换 expanded 变量的值
    ...
  container.classList.toggle('share_expanded');    // 负责添加和移除 share_expanded 类
  ...
  ...
}
```

注意　由于这本书是关于 CSS 的，JavaScript 已经包含在初始代码中。如果你一直按照书中的指引进行操作，那么你不必编辑 JavaScript 即可使其正常运行。

综合起来，这段代码在用户单击 Share 按钮时向容器添加 share_expanded 类。如果 share_expanded 已经被添加，代码则将其移除。我们之前隐藏了菜单项，但现在当存在 share_expanded 类时，我们将它们显示出来。

注意　请记住，我们决定将 BEM 用于类名约定。其中类名只有一个下画线，因为 expanded 是修饰符。使用修饰符是因为我们基于状态(展开/关闭)来改变样式。我们有块(share)和修饰符(expanded)；因此，类名是 block_modifier 或 share_expanded。

当组件被标记为扩展时，为了显示链接，需要增大菜单的宽度，如代码清单 11-14 所示。同时添加一定的水平内边距，以在菜单周围留出一些空间。

为了计算菜单的宽度，我们将链接的数量乘以它们的宽度。链接的宽度为 48px(通过硬编码进行设置)，加上边框(每侧 1px)。因此，菜单的宽度为 width = 4×(48 + 2) = 200(px)。

代码清单 11-14　显示菜单

```css
.share_expanded .share__menu {
  width: 200px;
  padding: 0 2rem 0 1rem;
}
```

可以看到，当鼠标单击按钮并悬停在第一个链接上时，链接不再溢出菜单(如图 11-14 所示)。我们还注意到，若将鼠标悬停在链接上并关闭菜单，那么在鼠标再次悬停在它们上面之前，菜单项将一直保持显示状态。

图 11-14　单击 Share 时展开的组件

请记住，JavaScript 触发过渡的开始和结束，并负责控制溢出。尽管已经为单个菜单项的悬停样式变化添加了动画，但尚未给菜单的展开和关闭添加过渡。当引入这个过渡效果时，在过渡的启动和结束阶段，JavaScript 将负责相应的控制，以解决这些问题。

下一个需要完成的任务是在组件展开时显示通常在悬停状态下出现的按钮轮廓。由于已经有一个在悬停和焦点状态下添加边框的规则，将编辑该规则，使其在组件展开时触发。通过重用这个规则，确保悬停和焦点状态以及列表可见时的样式保持一致。为了添加这个条件，在规则中添加.share_expanded .share__button 选择器，如代码清单 11-15 所示。

代码清单 11-15　在列表显示时向 Share 按钮添加边框

```
.share__button:hover,
.share__button:focus-visible,
.share_expanded .share__button {
  cursor: pointer;
  outline: solid 1px black;
  outline-offset: -5px;
}
```

添加选择器后，按钮在组件展开后保留了边框(如图 11-15 所示)；当组件关闭且不处于焦点或悬停状态时，边框不显示。

图 11-15　在列表显示时使 Share 按钮的边框始终处于显示状态

11.6.3　对菜单进行动画处理

既然已经为菜单的展开和关闭状态设置了样式，接下来对菜单的显示和隐藏进行动画处理。我们希望链接列表从左侧展开，如图 11-16 所示。

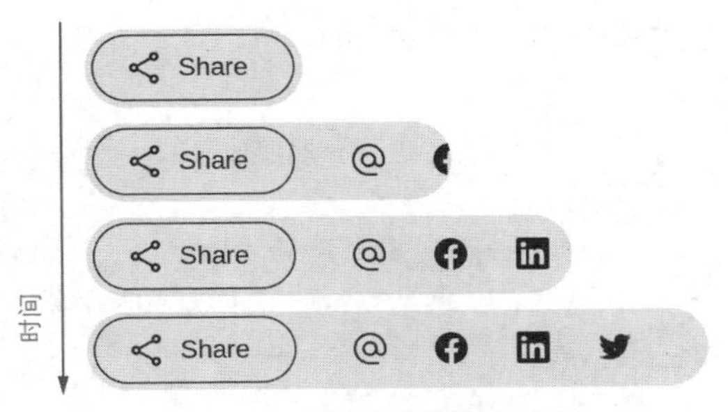

图 11-16　展开动画的分解显示

当菜单关闭时，将执行与打开动画相反的操作，即缩回菜单并隐藏链接。对于链接的放大效果，将使用同样的过渡效果。在这里，由于动画仅在触发(单击按钮)时发生一次，因此我们不必使用关键帧，而是利用已定义的两个状态进行处理。

将在菜单中添加以下过渡声明：transition: width 250ms ease-in-out。再次强调，希望过渡动画持续较短的时间，以确保快速的响应，因此将其持续时间设置为 250ms。

在添加过渡效果后，可以注意到图标显示得太早。图 11-17 分解显示了这种效果。

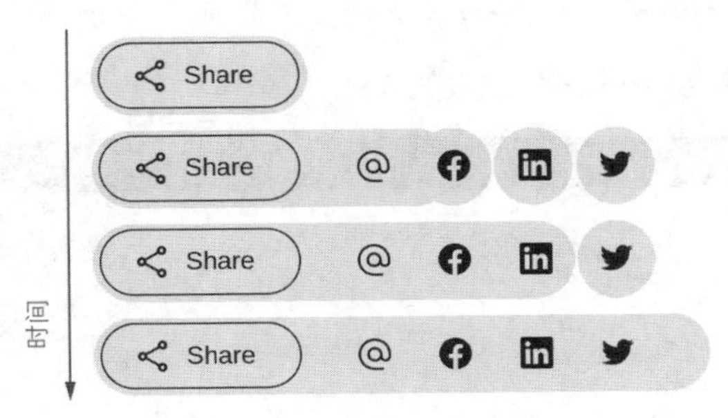

图 11-17　图标显示得太早

即使将过渡改为针对所有属性而不只是 width，仍然会出现相同的问题。问题的根本原因是溢出。当菜单关闭时，菜单的溢出应被隐藏；当它展开时，它应是可见的。但是溢出无法像宽度一样逐渐改变。它要么完全可见，要么完全不可见，不存在中间状态。

在展开菜单时，希望在过渡完成后将溢出改为可见。当关闭时，希望立即隐藏溢出。这个任务需要依赖 JavaScript 来支持 CSS。将从.share_expanded.share__menu 类中移除 overflow:visible，并通过 JavaScript 添加它。

代码清单 11-16 突出了用于处理溢出的相关 JavaScript 代码。其中的关键在于 transitionstart 和 transitionend 事件监听器，它们附加在菜单上，监听过渡的启动和完成。当这些事件发生时，它们触发相应的函数来处理菜单的溢出。

代码清单 11-16　用于处理溢出的 JavaScript 代码

```
(() => {
  'use strict';
  let expanded = false;
  const container = document.getElementById('share');
```

```
  const menu = container.querySelector('menu');
...
  addTransitionListeners();
...
  function addTransitionListeners() {
    menu.addEventListener('transitionstart', handleAnimationStart);
    menu.addEventListener('transitionend', handleAnimationEnd);
  }
...
  function handleAnimationStart() {      ← 在过渡开始时触发
   if (!expanded) { menu.style.overflow = 'hidden'; }      ← 如果处于关闭过程中，则隐藏菜单的溢出
   }
...
  function handleAnimationEnd() {      ← 在过渡结束时触发
   if (expanded) { menu.style.overflow = 'visible'; }      ← 如果菜单刚刚展开，则显示溢出
  }
})()
```

注意　正如本章前面提到的，JavaScript 已经包含在初始代码中。如果你一直按照书中的指引进行操作，不必编辑 JavaScript；它应该能正常运行。

代码清单 11-17 展示了使动画生效的 CSS。

代码清单 11-17　更新后的用于添加动画的 CSS

```
.share__menu {
  display: flex;
  margin: 0;
  padding: 0;
  background: inherit;
  border-radius: inherit;
  width: 0;
  overflow: hidden;
  transition: width 250ms ease-in-out;      ← 添加动画
}
```

通过对动画进行最后的编辑，使其更加流畅，我们完成了社交媒体分享组件的动画效果。最终结果如图 11-18 所示。

图 11-18　最终效果

11.7　本章小结

- 有几种组织 CSS 的方法。三种常见的方法是 OOCSS、SMACSS 和 BEM。

- 图标受版权保护，因此在使用社交媒体图标时，请遵循品牌指南。
- 通过使用 inline-flex，可以使通过 Flexbox 显示的元素表现得像内联级元素一样。inline-flex 使用的属性与 flex 的相同。
- 可以通过 outline-offset 控制轮廓的位置。
- scale()函数允许按比例放大或缩小元素。
- inherit 属性值允许我们从通常不会被继承的父元素那里继承值。
- 过渡不需要关键帧，但仍允许我们从一个状态平滑地过渡到另一个状态，实现 CSS 的动画效果。
- overflow 属性允许显示或隐藏那些溢出其容器的元素。
- 在使用 JavaScript 扩展过渡功能时，可以使用 ontransitionstart 和 ontransitionend 事件监听器来在过渡的生命周期内触发 JavaScript 更改。

第 12 章 使用预处理器

本章主要内容

- CSS 预处理器
- Sass 扩展 CSS 功能的示例

到目前为止，在本书中，我们一直在使用纯 CSS 编写所有样式。然而，我们也可以使用预处理器。每个预处理器都有其自己的语法，而大多数预处理器都会扩展现有的 CSS 功能。最常用的有：

- Sass (https://sass-lang.com)
- Less (https://lesscss.org)
- Stylus (https://stylus-lang.com)

这些预处理器的创建旨在简化编码，使其更易于阅读和维护，同时在 CSS 中添加功能。为使用预处理器而编写的样式具有自己的语法，并且必须构建或编译成 CSS。尽管一些预处理器提供了浏览器端的编译，但最常见的实现方式是预处理样式并将生成的 CSS 提供给浏览器(http://mng.bz/Wzex)。

使用预处理器的好处在于它能提供额外的功能，本章将详细介绍其中的示例。然而，现在需要为代码添加一个构建步骤。选择预处理器的依据包括项目所需的功能、团队的技术水平，以及(如果项目使用框架)支持的框架。对于本章示例项目，我们将基于其受欢迎程度来进行选择。在开发人员对 CSS 预处理器的偏好进行调查时，大多数人表示喜欢使用 Sass(见图 12-1)，因此这是我们将要使用的技术。

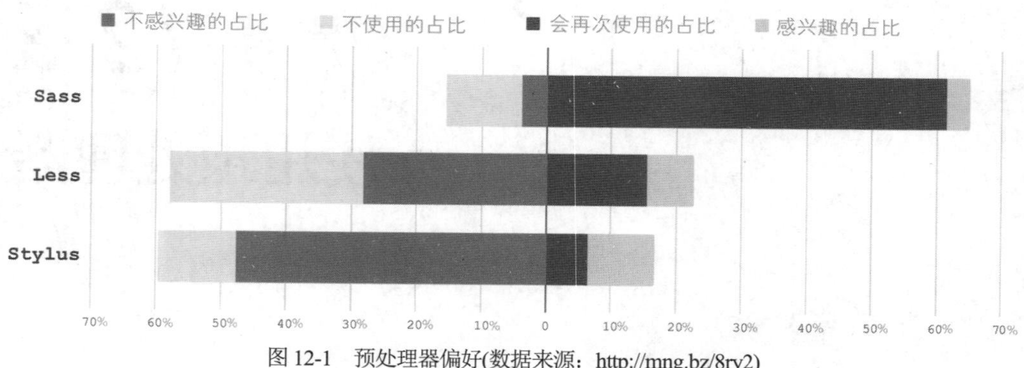

图 12-1　预处理器偏好(数据来源：http://mng.bz/8ry2)

12.1　运行预处理器

本章项目的目标是样式化一篇教程文章——类似于可能出现在维基百科或文档中的内容(如图 12-2 所示)。

与之前的章节一样，起始代码可以在 GitHub(http://mng.bz/EQnl)和 CodePen (https://codepen.io/michaelgearon/pen/WNpNoGN)上找到。但是该项目的运行会有一些不同。因为我们将使用 Sass 来编写样式，Sass 会生成 CSS 而不是直接编写它，所以我们需要执行构建步骤。若要运行这个项目并按照本章的指引编写代码，有两个选项：

- npm
- CodePen

注意　npm(Node.js 软件包管理器)是一个软件库、管理器和安装程序。如果你对 npm 不太熟悉，没关系。你可以在 CodePen 中运行此项目，并按照 12.1.3 节中的说明进行操作。

12.1.1　npm 的设置

通过命令行从 chapter-12 目录安装依赖项时，使用 npm install；然后使用 npm start 启动处理器。该命令启动一个监视器，以监视 styles.scss 文件(在 before 和 after 目录中)的更改，并输出 styles.css 和 styles.map.css 文件。

第二个文件(styles.map.css)是一个源映射。因为 CSS 是从另一种语言生成的，源映射允许浏览器的开发者工具告诉我们在预处理文件(本项目中的 styles.scss)中的哪个位置生成了代码片段。

Keeping it Sassy

Step 1

Lorem ipsum dolor sit amet, consectetur adipiscing elit. Sed porta erat nec ipsum volutpat ultrices. Pellentesque ac mi lobortis, tincidunt purus eu, gravida enim. Vestibulum pharetra a arcu ac suscipit. Ut et lorem dui. Donec non vehicula orci. Nunc non ornare mi, ac aliquam risus.

Success: You did it!

Ut maximus id erat et mollis. Aenean sit amet fringilla augue. Donec convallis vel nibh vitae porttitor. Phasellus elementum nibh at erat semper consectetur. Praesent convallis iaculis mauris, sit amet egestas nunc gravida in. Donec dapibus mattis nibh, sed iaculis libero blandit et.

Step 2

Aenean non lorem tincidunt, vulputate nibh et, convallis felis. Donec at tristique sem. Aenean id leo non lectus hendrerit sodales. Maecenas vulputate scelerisque dignissim. Integer purus nisl, blandit in odio a, gravida interdum velit. Etiam consectetur risus ante, vel pulvinar felis eleifend ut. Phasellus nec tellus vitae sem semper ultrices at et ligula.

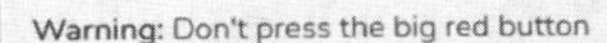

Warning: Don't press the big red button

Proin pharetra, urna et sagittis lacinia, quam metus vulputate eros, ac congue quam leo suscipit est. Vestibulum ante ipsum primis in faucibus orci luctus et ultrices posuere cubilia curae; Vestibulum nec suscipit ipsum. Vestibulum dapibus, neque vel lacinia mattis, magna sapien hendrerit justo, sed laoreet sapien enim quis mauris.

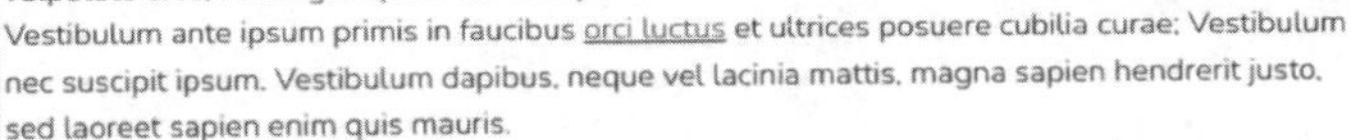

Step 3

Nullam ut auctor nisi. Vestibulum pretium vitae erat et hendrerit. Donec velit ipsum, fringilla sed aliquam non, tincidunt a mauris. Mauris sit amet diam lacus. Donec gravida felis nec ligula ultricies, et molestie tellus tristique.

Error: Mistakes have been made

Vestibulum interdum eleifend suscipit. Nullam imperdiet dignissim nulla, et mattis erat dignissim ut. Proin dui felis, venenatis sit amet lacus at, commodo elementum dolor. Vestibulum et justo eu est pharetra pulvinar. Duis fermentum iaculis velit, in hendrerit metus efficitur vel. Fusce vitae mollis nisl. Fusce eu viverra erat. Vivamus nunc risus, consectetur at eros ac, bibendum viverra massa. Aliquam metus lacus, condimentum in ligula eget, molestie faucibus odio. Integer eros tellus, tristique non elementum eget, congue scelerisque quam.

图 12-2　最终效果

12.1.2 .sass 与.scss

尽管我们使用的是 Sass，但文件扩展名是.scss。Sass 有两种语法可供选择——缩进式和 SCSS，而文件扩展名反映了所采用的语法。

缩进式语法

有时称为 Sass 语法，缩进式语法使用.sass 文件扩展名。在使用这种语法编写规则集时，将省略花括号和分号，并使用制表符来组织文档的格式。代码清单 12-1 展示了使用缩进式语法的两个规则：第一个处理正文文本的边距和内边距，第二个更改段落的行高。

代码清单 12-1 使用缩进式语法的 Sass

```
body
        margin: 0
        padding: 20px
p
          line-height: 1.5
```

SCSS 语法

第二种语法是 SCSS，它使用文件扩展名.scss。本章项目将使用这种语法。SCSS 语法是 CSS 的超集，允许使用任何有效的 CSS，除此之外还允许使用 Sass 的特性。代码清单 12-2 展示了在 SCSS 语法中表示代码清单 12-1 中规则的方式。

代码清单 12-2 使用 SCSS 语法的 Sass

```
body {
  margin: 0;
  padding: 20px;
}

p {
   line-height: 1.5;
}
```

这段代码看起来像 CSS，这正是它的优点。在 SCSS 中，我们可以按照习惯的方式编写 CSS，并且可以使用 Sass 提供的所有功能。由于它与 CSS 的相似性，而且不需要开发人员学习新的语法，SCSS 是两种语法选项中更受欢迎的一种。

12.1.3 CodePen 的设置

在 CodePen 中设置项目时，请执行以下步骤：

(1) 访问 https://codepen.io。

(2) 在新的画板中，使用 chapter-12/before 文件夹中的代码，并将<body>元素内的 HTML 复制到 HTML 面板中。

(3) 将.scss 文件中的初始样式复制到 CSS 面板中。

(4) 单击 CSS 面板右上角的齿轮图标(如图 12-3 所示)，以在面板中使用 Sass 的 SCSS 语法，而非 CSS。

图 12-3　设置按钮

(5) 从 CSS 预处理器下拉菜单(如图 12-4 所示)中选择 SCSS。

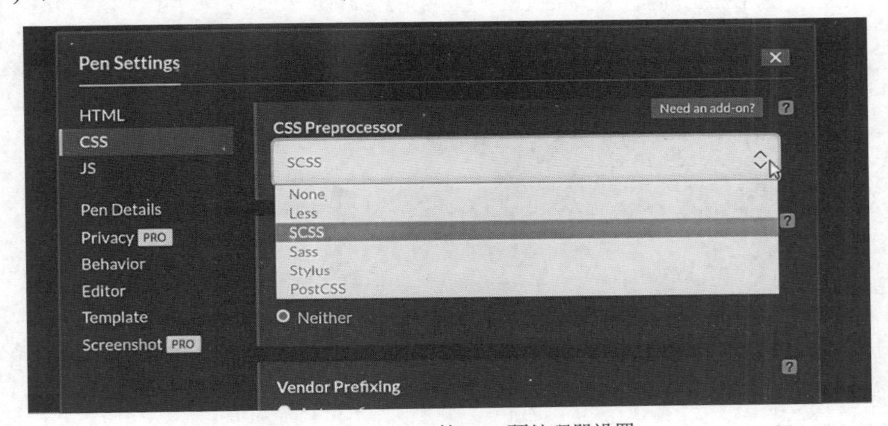

图 12-4　CodePen 的 CSS 预处理器设置

(6) 单击 Pen Settings 对话框底部的绿色 Save & Close (保存并关闭)按钮。

12.1.4　初始 HTML 和 SCSS

本章项目包括标题、段落、链接和图像(见代码清单 12-3)。注意，在<head>中，我们引用的是 CSS 样式表，而不是 SCSS。浏览器使用已编译的版本。

代码清单 12-3　初始 HTML

```
<!DOCTYPE html>
<html lang="en">

<head>
  <title>Chapter 12: Pre-processors | Tiny CSS Projects</title>
  <meta charset="utf-8">
  <meta name="viewport" content="width=device-width, initial-scale=1">
  <link rel="stylesheet" href="styles.css">   ← 链接到已处理的 CSS 文件
</head>

<body>
  <h1>Keeping it Sassy</h1>
  <h2>Step 1</h2>
```

```
    <img src="https://bit.ly/3VUzJ7g" alt="blue print">
    <p>
      Lorem ipsum dolor sit amet...
      <a href="">tincidunt purus</a>
      eu, gravida enim. Vestibulum...
    </p>
    <p class="success">You did it!</p>        ← 绿色的成功提示框
    <p>Ut maximus id erat et mollis...</p>
    <h2>Step 2</h2>
    <img src="https://bit.ly/3F4vd0f" alt="crane">
    <p>Aenean non lorem tincidunt...</p>
    <p class="warning">Don't press the big red button</p>        ← 橙色的警告提示框
    <p>
      Proin pharetra, urna et sagittis lacinia...
      <a href="">orci luctus</a>
      et ultrices posuere cubilia curae…
    </p>
    <h2>Step 3</h2>
    <img src="https://bit.ly/3N42oD1" alt="wrong way">
    <p>Nullam ut auctor nisi...</p>
    <p class="error">Mistakes have been made</p>        ← 红色的错误提示框
    <p>Vestibulum interdum eleifend...</p>
  </body>

  </html>
```

初始样式设置了项目的版式，并在页面变宽时限制内容的宽度，如代码清单 12-4 所示。

代码清单 12-4　初始 SCSS

```
@import url('https://fonts.googleapis.com/css2?
➥ family=Nunito:wght@300;400;500;800&display=swap');

body {
  font-family: 'Nunito', sans-serif;
  font-weight: 300;
  max-width: 72ch;
  margin: 2rem auto;
}

p { line-height: 1.5 }
```

到目前为止，尚未使用 Sass 提供的任何扩展功能。实际上，如果查看 CSS 输出(见代码清单 12-5)，会发现文件内容除了底部的映射引用之外都相同。这个注释告诉浏览器源映射的位置。图 12-5 展示了本章项目的初始状态。

代码清单 12-5　初始的 CSS 输出

```
@import url("https://fonts.googleapis.com/css2?
➥ family=Nunito:wght@300;400;500;800&display=swap");
body {
  font-family: "Nunito", sans-serif;
```

```
    font-weight: 300;
    max-width: 72ch;
    margin: 2rem auto;
  }

  p {
       line-height: 1.5;
  }

  /*# sourceMappingURL=styles.css.map */
```

源映射引用

图 12-5　项目初始状态

注意　如果你在使用 CodePen，可以单击 CSS 面板右上角的齿轮图标旁边的向下箭头(如图 12-3 所示)，然后从下拉菜单中选择 View Compiled CSS 来查看已编译的 CSS。

注意 如果你未看到 CSS 文件生成并被应用，请确保 Sass 监听器(npm start)正在运行。一旦监听器启动，请让其在后台持续运行；在保存 SCSS 文件更改时，它将自动更新 CSS 文件。注意，你仍需要手动刷新浏览器。

12.2 Sass 变量

预处理器在早期变得流行的一个原因是它们在浏览器支持自定义属性之前提供了变量功能。Sass 变量与 CSS 自定义属性有着明显的区别，它们具有不同的语法和不同的函数。首先看一下语法。为了创建一个变量，需要以美元符号($)开头，然后是变量名，接着是冒号(:)，最后是变量的值(如图 12-6 所示)。

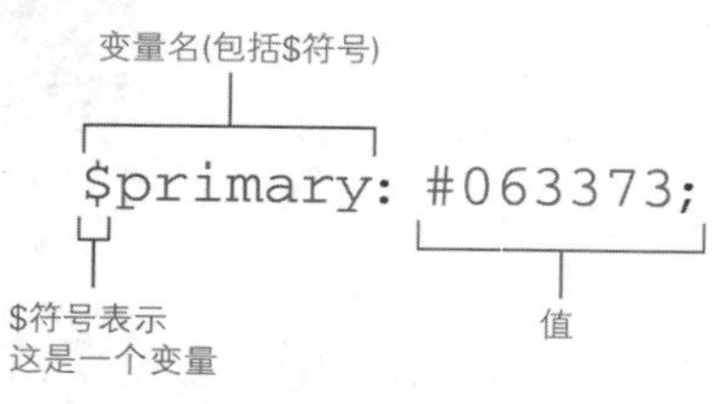

图 12-6 Sass 变量的语法

就功能而言，Sass 变量对文档对象模型(DOM)不具备感知能力，也无法理解层叠或继承。这些变量具有块级作用域：只有它们所在的花括号内的属性能访问它们。因此，代码清单 12-6 中呈现的情况会在编译时引发未定义变量错误，因为该变量在两个不同的规则或块中定义和使用。

代码清单 12-6 第二条规则中未定义$myColor 变量

```
body {
   $myColor: blue;
}

body p {
   /* $myColor is undefined */
   color: $myColor
}
```

在 body 规则内定义 $myColor 变量

$myColor 未定义，因为它是在不同的规则内创建的

为了避免这个问题，可以将变量放在规则之外，从而使它们在整个文档中可用，如代码清单 12-7 所示。

代码清单 12-7 定义变量

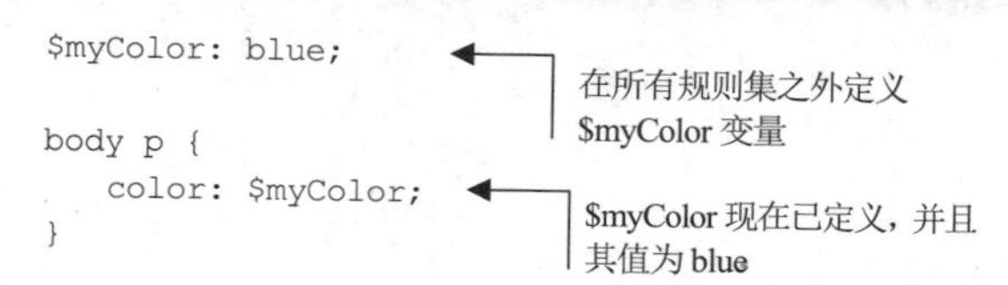

```
$myColor: blue;

body p {
   color: $myColor;
}
```

在所有规则集之外定义 $myColor 变量

$myColor 现在已定义，并且其值为 blue

与动态的自定义属性不同，Sass 变量是静态的。如果你定义了一个变量，使用它，然后改变它的值，再使用它，那么在改变之前分配给它的任何属性都将保留原始值，而在更改之后分配的属性将具有新的值。代码清单 12-8 和代码清单 12-9 中的示例清晰展示了这个情况。注意，这些示例并非项目的一部分；这里仅仅是为了阐述这个概念。你可以在 CodePen 上找到这些代码，链接为 https://codepen.io/martine-dowden/pen/QWxLjWy。

代码清单 12-8　自定义属性与变量(HTML)

```
<p class="first">My first paragraph</p>
<p class="second">My second paragraph</p>
```

代码清单 12-9　自定义属性与变量(SCSS)

将颜色 red 分配给$primary 变量

```
body { --myBorder: solid 1px gray; }
$primary: red;

.first {
  color: $primary;
  border: var(--myBorder);
}

body { --myBorder: dashed 1px purple; }
$primary: blue;

.second {
  color: $primary;
  border: var(--myBorder);
}
```

为--myBorder 自定义属性分配一个实线灰色边框

将--myBorder 自定义属性和$primary 变量应用到颜色和边框属性

将--myBorder 自定义属性值改为虚线紫色边框

将--myBorder 和$primary 应用于第二段落

将$primary 的值改为蓝色

自定义属性和变量之间的第一个显著区别是不需要将变量放在规则内。此外，两个段落的边框样式相同，但文本颜色不同(如图 12-7 所示)，即使在第一条规则和第二条规则之间重新分配自定义属性和变量，也是如此。

My first paragraph

My second paragraph

图 12-7　输出示例

当我们重新分配自定义属性(边框)的值时，它将在全局范围内生效，而颜色不会以追溯的方式更改；只有更改之后的规则会受到影响。原因在于自定义属性具有全局动态性，而变量是静态的。

在理解了这一点后，让我们回到项目并为将要使用的颜色定义一些变量。在文件的顶部，我们将定义四个颜色变量。然后，将主色应用于所有标题，如代码清单 12-10 所示。

代码清单 12-10　颜色变量(SCSS)

```
@import url('https://fonts.googleapis.com/css2
➥ ?family=Nunito:wght@300;400;500;800&display=swap');

$primary: #063373;      // 蓝色
$success: #747d10;      // 绿色
$warning: #fc9d03;      // 橙色
$error: #940a0a;        // 红色

p { line-height: 1.5 }

h1, h2 { color: $primary; }    // 将标题设为蓝色
```

在文件开头(任何规则之外)，我们放置了变量，这样从那一点开始，在任何规则内部都可以访问它们。在 CSS 输出(见代码清单 12-11)中，我们注意到在编译后的 CSS 中看不到变量。然而，在定义标题颜色的规则中，已经进行了变量替换，将其中一个变量的引用替换为其实际值。

代码清单 12-11　标题颜色的 CSS 输出

```
@import url("https://fonts.googleapis.com/css2
➥ ?family=Nunito:wght@300;400;500;800&display=swap");
body {
  font-family: "Nunito", sans-serif;
  font-weight: 300;
  max-width: 72ch;
  margin: 2rem auto;
}

p {
 line-height: 1.5;
}

h1, h2 {
 color: #063373;
}

/*# sourceMappingURL=styles.css.map */
```

现在，项目标题如图 12-8 所示。接下来为图片添加样式。

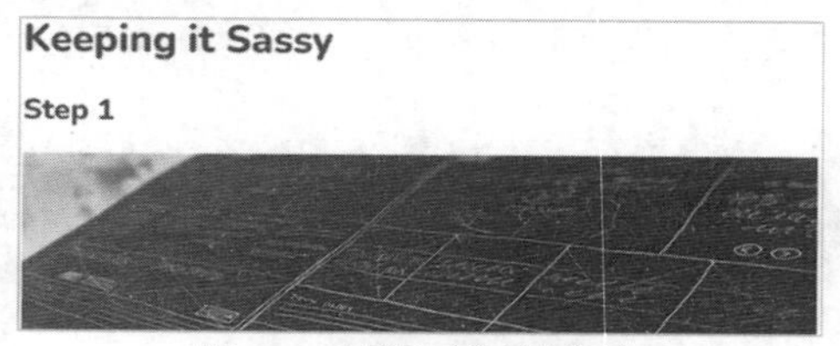

图 12-8　更新后的标题颜色

@extend

Sass 提供了几个新的@规则，其中两个是@extend 和@include。这些规则允许构建通用类，且允许在整个代码中重用。在 CSS 中重用类的一种方法是为单个规则使用多个选择器，就像我们在样式化标题时所做的那样。不是为每个标题(<h1>和<h2>)创建两条相同的规则，而是创建一条规则，并为其指定两个选择器：h1, h2 { }。

@extend 允许创建一个基础规则，且允许晚些时候从其他规则中引用它。然后，选择器将被添加到基础规则的选择器列表中。让我们使用这种技术为图片添加样式，看看它是如何工作的。

先创建一个基础规则，该规则将定义图像的 height、width、object-fit 和 margin。由于有三个图像，并且我们想要为每个图像分别指定稍微不同的边框半径和位置，因此分别从每个图像中引用 image-base 规则，参见代码清单 12-12。

代码清单 12-12　扩展图像样式(SCSS)

```
.image-base {
  width: 300px;
  height: 300px;
  object-fit: cover;
  margin: 0 2rem;
}
```

基础规则

```
img:first-of-type { @extend .image-base; }
img:nth-of-type(2) { @extend .image-base; }
img:last-of-type { @extend .image-base; }
```

图像扩展了基础规则

代码清单 12-13 显示了 CSS 输出。

代码清单 12-13　扩展图像样式(CSS 输出)

```
.image-base, img:last-of-type, img:nth-of-type(2), img:first-of-type {
  width: 300px;
  height: 300px;
  object-fit: cover;
  margin: 0 2rem;
}
```

通过创建基础规则，然后使用@extend，可以设置一些默认值，并将其应用于任何其他选择器，从而避免 CSS 代码的重复。同时，我们可以将与特定选择器相关的所有代码放在一个规则中。应用了默认图像样式后(如图 12-9 所示)，让我们对它们进行个性化定义。

Keeping it Sassy

Step 1

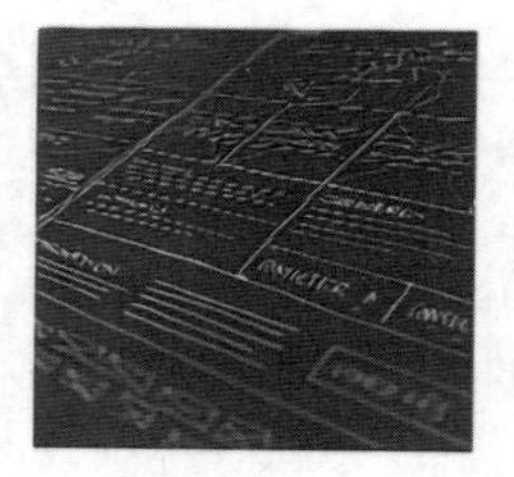

Lorem ipsum dolor sit amet, consectetur adipiscing elit. Sed porta erat nec ipsum volutpat ultrices. Pellentesque ac mi lobortis, tincidunt purus eu, gravida enim. Vestibulum pharetra a arcu ac suscipit. Ut et lorem dui. Donec non vehicula orci. Nunc non ornare mi, ac aliquam risus.

You did it!

Ut maximus id erat et mollis. Aenean sit amet fringilla augue. Donec convallis vel nibh vitae porttitor. Phasellus elementum nibh at erat semper consectetur. Praesent convallis iaculis mauris, sit amet egestas nunc gravida in. Donec dapibus mattis nibh, sed iaculis libero blandit et.

Step 2

Aenean non lorem tincidunt, vulputate nibh et, convallis felis. Donec at tristique sem. Aenean id leo non lectus hendrerit sodales. Maecenas vulputate scelerisque dignissim. Integer purus nisl, blandit in odio a, gravida interdum velit. Etiam consectetur risus ante, vel pulvinar felis eleifend ut. Phasellus nec tellus vitae sem semper ultrices at et ligula.

Don't press the big red button

Proin pharetra, urna et sagittis lacinia, quam metus vulputate eros, ac congue quam leo suscipit est. Vestibulum ante ipsum primis in faucibus orci luctus et ultrices posuere cubilia curae; Vestibulum nec suscipit ipsum. Vestibulum dapibus, neque vel lacinia mattis, magna sapien hendrerit justo, sed laoreet sapien enim quis mauris.

Step 3

Nullam ut auctor nisi. Vestibulum pretium vitae erat et hendrerit. Donec velit ipsum, fringilla sed aliquam non, tincidunt a mauris. Mauris sit amet diam lacus. Donec gravida felis nec ligula ultrices et molestie tellus tristique.

Mistakes have been made

Vestibulum interdum eleifend suscipit. Nullam imperdiet dignissim nulla, et mattis erat dignissim ut. Proin dui felis, venenatis sit amet lacus at, commodo elementum dolor. Vestibulum et justo eu est pharetra pulvinar. Duis fermentum iaculis velit, in hendrerit metus efficitur vel. Fusce vitae mollis nisl. Fusce eu viverra erat. Vivamus nunc risus, consectetur at eros ac, bibendum viverra massa. Aliquam metus lacus, condimentum in ligula eget, molestie faucibus odio. Integer eros tellus, tristique non elementum eget, congue scelerisque quam.

图 12-9 基础图像样式

12.3　@mixin 和@include

我们想要对每个图像的 border-radius、position 和 object-position 进行个性化定义。为此，将使用 mixin。mixin 允许生成声明和规则。类似于函数，它们接受参数(尽管参数不是强制性的)并返回样式。让我们编写一个 mixin 并让它为每个图像生成三个声明。mixin 是一个@规则，因此它以@mixin 开头，后面跟着我们想要给它的名称。接下来，添加想要传递的任何参数。最后，添加一组花括号，在其中定义希望 mixin 返回的样式。图 12-10 显示了语法规则。

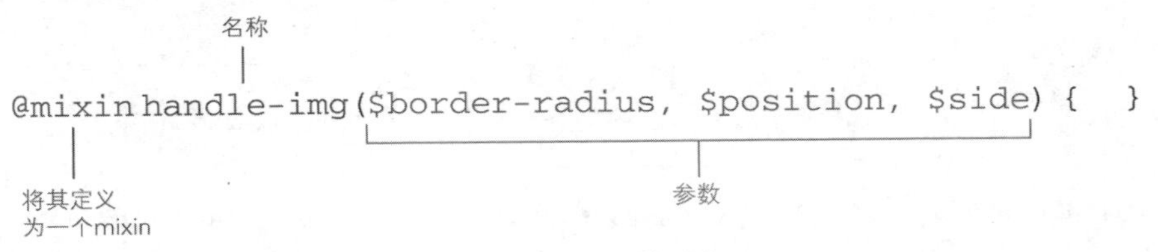

图 12-10　mixin 的语法

注意，每个参数都以美元符号开头。在 Sass 中，参数的名称与以$开头的变量定义方式相同。

在 mixin 内部，将这些参数值赋给相应的属性，如代码清单 12-14 所示。我们调整了边框半径，使图像浮动，并清除了一侧(图像将浮动到该侧)的外边距。注意，mixin 需要在使用之前进行定义，因此通常将 mixin 放在文件的开头。

代码清单 12-14　构建 mixin(SCSS)

```
@mixin handle-img($border-radius, $position, $side) {
  border-radius: $border-radius;
  object-position: $position;
  float: $side;
  margin-#{$side}: 0;          ◄── 插值(见 12.3.2 节)
}
```

截至目前，项目中还没有出现变化。我们已经定义了 mixin，但尚未使用。在应用它之前，让我们更仔细地看看它的一些属性。

12.3.1　object-fit 属性

在基础规则中，将 object-fit 属性的值设置为 cover。object-position 属性与 object-fit 紧密配合，确定图像在其边界框内的对齐方式。请记住，cover 会使浏览器根据提供的尺寸计算图像的最佳大小，以便尽可能多地显示图像而不导致失真。

如果提供给图像的尺寸与图像的高宽比不同，图像中多余的部分将被裁剪。object-position 更改图像在容器内的位置，允许我们在高宽比不匹配时决定裁剪图像的哪个部分(如图 12-11 所示)。

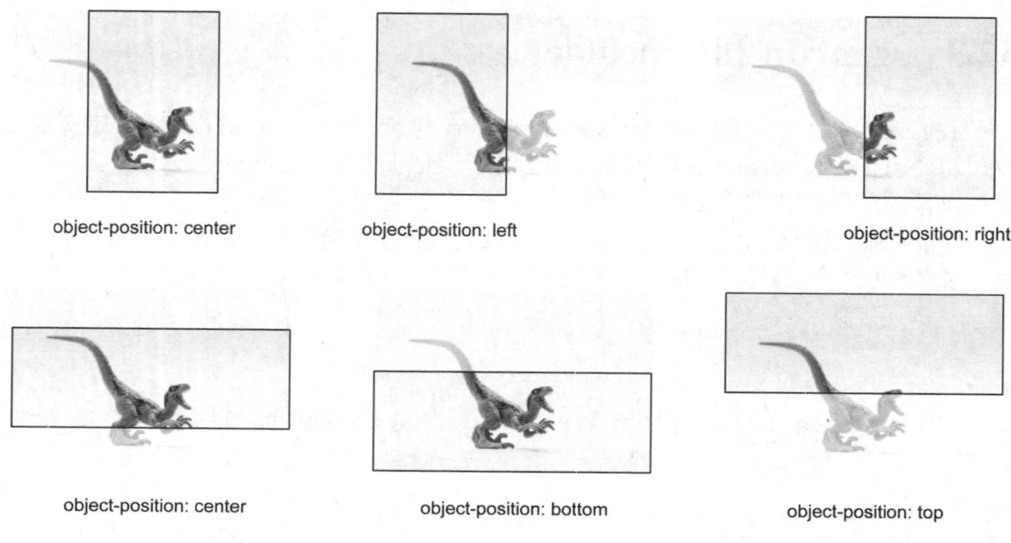

图 12-11　在综合使用 object-position 与 object-fit: cover 时，图像的可见部分与裁剪部分

12.3.2　插值

注意 margin 的语法：margin-#{$side}: 0;。我们在变量周围添加了一个插值表达式，且使用了花括号。这种插值语法允许将一个值插入参数中，将表达式结果嵌入 CSS 的花括号内，以替代插值表达式。例如，若$side 的值等于 left，可将声明编译为 margin-left: 0;。

你可能在 JavaScript 的模板文字中遇到过字符串插值语法，如 margin-${side}。在本章项目中，我们尝试连接 margin-和$side 变量的值。由于 margin- + $side 不是一个有效的属性声明，我们使用插值来插入该值。

12.3.3　使用 mixin

接下来将在每个图像规则中使用 mixin。为此，使用@include(后跟 mixin 的名称)并在括号中提供所需的参数(见图 12-12)。

在所有图像规则中，使用@include handle-img()，并传递我们想要使用的 border-radius、object-position 和 float 属性值(见代码清单 12-15)。

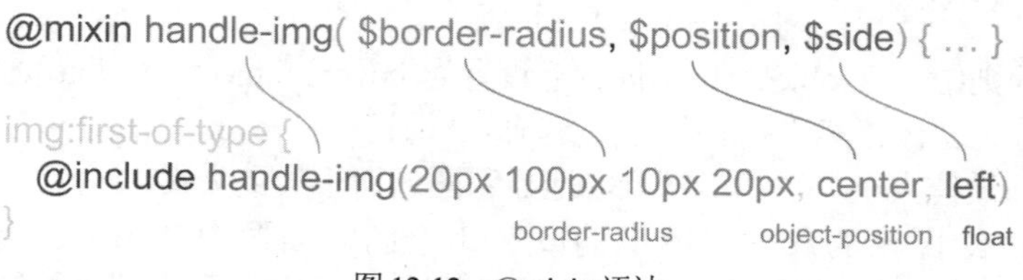

图 12-12　@mixin 语法

所有图像都具有圆角(mixin 的第一个参数)。第一和第二个图像使用 border-radius 的

简写属性，与此相关的内容将在 12.3.4 节讨论。

代码清单 12-15　使用 mixin (SCSS)

```
@mixin handle-img($border-radius, $position, $side) {
  border-radius: $border-radius;
  object-position: $position;
  float: $side;
  margin-#{$side}: 0;
}

img:first-of-type {
  @extend .image-base;
  @include handle-img(20px 100px 10px 20px, center, left);
}

img:nth-of-type(2) {
  @extend .image-base;
  @include handle-img(100px 20px 10px 20px, left top, right);
}

img:last-of-type {
  @extend .image-base;
  @include handle-img(50px, center, left);
}
```

在输出的 CSS 中，并不存在 mixin 本身，但有三个新的规则，每个规则对应一个图像，如代码清单 12-16 所示。

代码清单 12-16　使用 mixin 的输出(CSS)

通过使用 @extend 将选择器添加到基础类

```
.image-base, img:last-of-type, img:nth-of-type(2), img:first-of-type {
  width: 300px;
  height: 300px;
  object-fit: cover;
  margin: 0 2rem;
}

img:first-of-type {
  border-radius: 20px 100px 10px 20px;
  object-position: center;
  float: left;
  margin-left: 0;
}

img:nth-of-type(2) {
  border-radius: 100px 20px 10px 20px;
  object-position: left top;
  float: right;
  margin-right: 0;
}

img:last-of-type {
```

通过使用 mixin(@include) 生成

```
    border-radius: 50px;
    object-position: center;
    float: left;
    margin-left: 0;
  }
```

通过使用 mixin(@include)生成

这个输出显示了使用@extend 和使用 mixin(@include)的差异。当我们扩展一个规则时，Sass 不会复制或生成代码；它只是将选择器添加到基础类。当我们使用 mixin 时，Sass 会生成代码。如果要动态设置属性，应该使用 mixin。但如果属性值是静态的，我们应该使用@extend；否则，每次使用混合器时都需要复制这些值，进而使样式表膨胀。此时，项目的外观如图 12-13 所示。

Keeping it Sassy

Step 1

Lorem ipsum dolor sit amet, consectetur adipiscing elit. Sed porta erat nec ipsum volutpat ultrices. Pellentesque ac mi lobortis, tincidunt purus eu, gravida enim. Vestibulum pharetra a arcu ac suscipit. Ut et lorem dui. Donec non vehicula orci. Nunc non ornare mi, ac aliquam risus.

You did it!

Ut maximus id erat et mollis. Aenean sit amet fringilla augue. Donec convallis vel nibh vitae porttitor. Phasellus elementum nibh at erat semper consectetur. Praesent convallis iaculis mauris, sit amet egestas nunc gravida in. Donec dapibus mattis nibh, sed iaculis libero blandit et.

Step 2

Aenean non lorem tincidunt, vulputate nibh et, convallis felis. Donec at tristique sem. Aenean id leo non lectus hendrerit sodales. Maecenas vulputate scelerisque dignissim. Integer purus nisl, blandit in odio a, gravida interdum velit. Etiam consectetur risus ante, vel pulvinar felis eleifend ut. Phasellus nec tellus vitae sem semper ultrices at et ligula.

Don't press the big red button

Proin pharetra, urna et sagittis lacinia, quam metus vulputate eros, ac congue quam leo suscipit est. Vestibulum ante ipsum primis in faucibus orci luctus et ultrices posuere cubilia curae; Vestibulum nec suscipit ipsum. Vestibulum dapibus, neque vel lacinia mattis, magna sapien hendrerit justo, sed laoreet sapien enim quis mauris.

Step 3

Nullam ut auctor nisi. Vestibulum pretium vitae erat et hendrerit. Donec velit ipsum, fringilla sed aliquam non, tincidunt a mauris. Mauris sit amet diam lacus. Donec gravida felis nec ligula ultricies, et molestie tellus tristique.

Mistakes have been made

Vestibulum interdum eleifend suscipit. Nullam imperdiet dignissim nulla, et mattis erat dignissim ut. Proin dui felis, venenatis sit amet lacus at, commodo elementum dolor. Vestibulum et justo eu est pharetra pulvinar. Duis fermentum iaculis velit, in hendrerit metus efficitur vel. Fusce vitae mollis nisl. Fusce eu viverra erat. Vivamus nunc risus, consectetur at eros ac, bibendum viverra massa. Aliquam metus lacus, condimentum in ligula eget, molestie faucibus odio. Integer eros tellus, tristique non elementum eget, congue scelerisque quam.

图 12-13　对图片使用样式后的效果

12.3.4 border-radius 的简写属性

对于第一和第二个图像，我们使用了 border-radius 的简写属性。第一个图像生成的 CSS 的 border-radius 属性值为 20px 100px 10px 20px。我们之前在一个声明中为元素的四个边设置不同的内边距值，而 border-radius 允许使用类似的语法(见图 12-14)。每个值定义了从左上角开始顺时针旋转的边角的半径。

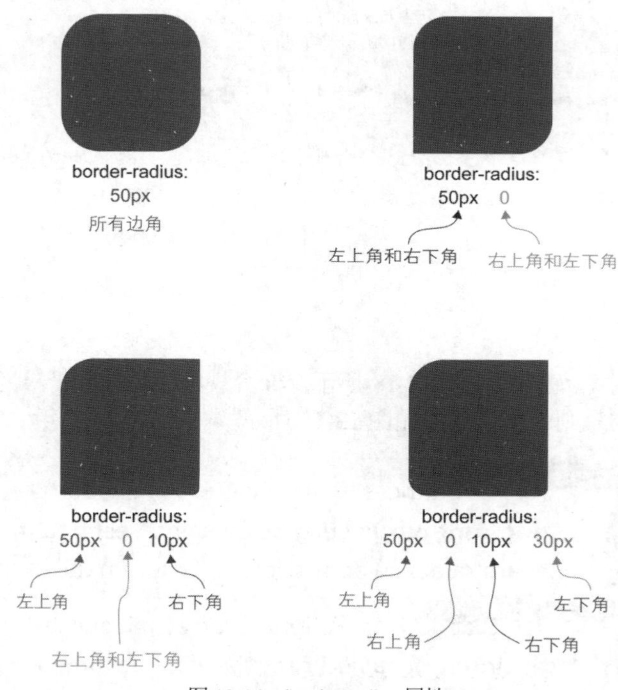

图 12-14　border-radius 属性

既然已经完成了图像的样式化，接下来处理文本的样式。在一些段落中，有些链接需要进行样式化。

12.4 嵌套

Sass 提供了一个强大的功能，允许使用嵌套规则。在样式化链接时，通常我们会撰写多个规则，以处理各种状态(如链接、已访问的链接、悬停、焦点等)。我们可以让这些规则嵌套在一起，如代码清单 12-17 所示。这种方式清晰地呈现了代码中的上下文关系，并有助于保持规则的组织结构和可读性。

为了选择父选择器，我们使用符号&。在我们的规则中，父规则是针对锚元素的。在这个规则内，我们需要引用父元素(a)以便搭配使用:link、:visited、:hover 和:focus 伪类，因此我们在它们之前加上&。

我们让所有的锚元素加粗，使用$primary 变量将它们设为蓝色，并将链接的下画线从实线改为点线。在鼠标悬停时，将下画线改为虚线。最后，在焦点状态下将下画线设为实线。在焦点状态下，我们还移除了某些浏览器中存在的默认轮廓线。

代码清单 12-17 嵌套规则(SCSS)

```
a {
  font-weight: 800;
  &:link, &:visited {
    color: $primary;
    text-decoration-style: dotted;
  }
  &:hover { text-decoration-style: dashed;}
  &:focus {
    text-decoration-style: solid;
    outline: none;
  }
}
```

所有锚元素：父选择器

包含 href 属性的所有锚元素，包括已访问的和未访问的

将下画线样式改为点线

当鼠标悬停在链接上时，将下画线样式改为虚线

在链接获得焦点时

将下画线样式改为实线

在 CSS 输出中，如代码清单 12-18 所示，嵌套规则已经被展平，为锚元素及其各个状态创建了单独的规则。现在链接如图 12-15 所示。

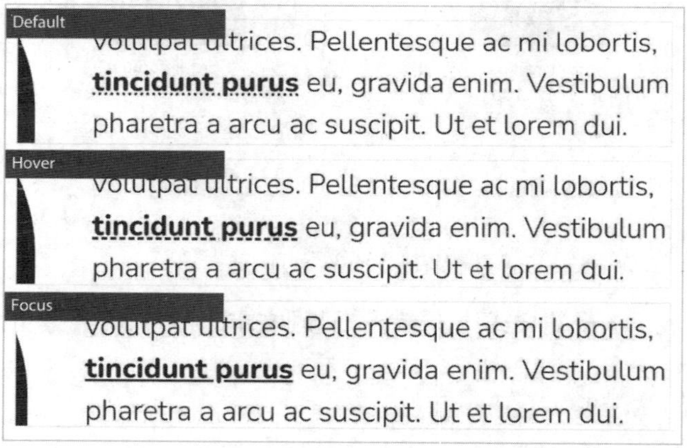

Default

volutpat ultrices. Pellentesque ac mi lobortis, **tincidunt purus** eu, gravida enim. Vestibulum pharetra a arcu ac suscipit. Ut et lorem dui.

Hover

volutpat ultrices. Pellentesque ac mi lobortis, **tincidunt purus** eu, gravida enim. Vestibulum pharetra a arcu ac suscipit. Ut et lorem dui.

Focus

volutpat ultrices. Pellentesque ac mi lobortis, **tincidunt purus** eu, gravida enim. Vestibulum pharetra a arcu ac suscipit. Ut et lorem dui.

图 12-15 样式化链接：(从上到下)默认状态、悬停状态和焦点状态

注意 嵌套是使规则保持良好组织性的一种好方式。但是，每一层嵌套都会带来新的特异性级别。在代码清单 12-17 中，我们将悬停和焦点样式嵌套在锚元素(a)规则内。输出(见代码清单 12-18)中内部规则的选择器比外部规则具有更高的特异性级别：a:hover 的特异性级别高于 a。通过嵌套规则，我们很容易创建过于细致的规则，这可能降低性能。在代码中，需要注意过度嵌套的情况。如果发现嵌套的深度超过 3 层，则应该检查规则的嵌套方式，看看是否可以取消部分嵌套。

代码清单 12-18 嵌套规则(CSS 输出)

```
a {
  font-weight: 800;
}
a:link, a:visited {
   color: #063373;
   text-decoration-style: dotted;
}
a:hover {
    text-decoration-style: dashed;
}
a:focus {
   text-decoration-style: solid;
   outline: none;
}
```

在对链接进行样式化之后，接下来关注文本中的提示段落。

12.5 @each

在文本中，有三个提示段落，分别具有名为 success、warning 和 error 的类。与样式化图像时所做的一样(见 12.4 节)，我们将创建一个基础规则，然后通过扩展它来为各个提示段落添加样式(见代码清单 12-19)。该规则定义了我们希望提示段落具有的 border、border-radius 和 padding，并包括所有类型共有的样式。

代码清单 12-19 提示信息的基本规则

```
.callout {
  border: solid 1px;
  border-radius: 4px;
  padding: .5rem 1rem;
}
```

接下来，不再为每种提示类型编写单独的规则，而是创建一个映射(即一组键值对)，以便通过迭代来生成规则集。由于提示段落的区分因素是颜色，因此，映射的键将是类型，而值将是在本章开始时定义的颜色变量。因此，我们的映射将是$callouts: (success: $success, warning: $warning, error: $error);。图 12-16 详细解释了语法。

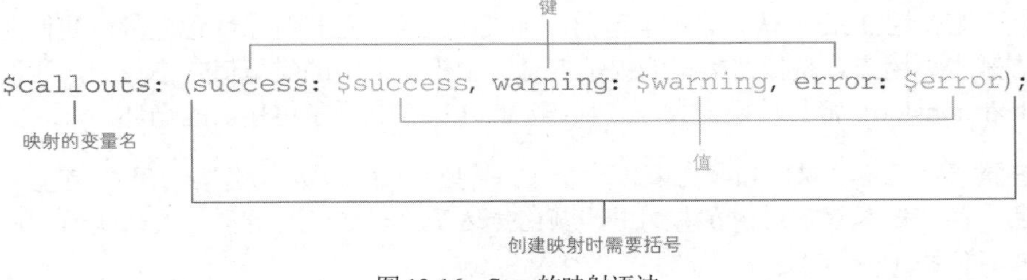

图 12-16 Sass 的映射语法

创建映射以后，可以使用@each 循环遍历每个键值对来生成类。这个@each 规则按顺序迭代列表或映射中的所有项目，因此非常适合本章用例。在 SCSS 中，添加以下规则：@each $type, $color in $callouts {}。第一个变量($type)使我们能够访问键，第二个变量($color)是键对应的值，最后一个变量($callouts)是我们要迭代的映射。我们将把生成规则的代码放在花括号内。为了测试循环，可以在花括号内添加一个@debug 声明，以检查变量值是否符合预期(见代码清单 12-20)。

注意 @debug 是 Sass 中类似于 JavaScript 的 console.log()的功能。它允许将值输出到终端。不幸的是，CodePen 似乎没有办法在其控制台中显示 Sass 的调试语句。这些语句在浏览器的控制台中也不会显示。只有在本地运行项目时，才能在终端中看到调试输出。

代码清单 12-20 在循环内添加@debug 语句(SCSS)

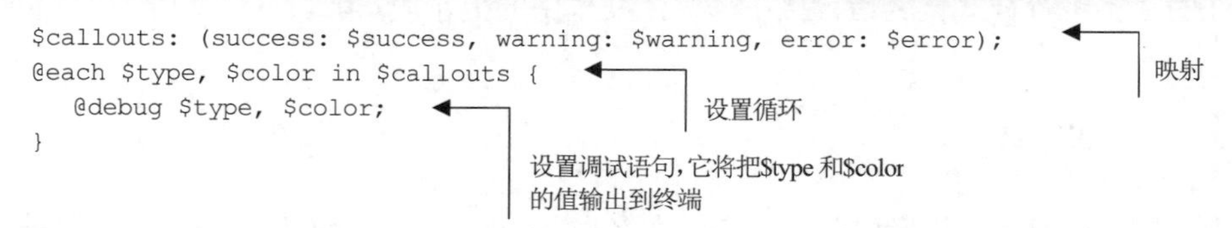

在运行 Sass 监视器的终端中，@debug 语句将输出文件名、行号、单词 Debug 以及两个变量($type 和$color)的值(见代码清单 12-21)。注意，你的行号可能与代码清单中显示的略有不同。

代码清单 12-21 终端中的输出

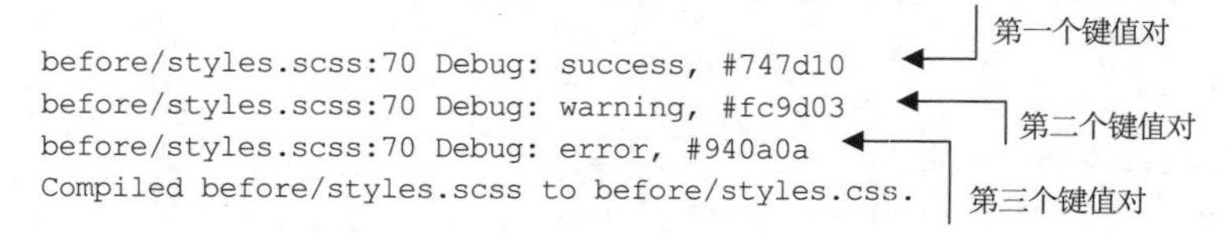

现在我们确认循环正常运行，可以为各种类型的提示段落创建规则。在每个规则集中，我们扩展.callout 基础规则，并使用 border-color 为每种类型添加正确的边框颜色。border-color 属性的值是来自@each 循环的$color 变量。之前提到过 Sass 变量是静态的(见 12.2 节)。因此，$color 变量的值会在映射中的每个键值对中重新分配，从而为每种提示类型正确分配 border-color。

接下来使用::before 伪元素在段落前添加类型名称，这样除了颜色之外，我们还可通过文本来告诉用户这是什么类型的提示信息。由于映射中的类型值是小写的，我们还将使用 text-transform 将其转换为大写。代码清单 12-22 展示了更新后的循环。

注意 永远不要仅依赖颜色来传达含义。一些用户(比如那些色盲的用户)可能难以感知颜色，甚至根本看不到。在本例中，颜色传达了提示信息的类型，因此我们还应该添加一些其他指示(文本)。

代码清单 12-22　添加到循环中(SCSS)

```
.callout {
  border: solid 1px;
  border-radius: 4px;
  padding: .5rem 1rem;
}

$callouts: (success: $success, warning: $warning, error: $error);
@each $type, $color in $callouts {
  @debug $type, $color;
  .#{$type} {                          ← 使用插值来创建类名
    @extend .callout;
    border-color: $color;
    &::before {
      content: "#{$type}: ";           ← 使用插值获取内容中的类型名称
      text-transform: capitalize;
    }
  }
}
```

就像在 12.3.2 节中使用插值来创建边距声明时一样，这里使用插值来创建类名并将类型添加到内容中。通过循环映射，@each 规则创建了三个规则，每个规则对应一个类型。此外，通过@extend 将每个选择器添加到.callout 规则的选择器列表中，如代码清单 12-23 所示。

代码清单 12-23　循环 CSS 输出

```
.callout, .error, .warning, .success {   ← 三个类选择器(.error、.warning、.success)都被添加到.callout 基础类中
  border: solid 1px;
  border-radius: 4px;
  padding: 0.5rem 1rem;
}

.success {
  border-color: #747d10;
}

.success::before {
  content: "success: ";
  text-transform: capitalize;
}

.warning {
  border-color: #fc9d03;
}

.warning::before {
  content: "warning: ";
  text-transform: capitalize;
}

.error {
```

```
    border-color: #940a0a;
}

.error::before {
  content: "error: ";
  text-transform: capitalize;
}
```

现在三个提示段落都有了有色边框(如图 12-17 所示)。但是仍然需要将错误提示中的“Error:”加粗，并添加背景颜色。

Pellentesque ac mi lobortis, **tincidunt purus** eu, gravida enim. Vestibulum pharetra a arcu ac suscipit. Ut et lorem dui. Donec non vehicula orci. Nunc non ornare mi, ac aliquam risus.

Success: You did it!

Ut maximus id erat et mollis. Aenean sit amet fringilla augue. Donec convallis vel nibh vitae porttitor. Phasellus elementum nibh at erat semper consectetur. Praesent convallis iaculis mauris, sit amet egestas nunc gravida in. Donec dapibus mattis nibh, sed iaculis libero blandit et.

Step 2

Aenean non lorem tincidunt, vulputate nibh et, convallis felis. Donec at tristique sem. Aenean id leo non lectus hendrerit sodales. Maecenas vulputate scelerisque dignissim. Integer purus nisl, blandit in odio a, gravida interdum velit. Etiam consectetur risus ante, vel pulvinar felis eleifend ut. Phasellus nec tellus vitae sem semper ultrices at et ligula.

Warning: Don't press the big red button

Proin pharetra, urna et sagittis lacinia, quam metus vulputate eros, ac congue quam leo suscipit est. Vestibulum ante ipsum primis in faucibus **orci luctus** et ultrices posuere cubilia curae; Vestibulum nec suscipit ipsum. Vestibulum dapibus, neque vel lacinia mattis, magna sapien hendrerit justo, sed laoreet sapien enim quis mauris.

Step 3

Nullam ut auctor nisi. Vestibulum pretium vitae erat et hendrerit. Donec velit ipsum, fringilla sed aliquam non, tincidunt a mauris. Mauris sit amet diam lacus. Donec gravida felis nec ligula ultricies, et molestie tellus tristique.

Error: Mistakes have been made

Vestibulum interdum eleifend suscipit. Nullam imperdiet dignissim nulla, et mattis erat dignissim

图 12-17　提示段落的样式，包括有色边框

12.6　颜色函数

我们希望每个提示段落的背景颜色明显比我们当前在变量中存储的颜色更浅。为了使开发人员更轻松地处理颜色，Sass 提供了一些用于操作颜色的函数。我们将使用 scale-color()。scale-color()函数非常灵活，可用于改变颜色中红色、蓝色和绿色的量；改变饱和度或不透明度；也能使颜色变浅或变深(如图 12-18 所示)。

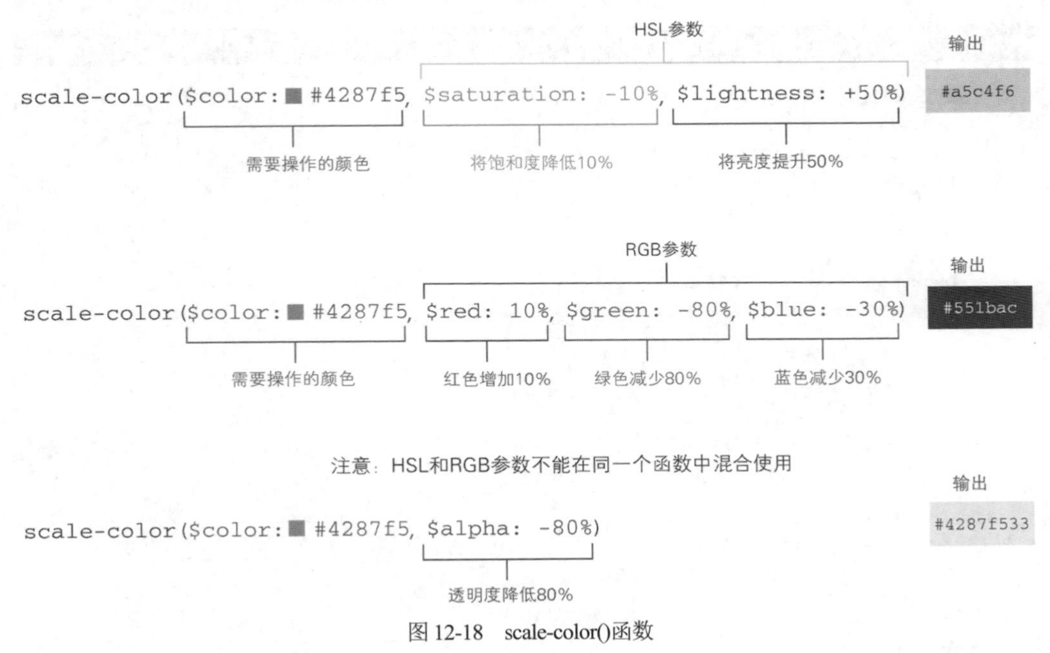

图 12-18　scale-color()函数

值得注意的是，scale-color()函数可以使用 HSL(色调、饱和度和亮度)或 RGB(红、绿和蓝)参数；但它们不能混合使用。然而，alpha(透明度)参数可以与任一参数集一起使用。此外，参数也可以被省略。因此，如果我们只想改变透明度，那么传递初始颜色和想要操作的颜色参数即可。

对于背景，我们需要提升颜色的亮度，因此使用 HSL 参数。因为不需要改变饱和度，所以将省略饱和度参数，只传递颜色并指定想要将亮度提升到什么程度(+86%)，如代码清单 12-24 所示。

代码清单 12-24　添加背景颜色(SCSS)

```
$callouts: (success: $success, warning: $warning, error: $error);
@each $type, $color in $callouts {
  @debug $type, $color;
  .#{$type} {
    @extend .callout;
    background-color: scale-color($color, $lightness: +86%);  ◄── 为映射中提供的颜色提升亮度(+86%)
    border-color: $color;
```

```
      &::before {
        content: "#{$type}: ";
        text-transform: capitalize;
      }
    }
  }
```

代码清单 12-25 展示了 CSS 输出中由 scale-color()函数生成的颜色。

代码清单 12-25　scale-color()函数的输出(CSS)

```
.callout, .error, .warning, .success {
  border: solid 1px;
  border-radius: 4px;
  padding: 0.5rem 1rem;
}

.success {
  background-color: #f6f9d1;
  border-color: #747d10;
}

.success::before {
  content: "success: ";
  text-transform: capitalize;
}

.warning {
  background-color: #fff1dc;
  border-color: #fc9d03;
}

.warning::before {
  content: "warning: ";
  text-transform: capitalize;
}

.error {
  background-color: #fcd1d1;
  border-color: #940a0a;
}

.error::before {
  content: "error: ";
  text-transform: capitalize;
}
```

现在已经添加了背景颜色(如图 12-19 所示)，只需要在错误提示的::before 内容中将 Error:加粗。

12.7　@if 和@else

在 Sass 的帮助下，另一组可用的@规则是@if 和@else，它们控制代码块的评估，并在条件不满足时提供备用条件。我们将在循环内使用它们，以便仅在提示的类型为 error 时将::before 伪元素的内容加粗，并将其他情况下的字体粗细改为 medium(500)。

如果你习惯使用 JavaScript，在评估 Sass 中的相等性时可能会遇到一些问题，因为 Sass 没有真值(truthy)/假值(falsy)的行为。只有当值相同且类型相同时，它们才被认为是相等的。此外，Sass 不使用双管道(||)或双与号(&&)，而是使用 or 和 and 来涵盖多个条件。代码清单 12-26 显示了一些 Sass 相等性运算符的示例以及它们的解析结果。

代码清单 12-26　相等性(SCSS)

```
@debug '' == false;              // false
@debug 'true' == true;           // false
@debug null == false;            // false
@debug Verdana == 'Verdana';     // true
@debug 1cm == 10mm;              // true
@debug 4 > 5 or 8 > 5;           // true
@debug 4 > 5 and 8 > 5;          // false
```

true、false 和 null 只与它们自己相等

如果转换为相同的单位，那么它们在大小上是相等的；因此，它们是相等的

这两个值被视为字符串

为了检查$type 变量是否等于'error'，条件将是$type == 'error'，并搭配使用@if 和@else。现在的规则如代码清单 12-27 所示。

代码清单 12-27　有条件地将提示类型信息加粗(SCSS)

```
$callouts: (success: $success, warning: $warning, error: $error);
@each $type, $color in $callouts {
  @debug $type, $color;
  .#{$type} {
    @extend .callout;
    background-color: scale-color($color, $lightness: +86%);
    border-color: $color;
    &::before {
      content: "#{$type}: ";
      text-transform: capitalize;
      @if $type == 'error' {
        font-weight: 800;
      } @else {
        font-weight: 500;
      }
    }
  }
}
```

类型是 error；因此，将字体宽度设置为 800

类型不是 error(它是 success 或 warning 之一)，因此字体宽度被设置为 500

如代码清单 12-28 所示，我们已在 CSS 输出中为每种类型添加了字体宽度。

代码清单 12-28 有条件地将提示的类型加粗(CSS 输出)

```
.callout, .error, .warning, .success {
  border: solid 1px;
  border-radius: 4px;
  padding: 0.5rem 1rem;
}

.success {
  background-color: #f6f9d1;
  border-color: #747d10;
}

.success::before {
  content: "success: ";
  text-transform: capitalize;
  font-weight: 500;
}

.warning {
  background-color: #fff1dc;
  border-color: #fc9d03;
}

.warning::before {
  content: "warning: ";
  text-transform: capitalize;
  font-weight: 500;
}

.error {
  background-color: #fcd1d1;
  border-color: #940a0a;
}

.error::before {
  content: "error: ";
  text-transform: capitalize;
  font-weight: 800;
}
```

添加到::before 伪元素的文本在.success 和.warning 的情况下字体宽度为 500。但在.error::before 规则中，字体宽度为 800。

添加这个细节后，本章项目就完成了。图 12-19 显示了最终的输出。

Keeping it Sassy

Step 1

Lorem ipsum dolor sit amet, consectetur adipiscing elit. Sed porta erat nec ipsum volutpat ultrices. Pellentesque ac mi lobortis, **tincidunt purus** eu, gravida enim. Vestibulum pharetra a arcu ac suscipit. Ut et lorem dui. Donec non vehicula orci. Nunc non ornare mi, ac aliquam risus.

Success: You did it!

Ut maximus id erat et mollis. Aenean sit amet fringilla augue. Donec convallis vel nibh vitae porttitor. Phasellus elementum nibh at erat semper consectetur. Praesent convallis iaculis mauris, sit amet egestas nunc gravida in. Donec dapibus mattis nibh, sed iaculis libero blandit et.

Step 2

Aenean non lorem tincidunt, vulputate nibh et, convallis felis. Donec at tristique sem. Aenean id leo non lectus hendrerit sodales. Maecenas vulputate scelerisque dignissim. Integer purus nisl, blandit in odio a, gravida interdum velit. Etiam consectetur risus ante, vel pulvinar felis eleifend ut. Phasellus nec tellus vitae sem semper ultrices at et ligula.

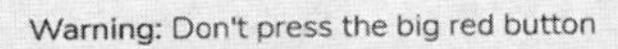

Warning: Don't press the big red button

Proin pharetra, urna et sagittis lacinia, quam metus vulputate eros, ac congue quam leo suscipit est. Vestibulum ante ipsum primis in faucibus **orci luctus** et ultrices posuere cubilia curae; Vestibulum nec suscipit ipsum. Vestibulum dapibus, neque vel lacinia mattis, magna sapien hendrerit justo, sed laoreet sapien enim quis mauris.

Step 3

Nullam ut auctor nisi. Vestibulum pretium vitae erat et hendrerit. Donec velit ipsum, fringilla sed aliquam non, tincidunt a mauris. Mauris sit amet diam lacus. Donec gravida felis nec ligula ultricies, et molestie tellus tristique.

Error: Mistakes have been made

Vestibulum interdum eleifend suscipit. Nullam imperdiet dignissim nulla, et mattis erat dignissim ut. Proin dui felis, venenatis sit amet lacus at, commodo elementum dolor. Vestibulum et justo eu est pharetra pulvinar. Duis fermentum iaculis velit, in hendrerit metus efficitur vel. Fusce vitae mollis nisl. Fusce eu viverra erat. Vivamus nunc risus, consectetur at eros ac, bibendum viverra massa. Aliquam metus lacus, condimentum in ligula eget, molestie faucibus odio. Integer eros tellus, tristique non elementum eget, congue scelerisque quam.

图 12-19 最终的输出

12.8 最后的思考

本章阐述了 Sass 的一些功能，这些功能是无法仅依赖于 CSS 来完成的，但这里只涵盖了 Sass 功能的一小部分——仅介绍了一个预处理器。预处理器可以完成更多工作；本章只是初步探讨了它们的功能。重要的是，预处理器提供了一些强大的功能，可以使代码更高效，但也更加复杂。它们还需要额外的构建步骤以及更复杂的设置。

虽然我们没有深入研究 Less 和 Stylus，但在选择预处理器时，以下问题可能会对你有所帮助：

- 是否需要使用预处理器？
- 预处理器需要具备哪些功能？
- 预处理器的使用将如何有助于项目的开发？
- 如果项目使用用户界面框架或库，它是否支持一个或多个预处理器？如果是，具体是哪些？
- 有了预处理器，流程的构建和部署会发生什么变化？因为在这种情况下需要对 CSS 进行构建。
- 我的团队成员具备哪些技能？他们熟悉哪些预处理器？

无论是否使用预处理器，都应记住每个项目都是不同的。坚持学习、探索和尝试新事物，享受编码的乐趣吧！

12.9 本章小结

- Sass 有两种语法：缩进式和 SCSS。
- 变量和 CSS 自定义属性的工作方式不同。
- Sass 变量具有块级作用域。
- @extend 扩展现有规则，而 mixin 生成新的代码。
- mixin 可以接受参数。
- 当与 object-fit: cover 搭配使用时，object-position 有助于在图像与给定尺寸不具有相同高宽比时，将图像放置在其边界框内。
- 插值用于嵌入表达式的结果，例如从变量创建规则名称时。
- border-radius 属性可以接受多个值，以在元素的每个角上分配不同的曲率，从左上角开始顺时针旋转。
- Sass 允许嵌套规则。
- 可以使用@each 循环遍历列表和映射。
- @debug 允许在终端输出中打印值。
- Sass 提供函数，如用于操纵和更改颜色的 scale-color()。
- 使用@if 和@else，可以有条件地确定是否应该评估一个代码块。

附录

处理厂商前缀和特性标志

CSS 中最令人沮丧的一个方面(尤其是在使用新的 CSS 语法时)可能是厂商前缀。每个浏览器都拥有一种类型的引擎(通常称为厂商)。这个引擎的作用是将代码(HTML、CSS 和 JavaScript)转换成最终用户能看到且能与之交互的内容，如一个网页或应用程序。目前有三种主流浏览器引擎。

- Gecko(也称为 Quantum)：由 Firefox 浏览器使用，由 Mozilla 维护。
- WebKit：被 Safari 和 iOS Safari 使用，由 Apple 公司开发。
- Blink：被 Chrome、Microsoft Edge 和 Opera 使用，由 Google 公司维护。

作为 CSS 的开发者，你可能会发现一些属性仍然需要厂商前缀，如果你所在的组织支持旧版浏览器引擎，则尤其如此。前缀应该放在 CSS 属性之前。总共有 4 个前缀，详见表 A-1。

表 A-1 浏览器厂商前缀列表

前缀	浏览器
-webkit-	Android、Chrome、iOS、Edge、Opera (较新版本)及 Safari
-ms-	Internet Explorer 和 Edge (较早版本)
-o-	Opera(较早版本)
-moz-	Firefox

尽管 Chrome 现在使用 Blink 引擎，但仍然保留-webkit-前缀，因为最初 Chrome 是基于 WebKit 构建的。当 Chrome 迁移到 Blink 引擎时，决定继续使用-webkit-前缀，而不是创建一个新前缀，以减少混淆。你将在本附录中看到，总体趋势是减少前缀的使用。

在使用前缀时，应该将带前缀的版本放在非带前缀的版本之前。添加非带前缀版本的原因是，当浏览器完全支持该属性时，它将使用非带前缀版本；然后你可以移除前缀。举例来说，user-select 属性在值为 none 时就是一个需要前缀的 CSS 属性：

```
.prevent-selecting{
  -moz-user-select: none;
  -webkit-user-select: none;
```

```
  -ms-user-select: none;
  user-select: none;
}
```

使用厂商前缀的初衷是，你可以在新的 CSS 标准在各浏览器中普及之前尝试新的 CSS，而不会破坏用户体验。然而，不建议将带有前缀的代码直接发布给用户，因为浏览器对这些代码的解释方式可能会发生变化。

浏览器前缀导致了不完全的实现和错误，并长时间令开发者感到困惑，因此开发者倾向于远离浏览器前缀。我们经常看到一些样式表中包含了多年不再需要的前缀，因为这些样式表没有被更新，或者开发者不确定是否可以安全地移除这些前缀。相反，现在开发者倾向于使用特征标志，让用户可以进行控制。在编写 CSS 时，你会发现一些仍在使用的 CSS 属性需要浏览器前缀。在这种情况下，带前缀版本的 CSS 属性应该放在非带前缀版本之前。

使用浏览器开发者工具

Chrome、Safari、Firefox 等主流浏览器都配备了开发者工具，这对于编辑和诊断问题非常有效，尤其是在进行前端开发时。你可以在浏览器中编辑 CSS，然后将样式复制并粘贴到项目中。

这些工具及其呈现方式在不同浏览器中有所不同。以下是一些在主流浏览器中通用的功能：

- 元素面板，允许你查看并更改文档对象模型(DOM)和 CSS。
- 控制台面板，突出显示加载资产时出现的任何错误，如 CSS、图像和其他媒体项目。
- 网络和性能面板，其功能在不同浏览器中可能有所不同。在 Chrome 中，你可以使用这些面板查看网页加载情况，并尝试提高页面性能和效率。

每个浏览器都有自己的开发者工具文档，仔细研究这些开发者工具文档对于拓展你在 CSS 领域的专业知识至关重要(详见表 A-2)。

表 A-2 浏览器开发者工具文档

浏览器	URL
Chrome	http://mng.bz/N2d2
Firefox	http://mng.bz/D489
Safari	https://developer.apple.com/safari/tools
Edge	http://mng.bz/lWEM